中　外　物　理　学　精　品　书　系

本书出版得到“国家出版基金”资助

国家出版基金项目
NATIONAL PUBLICATION FOUNDATION

中 外 物 理 学 精 品 书 系

前 沿 系 列 · 42

岩石类材料塑性力学

殷有泉 著

北京大学出版社
PEKING UNIVERSITY PRESS

图书在版编目(CIP)数据

岩石类材料塑性力学/殷有泉著. —北京：北京大学出版社，2014.12
(中外物理学精品书系)
ISBN 978-7-301-25151-5

Ⅰ. ①岩… Ⅱ. ①殷… Ⅲ. ①岩石-工程材料-塑性力学 Ⅳ. ①TB301
中国版本图书馆 CIP 数据核字(2014)第272373号

书　　名：岩石类材料塑性力学
著作责任者：殷有泉　著
责 任 编 辑：王剑飞
标 准 书 号：ISBN 978-7-301-25151-5/O·1034
出 版 发 行：北京大学出版社
地　　址：北京市海淀区成府路205号　100871
网　　址：http://www.pup.cn
新 浪 微 博：@北京大学出版社
电 子 信 箱：zpup@pup.pku.edu.cn
电　　话：邮购部 62752015　发行部 62750672　编辑部 62765014
出版部 62754962
印 刷 者：北京中科印刷有限公司
经 销 者：新华书店
730毫米×980毫米　16开本　17.5印张　325千字
2014年12月第1版　2014年12月第1次印刷
定　　价：52.00元

序　言

物理学是研究物质、能量以及它们之间相互作用的科学。她不仅是化学、生命、材料、信息、能源和环境等相关学科的基础,同时还是许多新兴学科和交叉学科的前沿。在科技发展日新月异和国际竞争日趋激烈的今天,物理学不仅囿于基础科学和技术应用研究的范畴,而且在社会发展与人类进步的历史进程中发挥着越来越关键的作用。

我们欣喜地看到,改革开放三十多年来,随着中国政治、经济、教育、文化等领域各项事业的持续稳定发展,我国物理学取得了跨越式的进步,做出了很多为世界瞩目的研究成果。今日的中国物理正在经历一个历史上少有的黄金时代。

在我国物理学科快速发展的背景下,近年来物理学相关书籍也呈现百花齐放的良好态势,在知识传承、学术交流、人才培养等方面发挥着无可替代的作用。从另一方面看,尽管国内各出版社相继推出了一些质量很高的物理教材和图书,但系统总结物理学各门类知识和发展,深入浅出地介绍其与现代科学技术之间的渊源,并针对不同层次的读者提供有价值的教材和研究参考,仍是我国科学传播与出版界面临的一个极富挑战性的课题。

为有力推动我国物理学研究、加快相关学科的建设与发展,特别是展现近年来中国物理学者的研究水平和成果,北京大学出版社在国家出版基金的支持下推出了"中外物理学精品书系",试图对以上难题进行大胆的尝试和探索。该书系编委会集结了数十位来自内地和香港顶尖高校及科研院所的知名专家学者。他们都是目前该领域十分活跃的专家,确保了整套丛书的权威性和前瞻性。

这套书系内容丰富,涵盖面广,可读性强,其中既有对我国传统物理学发展的梳理和总结,也有对正在蓬勃发展的物理学前沿的全面展示;既引进和介绍了世界物理学研究的发展动态,也面向国际主流领域传播中国物理的优秀专著。可以说,"中外物理学精品书系"力图完整呈现近现代世界和中国物理科学发展的全貌,是一部目前国内为数不多的兼具学术价值和阅读乐趣的经典物理丛书。

"中外物理学精品书系"另一个突出特点是,在把西方物理的精华要义"请进来"的同时,也将我国近现代物理的优秀成果"送出去"。物理学科在世界范围内的重要性不言而喻,引进和翻译世界物理的经典著作和前沿动态,可以满足当前国内物理教学和科研工作的迫切需求。另一方面,改革开放几十年来,我国的物理学研究取得了长足发展,一大批具有较高学术价值的著作相继问世。这套丛书首次将一些中国物理学者的优秀论著以英文版的形式直接推向国际相关研究的主流领域,使世界对中国物理学的过去和现状有更多的深入了解,不仅充分展示出中国物理学研究和积累的“硬实力”,也向世界主动传播我国科技文化领域不断创新的“软实力”,对全面提升中国科学、教育和文化领域的国际形象起到重要的促进作用。

值得一提的是,“中外物理学精品书系”还对中国近现代物理学科的经典著作进行了全面收录。20 世纪以来,中国物理界诞生了很多经典作品,但当时大都分散出版,如今很多代表性的作品已经淹没在浩瀚的图书海洋中,读者们对这些论著也都是“只闻其声,未见其真”。该书系的编者们在这方面下了很大工夫,对中国物理学科不同时期、不同分支的经典著作进行了系统的整理和收录。这项工作具有非常重要的学术意义和社会价值,不仅可以很好地保护和传承我国物理学的经典文献,充分发挥其应有的传世育人的作用,更能使广大物理学人和青年学子切身体会我国物理学研究的发展脉络和优良传统,真正领悟到老一辈科学家严谨求实、追求卓越、博大精深的治学之美。

温家宝总理在 2006 年中国科学技术大会上指出,“加强基础研究是提升国家创新能力、积累智力资本的重要途径,是我国跻身世界科技强国的必要条件”。中国的发展在于创新,而基础研究正是一切创新的根本和源泉。我相信,这套“中外物理学精品书系”的出版,不仅可以使所有热爱和研究物理学的人们从中获取思维的启迪、智力的挑战和阅读的乐趣,也将进一步推动其他相关基础科学更好更快地发展,为我国今后的科技创新和社会进步做出应有的贡献。

“中外物理学精品书系”编委会 主任
中国科学院院士,北京大学教授
王恩哥
2010 年 5 月于燕园

前　言

本书内容仅涉及工程环境下的岩石类材料(rock - like materials)，它包括岩石、土体等地质材料和混凝土等工程材料．

从20世纪60年代以来，人们通过各种途径提高试验机的刚度，对岩石类材料试件的全应力－应变曲线(或称应力－应变全过程曲线)进行了研究．根据单轴和三轴压缩的实验结果，在强度峰值后随微裂缝的扩展岩石强度逐渐降低，岩石破裂的传播是一个稳态过程，并不像过去人们认识的那样，是一个迅速的过程．而且岩石试件在最终破坏时残余变形可以很大，这就是说它的延伸率很大，以往用延伸率小来定义脆性材料，这种做法对岩石材料显然是不合适的．承载较大应力的岩石试件，卸除载荷后试件的变形仅是部分的消失，还有一部分的变形被永久地保留下来，前者是可恢复的弹性变形，后者是卸除载荷后的残余变形．

对完全卸去载荷后岩石试件保留有残余变形，有的学者称这种残余变形为“准塑性变形”以区别金属材料的塑性变形．尽管岩石和金属材料二者的残余变形在微观机制上有很大区别，但它们在宏观上的不可逆性却是相同的．在宏观的唯象学理论中，我们不注重变形的微观机制，而将“塑性”和“不可逆性”这两个术语等同起来，从而将岩石类材料的残余变形直接称为塑性变形．这样，我们就把岩石类材料看做弹塑性材料了．

传统的塑性力学是以金属材料为研究对象的，主要涉及理想塑性和强化塑性材料，其力学属性的研究和资料的取得都是在控制载荷的小刚度试验机上进行的，本构性质的描述均以应力为控制量(自变量)．后文将这种描述称做应力空间表述．然而，岩石类材料不同于金属，有如下两个重要特点：

(1) 进入塑性阶段后不仅有强化阶段还有软化阶段；

(2) 卸载的弹性模量随塑性变形的出现和发展而不断变化，称之为弹性与塑性变形的耦合．Young 模量 E 随内变量的发展而降低，称之为弹性刚度的损伤劣化．

采用在金属塑性使用的应力空间表述，来描述岩石类材料(既有强化阶段又有软化阶段)的本构性质在理论上遇到了困难．为克服这些困难，在20世纪最后二十年，塑性力学本构理论得到了发展，出现了本构方程的应变空间表述理论，扩大了本构理论的使用范围，在理论上为岩石类材料本构理论的建立奠定了基础.

岩石类材料的软化(强度丧失和部分丧失)性质，更确切地说，岩石类材料的不稳定性，会导致岩石工程和自然界岩体的失稳，岩石材料和岩石结构的不稳定性问题应该是岩石塑性力学研究的核心内容．随着非线性有限元技术的发展，使用数值方法研究岩石类材料工程问题和理论问题成为可能，其中两件重要的事情是：

(1) 将弧长延拓算法引入岩石力学计算，致使随弧长增加的所有的平衡状态(包括不稳定的平衡状态)都可求得.

(2) 将 Hill 提出的弹塑性物体平衡稳定性充分条件应用于岩石类材料静载结构，导出了二阶功准则和有限元分析中的特征值准则，用这些准则判断结构平衡的稳定性.

这样，岩石工程和自然界中众多稳定性问题，如滑坡、井壁塌落、煤矿底板透水、地震、岩爆等等，都可用力学意义上的稳定性概念和方法，从全新的角度和观点去研究和处理.

岩石类材料塑性力学能够成为力学的一个学科，刚性试验机的出现和对岩石类材料固有性质的再认识是其试验方面的基础，本构理论的应变空间表述是其理论基础．非线性有限元的发展是其实际应用的基础，这些基础工作都是20 世纪后半叶逐渐完成的，因此岩石类材料塑性力学作为岩石力学的一个分支时至今日才产生就不足为奇了.

岩石类材料塑性力学与金属材料塑性力学一样，属于连续介质力学范畴，遵循连续介质假设．该假设认为真实固体所占有的空间可以近似地看做连续地无空隙地充满着“质点”．“质点”所具有的宏观物理量(如质量、速度、应力、温度等)满足一切应该遵循的物理定律(例如质量守恒、动量守恒、能量守恒、热力学定律等)，但固体的某些物理常数还必须由实验来确定．所谓“质点”指的是微观上充分大，宏观上充分小的物质微元(或称代表体)，这种微元的统计平均物理量可看成均匀不变的，因而可将微元看成是几何上的一个点，因而微元也称为质点．对于不同的材料，质点(微元或代表体)可有不同的尺度 δ_c(线性尺度)，金属材料 $\delta_c \approx 0.5\text{mm}$，砂岩 $\delta_c \approx 2\text{mm}$，混凝土 $\delta_c \approx 100\text{mm}$. 这些尺度大小不同，但与研究问题(岩石工程、混凝土大坝等)的特征尺度相比，依然是非常小的.

近年来，连续介质力学在深度和广度方面都有了很大进展，岩石类材料塑性力学至少包含这些进展的两个方面：

(1) 位移不必总是连续的，可以处理含节理和断层等间断面的问题，本书建立了联系位移间断和面内应力的本构方程，建立了含间断面物体的虚功方程，并处理了含间断面的物体边值问题提法．

(2) 利用电子计算机和有限元技术，发展了计算连续介质力学，可以解决岩石类材料塑性力学中复杂的强非线性问题，开辟了广阔的工程应用前景．

笔者将岩石类材料塑性力学的理论和应用加以总结和系统化，编撰了本书，以期待广大工程界的学者，特别是年轻学者，通过本书能对岩石塑性力学的方方面面有一个准确而深入的了解．本书第一部分(前 6 章)介绍岩石类材料的弹塑性本构理论，这些本构理论是基于塑性力学的基本公设(Drucker 公设和 Ильюшин 公设)导出的，这两个公设最接近于“耗散能不为负”的热力学普遍规律，塑性力学基本公设在连续介质力学中的作用是无可置疑的．第二部分(第 7 至 9 章)介绍简单的岩石类材料弹塑性问题、边值问题和稳定性的表述以及有限元方法．第三部分(第 10 和 11 章)介绍岩石类材料塑性力学的某些应用．最后第四部分是附录，对正文未涉及的某些重要问题进行补充．

本书比较系统地总结了笔者多年来有关的教学和研究成果，其中难免存在缺点和谬误，敬请读者不吝指正．

本书初稿是笔者为中国矿业大学(北京)国家重点实验室和中国石油大学(北京)海洋石油工程专业的研究生撰写的讲义，现由北京大学出版社出版．在此向何满潮、张广清、邸元、姚再兴、李平思以及赵培致意，感谢他们对笔者的支持和帮助．

殷有泉

2014 年 1 月于蓝旗营

内 容 简 介

传统的塑性力学主要讨论金属材料和金属结构，金属材料表现为强化或理想塑性特性，这种材料属于稳定性材料．岩石类材料具有峰后软化和弹塑性耦合的特性，故具有不稳定性质．本书针对岩石类材料的不稳定特性，建立了岩石类材料塑性力学这一新的学科体系．

本书包含四部分．第一部分（第 1 至 6 章）岩石类材料和岩体中间断面的本构性质及其本构表述．这部分介绍了应变空间表述的重要性和必要性，指出材料不稳定性等价于本构矩阵的不正定性．第二部分（第 7 至 9 章）岩石类材料塑性力学的边值问题及其有限元表述．这部分介绍了简单问题（悬臂梁、厚壁筒）的理论解，讨论了边值问题解的稳定性的充分和必要条件以及不稳定性材料弹塑性有限元分析的弧长延拓算法．第三部分（第 10 至 11 章）岩石类材料塑性力学在岩石工程中的应用，这部分讨论了边坡稳定性分析的失衡机制和失稳机制，及在竖井开挖中井壁不稳定的地应力条件和材料条件，并给出了岩爆的力学机制．第四部分（附录 1 至 3），用附录形式对正文未涉及或未充分讨论的一些重要问题给予补充，包括奇异屈服准则的本构理论以及水对岩石材料稳定性的影响等内容．

本书是力学、土木、采矿、水利、能源、地下工程等领域内高端科学研究的塑性力学基础知识，其中某些内容为当前岩石力学学科前沿．本书可作为相关专业本科及研究生的教学参考书，也可供相关专业的研究工作者、工程技术人员和高校教师参考．

目　　录

第一部分　岩石类材料本构特性及其正确表述

第 1 章　连续介质力学的基本概念 ……………………………… (3)

§1－1　连续介质模型 ……………………………… (3)

§1－2　变形和应变 ……………………………… (4)

§1－3　应力和平衡 ……………………………… (6)

§1－4　工程岩石类材料的本构性质 ……………………………… (9)

§1－5　张量的下标标记和矩阵标记 ……………………………… (13)

§1－6　讨论 ……………………………… (17)

第 2 章　本构方程的应力空间表述和应变空间表述 ……………………………… (19)

§2－1　弹性材料的本构方程 ……………………………… (19)

§2－2　弹塑性材料的本构性质的应力空间表述 ……………………………… (23)

§2－3　弹塑性材料本构性质的应变空间表述 ……………………………… (35)

§2－4　讨论 ……………………………… (46)

第 3 章　工程岩石类材料的本构理论 ……………………………… (50)

§3－1　岩石类材料的本构理论框架 ……………………………… (50)

§3－2　应变空间表述的本构方程的实用形式 ……………………………… (59)

§3－3　常用的屈服准则和本构方程 ……………………………… (63)

§3－4　讨论 ……………………………… (72)

第 4 章　岩体中的间断面及其本构表述 ……………………………… (74)

§4－1　间断面力学性质的表述 ……………………………… (74)

§4－2　用层状材料退化的方法建立间断面本构方程 ……………………………… (76)

§4－3　用位移间断和应变比拟方法建立间断面本构方程 ……………………………… (79)

§4－4　讨论 ……………………………… (82)

第 5 章 本构关系的塑性势理论 ……………………………… (83)
§5-1 应变空间表述的塑性势本构理论 ……………………… (83)
§5-2 如何选取岩石类材料和间断面的塑性势 ………………… (86)
§5-3 塑性势理论与耦合塑性理论 ……………………………… (89)
§5-4 讨论 ……………………………………………………… (91)

第 6 章 岩石类材料和岩体间断面的不稳定性 ……………………… (93)
§6-1 耦合塑性材料的不稳定性 ………………………………… (94)
§6-2 满足正交法则的岩石类材料的不稳定性 ……………… (96)
§6-3 非关联流动塑性材料的不稳定性 ……………………… (97)
§6-4 材料不稳定性问题的几点注释 …………………………… (100)
§6-5 岩体间断面的不稳定性 …………………………………… (101)
§6-6 讨论 ……………………………………………………… (104)

第二部分 岩石类材料塑性力学边值问题及其有限元表述

第 7 章 简单的弹塑性问题 ……………………………………… (109)
§7-1 自由端受力矩作用的混凝土悬臂梁 ……………………… (109)
§7-2 受均布内压的厚壁圆筒 …………………………………… (118)
§7-3 逆冲断层地震的不稳定性模型 ………………………… (135)
§7-4 讨论 ……………………………………………………… (151)

第 8 章 岩石类材料塑性力学边值问题 ………………………… (153)
§8-1 增量边值问题的表述 ……………………………………… (153)
§8-2 虚功原理 ………………………………………………… (157)
§8-3 平衡的稳定性 …………………………………………… (160)
§8-4 讨论 ……………………………………………………… (163)

第 9 章 岩石类材料塑性力学边值问题的有限元方法 ……………… (165)
§9-1 有限元系统位移形式的平衡方程 ……………………… (165)
§9-2 线性弹性问题的有限元分析 …………………………… (169)
§9-3 稳定材料弹塑性问题的有限元分析 ……………………… (172)
§9-4 不稳定材料弹塑性问题的弧长延拓算法 ………………… (182)
§9-5 岩石力学问题平衡稳定性的特征值准则 ………………… (190)

§9-6　广义力，广义位移及平衡路径曲线 ……………………… (194)
§9-7　讨论 ……………………………………………………… (198)

第三部分　岩石类材料塑性力学在岩石工程中的应用

第 10 章　边坡稳定性及失衡分析和失稳分析 ………………… (205)
§10-1　极限平衡方法 …………………………………………… (205)
§10-2　强度折减法 ……………………………………………… (206)
§10-3　边坡失衡的判据 ………………………………………… (207)
§10-4　强度折减法的有限元分析 ……………………………… (207)
§10-5　边坡的不稳定平衡(在扰动下失稳) ………………… (211)
§10-6　全应力-应变曲线的简化模型 ………………………… (211)
§10-7　边坡失稳判据 …………………………………………… (214)
§10-8　用弧长延拓算法研究边坡的平衡稳定性 …………… (215)
§10-9　讨论 ……………………………………………………… (218)

第 11 章　竖井开挖计算、井壁稳定性及岩爆 ………………… (220)
§11-1　开挖计算的特点 ………………………………………… (220)
§11-2　在均匀等向初始地应力情况竖井开挖的理论解 …… (223)
§11-3　竖井开挖过程的平衡路径及稳定性的临界载荷 …… (228)
§11-4　后临界问题及岩爆 ……………………………………… (230)
§11-5　用弧长延拓算法研究竖井开挖的稳定性 …………… (235)
§11-6　讨论 ……………………………………………………… (238)

第四部分　附录

附录 1　用实验方法建立屈服面的某些困难 …………………… (243)
§附 1-1　岩石实验资料的分散性 ……………………………… (243)
§附 1-2　用实验方法确定屈服面的一些实际困难 ………… (244)

附录 2　奇异屈服面的本构理论 ………………………………… (246)
§附 2-1　奇异点本构关系的理论表述 ………………………… (246)
§附 2-2　D-P 准则的平面截断模型 ………………………… (248)
§附 2-3　奇异点的光滑化处理 ………………………………… (250)

附录 3 水对岩石性质和岩石材料稳定性的影响 ……………………（252）
§附 3－1 孔隙水压力对岩石强度的影响 ……………………（252）
§附 3－2 岩石的水化学作用 ……………………（253）
§附 3－3 水对岩石类材料稳定性的影响 ……………………（255）

参考文献 ……………………（257）

名词索引 ……………………（260）

第一部分

岩石类材料本构特性及其正确表述

第1章　连续介质力学的基本概念

工程岩石类介质的塑性力学，与金属塑性力学一样，仍属于连续介质力学范畴. 本章首先简单介绍连续介质模型以及应变、应力和岩石本构性质等方面的基本知识，作为后文的铺垫.

§1-1　连续介质模型

岩石和混凝土工程问题的理论分析是对工程材料变形、强度、应力、本构关系及其在工程和地学问题的应用进行探讨，通常采用连续介质力学的方法，假设整个物体的体积被组成这个物体的物质微元连续分布占据. 在此前提下，物体变形的一些力学量，如位移、应力等，才可能是连续变化的，可用位置坐标的连续函数表示它们的变化规律，以及使用数学分析方法研究这些规律.

岩石和混凝土在细观的晶粒尺寸范围会出现不连续性，因而连续介质假设的适用性需要进一步认识. 这需要讨论组成物体的微元的尺度. 确定连续体的微元尺度应考虑以下两个条件：① 微元尺度与物体(岩石工程或地壳)的尺度相比要足够小，使之在数学处理时可以近似作为数学点看待，以保证各力学量从一点到另一点的连续变化；② 微元尺度与其所含的空隙、颗粒尺度相比要足够大，以致包含有足够数量的空隙和颗粒，从而保证各力学量有稳定的统计平均值可作为单个微元的力学量. 上述两个条件用数学语言来说，就是微元尺度相对物体尺度为无限小，相对于细观的空隙和颗粒尺度则为无限大. 满足条件①和②的微元的线性尺度记为 δ_c，具有这种尺度的微元也称为代表体元或典型体元(representative element volume，缩写为 REV). 在本书的论述中将这种微元直截了当地称为物质点. 显然，研究的工程不同，其相应的 REV 的尺度也不同. 金属和合金材料 $\delta_c=0.5\text{mm}$，木材 $\delta_c=10\text{mm}$，混凝土$\delta_c=100\text{mm}$. 在边坡、洞室、地基等岩体工程中，物体规模巨大，要研究如此大范围的应力场变化，其 RVE 的尺度可以在 10mm ~ 100mm 的范围内取值. 在区域应力场和全球应力场分析中，RVE 的尺度更大，可在几米到几公里范围内取值.

有了微元或代表体元的概念，就保证了连续介质力学和无限小分析得到的数学结果在实际工程应用中具有可靠性和合理性.

§1-2 变形和应变

在连续介质力学中，物体变形的数学描述是按下述方法进行的. 物体任一点的位置由该点在某一坐标系内的矢径 $\boldsymbol{r}$(其分量为 x_1, x_2, x_3)来确定. 当物体变形时，一般来说，物体内所有各点都会移动. 现在来考察其中任一确定的点，变形前它的矢径是 $\boldsymbol{r}$，而在变形后的物体内它的矢径将取另一值 $\boldsymbol{r}'$(其分量为 x_i'). 于是在变形时物体上点的位移可用矢量 $\boldsymbol{r}'-\boldsymbol{r}$ 来表示. 我们将它记为 $\boldsymbol{u}$(其分量为 u_i)，

$$\boldsymbol{u} = \boldsymbol{r}' - \boldsymbol{r},$$

$$u_i = x_i' - x_i. \qquad (1-2-1)$$

矢量 $\boldsymbol{u}$ 称为变形矢量(或位移矢量). 当然，各点移动后的坐标 x_i' 应该是它在移动前的坐标 x_i 的函数. 因此，变形矢量 $\boldsymbol{u}$ 也是坐标 x_i 的函数. 将矢量 $\boldsymbol{u}$ 作为 x_i 的函数给出后，物体的变形即已完全确定.

当物体变形时，点与点之间的距离是有变化的. 考虑任何两无限接近的点. 如果它们之间的矢径在变形前为 $\mathrm{d}\boldsymbol{r}$，则在变形后的物体中，这两点间的矢径 $\mathrm{d}\boldsymbol{r}'$将变为

$$\mathrm{d}\boldsymbol{r}' = \mathrm{d}\boldsymbol{r} + \mathrm{d}\boldsymbol{u},$$

$$\mathrm{d}x_i' = \mathrm{d}x_i + \mathrm{d}u_i.$$

两点间的距离在变形前为

$$|\mathrm{d}\boldsymbol{r}| = [(\mathrm{d}x_1)^2 + (\mathrm{d}x_2)^2 + (\mathrm{d}x_3)^2]^{\frac{1}{2}},$$

在变形后为

$$|\mathrm{d}\boldsymbol{r}'| = [(\mathrm{d}x_1')^2 + (\mathrm{d}x_2')^2 + (\mathrm{d}x_3')^2]^{\frac{1}{2}}.$$

我们采用 *Einstein* 约定求和，即凡是上、下标出现相同的指标时，表示对这个指标求和. 本书后面没有特殊的说明，一律采用这种符号. 依照求和约定的写法，我们可以将前两式改写为

$$|\mathrm{d}\boldsymbol{r}|^2 = \mathrm{d}x_i\mathrm{d}x_i,$$

$$|\mathrm{d}\boldsymbol{r}'|^2 = \mathrm{d}x_i'\mathrm{d}x_i' = (\mathrm{d}x_i + \mathrm{d}u_i)(\mathrm{d}x_i + \mathrm{d}u_i).$$

以 $\mathrm{d}u_i = \dfrac{\partial u_i}{\partial x_k}\mathrm{d}x_k$ 代入，将 $|\mathrm{d}\boldsymbol{r}'|^2$ 改写为

$$|\mathrm{d}\boldsymbol{r}'|^2 = |\mathrm{d}\boldsymbol{r}|^2 + 2\frac{\partial u_i}{\partial x_k}\mathrm{d}x_i\mathrm{d}x_k + \frac{\partial u_i}{\partial x_k}\frac{\partial u_i}{\partial x_l}\mathrm{d}x_k\mathrm{d}x_l.$$

由于右边第二项为按指标 i 及 k 求和，故可写做

$$\frac{\partial u_i}{\partial x_k}\mathrm{d}x_i\mathrm{d}x_k = \frac{\partial u_k}{\partial x_i}\mathrm{d}x_i\mathrm{d}x_k.$$

第三项也是求和，故可把指标 i 和 l 的位置掉换一下．于是，最后得出 $|\mathrm{d}\boldsymbol{r}'|^2$ 的如下表达式：

$$|\mathrm{d}\boldsymbol{r}'|^2 = |\mathrm{d}\boldsymbol{r}|^2 + 2E_{ik}\mathrm{d}x_i\mathrm{d}x_k, \tag{1-2-2}$$

其中张量 E_{ik} 的定义如下：

$$E_{ik} = \frac{1}{2}\left(\frac{\partial u_i}{\partial x_k} + \frac{\partial u_k}{\partial x_i} + \frac{\partial u_l}{\partial x_i}\frac{\partial u_l}{\partial x_k}\right). \tag{1-2-3}$$

物体变形时，线元之改变即由以上各式确定．

张量 E_{ik} 称为 Green 应变张量，由定义便知它是对称的，即

$$E_{ik} = E_{ki}. \tag{1-2-4}$$

以上结果的推导，是由于将 $|\mathrm{d}\boldsymbol{r}'|^2$ 中的 $2\dfrac{\partial u_i}{\partial x_k}\mathrm{d}x_i\mathrm{d}x_k$ 写成了显然对称的形式：

$$\left(\frac{\partial u_i}{\partial x_k} + \frac{\partial u_k}{\partial x_i}\right)\mathrm{d}x_i\mathrm{d}x_k.$$

像任何对称张量一样，我们可以将每一给定点上的应变张量 E_{ik} 变到主轴上去．换而言之，在任一给定点上可以选取这样的坐标系（张量的主轴），使 E_{ik} 在其中的分量仅有“对角线”分量 E_{11}，E_{22}，E_{33} 不为零．我们把这几个分量，称为应变张量的主值或主应变，记为 $E^{(1)}$，$E^{(2)}$，$E^{(3)}$．但必须注意，虽然把物体上某一点上的张量 E_{ik} 变成主轴张量，但是一般来说，在所有其他点上的张量却依然是非对角线张量．

如果将给定点上的应变张量化为主轴张量，则在包含该点的体元内，线元公式(1-2-2)将取以下形式：

$$\begin{aligned}|\mathrm{d}\boldsymbol{r}'|^2 &= (\delta_{ik} + 2E_{ik})\mathrm{d}x_i\mathrm{d}x_k \\ &= (1 + 2E^{(1)})\mathrm{d}x_1\mathrm{d}x_1 + (1 + 2E^{(2)})\mathrm{d}x_2\mathrm{d}x_2 + (1 + 2E^{(3)})\mathrm{d}x_3\mathrm{d}x_3,\end{aligned}$$

式中 δ_{ij} 是单位张量．我们看到，上式已分解为三个独立的项．在物体的任一体元内，可将变形看成是在三个互相垂直方向（应变张量的主轴方向）上的三个独立应变的总和．每一个这样的应变都是沿相应方向的单纯拉伸或压缩：沿 x_1 主轴，长度 $\mathrm{d}x_1$ 变为长度 $\mathrm{d}x_1' = \sqrt{1+2E^{(1)}}\,\mathrm{d}x_1$，沿另两个轴的情形也与此类似．因而，数值 $\sqrt{1+2E^{(i)}}-1$ 即是沿这些轴的相对伸长 $\dfrac{\mathrm{d}x_i' - \mathrm{d}x_i}{\mathrm{d}x_i}$．

在许多实际工程中，物体内任何一段距离的改变量都远小于该段距离本身，这就是说，所有的应变分量几乎很小，相对伸长远小于 1.

在某些情况下，尽管应变很小，但位移矢量还可能是较大的．大位移的效

果主要来自大转动，如钓鱼杆的弯曲，或许还有薄板和薄壳的弯曲．然而，对任何“三维”的物体(即在任何方向的尺度都相近的物体)显然不能产生这样的变形：物体的某些部分有很大的位移，而物体内部却不出现强烈的拉伸和压缩．

我们讨论的岩石力学和岩石工程大都是三维物体，属于小应变和小位移，所以在一般表达式(1-2-3)中可以略去最后一项，因为它是二阶小量，于是在小变形的情况下，应变张量由下式确定：

$$\varepsilon_{ik} = \frac{1}{2}\left(\frac{\partial u_i}{\partial x_k} + \frac{\partial u_k}{\partial x_i}\right), \tag{1-2-5}$$

式中 ε_{ik}称为小应变张量，有时也称为线应变张量．现在，线元沿(给定点的)应变张量主轴的相对伸长，在不计高阶量时等于 $\sqrt{1+2\varepsilon^{(i)}}-1\approx\varepsilon^{(i)}$，即直接等于张量 ε_{ik}的主值 $\varepsilon^{(i)}$．

让我们来考虑任何一个无限小的体元 $\mathrm{d}V$，并确定在物体变形后它的大小为 $\mathrm{d}V'$，为此选取该点的应变张量主轴作为坐标轴．于是，变形之后，沿这些轴的线元 $\mathrm{d}x_1$，$\mathrm{d}x_2$，$\mathrm{d}x_3$ 将变为 $\mathrm{d}x_i'=(1+\varepsilon^{(i)})\mathrm{d}x_i$，$i=1，2，3$．体积 $\mathrm{d}V$ 等于 $\mathrm{d}x_1\mathrm{d}x_2\mathrm{d}x_3$，体积 $\mathrm{d}V'$则等于 $\mathrm{d}x_1'\mathrm{d}x_2'\mathrm{d}x_3'$．于是

$$\mathrm{d}V' = \mathrm{d}V(1+\varepsilon^{(1)})(1+\varepsilon^{(2)})(1+\varepsilon^{(3)}).$$

由此，略去高阶小量，即得

$$\mathrm{d}V' = \mathrm{d}V(1+\varepsilon^{(1)}+\varepsilon^{(2)}+\varepsilon^{(3)}).$$

大家知道，张量主值之和 $\varepsilon^{(1)}+\varepsilon^{(2)}+\varepsilon^{(3)}$是个不变量，在任何坐标系中恒等于对角线分量之和 $\varepsilon_{ii}=\varepsilon_{11}+\varepsilon_{22}+\varepsilon_{33}$，于是

$$\mathrm{d}V' = \mathrm{d}V(1+\varepsilon_{ii}).$$

由此可见，在小应变情况，应变张量的对角线分量之和就是体积的相对变化 ε_V，即

$$\varepsilon_V = \varepsilon_{ii} = \frac{\mathrm{d}V'-\mathrm{d}V}{\mathrm{d}V}.$$

§1-3 应力和平衡

在变形前的物体中，分子的排列是适应于物体的热平衡状态的，同时物体的各个部分彼此处于力学平衡状态．这就是说，如果从物体内部截取任一部分体积来看，则自其余部分施于该体积的作用力的合力为零．

在变形中，分子的排列将会改变，从而物体将离开原来所处的平衡状态．因此，将出现促使恢复原平衡状态的力．这些在变形中出现的内力称为内应

力，简称应力.

应力是分子力引起的，即物体分子间的相互作用力引起的，分子力有极小的“作用半径”．分子力的影响，在产生该力的分子附近，仅能达到与分子间距同数量级的距离．在宏观理论中，只考虑远大于分子间距的距离，因此应该认为分子力的“作用半径”为零．这就是说，引起应力的力是“近距作用”力，从一点出发仅能达到它的邻近．因此，物体任一部分所受到的来自各方面的力都只能是直接通过该部分的表面起作用.

我们在物体中任意截取一部分体积，并考察作用在它上面的合力．一方面，这一合力是作用在所论部分每一体积微元上的所有力的总和，就是说，可以将它表示为如下的体积分：

$$\int \boldsymbol{F} \mathrm{d}V,$$

其中 $\boldsymbol{F}$ 为作用于物体单位体积上的力，因此在体元 $\mathrm{d}V$ 上的作用力为 $\boldsymbol{F}\mathrm{d}V$．另一方面，在所论体积内不同部分的相互作用力不能产生异于零的合力，因为根据作用力与反作用力相等的定律，那些相互的作用力在求和时应彼此相消，因此所求合力可以认为仅仅是那些自所论体积周围的物体部分施加于该体积的力的总和．但按照前面的说明，这些力是通过所论体积的表面作用于体积的，因此这一合力可以表示为作用于该体积表面的每个面元上的力的总和，也就是表示为沿该体积表面的某个积分.

对于在物体内所截取的任一体积，所有内应力的合力之每一分量 $\int F_i \mathrm{d}V$ 都可变换为沿该体积表面的积分．正如在矢量分析中所熟知的，标量在任一体积上的积分都可变换为一个面积分，只要该标量是某个矢量的散度．在这里讨论的情况，涉及的不是标量的积分而是矢量的积分．因此，分量 F_i 应该是某个二阶张量的散度，即 F_i 应具有如下形式：

$$F_i = \frac{\partial \sigma_{ik}}{\partial x_k}. \tag{1-3-1}$$

于是，作用于某一体积上的力即可写成沿包围该体积的封闭曲面上的一个积分

$$\int F_i \mathrm{d}V = \int \frac{\partial \sigma_{ik}}{\partial x_k} \mathrm{d}V = \oint \sigma_{ik} \mathrm{d}S_k, \tag{1-3-2}$$

其中 $\mathrm{d}S_k$ 为面元矢量 $\mathrm{d}\boldsymbol{S}$ 的分量，该矢量的方向，像通常一样，总是沿曲面的外法向.

张量 σ_{ik} 称为应力张量．从式(1-3-2)可见，$\sigma_{ik}\mathrm{d}S_k$ 是作用于面元 $\mathrm{d}\boldsymbol{S}$ 上的力的第 i 个分量，在平面 x_1-x_2，x_2-x_3，x_3-x_1 选定面元就可以看到，应力张量的分量 σ_{ik} 是作用在垂直于 x_k 轴的单位面元上的力的第 i 个分量．比如，

在垂直于 x_1 轴的单位面积上，所作用的法向（x_1 轴向的）力是 σ_{11}，而切向（沿 x_2 轴及 x_3 轴方向的）力分别为 $\sigma_{21}(=\sigma_{12})$ 及 $\sigma_{21}(=\sigma_{12})$.

这里必须说明一下力 $\sigma_{ik}\mathrm{d}S_k$ 的符号问题．在（1－3－2）式中，面积分所表示的是由物体的其余部分作用于被该曲面所包围的体积上的力．反之，由该体积作用于其表面外围部分的力就具有相反的符号．因此，由内部应力方面作用于物体整个表面上的力便等于

$$-\oint\sigma_{ik}\mathrm{d}S_k,$$

式中积分是遍历物体表面来取的，而 $\mathrm{d}S_k$ 沿外法线（x_k 轴）方向.

我们来确定作用于物体某部分的力所产生的矩．大家知道，力 $\boldsymbol{F}$ 所产生矩可以写成以 $F_ix_k-F_kx_i$（x_i 为力作用点的坐标）为分量的二阶反对称张量的形式．因此，作用于体元 $\mathrm{d}V$ 的力矩为 $(F_ix_k-F_kx_i)\mathrm{d}V$，而作用于整个体积的力矩为

$$M_{ik}=\int(F_ix_k-F_kx_i)\mathrm{d}V.$$

正如作用于任一体积的合力一样，这些力矩也应表示为沿体积表面的积分．把（1－3－1）式中的 F_i 代入，得

$$\begin{aligned}M_{ik}&=\int\left(\frac{\partial\sigma_{il}}{\partial x_l}x_k-\frac{\partial\sigma_{kl}}{\partial x_l}x_i\right)\mathrm{d}V\\&=\int\frac{\partial(\sigma_{il}x_k-\sigma_{kl}x_i)}{\partial x_l}\mathrm{d}V-\int\left(\sigma_{il}\frac{\partial x_k}{\partial x_l}-\sigma_{kl}\frac{\partial x_i}{\partial x_l}\right)\mathrm{d}V.\end{aligned}$$

注意到在右端第二项中，对 $\frac{\partial x_k}{\partial x_l}$，$\frac{\partial x_i}{\partial x_l}$ 而言，若两个坐标相同，导数等于 1，若两个坐标不同，导数等于零（三个坐标都是独立变量）．因而，$\frac{\partial x_k}{\partial x_l}=\delta_{kl}$，此处 δ_{kl} 为单位张量，乘以 σ_{il} 以后，给出 $\sigma_{il}\delta_{kl}=\sigma_{ik}$，$\delta_{il}\sigma_{kl}=\sigma_{ki}$．而在右端第一项中，积分号下是某一张量的散度，按 Gauss 公式这个积分可改为面积分，结果是

$$M_{ik}=\oint(\sigma_{il}x_k-\sigma_{kl}x_i)\mathrm{d}S_l+\int(\sigma_{ki}-\sigma_{ik})\mathrm{d}V.$$

为使 M_{ik} 也能用面积分表示，上式右端第二项必须恒为零，这就是必须有 $\sigma_{ik}-\sigma_{ki}=0$ 或

$$\sigma_{ik}=\sigma_{ki}. \tag{1-3-3}$$

因此，我们得出一个重要的结论，即应力张量为对称张量．作用于物体的任一部分的力矩现在可以写成如下简单形式：

$$M_{ik}=\int(F_ix_k-F_kx_i)\mathrm{d}V=\oint(\sigma_{il}x_k-\sigma_{kl}x_i)\mathrm{d}S_l. \tag{1-3-4}$$

在物体处于完全均匀压缩情况下，物体的应力张量是容易写出的．在均匀

压缩中，作用于物体表面每一单位面积的压力大小是相等的，方向则处处与表面垂直并且指向物体内部．如果将压力记为 p，则作用在面元 $\mathrm{d}S_i$ 上的力等于 $-p\mathrm{d}S_i$．另一方面，这个力既然要用应力张量表示，那就应该具有 $\sigma_{ik}\mathrm{d}S_k$ 的形式．将 $-p\mathrm{d}S_i$ 写成 $-p\delta_{ik}\mathrm{d}S_k$ 以后，可以看到，在完全均匀压缩时应力张量将具有如下形式：

$$\sigma_{ik} = -p\delta_{ik}, \tag{1-3-5}$$

所有非零分量都与压力相等．

在任意的一般变形情形中，应力张量的非对角线分量也可以是非零的．这就是说，在物体内任一面元上不仅有垂直于面元的作用（正应力），还有与面元相切的使平行面元彼此错开的“剪切”应力（剪应力）．

由于应力张量 $\boldsymbol{\sigma}_{ik}$ 是对称张量，我们可以将每一给定点上的张量 $\boldsymbol{\sigma}_{ik}$ 变换到主轴上去．也就是说，在任一给定点上，可以选取这样的坐标系（张量的主轴），使 $\boldsymbol{\sigma}_{ik}$ 在其中的分量仅有“对角线”分量 $\boldsymbol{\sigma}_{11}$，$\boldsymbol{\sigma}_{22}$，$\boldsymbol{\sigma}_{33}$ 不为零．我们把 $\boldsymbol{\sigma}_{11}$，$\boldsymbol{\sigma}_{22}$，$\boldsymbol{\sigma}_{33}$ 称为应力张量的主值或主应力，记为 $\boldsymbol{\sigma}^{(1)}$，$\boldsymbol{\sigma}^{(2)}$，$\boldsymbol{\sigma}^{(3)}$．

在变形后物体处于平衡时，从物体内部任意截取的一部分体积，都有 $\int \boldsymbol{F}\mathrm{d}V=0$，因而必须有物体内处处有 $F_i=0$，于是，变形物体的平衡方程有下列形式：

$$\frac{\partial \sigma_{ik}}{\partial x_k} = 0. \tag{1-3-6}$$

如果物体在重力场或电磁场内，则作用在单位体积上的内应力与体积力载荷 $\boldsymbol{p}$ 之和应等于零．在这种情况下，平衡方程是

$$\frac{\partial \sigma_{ik}}{\partial x_k} + p_i = 0. \tag{1-3-7}$$

至于直接加于物体表面的外力（称为表面力载荷，通常它们是引起变形的原因），则将出现在平衡问题的边界条件中．设 $\boldsymbol{q}$ 为作用于物体表面单位面积上的外力，则作用于面元 $\mathrm{d}S$ 上的力为 $\boldsymbol{q}\mathrm{d}S$，平衡时它必与作用在该面元上的内应力 $-\sigma_{ik}\mathrm{d}S_k$ 相抵．因此，必须有

$$q_i\mathrm{d}S - \sigma_{ik}\mathrm{d}S_k = 0.$$

将 $\mathrm{d}S_k$ 写成 $\mathrm{d}S_k=n_k\mathrm{d}S$ 后（其中 $\boldsymbol{n}$ 为外法向的单位矢量），即得

$$\sigma_{ik}n_k = q_i,$$

这便是处于平衡状态的物体表面所应满足的条件，称为应力边界条件．

§1-4　工程岩石类材料的本构性质

20 世纪 70 年代初期，电液伺服控制刚性试验机的出现，对进一步认识岩

石类材料的本构特性，推动岩石力学的发展起到了不可估量的作用. 在以前很长时间里，人们曾把小刚度试验机上的试样在加载下的突然破坏，当做材料的固有属性(称之为脆性). Bieniawski 等人 1969 年根据对苏长岩的试验结果，定量地分析了普通材料试验机(小刚度)不能测得岩石峰值后性态的原因，因为在于试验机中储存的能量比其对试样所作的功要大 5 倍，他认为当载荷增加到岩石的破坏强度时，因试样的抗力在不断下降，造成试验机的大量能量在瞬间释放，给试样以冲击载荷，从而导致试样发生突然剧烈的破坏. 在伺服控制的刚性试验机上做试验，由于正确选择了反馈信号和闭合回路的反应时间对变形的过程进行控制，岩石强度随破裂的发展而降低，破裂的传播是一个稳态过程，可以得到材料的应力－应变全过程曲线，从而揭示了岩石类材料的固有性质，特别是峰值后的性质.

研究岩石类材料本构性质最常用的是常规三轴压缩试验. 实施三轴压缩试验的通常方法是：首先在柱形试件作用以各项均匀压应力 p(也称围压)，而后在围压保持不变的情况下施以轴向载荷 $\sigma_{轴}$. 因此这种三轴压缩试验可以理解为在各向同性压缩的初始状态上叠加一个单轴压缩. 某石英岩样品在刚性试验机上三轴压缩的试验结果如图 1－1 所示. 曲线 $OABCDEF$ 通常称为应力－应变全过程曲线，或全应力－应变曲线.

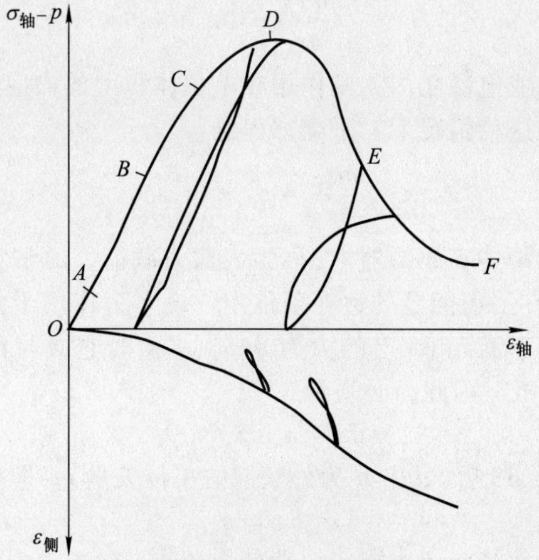

图 1－1 某岩石样品三轴压缩试验

在试验进行的不同阶段，取下试件进行显微镜观察，其结果列于表 1－1 中. 在 OA 段，原有空隙闭合；在 AB 段，线弹性范围，试件细观结构无明显变化；在 BC 段，新微裂纹出现；在 CD 段，微裂纹形成速度加快，裂纹密度加大；在 DE 段，裂纹密度无明显增大，但断续的裂纹在相同的方向上连通；在 EF 段，沿微裂纹面滑动. 总地看来，在峰值应力前的各区段，裂纹是弥散形式的，而峰后裂纹有集中化的趋势. 国外某些学者提出，全应力－应变曲线峰前部分代表岩石的材料性质，而峰后部分是结构性质，而这种观点也得到了国内某些学者的认同. 我们在讨论岩石材料本构性质时，从唯象论和连续介质模型来看，如果考虑代表体的尺度为岩石试件的尺度，那么无须讨论代表体内部的细节，无须区别弥散裂纹和集中裂纹，只要在试验中能够得到稳定的曲线，试验具有较好精度和可重复性，我们得到的试件性质就是材料性质，无论峰前峰后，全应力－应变曲线整体地反映材料的性质.

表 1－1　三轴试验结果

区段	$\sigma_{轴}-\varepsilon_{轴}$关系	$\varepsilon_{侧}-\varepsilon_{轴}$关系	试件变化情况
OA	非线性，$\Delta\sigma_{轴}/\Delta\varepsilon_{轴}$增大直到 *A* 点	线性，$\Delta\varepsilon_{侧}/\Delta\varepsilon_{轴}$为常数	原有空隙闭合，由于试件端部不平，出现局部破裂
AB	线性，$\Delta\sigma_{轴}/\Delta\varepsilon_{轴}$为常数	线性，$\Delta\varepsilon_{侧}/\Delta\varepsilon_{轴}$为常数直到 *B* 点	线弹性范围，试件结构无明显变化
BC	线性，$\Delta\sigma_{轴}/\Delta\varepsilon_{轴}$为常数	非线性，$\Delta\varepsilon_{侧}/\Delta\varepsilon_{轴}$增大	破坏开始，形成孤立的微观裂纹，方向为最大主应力方向
CD	非线性，$\Delta\sigma_{轴}/\Delta\varepsilon_{轴}$减少	非线性，$\Delta\varepsilon_{侧}/\Delta\varepsilon_{轴}$达到 2，并迅速增加	由于裂纹形成速度加快，裂纹密度加大
DE	非线性，$\Delta\sigma_{轴}/\Delta\varepsilon_{轴}$值变负并增大	非线性，$\Delta\varepsilon_{侧}/\Delta\varepsilon_{轴}$迅速增大	裂纺纹密度无明显增大，但断续的裂纹在相同的方向上逐渐形成微观破裂面
EF	非线性，$\Delta\sigma_{轴}/\Delta\varepsilon_{轴}$为负值并减少	线性，$\Delta\varepsilon_{侧}/\Delta\varepsilon_{轴}$轴为常数	沿微破裂面滑动

注：此表取自张清，杜静(1997).

在全应力－应变曲线上，超过 *B* 点卸除载荷(使 ε_1 减小即为卸载)后试件的变形仅是部分地消失，还有一部分变形被永远地保留下来，前者可恢复的变形就是弹性变形，后者是卸除载荷后的残余变形. 尽管岩石类材料与金属材料二者的残余变形在微观机制上有很大区别，但它们宏观上的不可逆性却是相同的. 在宏观的唯象学理论中，我们不注重变形的微观机制，而将“塑性”与“不可逆性”这两个术语等同起来，从而将岩石类材料的残余变形直接称为塑性变形，而不必像某些地质学家那样称之为“准塑性变形”或“假塑性变形”. 这样，我们不再把岩石材料看做脆性材料，而是看做弹塑性材料，从而建立岩石类材料的塑性力学理论.

在塑性力学中将应变和应力一类能够直接测量得到的量称为外变量(简称变量)，还引进一些不能直接测量，但能反映材料结构的不可逆变化的量，称为内变量. 内变量也是一种宏观的量，例如等效塑性应变、塑性功、塑性扩容(dilatancy)等，这些量都是单调增加的，仅在纯弹性反应时保持为常数. 材料的屈服强度是随内变量的增加而变化的. 如果取塑性扩容

$$\theta^{p} = \varepsilon_{轴}^{p} + 2\varepsilon_{侧}^{p}$$

作为内变量，岩石类材料的三轴压缩强度是随 θ^{p} 变化的. 依据三轴试验资料(图 1－1)，可以计算出加载过程中的塑性应变 $\varepsilon_{轴}^{p}$，$\varepsilon_{侧}^{p}$ 和内变量 θ^{p}，因而可得到屈服强度随 θ^{p} 变化的曲线(图 1－2)，称为材料的强度曲线. 强度的峰值和初值分布对应于全应力－应变曲线的 D 和 B 点，也称为峰值屈服强度和初始屈服强度. 曲线的峰前部分，$\frac{d\sigma_{轴}}{d\theta^{p}}>0$，对应于强化阶段；峰后部分，$\frac{d\sigma_{轴}}{d\theta^{p}}<0$，对应于软化阶段；在峰值处，$\frac{d\sigma_{轴}}{d\theta^{p}}=0$，对应于最大的屈服强度. 屈服强度随内变量增加而增大，称为应变强化；随内变量增加而减小称为应变软化. 强度不随内变量变化，而保持常数，称为理想塑性(如岩盐、白垩等). 严格地说，全应力应变曲线(图 1－1)的斜率$\frac{d\sigma_{轴}}{d\varepsilon_{轴}}$的正负不能代表材料强度的强化和软化. 那里横坐标是轴向应变 $\varepsilon_{轴}$，$\frac{d\sigma_{轴}}{d\varepsilon_{轴}}>0$ 表示材料是稳定的(包括弹性阶段和塑性强化阶段)，$\frac{d\sigma_{轴}}{d\varepsilon_{轴}}<0$ 表示材料处于不稳定阶段. 材料强度的变化特性(强化、

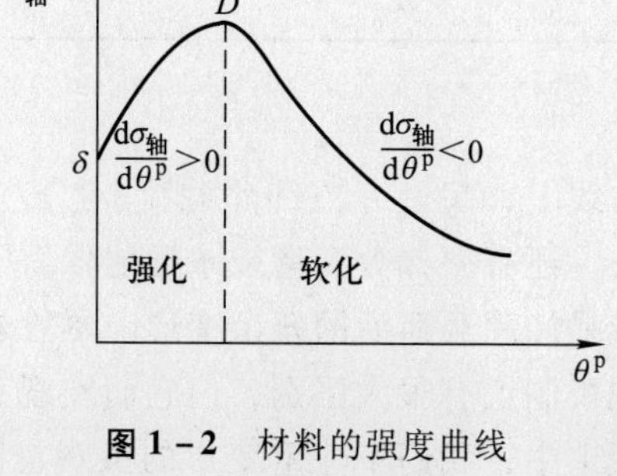

图 1－2 材料的强度曲线

软化)和材料的稳定性是两个不同的概念.

传统的塑性力学是以金属材料为研究对象的，主要涉及理想塑性和强化塑性材料，其力学属性的研究及资料的取得都是在控制载荷的小刚度试验机上进行的，本构性质的描述均以应力为控制变量(自变量). 后文将这种描述称做应力空间表述. 然而，岩石类材料不同于金属，有如下两个重要特点:

(1) 进入塑性阶段后不仅有强化阶段还有软化阶段;

(2) 卸载的弹性模量随塑性变形的出现和发展而不断变化，称为弹性与塑性变形耦合. Young 模量 E 随内变量的发展而降低，称为弹性刚度的损伤劣化.

在 20 世纪最后 20 年，塑性力学本构理论得到了发展，出现了本构方程的应变空间表述理论，扩大了本构理论的适用范围，在理论上为岩石类材料塑性力学的建立奠定了基础. 相关的内容将在本书的第二章和第三章里介绍.

岩石类材料的软化(强度丧失和部分丧失)性质，更确切地说，岩石类材料的不稳定性，会导致岩石工程和自然界岩体的失稳，因此岩石类材料和结构的不稳定性问题应该是岩石类材料塑性力学研究的核心内容.

随着有限元技术的发展，强非线性方程组求解方法(例如弧长延拓方法)的出现，为研究岩石力学和岩石工程的稳定性问题提供了可能性. 岩石类材料塑性力学为岩石力学理论研究和工程设计开辟了新的前景.

§1-5　张量的下标标记和矩阵标记

在 §1-2 和 §1-3 中介绍的位置矢量、位移矢量、应变张量和应力张量，都是使用下标标记表示的. 在一般情况，一个矢量(即一阶张量)用单一的下标标记表示(例如 x_i, u_i)，二阶张量用两个下标标记表示(例如 σ_{ij}, ε_{ij})，其中的下标 i 或 j 的取值范围是问题的维数. 在某项中重复出现的下标表示求和，这与通常的 Einstein 规则相一致.

对三维问题，i 和 j 取值为 1, 2, 3. 如果 x_i 是大小为 r 的位置矢量，则有

$$r^2 = x_i x_i = x_1 x_1 + x_2 x_2 + x_3 x_3. \tag{1-5-1}$$

对线性弹性材料，本构关系(广义 Hooke 定律)的指标标记形式为

$$\begin{aligned}\sigma_{ij} = D_{ijkl}\varepsilon_{kl} = {} & D_{ij11}\varepsilon_{11} + D_{ij22}\varepsilon_{22} + D_{ij33}\varepsilon_{33} \\ & + D_{ij12}\varepsilon_{12} + D_{ij21}\varepsilon_{21} + D_{ij23}\varepsilon_{23} + D_{ij32}\varepsilon_{32} + D_{ij13}\varepsilon_{13} + D_{ij31}\varepsilon_{31},\end{aligned} \tag{1-5-2}$$

其中本构张量 D_{ijkl} 是四阶张量.

在有限元教程中人们常常将应力、应变一类的对称的二阶张量写成列矩阵(6 维矢量)形式，由 Voigt 标记，将对称二阶张量下标标记转换到列矩阵的过程称为 Voigt 规则．对于动力学张量(如应力 σ_{ij})，Voigt 规则是

$$\text{张量表述} \quad \rightarrow \quad \text{Voigt 表述}$$

$$\begin{bmatrix} \sigma_{11} & \leftarrow & \sigma_{12} & \leftarrow & \sigma_{13} \\ & \searrow & & & \uparrow \\ \sigma_{21} & & \sigma_{22} & & \sigma_{23} \\ & & & \searrow & \uparrow \\ \sigma_{31} & & \sigma_{22} & & \sigma_{33} \end{bmatrix} \rightarrow \begin{bmatrix} \sigma_{11} \\ \sigma_{22} \\ \sigma_{33} \\ \sigma_{23} \\ \sigma_{13} \\ \sigma_{12} \end{bmatrix} = \begin{bmatrix} \sigma_{1} \\ \sigma_{2} \\ \sigma_{3} \\ \sigma_{4} \\ \sigma_{5} \\ \sigma_{6} \end{bmatrix} \equiv \boldsymbol{\sigma}, \qquad (1-5-3)$$

二阶张量的指标和列矩阵的指标之间的对应关系，如表 1－2 所示．在列矩阵中元素的次序是，通过沿着张量的主对角线向下画一条线，然后在最后一列向上，并返回横向第一行．任何通过 Voigt 规则转换的列矩阵称为 Voigt 形式，并且由方括弧括起来，如式(1－5－3)所示．

在 Voigt 形式中，当应用下标表示张量时，我们用下角标 a，b 等符号．这样，从张量到 Voigt 形式，由 σ_a 替代了 σ_{ij}.

表 1－2　三维 Voigt 规则

σ_{ij}		σ_a
i	j	a
1	1	1
2	2	2
3	3	3
2	3	4
1	3	5
1	2	6

对于二阶运动学张量(如应变 ε_{ij})的 Voigt 规则也由表 1－2 中给出，但是剪应变分量，即用两个不同下标表示的分量，需要乘以 2．因此，应变的 Voigt 规则是

张量表述　→　Voigt 表述

$$\begin{bmatrix} \varepsilon_{11} & \varepsilon_{12} & \varepsilon_{13} \\ \varepsilon_{21} & \varepsilon_{22} & \varepsilon_{23} \\ \varepsilon_{31} & \varepsilon_{32} & \varepsilon_{33} \end{bmatrix} \to \begin{bmatrix} \varepsilon_{11} \\ \varepsilon_{22} \\ \varepsilon_{33} \\ 2\varepsilon_{23} \\ 2\varepsilon_{13} \\ 2\varepsilon_{12} \end{bmatrix} = \begin{bmatrix} \varepsilon_1 \\ \varepsilon_2 \\ \varepsilon_3 \\ \varepsilon_4 \\ \varepsilon_5 \\ \varepsilon_6 \end{bmatrix} \equiv \boldsymbol{\varepsilon}. \tag{1-5-4}$$

在剪应变符号前的系数 2 是源于能量表达式的需要，为使采用 Voigt 标记和张量下标标记的能量是等价的．对于能量增量，很容易证明下面的表达式是完全等同的：

$$\mathrm{d}W = \mathrm{d}\varepsilon_{ij}\sigma_{ij} = \mathrm{d}\boldsymbol{\varepsilon}^{\mathrm{T}}\boldsymbol{\sigma}.$$

将本构四阶张量变换为二阶矩阵，Voigt 规则是特别有用的．例如，采用指标标记的线弹性定律包含四阶本构张量 D_{ijkl}（见式(1-5-2)），本构方程的 Voigt 矩阵形式是：

$$\boldsymbol{\sigma} = \boldsymbol{D}\boldsymbol{\varepsilon} \quad 或者 \quad \boldsymbol{\sigma}_a = \boldsymbol{D}_{ab}\boldsymbol{\varepsilon}_b, \tag{1-5-5}$$

式中 $a \leftarrow ij$ 和 $b \leftarrow kl$，如在表 1-2 中，当以矩阵指标形式写成 Voigt 表达式时，采用字母指标的对应规则，有

$$\boldsymbol{D} = \begin{bmatrix} D_{11} & D_{12} & D_{13} & D_{14} & D_{15} & D_{16} \\ D_{21} & D_{22} & D_{23} & D_{24} & D_{25} & D_{26} \\ D_{31} & D_{32} & D_{33} & D_{34} & D_{35} & D_{36} \\ D_{41} & D_{42} & D_{43} & D_{44} & D_{45} & D_{46} \\ D_{51} & D_{52} & D_{53} & D_{54} & D_{55} & D_{56} \\ D_{61} & D_{62} & D_{63} & D_{64} & D_{65} & D_{66} \end{bmatrix}$$

$$= \begin{bmatrix} D_{1111} & D_{1112} & D_{1133} & D_{1123} & D_{1113} & D_{1112} \\ D_{2211} & D_{2222} & D_{2233} & D_{2223} & D_{2213} & D_{2212} \\ D_{3311} & D_{3322} & D_{3333} & D_{3323} & D_{3313} & D_{3312} \\ D_{2311} & D_{2322} & D_{2333} & D_{2323} & D_{2313} & D_{2312} \\ D_{1311} & D_{1322} & D_{1331} & D_{1323} & D_{1313} & D_{1312} \\ D_{1211} & D_{1222} & D_{1233} & D_{1223} & D_{1213} & D_{1212} \end{bmatrix}.$$

第一个矩阵表示采用 Voigt 标记的弹性系数，第二个矩阵表示采用张量标记的弹性系数；从下标的个数和编号的不同可识别出是采用 Voigt 标记还是采用张量标记表示矩阵．为了证明上面的变换，注意 σ_{23} 的表达式（见式(1-5-2)）

$$\sigma_{23} = D_{2311}\varepsilon_{11} + D_{2322}\varepsilon_{22} + D_{2333}\varepsilon_{33} + D_{2312}\varepsilon_{12} + D_{2321}\varepsilon_{21} + D_{2323}\varepsilon_{23} + D_{2332}\varepsilon_{32} + D_{2313}\varepsilon_{13} + D_{2331}\varepsilon_{31}.$$

如果我们应用

$$\varepsilon_4 = \varepsilon_{23} + \varepsilon_{32} = 2\varepsilon_{23}, \quad \varepsilon_5 = \varepsilon_{13} + \varepsilon_{31} = 2\varepsilon_{13}, \quad \varepsilon_6 = \varepsilon_{12} + \varepsilon_{21} = 2\varepsilon_{21},$$

以及考虑 $\boldsymbol{D}$ 的次对称性，即

$$D_{2312} = D_{2321}, \quad D_{2323} = D_{2332}, \quad D_{2313} = D_{2331},$$

那么利用 Voigt 标记，式(1－5－2)可转换为

$$\sigma_4 = D_{41}\varepsilon_1 + D_{42}\varepsilon_2 + D_{43}\varepsilon_3 + D_{44}\varepsilon_4 + D_{45}\varepsilon_5 + D_{46}\varepsilon_6.$$

很明显，在 Voigt 标记中剪应变是工程剪应变. 在工程力学中习惯采用 x，y，z 坐标系，而不是采用 x_1，x_2，x_3；正应力采用符号 σ，剪应力采用符号 τ，正应变采用符号 ε，剪应变采用符号 γ，因此，应力和应变的 Voigt 标记为

$$\boldsymbol{\sigma} = \begin{bmatrix} \sigma_{xx} \\ \sigma_{yy} \\ \sigma_{zz} \\ \sigma_{yz} \\ \sigma_{xz} \\ \sigma_{xy} \end{bmatrix} \equiv \begin{bmatrix} \sigma_x \\ \sigma_y \\ \sigma_z \\ \tau_{yz} \\ \tau_{xz} \\ \tau_{xy} \end{bmatrix}, \quad \boldsymbol{\varepsilon} = \begin{bmatrix} \varepsilon_{xx} \\ \varepsilon_{yy} \\ \varepsilon_{zz} \\ 2\varepsilon_{yz} \\ 2\varepsilon_{xz} \\ 2\varepsilon_{xy} \end{bmatrix} \equiv \begin{bmatrix} \varepsilon_x \\ \varepsilon_y \\ \varepsilon_z \\ \gamma_{yz} \\ \gamma_{xz} \\ \gamma_{xy} \end{bmatrix}. \tag{1－5－6}$$

平衡方程(1－3－7)现在写做

$$\begin{bmatrix} \dfrac{\partial \sigma_x}{\partial x} + \dfrac{\partial \tau_{xy}}{\partial y} + \dfrac{\partial \tau_{xz}}{\partial z} \\ \dfrac{\partial \tau_{yx}}{\partial x} + \dfrac{\partial \sigma_y}{\partial y} + \dfrac{\partial \tau_{yz}}{\partial z} \\ \dfrac{\partial \tau_{zx}}{\partial x} + \dfrac{\partial \sigma_{zy}}{\partial y} + \dfrac{\partial \sigma_z}{\partial z} \end{bmatrix} + \begin{bmatrix} p_x \\ p_y \\ p_z \end{bmatrix} = \begin{bmatrix} 0 \\ 0 \\ 0 \end{bmatrix}. \tag{1－5－7}$$

引入微商算子矩阵

$$\boldsymbol{L}^{\mathrm{T}} = \begin{bmatrix} \dfrac{\partial}{\partial x} & 0 & 0 & 0 & \dfrac{\partial}{\partial z} & \dfrac{\partial}{\partial y} \\ 0 & \dfrac{\partial}{\partial y} & 0 & \dfrac{\partial}{\partial z} & 0 & \dfrac{\partial}{\partial x} \\ 0 & 0 & \dfrac{\partial}{\partial z} & \dfrac{\partial}{\partial y} & \dfrac{\partial}{\partial x} & 0 \end{bmatrix}, \tag{1－5－8}$$

平衡方程(1－5－7)可表示为

$$\boldsymbol{L}^{\mathrm{T}}\boldsymbol{\sigma} + \boldsymbol{p} = \boldsymbol{0}. \tag{1－5－9}$$

如果位移矢量 $\boldsymbol{u}$ 记为

$$\boldsymbol{u} = \begin{bmatrix} u_1 \\ u_2 \\ u_3 \end{bmatrix} = \begin{bmatrix} u_x \\ u_y \\ u_z \end{bmatrix} = \begin{bmatrix} u \\ v \\ w \end{bmatrix}, \qquad (1-5-10)$$

那么方程(1 -2 -5)(通常称做几何方程)可写做

$$\boldsymbol{\varepsilon} = \boldsymbol{L}\boldsymbol{u}. \qquad (1-5-11)$$

本书在后文将采用 Voigt 形式表示对称的二阶张量和四阶张量. 6 ×1 列矩阵表示对称的二阶张量, 6 ×6 的二阶矩阵表示四阶的本构张量.

§1 -6　讨论

1. 塑性变形是结晶材料所特有的现象, 金属材料表现的最为典型. 不过, 即使是非结晶材料, 例如岩石、混凝土等, 从唯象学的观点来看, 在一定变形范围内, 也可以将其看做具有塑性性质, 而同样对待. 特别是刚性试验机做出的全应力 - 应变曲线明显地显示了岩石和混凝土材料的弹塑性性质. 于是, 开始形成岩石类材料塑性力学这一力学分支.

与金属塑性力学一样, 岩石类材料塑性力学也属于连续介质力学范畴. 连续介质力学也称为变形体力学, 在物体内部质点之间有相对运动, 从宏观上看连续体具有变形. 在连续介质力学中, 力不再被看做作用于一个个离散的质点上, 而被看做作用于微元的表面上, 因而需要引进单位面积上的力(即应力)的概念. 本章 §1 -2 和 §1 -3 关于变形和应变以及应力和平衡的叙述取材于朗道(Л. Д. Ландау)院士的著作(1962).

2. 研究塑性变形的学科可分为物理理论和数学理论两个方面. 前者是从材料的微观或细观结构出发, 探求产生塑性变形的原因, 从物理的角度来说明这些现象. 后者则是研究统称为塑性变形的材料宏观现象的数学处理方法. 塑性力学就是数学理论学科体系的名称. 它是从唯象学的观点来观察材料的性质并用数学的方法处理问题. 它属于连续介质力学的范围.

岩石类材料塑性力学正是从唯象论的理论出发, 对常温附近, 中低围压情况下, 岩石和混凝土等材料所表现出来的非弹性特性(即塑性变形特性)做数学上的处理. 所研究的内容可分为下面两大部分:

(1) 研究岩石类材料固有的特性, 建立应力、应变等量之间关系的数学表达式;

(2) 分析有塑性变形的岩体内应力与应变的分布, 进一步研讨岩石结构的平衡稳定性和某些后临界现象.

前者就是本构方程的研究, 从材料的微观和细观结构中寻求现象产生的可能原因，同时建立宏观测得量之间关系的表达式．后者则一般叫做求解边值问题或者初值－边值问题，属于应用数学问题．它包括理论求解方法和数值求解方法，讨论解的唯一性和稳定性问题．

本书用数学方法系统地阐述岩石类材料塑性力学的基础问题，不想把问题的范围搞得过于庞大，而是尽可能用统一的观点阐述各种各样有关岩石塑性的现象和岩石工程与岩石力学中的相关问题．

3．对各种力学量本书后文均采用矩阵标记表述方法．由下标标记转换成矩阵标记的过程用到 Voigt 规则．这部分内容取材于 Belytschko 等人的著作(2002)．

第 2 章　本构方程的应力空间表述和应变空间表述

本构关系是关于一个物质点的力学性质的数学表述，一般认为它与应力和应变有关，而与应力梯度和应变梯度无关，因而也将它称为应力 - 应变关系，在实验研究中用试件来代替物质点. 为了直观地表述物质点的应力和应变状态以及它们的变化，我们可以引入所谓的应力空间和应变空间，应力空间是这样的一个六维空间，指定的应力状态(用应力矢量表示)的 6 个分量是这个空间的正交坐标系六个轴上的分量. 于是，指定的应力状态可用这个空间中的一个点表示，坐标原点对应于零应力状态，或称为自由状态. 应力状态变化的历史可用应力空间中的一条曲线表示，这条曲线有时也称为应力路径. 可以用同样的方法来定义应变空间，应变空间中的一个点对于一个应变状态(六维的工程应变矢量). 应变空间中的一条曲线，称为应变路径，代表物质点应变状态变化的历史.

本构关系是关于应力状态与应变状态所应满足的数学表达式，有时也称之为本构方程. 在几何上它们可以看做是两个空间中点与点的对应关系. 在具体的本构表述中，如果取应力状态作为基本的状态变量，而应变为状态函数，则这种表述称为应力空间表述. 相反，如果取应变状态作为基本的状态变量，而应力为状态函数，则这种表述称为应变空间表述. 以后会看到，对于弹性介质的本构方程来说，这两种空间表述是完全等价的，对弹塑性介质则不然，弄清楚弹塑性本构关系两种空间表述的不同和它们的适用性是塑性力学在 20 世纪最后 20 年中一项比较重要的研究成果. 本章用较大篇幅介绍弹塑性材料本构理论的应力空间表述和应变空间表述.

§2 - 1　弹性材料的本构方程

弹性材料的本构理论是目前最为完善的理论，这主要是弹性体的变形热力学已经取得了相当完善的成果. 严格地说，固体介质在变形时，温度会发生变化，这与气体在压缩和膨胀时温度发生变化一样，因此给出弹性体的一般定义需要考虑介质的变形热力学. 本书主要考虑等温的变形过程，也就是变形速度是如此缓慢，以致变形体与周围环境有足够时间进行热交换，这样在整个变形过程中所研究的介质在温度上保持不变. 由于是等温过程，温度这个参数将不在本构关系中出现.

2-1-1 线性弹性应力-应变关系，Hooke 定律

在移去外加作用力后可以完全恢复其大小和形状的物体称为弹性物体，组成弹性物体的材料称为弹性材料. 许多材料在载荷作用下应力值不超出比例极限，这时的应力与应变呈现为线性关系. 线性应力-应变关系的一般表达式有如下形式：

$$\boldsymbol{\sigma} = \boldsymbol{D}\boldsymbol{\varepsilon}, \tag{2-1-1}$$

式中 $\boldsymbol{\sigma}$ 和 $\boldsymbol{\varepsilon}$ 分别是六维应力矢量和应变矢量，

$$\begin{aligned} \boldsymbol{\sigma} &= [\sigma_x \quad \sigma_y \quad \sigma_z \quad \tau_{yz} \quad \tau_{zx} \quad \tau_{xy}]^{\mathrm{T}}, \\ \boldsymbol{\varepsilon} &= [\varepsilon_x \quad \varepsilon_y \quad \varepsilon_z \quad \gamma_{yz} \quad \gamma_{zx} \quad \gamma_{xy}]^{\mathrm{T}}. \end{aligned} \tag{2-1-2}$$

$\boldsymbol{D}$ 是由材料常数组成的 6×6 的矩阵，称为线性弹性本构矩阵或简称弹性矩阵. 可以证明，这个矩阵是对称的，也就是说最一般各向异性弹性材料最多有 21 个独立的弹性常数. 如果考虑到材料在结构上的对称性，独立的弹性常数的数目还会减少，例如正交各向异性材料是 9 个独立常数，横观同性材料是 5 个独立常数，而各向同性材料只有两个独立常数.

本节仅介绍各向同性材料，更一般的情况可参见通常的弹性力学教材(例如，王敏中，王炜，武际可，2002).

对于各向同性材料，$\boldsymbol{D}$ 矩阵可以具体地写为

$$\boldsymbol{D} = \frac{E}{1+v}\begin{bmatrix} \frac{1-v}{1-2v} & \frac{v}{1-2v} & \frac{v}{1-2v} & 0 & 0 & 0 \\ & \frac{1-v}{1-2v} & \frac{v}{1-2v} & 0 & 0 & 0 \\ & & \frac{v}{1-2v} & 0 & 0 & 0 \\ & \text{对} & & \frac{1}{2} & 0 & 0 \\ & & \text{称} & & \frac{1}{2} & 0 \\ & & & & & \frac{1}{2} \end{bmatrix}, \tag{2-1-3}$$

其中 E 称为 Young 模量或弹性模量，v 称为 Poisson 系数或 Poisson 比，E 和 v 分别为在单轴应力下 $\sigma_x-\varepsilon_x$ 曲线和 $(-\varepsilon_y)-\theta_x$ 曲线的斜率(图 2-1)，有时 $\boldsymbol{D}$ 矩阵还表示为另一形式

$$D = \begin{bmatrix} K+4G/3 & K-2G/3 & K-2G/3 & 0 & 0 & 0 \\ & K+4G/3 & K-2G/3 & 0 & 0 & 0 \\ & & K+4G/3 & 0 & 0 & 0 \\ & \text{对} & & G & 0 & 0 \\ & & \text{称} & & G & 0 \\ & & & & & G \end{bmatrix}, \quad (2-1-4)$$

其中

$$K = \frac{E}{3(1-2v)}, \quad G = \frac{E}{2(1+v)}, \quad (2-1-5)$$

K 称为弹性的体积模量，G 称为弹性切变模量或剪切模量.

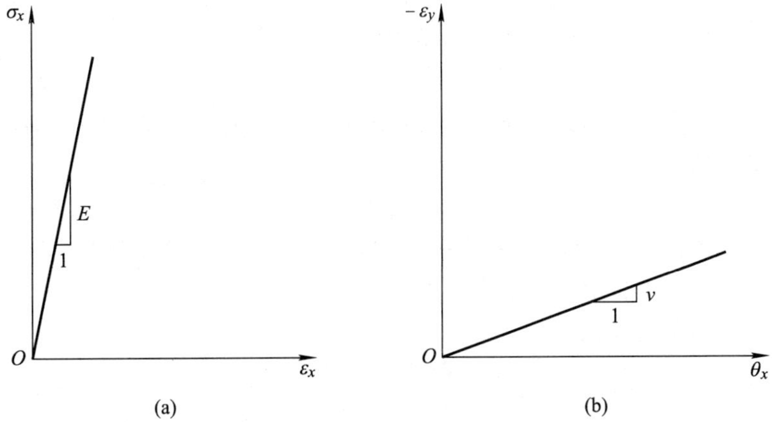

图 2－1　Young 模量和 Poisson 比

显然式(2－1－2)是线弹性本构关系的应变空间表述形式，而应力空间表述的形式为

$$\boldsymbol{\varepsilon} = \boldsymbol{C}\boldsymbol{\sigma}, \quad (2-1-6)$$

其中 $\boldsymbol{C}$ 也是 6×6 的材料常数组成的矩阵，称为弹性柔度矩阵. 不难看出，$\boldsymbol{CD}=\boldsymbol{I}$ 也即矩阵 $\boldsymbol{C}$ 和 $\boldsymbol{D}$ 是互逆的. 不难写出

$$\boldsymbol{C} = \frac{1}{E}\begin{bmatrix} 1 & -v & -v & 0 & 0 & 0 \\ & 1 & -v & 0 & 0 & 0 \\ & & 1 & 0 & 0 & 0 \\ & \text{对} & & 2(1+v) & 0 & 0 \\ & & \text{称} & & 2(1+v) & 0 \\ & & & & & 2(1+v) \end{bmatrix}. \quad (2-1-7)$$

利用下式：

$$E = \frac{9GK}{3K + G}, \quad v = \frac{3K - 2G}{2(3K + G)}, \tag{2-1-8}$$

可将矩阵 $\boldsymbol{C}$ 的元素表成 G 和 K 的形式．由于矩阵 $\boldsymbol{C}$ 和 $\boldsymbol{D}$ 是互逆的，线弹性本构关系(2-1-1)和(2-1-6)是等价的．本构方程(2-1-6)和(2-1-1)也称为广义 Hooke 定律．

在式(2-1-7)的柔度矩阵 $\boldsymbol{C}$ 中容易看出所含材料参数的力学含义，这是应力空间表述的一个优点．在位移法有限元分析中采用的是应变空间表述的本构关系，使用的是弹性矩阵 $\boldsymbol{D}$．

2-1-2 弹性矩阵 D 的正定性

由矩阵代数可知，矩阵 $\boldsymbol{A}$ 的特征值问题可表示为下式：

$$\boldsymbol{Ar} = \mu\boldsymbol{r}, \tag{2-1-9}$$

满足上式的 μ 和 $\boldsymbol{r}$ 分别称矩阵 $\boldsymbol{A}$ 的特征值和特征矢量．式(2-1-9)有非零特征矢量的充要条件是

$$\det(\boldsymbol{A} - \mu\boldsymbol{I}) = 0, \tag{2-1-10}$$

其中 det 表示矩阵的行列式，$\boldsymbol{I}$ 是单位矩阵．可以证明，对 6×6 的实对称矩阵 $\boldsymbol{A}$ 有 6 个实特征值和相应的 6 个特征矢量：λ_i，$\boldsymbol{r}_i$($i=1, 2, \cdots, 6$)，并且特征矢量 r_i 是彼此正交的：

$$\boldsymbol{r}_i^{\mathrm{T}}\boldsymbol{r}_j = \begin{cases} 0, & i \neq j, \\ \|\boldsymbol{r}_i\|^2 > 0, & i = j. \end{cases} \tag{2-1-11}$$

由于正交性，式(2-1-11)和(2-1-9)还可导出对矩阵 $\boldsymbol{A}$ 的广义正交性：

$$\boldsymbol{r}_i^{\mathrm{T}}\boldsymbol{A}\boldsymbol{r}_j = \begin{cases} 0, & i \neq j, \\ \mu_i\|\boldsymbol{r}_i\|^2 > 0, & i = j. \end{cases} \tag{2-1-12}$$

对任意的六维非零矢量 $\delta\boldsymbol{\varepsilon}$，可写成特征矢量 $\boldsymbol{r}_i$ 的线性组合：

$$\delta\boldsymbol{\varepsilon} = \sum_{i=1}^{6} a_i\boldsymbol{r}_i,$$

矩阵 $\boldsymbol{A}$ 的二次型为

$$\delta\boldsymbol{\varepsilon}^{\mathrm{T}}\boldsymbol{A}\delta\boldsymbol{\varepsilon} = \left(\sum_{i=1}^{6} a_i\boldsymbol{r}_i^{\mathrm{T}}\right)\boldsymbol{A}\left(\sum_{i=1}^{6} a_i\boldsymbol{r}_i\right) = \sum_{i=1}^{6}\mu_i a_i^2\|\boldsymbol{r}_i\|^2, \tag{2-1-13}$$

上式的第二等号利用了式(2-1-12)．从式(2-1-13)可看出，如果矩阵 $\boldsymbol{A}$ 的 6 个特征值全部为正，那么二次型恒为正，这时称矩阵 $\boldsymbol{A}$ 是正定的．

对于各向同性的弹性矩阵 $\boldsymbol{D}$ 取式(2-1-4)形式，其特征方程为

$$
\det\begin{bmatrix}
K+4G/3-\mu & K-2G/3 & K-2G/3 & 0 & 0 & 0 \\
 & K+4G/3-\mu & K-2G/3 & 0 & 0 & 0 \\
 & & K+4G/3-\mu & 0 & 0 & 0 \\
 & \text{对} & & G-\mu & 0 & 0 \\
 & & \text{称} & & G-\mu & 0 \\
 & & & & & G-\mu
\end{bmatrix}
$$

$$
=(3K-\mu)(2G-\mu)^2(G-\mu)^3=0.
$$

因而其特征值为

$$
\mu_1=3K,\quad \mu_2=\mu_3=2G,\quad \mu_4=\mu_5=\mu_6=G,
$$

其中 K 和 G 分别是材料的体积模量和切变模量，均为正值，因而矩阵 $\boldsymbol{D}$ 的 6 个特征值均为正．这就证明了各向同性材料的弹性矩阵 $\boldsymbol{D}$ 是正定的．

§2－2　弹塑性材料的本构性质的应力空间表述

传统的塑性力学教科书主要讨论金属材料，多采用应力空间表述：屈服极限和强度极限是用应力分量定义的，屈服函数是用应力分量表示的，屈服面是应力空间中的超曲面，本构方程也是以应力状态为基础状态变量，应变分量是导出的状态变量．使用这种应力空间表述是学科发展的历史造成的，如以前的材料性质的测定都是在控制载荷(力)的试验机上进行的，在试验中直接读出的是力．以前的塑性力学教科书主要是针对理想塑性或强化塑性材料介绍解析方法，在应力空间表述本构关系也就够用了．塑性力学的许多概念是用应力分量表述的，弹塑性本构理论需从应力空间表述讲起．

我们从金属材料单轴拉伸的试验曲线上(图 2－2)可观察到弹塑性材料的某些特性，从自然状态出发，存在一个屈服极限 σ_s(对应于图上的 A 点)，低于这个应力时，应力－应变呈线性关系，超过这个极限(例如达到 B 点)时，应力－应变关系不但不是线性关系，而且在卸除外部作用后，变形仅部分地恢复(可恢复的变形叫做弹性变形)，另一部分变形作为塑性变形被保留下来．因此，应力－应变关系不再像弹性那样是单值对应的，应力－应变关系与变形的历史有关．

随着塑性变形的出现和发展，材料对外部作用的反应也不同了，例如具有塑性变形的试件重新加载时，达到 B 点之后才开始出现新的塑性变形．这就是说，屈服极限值可因塑性变形而提高．这种屈服极限(相对于初始的 σ_s 值)提高的现象称为强化(图 2－2(a))；而随着塑性变形的发展，屈服极限值保持常数的性质我们称为理想塑性(图 2－2(b))．

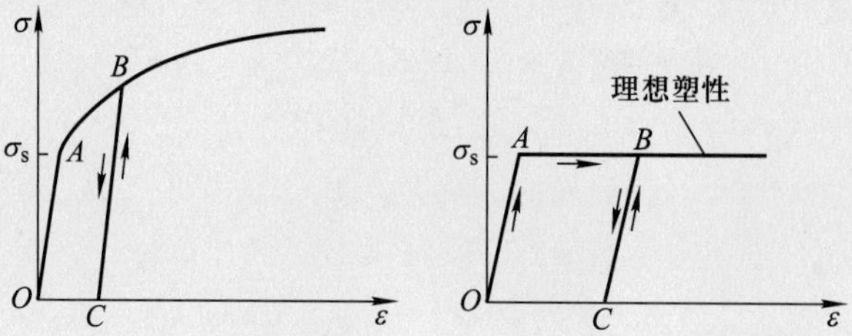

(a) 状态B：$\mathrm{d}\sigma>0$，加载，$\mathrm{d}\sigma<0$，卸载　　(b) 状态B：$\mathrm{d}\sigma=0$，加载，$\mathrm{d}\sigma<0$，卸载

图 2－2　强化塑性材料和理想塑性材料

由于弹塑性材料对外部作用的反应与变形的历史有关(这可称为历史相关性或路径相关性)，本构方程应以增量形式写出. 特别地，在塑性状态下(例如图 2－2 中的 B 点)，加载和卸载时材料服从不同的规律，这使本构方程的表述要比弹性情况复杂一些.

2－2－1　屈服准则和屈服面

在一般的应力状态下建立弹塑性的本构理论，需要将上述单向应力状态建立的概念加以推广，屈服准则的概念就是屈服应力概念的推广. 作为一个经验事实，当应力满足以下条件(称为屈服条件或屈服准则)时材料发生屈服，处于塑性状态：

$$f(\boldsymbol{\sigma},\boldsymbol{\sigma}^{\mathrm{p}},\kappa)=0, \tag{2-2-1}$$

其中 $\boldsymbol{\sigma}$ 是六维应力矢量，$\boldsymbol{\sigma}^{\mathrm{p}}$ 是塑性应力矢量，$\boldsymbol{\varepsilon}^{\mathrm{p}}$ 是塑性应变矢量，κ 可以是塑性功 W^{p} 或等效塑性应变 $\bar{\varepsilon}^{\mathrm{p}}$，且

$$\boldsymbol{\sigma}^{\mathrm{p}}=\boldsymbol{D}\boldsymbol{\varepsilon}^{\mathrm{p}}, \tag{2-2-2}$$

$$W^{\mathrm{p}}=\int\boldsymbol{\sigma}^{\mathrm{T}}\mathrm{d}\boldsymbol{\varepsilon}^{\mathrm{p}}, \tag{2-2-3}$$

$$\bar{\varepsilon}^{\mathrm{p}}=\int[(\mathrm{d}\boldsymbol{\varepsilon}^{\mathrm{p}})^{\mathrm{T}}\mathrm{d}\boldsymbol{\varepsilon}^{\mathrm{p}}]^{1/2}, \tag{2-2-4}$$

矢量 $\boldsymbol{\sigma}^{\mathrm{p}}$ 和标量 κ 都是与材料塑性变形有关的，标志材料内部结构永久性变化的量，通常称为塑性内变量，或简称内变量，应力 $\boldsymbol{\sigma}$ 和应变 $\boldsymbol{\varepsilon}$ 是可通过直接测量得到的，称为外变量. 从自然状态开始第一次屈服的屈服准则叫初始屈服准则(这时 $\boldsymbol{\sigma}^{\mathrm{p}}=\boldsymbol{0}$，$\kappa=0$)，它可以表示为

$$f=f(\boldsymbol{\sigma})=0. \tag{2-2-5}$$

由于产生了塑性变形，随内变量的发展屈服准则发生了变化，这时的屈服准则叫后继屈服准则. 屈服准则(2－2－5)和(2－2－1)可以看做六维应力空间中

的超曲面，因而它们也称为初始屈服面和后继屈服面，通称为屈服面.

屈服面随内变量的发展而变化的规律叫做强化规律，人们依据材料的实验资料建立了各种强化模型. 目前广泛采用的一种最简单的强化模型是等向强化，即各向同性强化. 它假设屈服面作均匀的扩大(图 2-3(a))，如果屈服面仅含一个参数 $\boldsymbol{\kappa}$，并设 f^* 是与 $\boldsymbol{\kappa}$ 无关的函数，则初始屈服面(2-2-5)可写为

$$f = f^*(\boldsymbol{\sigma}) - k_0 = 0, \tag{2-2-6}$$

而等向强化的后继屈服面可表示为

$$f = f^*(\boldsymbol{\sigma}) - k(\boldsymbol{\kappa}) = 0, \tag{2-2-7}$$

其中参数 k 是标量内变量 $\boldsymbol{\kappa}$ 的函数，如果取 $\boldsymbol{\kappa}=0$，$k(0)=k_0$，就是初始屈服面(2-2-6). 另一种经常使用的强化模型是随动强化，它假设在塑性变形发展时，屈服面的大小和形状不变，仅是整体地在应力空间中作平动(参见图 2-3(b))，以 $c\boldsymbol{\sigma}^{\mathrm{p}}$ 表示屈服面中心的移动矢量，则后继屈服面可表示为

$$f = f^*(\boldsymbol{\sigma} - c\boldsymbol{\sigma}^{\mathrm{p}}) - k_0 = 0. \tag{2-2-8}$$

如果取 $\boldsymbol{\sigma}^{\mathrm{p}}=0$，则退化为初始屈服面(2-2-6). 对于大多数实际材料，屈服面的强化规律大概介于等向强化和随动强化之间，称为混合强化. 此时后继屈服面可表示为

$$f = f^*(\boldsymbol{\sigma} - c\boldsymbol{\sigma}^{\mathrm{p}}) - k(\boldsymbol{\kappa}) = 0. \tag{2-2-9}$$

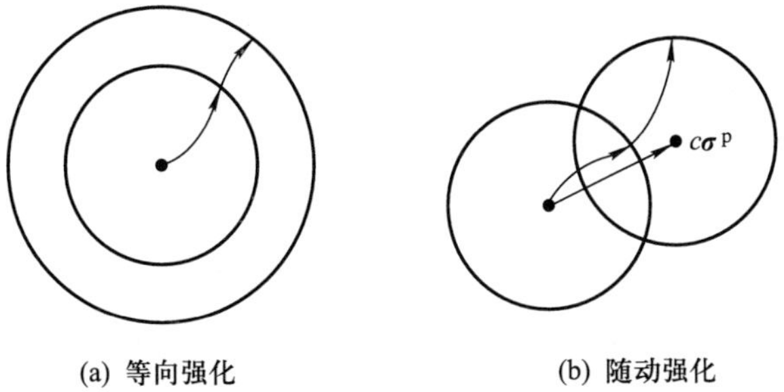

(a) 等向强化　　(b) 随动强化

图 2-3　等向强化和随动强化

在外部作用过程中，如果在应力空间中应力方向(或各应力分量的比值)变化不大，则使用等向强化规律与实际情况比较符合. 由于等向强化模型便于数学处理，应用较为广泛. 随动强化规律可以考虑材料的 Bauschinger 效应，在循环加载或可能出现反向屈服的问题中，需要使用这种强化模型.

对理想塑性材料，在方程(2-2-7)中 k 保持常数，并且 $\boldsymbol{\sigma}^{\mathrm{p}}$ 不出现，因而屈服面固定在应力空间中，其大小和形状不随内变量的发展而发生变化.

初始屈服准则可分为各向同性和各向异性两种类型. 在各向同性屈服准则

中，变量是主应力 σ_1，σ_2 和 σ_3(与主方向无关)，或者变量取为应力的不变量 I_1，I_2 和 I_3. 在各向异性的屈服准则中，变量包括所有 6 个应力分量，即应力矢量 $\boldsymbol{\sigma}$，也可用 3 个主应力和相应的主方向表示.

对大多数金属材料，一些实验结果表明，静水压力对屈服的影响是不重要的，这些材料的屈服可认为是与静水压力无关，同时它们也是初始各向同性的和等向强化的，经常使用的屈服准则是 Mises 屈服准则和 Tresca 屈服. Mises 屈服准则可表示为

$$f(J_2,k) = \sqrt{J_2} - k(\kappa) = 0, \tag{2-2-10}$$

式中 J_2 是应力偏张量

$$s_{ij} = \sigma_{ij} - \frac{1}{3}\sigma_{kk}\delta_{ij} \tag{2-2-11}$$

的第二不变量，即

$$J_2 = \frac{1}{2}s_{ij}s_{ij}. \tag{2-2-12}$$

在以上各式中 δ_{ij}是 Kronecker 记号(当 $i=j$ 时，$\delta_{ij}=1$，当 $i\neq j$ 时，$\delta_{ij}=0$)，重复出现的下标表示求和(Einstein 约定). 如果引用两种应力偏量矢量的定义：

$$\boldsymbol{s} = [s_{11} \quad s_{22} \quad s_{33} \quad s_{23} \quad s_{31} \quad s_{12}]^{\mathrm{T}}, \tag{2-2-13}$$

$$\bar{\boldsymbol{s}} = [s_{11} \quad s_{22} \quad s_{33} \quad 2s_{23} \quad 2s_{31} \quad 2s_{12}]^{\mathrm{T}}, \tag{2-2-14}$$

那么，J_2 可以表示为

$$J_2 = \frac{1}{2}\boldsymbol{s}^{\mathrm{T}}\bar{\boldsymbol{s}}. \tag{2-2-15}$$

注意，这里矢量数量积 $\boldsymbol{s}^{\mathrm{T}}\bar{\boldsymbol{s}}$ 与式(2-2-12)中 9 项和 $s_{ij}s_{ij}$是一致的.

在纯剪切情况下 $\sqrt{J_2}=\tau$，因而 k 是剪切屈服应力 τ_s. 在简单拉伸情况，$\sqrt{J_2}=\sigma/\sqrt{3}$，因而 $k=\sigma_s/\sqrt{3}$，σ_s 是拉伸屈服应力. 可以用 J_2 表示剪切应变比能(相差一个常数因子)，因而 Mises 准则的物理解释是，剪切应变比能达到一定数值时，材料开始屈服，产生塑性变形. Mises 屈服准则(2-2-10)在主应力空间中是一个圆柱面，其轴垂直于 π 平面：

$$\sigma_1 + \sigma_2 + \sigma_3 = 0.$$

屈服面在 π 平面上的截线是半径为$\sqrt{2}k$ 的圆(如图(2-4)所示).

Tresca 屈服准则可表示为

$$f(\sigma_1,\sigma_2,\sigma_3,k) = \max\left(\frac{1}{2}|\sigma_1-\sigma_2|,\frac{1}{2}|\sigma_2-\sigma_3|,\frac{1}{2}|\sigma_3-\sigma_1|\right) - k(\kappa) = 0, \tag{2-2-16}$$

式中 $|\sigma_1-\sigma_2|/2$，…是主剪应力，其中最大者为最大剪应力，因而 Tresca 屈

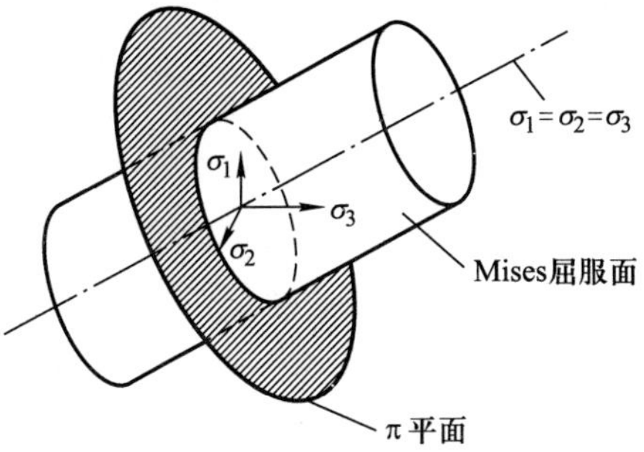

图 2-4　Mises 屈服准则

服准则的物理解释是最大剪应力达到临界值 k 时发生屈服，因而 k 就是剪切屈服应力 τ_s. 参数 k 也可由拉伸试验确定，这时 $k=\sigma_s/2$. 在主应力空间中，如不规定主应力大小顺序，Tresca 屈服面是内接于 Mises 屈服面的一个正六棱柱面，在 π 平面上的截线是一个正六角形(如图 2-5 所示，图中 s_1, s_2, s_3 表示应力偏张量主轴).

不难看出，Mises 屈服面是一个正则曲面，其上处处光滑，每个点的法线都能唯一确定(称此类点为正则点)；而 Tresca 屈服面是由六个平面组成的曲面，每个平面是正则曲面，但相邻两个平面的交线上各点的法线没有定义，称此类点为奇异点(或奇点).

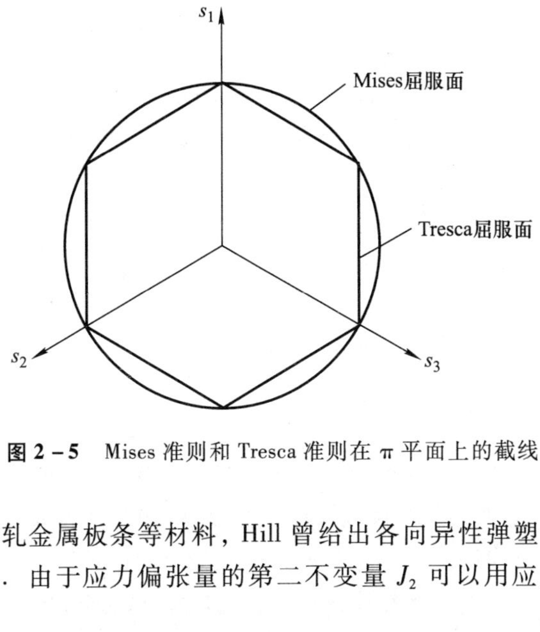

图 2-5　Mises 准则和 Tresca 准则在 π 平面上的截线

对冷拉或冷轧金属板条等材料，Hill 曾给出各向异性弹塑性材料初始屈服准则的具体形式. 由于应力偏张量的第二不变量 J_2 可以用应力张量的分量表示如下：

$$J_2 = \frac{1}{6}[(\sigma_y - \sigma_z)^2 + (\sigma_z - \sigma_x)^2 + (\sigma_x - \sigma_y)^2 + 6(\tau_{yz}^2 + \tau_{zx}^2 + \tau_{xy}^2)].$$

Hill 将各向异性初始屈服条件写成

$$f(\boldsymbol{\sigma}) = [a_1(\sigma_y - \sigma_z)^2 + a_2(\sigma_z - \sigma_x)^2 + a_3(\sigma_x - \sigma_y)^2 + (a_4\tau_{yz}^2 + a_5\tau_{zx}^2 + a_6\tau_{xy}^2)]^{1/2} - 1 = 0, \quad (2-2-17)$$

式中 a_1，…，a_6 是材料常数，我们称式(2－2－17)为 Hill 屈服准则．上式右端根号内是应力分量的二次式，在物理上代表某种控制材料屈服的能量，因而 Hill 屈服准则可以看做是 Mises 屈服准则的推广．在屈服准则中不含线性项且仅有正应力分量之差出现，这意味着材料对拉伸和压缩的响应相同，以及静水应力不影响屈服．材料参数可由在三个主轴方向的简单拉伸试验和三个沿对称面的简单剪切试验来确定．在 x，y，z 轴的拉伸屈服应力分别记为 X，Y，Z，而对应于三个坐标平面的剪切屈服应力分别记为 S_{23}，S_{31}，S_{12}，将这 6 个屈服应力代入方程(2－2－17)并求解，我们得到

$$\begin{aligned} 2a_1 &= \frac{1}{Y^2} + \frac{1}{Z^2} - \frac{1}{X^2}, \\ 2a_2 &= \frac{1}{Z^2} + \frac{1}{X^2} - \frac{1}{Y^2}, \\ 2a_3 &= \frac{1}{X^2} + \frac{1}{Y^2} - \frac{1}{Z^2}, \\ a_4 &= \frac{1}{S_{23}^2}, \quad a_5 = \frac{1}{S_{31}^2}, \quad a_6 = \frac{1}{S_{12}^2}. \end{aligned} \quad (2-2-18)$$

如果材料的强度是横观同性的(设对称轴是 z 轴)，方程(2－2－17)必须在坐标平面 $x-y$ 内保持不变，由此参数必须对坐标 x，y 保持不变，因此可推出参数必须满足如下关系：

$$a_1 = a_2, \quad a_4 = a_5, \quad a_6 = 2(a_1 + 2a_3). \quad (2-2-19)$$

如果材料强度是完全各向同性的，则有

$$6a_1 = 6a_2 = 6a_3 = a_4 = a_5 = a_6 = 1/k^2, \quad (2-2-20)$$

这时方程(2－2－17)退化为 Mises 屈服准则．

2－2－2 加－卸准则和流动法则

在应力空间表述中，一个质点的状态是用应力矢量 $\boldsymbol{\sigma}$ 和内变量 $\boldsymbol{\sigma}^{\mathrm{p}}$，$\kappa$ 来描述的．在已知内变量 $\boldsymbol{\sigma}^{\mathrm{p}}$ 和 κ 时，便可确定现时的屈服函数的表达式 $f(\boldsymbol{\sigma}, \boldsymbol{\sigma}^{\mathrm{p}}, \kappa)$．当现时的应力矢量 $\boldsymbol{\sigma}$ 使 $f(\boldsymbol{\sigma}, \boldsymbol{\sigma}^{\mathrm{p}}, \kappa) < 0$ 时，该状态称为弹性状态．在弹性状态下对一个无限小应力增量的响应是弹性的，即可按 Hooke 定

律由 $\mathrm{d}\boldsymbol{\sigma}$ 求出应变 $\mathrm{d}\boldsymbol{\varepsilon}$，而相应内变量不发生变化，即 $\mathrm{d}\boldsymbol{\sigma}^{\mathrm{p}}=\mathbf{0}$，$\mathrm{d}\kappa=0$. 如果状态 $\boldsymbol{\sigma}$，$\boldsymbol{\sigma}^{\mathrm{p}}$，$\kappa$ 使 $f(\boldsymbol{\sigma},\ \boldsymbol{\sigma}^{\mathrm{p}},\ \kappa)=0$，则称为塑性状态，对外部作用 $\mathrm{d}\boldsymbol{\sigma}$ 的反应是弹塑性的，研究弹塑性本构理论是本节的主要内容. 而使 $f(\boldsymbol{\sigma},\ \boldsymbol{\sigma}^{\mathrm{p}},\ \kappa)>0$ 的状态是不存在的.

在塑性状态下，材料对所施加的应力增量 $\mathrm{d}\boldsymbol{\sigma}$ 的反应是相当复杂的. 具体地说，这种反应可以是弹性的，也可以是弹塑性的，这涉及加载和卸载的概念.

首先考虑理想弹塑性材料，由于内变量的发展对屈服条件没有影响，屈服函数中不含内变量，因而屈服准则有式(2-2-6)形式，只要应力矢量 $\boldsymbol{\sigma}$ 满足式(2-2-6)，材料就处于塑性状态. 在这样的塑性状态下，材料对所施加的应力增量矢量可有两种不同的反应. 一种是有新的塑性变形增量 $\mathrm{d}\boldsymbol{\varepsilon}^{\mathrm{p}}$ 发生，这种情况称为塑性加载，简称加载. 由于加载是从一个塑性状态($\boldsymbol{\sigma}$，$\boldsymbol{\sigma}^{\mathrm{p}}$，$\kappa$)变化到另一个塑性状态($\boldsymbol{\sigma}+\mathrm{d}\boldsymbol{\sigma}$，$\boldsymbol{\sigma}^{\mathrm{p}}+\mathrm{d}\boldsymbol{\sigma}^{\mathrm{p}}$，$\kappa+\mathrm{d}\kappa$)，而应力点始终保持在屈服面上，因而有

$$\mathrm{d}f=0, \tag{2-2-21}$$

这个条件称为一致性条件或协调方程. 另一种情况是无新的塑性变形增量 $\mathrm{d}\boldsymbol{\varepsilon}^{\mathrm{p}}$ 发生，相应的 $\mathrm{d}\boldsymbol{\sigma}^{\mathrm{p}}=\mathbf{0}$，$\mathrm{d}\kappa=0$，这种情况叫塑性卸载，简称卸载. 在卸载期间，材料从一个塑性状态退回到一个弹性状态，即从一个使 $f=0$ 的状态退回到一个使 $f<0$ 的状态，因而在卸载时有

$$\mathrm{d}f<0. \tag{2-2-22}$$

考虑到对于理想塑性材料有 $\mathrm{d}f=\left(\dfrac{\partial f}{\partial\boldsymbol{\sigma}}\right)^{\mathrm{T}}\mathrm{d}\boldsymbol{\sigma}$，因而它的加-卸载准则可表示为

$$l=\left(\frac{\partial f}{\partial\boldsymbol{\sigma}}\right)^{\mathrm{T}}\mathrm{d}\boldsymbol{\sigma}\begin{cases}<0, & \text{卸载},\\ =0, & \text{加载}.\end{cases} \tag{2-2-23}$$

对于强化材料，屈服准则为式(2-2-1)或(2-2-9)，在发生塑性变形时 $\mathrm{d}\boldsymbol{\sigma}^{\mathrm{p}}\neq 0$，$\mathrm{d}\kappa>0$，屈服面在应力点 $\boldsymbol{\sigma}$ 附近是向外扩大的，应力增量矢量 $\mathrm{d}\boldsymbol{\sigma}$ 应指向屈服面外侧，这时称为加载. 相反，位于屈服面上的应力点 $\boldsymbol{\sigma}$ 退回到屈服面内部(弹性区)时，应力增量矢量 $\mathrm{d}\boldsymbol{\sigma}$ 指向屈服面内侧，称为卸载. 在塑性状态下强化材料对无限小应力增量 $\mathrm{d}\boldsymbol{\sigma}$ 的反应，除了加载和卸载外还有一个中间情况，即中性变载. 中性变载是从一个塑性状态变化到另一个塑性状态的过程，一致性条件(2-2-16)成立，但中性变载时无新的塑性变形产生，即 $\mathrm{d}\boldsymbol{\sigma}^{\mathrm{p}}=\mathbf{0}$，$\mathrm{d}\kappa=0$，因而中性变载时有

$$\mathrm{d}f\bigg|_{\substack{\mathrm{d}\boldsymbol{\sigma}^{p}=\mathbf{0}\\ \mathrm{d}\kappa=0}}=\left(\frac{\partial f}{\partial\boldsymbol{\sigma}}\right)^{\mathrm{T}}\mathrm{d}\boldsymbol{\sigma}=0.$$

而卸载时，有式(2-2-22)，并且 $\mathrm{d}\boldsymbol{\sigma}^{\mathrm{p}}=\mathbf{0}$，$\mathrm{d}\kappa=0$，因而

$$\mathrm{d}f\bigg|_{\substack{\mathrm{d}\boldsymbol{\sigma}^p=\mathbf{0}\\ d\kappa=0}} = \left(\frac{\partial f}{\partial \boldsymbol{\sigma}}\right)^{\mathrm{T}}\mathrm{d}\boldsymbol{\sigma} < 0.$$

而$\left(\frac{\partial f}{\partial \boldsymbol{\sigma}}\right)^{\mathrm{T}}\mathrm{d}\boldsymbol{\sigma}>0$的情况，对应于加载．因而强化材料的加－卸载准则可表示为

$$l = \left(\frac{\partial f}{\partial \boldsymbol{\sigma}}\right)^{\mathrm{T}}\mathrm{d}\boldsymbol{\sigma}\begin{cases}<0, & \text{卸载},\\ =0, & \text{中性变载},\\ >0, & \text{加载}.\end{cases} \tag{2-2-24}$$

在几何上，$\frac{\partial f}{\partial \boldsymbol{\sigma}}$表示屈服面的外法向方向，因而式(2－2－24)表明，加载时应力矢量 $\mathrm{d}\boldsymbol{\sigma}$ 指向屈服面外侧，卸载时 $\mathrm{d}\boldsymbol{\sigma}$ 指向内侧，中性变载时 $\mathrm{d}\boldsymbol{\sigma}$ 指向屈服面应力点的切线方向．

对理想塑性材料，加载和中性变载时，应力点都在屈服面上移动，在数学上无法加以区别．通常认为理想塑性材料不存在中性变载．

理想塑性和强化塑性的加、卸载情况在应力空间的几何表示如图 2－6 所示．

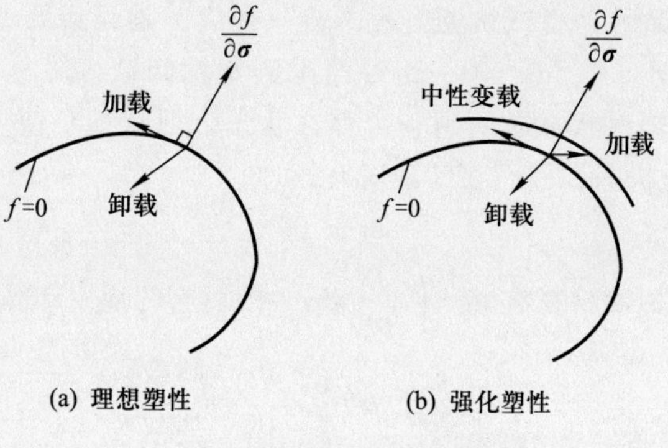

图 2－6 加卸截准则的几何表示

塑性变形的流动法则是一个重要的运动学假设，它给出塑性应变增量 $\mathrm{d}\boldsymbol{\varepsilon}^{\mathrm{p}}$ 各分量的相对大小或比例，由于应变增量 $\mathrm{d}\boldsymbol{\varepsilon}$ 在几何上可由六维应变空间的矢量表示，流动法则决定了在塑性应变空间中塑性应变增量矢量 $\mathrm{d}\boldsymbol{\varepsilon}^{\mathrm{p}}$ 的方向，

根据塑性力学的 Drucker 公设可导出塑性应变增量与屈服准则的关系为

$$\mathrm{d}\boldsymbol{\varepsilon}^{\mathrm{p}} = \mathrm{d}\lambda\,\frac{\partial f}{\partial \boldsymbol{\sigma}}. \tag{2-2-25}$$

其中 $\mathrm{d}\lambda$ 是非负的尺度因子，在卸载和中性变载时 $\mathrm{d}\lambda=0$，在加载时 $\mathrm{d}\lambda>0$.

方程(2－2－25)称为关联的流动法则，意指塑性流动与屈服条件相关，塑性流动沿屈服面法向发展，关联的流动法则也称为正交法则．

2-2-3　应力-应变关系(本构方程)

在一个无限小的应力增量 $\mathrm{d}\boldsymbol{\sigma}$ 作用下，产生的应变分量 $\mathrm{d}\boldsymbol{\varepsilon}$ 可分解为弹性部分和塑性两部分

$$\mathrm{d}\boldsymbol{\varepsilon} = \mathrm{d}\boldsymbol{\varepsilon}^{e} + \mathrm{d}\boldsymbol{\varepsilon}^{p}, \tag{2-2-26}$$

其中的弹性应变增量 $\mathrm{d}\boldsymbol{\varepsilon}^{e}$ 与应力增量 $\mathrm{d}\boldsymbol{\sigma}$ 之间有线性关系

$$\mathrm{d}\boldsymbol{\varepsilon} = \boldsymbol{C}\mathrm{d}\boldsymbol{\sigma}, \tag{2-2-27}$$

式中 $\boldsymbol{C}=\boldsymbol{D}^{-1}$. 将式(2-2-27)和(2-2-25)代入(2-2-26)得

$$\mathrm{d}\boldsymbol{\varepsilon} = \boldsymbol{C}\mathrm{d}\boldsymbol{\sigma} + \frac{\partial f}{\partial \boldsymbol{\sigma}}\mathrm{d}\lambda. \tag{2-2-28}$$

在卸载和中性变载时 $\mathrm{d}\lambda=0$，上式回到增量形式的 Hooke 定律，反应是纯弹性的；在加载时 $\mathrm{d}\lambda>0$. 如果材料是强化的，$\mathrm{d}\lambda$ 的大小可用一致性条件 $\mathrm{d}f=0$ 确定

$$\mathrm{d}f = \left(\frac{\partial f}{\partial \boldsymbol{\sigma}}\right)^{\mathrm{T}}\mathrm{d}\boldsymbol{\sigma} + \left(\frac{\partial f}{\partial \boldsymbol{\sigma}^{p}}\right)^{\mathrm{T}}\mathrm{d}\boldsymbol{\sigma}^{p} + \frac{\partial f}{\partial \kappa}\mathrm{d}\kappa = 0.$$

考虑到式(2-2-2)，(2-2-25)以及(2-2-3)和(2-2-4)，由一致性条件可得

$$\mathrm{d}\lambda = \frac{1}{A}\left(\frac{\partial f}{\partial \boldsymbol{\sigma}}\right)^{\mathrm{T}}\mathrm{d}\boldsymbol{\sigma}, \tag{2-2-29}$$

其中

$$A = -\left(\frac{\partial f}{\partial \boldsymbol{\sigma}^{p}}\right)^{\mathrm{T}}\boldsymbol{D}\frac{\partial f}{\partial \boldsymbol{\sigma}} - \frac{\partial f}{\partial \kappa}m, \tag{2-2-30}$$

$$m = \begin{cases} \boldsymbol{\sigma}^{\mathrm{T}}\dfrac{\partial f}{\partial \boldsymbol{\sigma}}, & \kappa = W^{p}, \\ \sqrt{\left(\dfrac{\partial f}{\partial \boldsymbol{\sigma}}\right)^{\mathrm{T}}\left(\dfrac{\partial f}{\partial \boldsymbol{\sigma}}\right)}, & \kappa = \bar{\varepsilon}^{p}. \end{cases} \tag{2-2-31}$$

将式(2-2-29)代入(2-2-28)得加载时的本构方程

$$\mathrm{d}\boldsymbol{\varepsilon} = \left[\boldsymbol{C} + \frac{1}{A}\frac{\partial f}{\partial \boldsymbol{\sigma}}\left(\frac{\partial f}{\partial \boldsymbol{\sigma}}\right)^{\mathrm{T}}\right]\mathrm{d}\boldsymbol{\sigma} \equiv \boldsymbol{C}_{ep}\mathrm{d}\boldsymbol{\sigma}, \tag{2-2-32}$$

其中 $\boldsymbol{C}_{ep}$ 称为材料的弹塑性矩阵. 这样，只要给出了应力增量 $\mathrm{d}\boldsymbol{\sigma}$，就可以按式(2-2-32)唯一确定应变增量 $\mathrm{d}\boldsymbol{\varepsilon}$.

上面建立的本构方程是以应力矢量为基本变量，正如在应力空间中讨论的，它仅适用于强化材料. 对于理想塑性材料，$A=0$，不能用一致性条件确定出 $\mathrm{d}\lambda$ 的大小. 因而在应力空间中表述的本构关系有一定的局限性.

针对前一节讨论的各种具体的屈服函数，我们原则上可以得到相应的本构

关系. 这里仅介绍与 Mises 屈服准则(2－2－10)相关的本构关系. 不难计算

$$\frac{\partial J_2}{\partial \boldsymbol{\sigma}} = [s_{11} \quad s_{22} \quad s_{33} \quad 2s_{23} \quad 2s_{31} \quad 2s_{12}]^{\mathrm{T}} \equiv \bar{\boldsymbol{s}}, \qquad (2-2-33)$$

$$\frac{\partial f}{\partial \boldsymbol{\sigma}} = \frac{1}{2\sqrt{J_2}}\frac{\partial J_2}{\partial \boldsymbol{\sigma}} = \frac{1}{2k}\bar{\boldsymbol{s}}, \qquad (2-2-34)$$

式中 k 的力学意义是剪切屈服应力 τ_s. 取内变量为塑性功，$\kappa = W^p$，在各向同性强化时，

$$A = -\frac{\partial f}{\partial \kappa}m = \frac{\partial \tau_s}{\partial W^p}\boldsymbol{\sigma}^{\mathrm{T}}\frac{\partial f}{\partial \boldsymbol{\sigma}} = \frac{\partial \tau_s}{\tau_s \partial \gamma^p}\boldsymbol{\sigma}^{\mathrm{T}}\frac{\bar{\boldsymbol{s}}}{2\tau_s},$$

而 $\boldsymbol{\sigma}^{\mathrm{T}}\bar{\boldsymbol{s}} = \boldsymbol{s}^{\mathrm{T}}\bar{\boldsymbol{s}} = 2J_2 = 2\tau_s^2$；$\partial\tau_s/\partial\gamma_p = G^p$ 为曲线 $\tau_s - \gamma^p$ 的斜率(参见图 2－7)，称为切线的塑性切变模量，简称为剪切塑性模量. 对强化塑性材料 $G^p > 0$，因而

$$A = G^p > 0. \qquad (2-2-35)$$

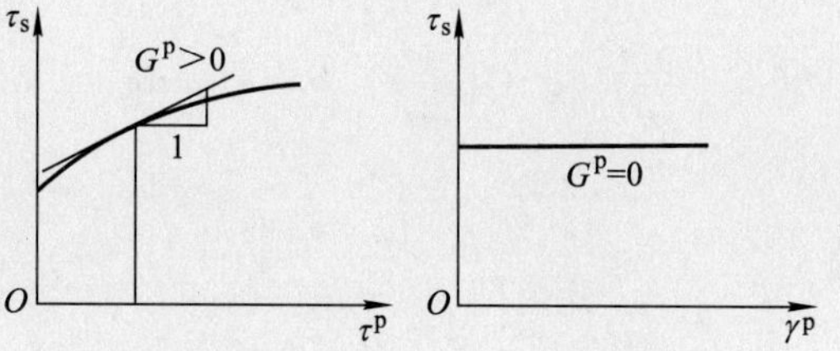

(a) 强化塑性　　(b) 理想塑性

图 2－7　强化材料和理想材料的剪切塑性模量

将式(2－2－34)和(2－2－35)代入式(2－2－32)得等向强化的 Mises 材料在应力空间表述的本构方程为

$$\mathrm{d}\boldsymbol{\varepsilon} = \left(\boldsymbol{C} + \frac{1}{G^p}\cdot\frac{1}{4k^2}\bar{\boldsymbol{s}}\,\bar{\boldsymbol{s}}^{\mathrm{T}}\right)\mathrm{d}\boldsymbol{\sigma}. \qquad (2-2-36)$$

对理想塑性材料，$G^p = 0$，显然不能使用式(2－2－36)，这时需要回到式(2－2－26)，考虑到式(2－2－25)和式(2－2－34)，本构方程是

$$\mathrm{d}\boldsymbol{\varepsilon} = \boldsymbol{C}\mathrm{d}\boldsymbol{\sigma} + \mathrm{d}\lambda\frac{\bar{\boldsymbol{s}}}{2k}. \qquad (2-2-37)$$

在理想塑性情况，$\mathrm{d}\lambda$ 不能事先确定，它应在求解具体问题时视约束情况而定，式(2－2－37)右端第二项是塑性应变增量矢量 $\mathrm{d}\boldsymbol{\varepsilon}^p$，从而有

$$\frac{\mathrm{d}\varepsilon_x^p}{s_x} = \frac{\mathrm{d}\varepsilon_y^p}{s_y} = \frac{\mathrm{d}\varepsilon_z^p}{s_z} = \frac{\mathrm{d}\gamma_{yz}^p}{2\tau_{yz}} = \frac{\mathrm{d}\gamma_{zx}^p}{2\tau_{zx}} = \frac{\mathrm{d}\gamma_{xy}^p}{2\tau_{xy}} = \frac{\mathrm{d}\lambda}{2k}, \qquad (2-2-38)$$

上式称为 Prantdtl－Reuss 方程. 在大塑性流动问题中，弹性应变可以忽略，应变增量 $\mathrm{d}\boldsymbol{\varepsilon}$ 与塑应变增量 $\mathrm{d}\boldsymbol{\varepsilon}^p$ 相同，式(2－2－38)可写成

$$\frac{\mathrm{d}\varepsilon_x}{s_x}=\frac{\mathrm{d}\varepsilon_y}{s_y}=\frac{\mathrm{d}\varepsilon_z}{s_z}=\frac{\mathrm{d}\gamma_{yz}}{2\tau_{yz}}=\frac{\mathrm{d}\gamma_{zx}}{2\tau_{zx}}=\frac{\mathrm{d}\gamma_{xy}}{2\tau_{xy}}=\frac{\mathrm{d}\lambda}{2k},\qquad(2-2-39)$$

上式称为 Levy – Mises 方程．式(2 –2 –38)和(2 –2 –39)是塑性力学早期建立的本构关系．

2 –2 –4　塑性力学的 Drucker 公设

Drucker 在 1952 年提出一个准热力学公设，称为 Drucker 公设，这个公设在应力空间表述的内容在塑性理论中有深远的含义，因为从它可以推出塑性本构理论中几乎全部重要结果(例如正交法则、屈服面外凸性和加载准则等)．Drucker 公设可陈述为：对于初始处于某一应力状态 $\boldsymbol{\sigma}^*$ 下的微元，借助一个外部作用(要和引起原有应力状态 $\boldsymbol{\sigma}^*$ 的作用相区别)，在原有应力状态 $\boldsymbol{\sigma}^*$ 上，缓慢地施加并卸去一组附加应力，在附加应力的施加和卸除的一个应力循环内，外部作用所做的余功是非正的，即

$$\oint \boldsymbol{\varepsilon}^{\mathrm{T}}\mathrm{d}\boldsymbol{\sigma}\leqslant 0,\qquad(2-2-40)$$

当上式取负值时表示在应力循环内有塑性变形发生，取零值时为纯弹性反应．

设在 $t=t_0$ 时，原来的应力状态 $\boldsymbol{\sigma}^*$ 位于现时屈服面之内；当 $t=t_1$ 时应力点 $\boldsymbol{\sigma}$ 正好开始到达屈服面上，此后即为加载过程，直到 $t=t_2(t_2>t_1)$时，应力到达 $\boldsymbol{\sigma}+\mathrm{d}\boldsymbol{\sigma}$；然后开始卸载，直到 $t=t_3$ 时应力状态又回到 $\boldsymbol{\sigma}^*$，于是完成一个闭合的应力循环(参见图 2 –8)．由于弹性变形是可逆的，在上述应力循环中，弹性变量对应的余功为零，于是

$$\oint \boldsymbol{\varepsilon}^{\mathrm{T}}\mathrm{d}\boldsymbol{\sigma}=\oint(\boldsymbol{\varepsilon}^{\mathrm{p}})^{\mathrm{T}}\mathrm{d}\boldsymbol{\sigma}=\int_{t_0}^{t_1}(\boldsymbol{\varepsilon}^{\mathrm{p}})^{\mathrm{T}}\mathrm{d}\boldsymbol{\sigma}+\int_{t_1}^{t_2}(\boldsymbol{\varepsilon}^{\mathrm{p}})^{\mathrm{T}}\mathrm{d}\boldsymbol{\sigma}+\int_{t_2}^{t_3}(\boldsymbol{\varepsilon}^{\mathrm{p}})^{\mathrm{T}}\mathrm{d}\boldsymbol{\sigma}.$$

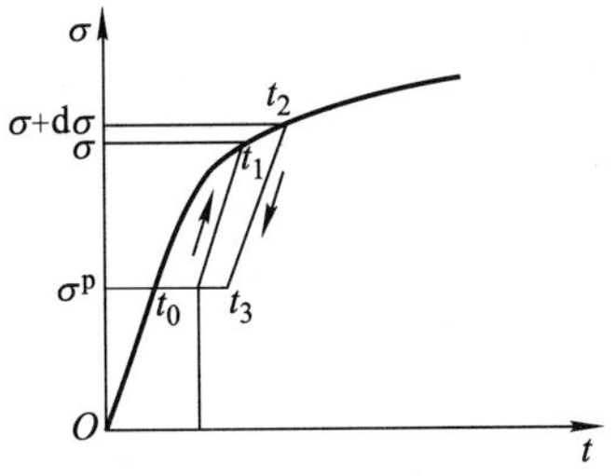

(a) 单轴应力闭循环

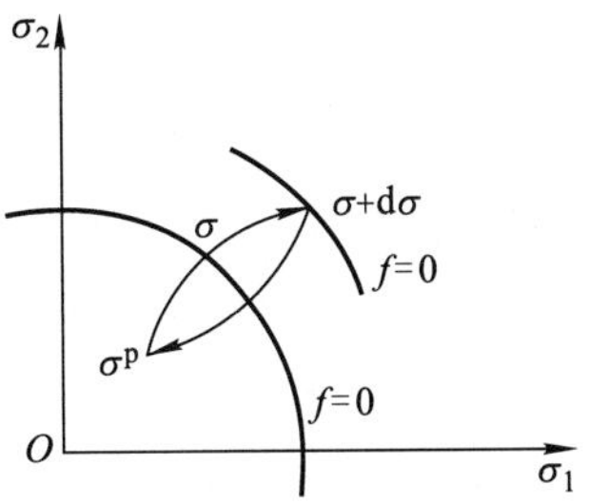

(b) 双轴应力间空闭循环

图 2 –8　应力的闭循环

而循环之前累计的塑性应变$(\boldsymbol{\varepsilon}^{\mathrm{p}})^*$是个常量，在应力循环中对余功的贡献也为零，因而只需考虑新产生的塑性应变增量 $\mathrm{d}\boldsymbol{\varepsilon}^{\mathrm{p}}$ 对余功的贡献，于是有

$$\oint \boldsymbol{\varepsilon}^{\mathrm{T}} \mathrm{d}\boldsymbol{\sigma} = \int_{t_1}^{t_2} (\mathrm{d}\boldsymbol{\varepsilon}^{\mathrm{p}})^{\mathrm{T}} \mathrm{d}\boldsymbol{\sigma} + \int_{t_2}^{t_3} (\mathrm{d}\boldsymbol{\varepsilon}^{\mathrm{p}})^{\mathrm{T}} \mathrm{d}\boldsymbol{\sigma}$$

$$= \frac{1}{2} (\mathrm{d}\boldsymbol{\varepsilon}^{\mathrm{p}})^{\mathrm{T}} \mathrm{d}\boldsymbol{\sigma} + (\mathrm{d}\boldsymbol{\varepsilon}^{\mathrm{p}})^{\mathrm{T}} [\boldsymbol{\sigma}^* - (\boldsymbol{\sigma} + \mathrm{d}\boldsymbol{\sigma})]$$

$$= -(\mathrm{d}\boldsymbol{\varepsilon}^{\mathrm{p}})^{\mathrm{T}} \left[\boldsymbol{\sigma} - \boldsymbol{\sigma}^* + \frac{1}{2}\mathrm{d}\boldsymbol{\sigma}\right] \leqslant 0,$$

从而得到不等式

$$(\mathrm{d}\boldsymbol{\varepsilon}^{\mathrm{p}})^{\mathrm{T}} \left[\boldsymbol{\sigma} - \boldsymbol{\sigma}^* + \frac{1}{2}\mathrm{d}\boldsymbol{\sigma}\right] \geqslant 0.$$

略去高阶小时，有

$$(\mathrm{d}\boldsymbol{\varepsilon}^{\mathrm{p}})^{\mathrm{T}} (\boldsymbol{\sigma} - \boldsymbol{\sigma}^*) \geqslant 0. \qquad (2-2-41)$$

如果取初始状态在屈服表面上，即 $\boldsymbol{\sigma} = \boldsymbol{\sigma}^*$，则有

$$(\mathrm{d}\boldsymbol{\varepsilon}^{\mathrm{p}})^{\mathrm{T}} \mathrm{d}\boldsymbol{\sigma} \geqslant 0. \qquad (2-2-42)$$

式(2－2－41)和(2－2－42)是由 Drucker 公设导出的两个重要不等式.

首先，由式(2－2－41)可证明屈服面 $f=0$ 是外凸的. 如果取应力空间的坐标轴与塑性应变空间的坐标轴重合，并且在应力空间中经过 $\boldsymbol{\sigma}$ 作一个与 $\mathrm{d}\boldsymbol{\varepsilon}^{\mathrm{p}}$ 相垂直的超平面，那么式(2－2－41)表明，$\boldsymbol{\sigma}^*$ 将位于此超平面的与 $\mathrm{d}\boldsymbol{\varepsilon}^{\mathrm{p}}$ 方向相反的一侧. 但 $\boldsymbol{\sigma}^*$ 是屈服面内的任一点，可见屈服面都位于此超平面的与 $\mathrm{d}\boldsymbol{\varepsilon}^{\mathrm{p}}$ 方向相反的一侧. 再由 $\boldsymbol{\sigma}$ 是屈服面上的任一点，可知屈服面 $f=0$ 是外凸的.

其次，由式(2－2－41)还可以证明正交法则(2－2－25)成立. 当屈服面在应力点 $\boldsymbol{\sigma}$ 处为光滑(正则)点时，经过应力点 $\boldsymbol{\sigma}$ 处且与屈服面相切的平面将是唯一的，记为 P；另外，再作一个与 $\mathrm{d}\boldsymbol{\varepsilon}^{\mathrm{p}}$ 相垂直的超平面 Q，如果它不与上述的切平面 P 相重合，那么它就必然与屈服面相割(见图 2－9). 这时，在超平面 Q 的两侧都有屈服面的内点，即在屈服面内总存在这样的应力状态 $\boldsymbol{\sigma}^*$ 使得(2－2－41)不成立. 由此可见，超平面 Q 只能是屈服面在 $\boldsymbol{\sigma}$ 处的切平面，而 $\mathrm{d}\boldsymbol{\varepsilon}^{\mathrm{p}}$ 应垂直于这个切平面，这就证明了式(2－2－25).

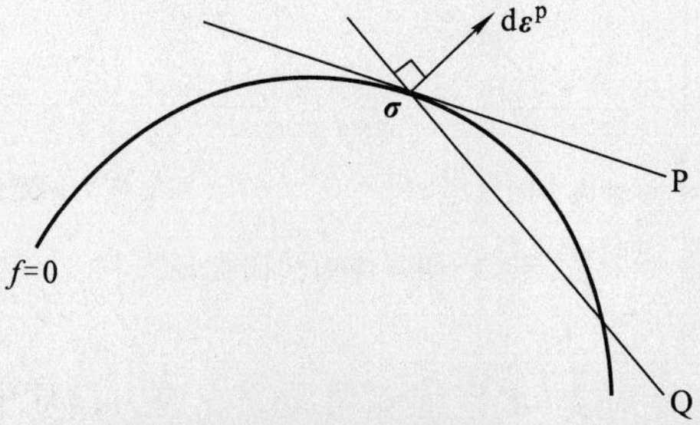

图 2－9 屈服面外凸性的证明

再次，由式(2-2-37)可导出加载准则. 实际上将正交法则(2-2-25)代入式(2-2-42)，并考虑在加载时 $d\lambda>0$，就得到了在加载时有$\frac{\partial f}{\partial \boldsymbol{\sigma}}d\boldsymbol{\sigma}>0$. 中性变载时，$df=0$，$d\lambda=0$，因此

$$\frac{\partial f}{\partial \boldsymbol{\sigma}}d\boldsymbol{\sigma}=0.$$

卸载时 $df<0$，$d\lambda=0$，因而有

$$\frac{\partial f}{\partial \boldsymbol{\sigma}}d\boldsymbol{\sigma}<0.$$

最后需要说明的是，Drucker 公设最初是针对强化材料提出的，并证明了屈服面的外凸性和塑性应变增量的正交性. 后来对于理想塑性材料，根据 Drucker 公设，也证明了屈服面的外凸性和正交法则.

§2-3　弹塑性材料本构性质的应变空间表述

近年来塑性力学问题的有限元法(主要是以位移为基本变量的位移法)得到了很大发展，并在实际工程中取得了成功，得到了广泛的应用. 在位移法中使用的弹塑性矩阵，实质上就是应变空间表述的本构矩阵. 由于伺服试验机的出现，实现了用控制位移的方式测量全应力-应变曲线，在峰值后出现强度随塑性变形降低的软化阶段. 此时可用变形值表示屈服极限. 总之，在数值方法和试验技术的发展以及实际需要的推动下，人们开始认识到在应变空间表述本构理论的重要性.

从图 2-10 所示的岩石类材料的单轴压缩的全应力-应变曲线上我们看到，从自然状态出发，当 $\varepsilon<\varepsilon_s$ 时，介质的反应是线弹性的，而当应变超过 ε_s 后(例如在 B 点)就伴有塑性变形发生，应力和应变之间的关系不再是线性的

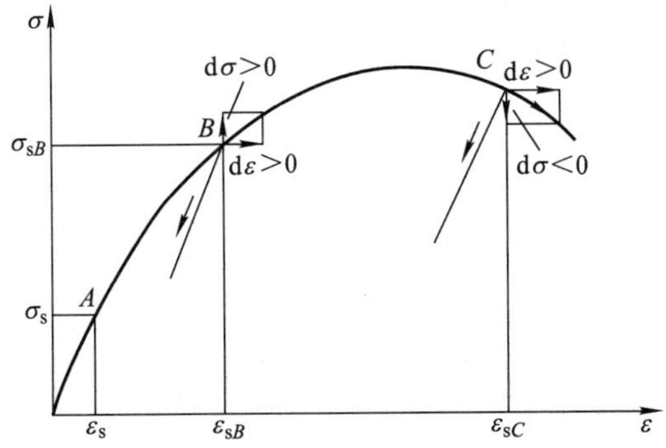

图 2-10　单轴压缩的全应力-应变曲线

了．在卸载之后重新加载时，在应变重新达到 B 点对应的值 ε_{sB} 之前，反应是线性弹性的，而达到这个应变值时，才可能产生新的塑性应变．这样，ε_{sB} 可看做是用应变表示的后继屈服极限．在塑性状态的 B 点，可用 $\mathrm{d}\varepsilon>0$ 表示塑性加载，用 $\mathrm{d}\varepsilon<0$ 表示塑性卸载，而且这种表示在软化情况也是对的．例如 C 点处的塑性状态，卸载时显然有 $\mathrm{d}\varepsilon<0$，加载时虽然有 $\mathrm{d}\varepsilon^{e}<0$(即 $\mathrm{d}\sigma=E\mathrm{d}\varepsilon^{e}<0$)，但由于 $\mathrm{d}\varepsilon^{p}>0$，仍有 $\mathrm{d}\varepsilon>0$．这样就可期望在应变空间中能给出对强化、软化和理想塑性普遍适用的本构表述．

2-3-1 应变屈服准则和应变屈服面

将上面说明一维情况的应变屈服极限推广到一般的应变状态，就得到应变屈服准则和应变屈服面．用六维应变空间中的一个点代表介质的应变状态，假设存在一个超曲面，它所包围区域内部所有的点能用纯弹性应变的路径达到，而在这个超曲面上的点表示介质将会发生进一步的塑性变形，这个曲面就是应变空间屈服面，它可表示为

$$F(\boldsymbol{\varepsilon},\boldsymbol{\varepsilon}^{p},\kappa)=0, \tag{2-3-1}$$

其中应变矢量 $\boldsymbol{\varepsilon}$ 是基本变量，塑性应变矢量 $\boldsymbol{\varepsilon}^{p}$ 和标量 κ 是内变量(参见式(2-2-3)~(2-2-4))．这样，式(2-3-1)表示以内变量为参数的一族超曲面，如果在式(2-3-1)中 $\boldsymbol{\varepsilon}^{p}=0$，$\kappa=0$，就得到初始屈服面

$$F(\boldsymbol{\varepsilon})=0. \tag{2-3-2}$$

在应变空间中介质质点的状态可用 $\boldsymbol{\varepsilon}$，$\boldsymbol{\varepsilon}^{p}$，$\kappa$ 表示，如果有

$$F(\boldsymbol{\varepsilon},\boldsymbol{\varepsilon}^{p},\kappa)<0,$$

则这个状态处于弹性状态，对无限小的外部作用的反应是纯弹性的．如果有

$$F(\boldsymbol{\varepsilon},\boldsymbol{\varepsilon}^{p},\kappa)=0,$$

那么这个状态处于塑性状态，对无限小的外部作用的反应是弹塑性的．不存在使 $F>0$ 的状态．

2-3-2 应变空间表述的加-卸载准则和流动法则

现在设状态 $\boldsymbol{\varepsilon}$，$\boldsymbol{\varepsilon}^{p}$，$\kappa$ 处于塑性状态，这时 $F(\boldsymbol{\varepsilon},\boldsymbol{\varepsilon}^{p},\kappa)=0$，即应变点在屈服面上．在外部作用下，如果应变点保持在屈服面上，并有新的塑性变形发生，这个过程叫做塑性加载(简称加载)；如果应变点离开屈服面，退回弹性区，反应是纯弹性的，叫做塑性卸载(简称卸载)．它们的一个中间情况，即应变点不离开屈服面，而又无新的塑性变形发生，这种情况称为中性变载．考虑到在加载和中性变载时有一致性条件

$$\mathrm{d}F=\left(\frac{\partial F}{\partial\boldsymbol{\varepsilon}}\right)^{\mathrm{T}}\mathrm{d}\boldsymbol{\varepsilon}+\left(\frac{\partial F}{\partial\boldsymbol{\varepsilon}^{p}}\right)^{\mathrm{T}}\mathrm{d}\boldsymbol{\varepsilon}^{p}+\frac{\partial F}{\partial\kappa}\mathrm{d}\kappa=0, \tag{2-3-3}$$

而卸载时 $\mathrm{d}F<0$. 不难得到，在应变空间表述的加－卸载准则是

$$L=\left(\frac{\partial F}{\partial \boldsymbol{\varepsilon}}\right)^{\mathrm{T}}\mathrm{d}\boldsymbol{\varepsilon}\begin{cases}<0, & \text{卸载},\\ =0, & \text{中性变载},\\ >0, & \text{加载}.\end{cases}\tag{2-3-4}$$

这个准则对强化、软化和理想塑性情况是普遍适用的，因为在加载时应变屈服面在应变点附近总是局部地向外移动. 这个准则的几何解释如图 2－11 所示. 对于塑性状态，加载、卸载和中性变载分别对应于应变增量矢量 $\mathrm{d}\boldsymbol{\varepsilon}$ 指向应变屈服面的外侧、内侧和与屈服面相切.

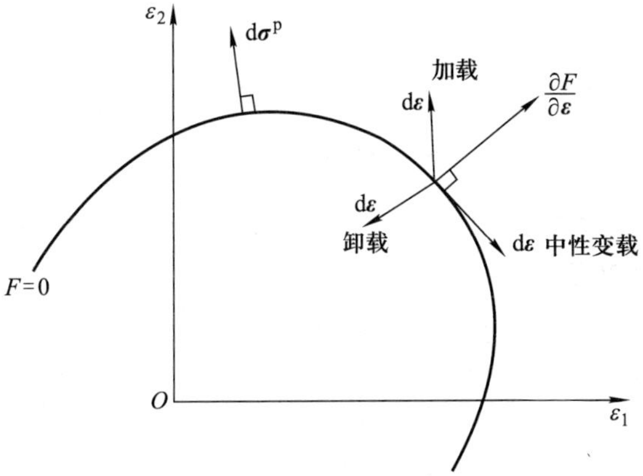

图 2－11　应变空间的加－卸载准则

依据塑性力学的 Ильющин 公设从理论上还可以证明，对于弹性性质不随塑性变形的出现和发展而变化的材料，加载时塑性应力增量 $\mathrm{d}\boldsymbol{\sigma}^{\mathrm{p}}$（见式(2－2－2)）指向应变屈服面的外法向，即

$$\mathrm{d}\boldsymbol{\sigma}^{\mathrm{p}}=\mathrm{d}\lambda\frac{\partial F}{\partial \boldsymbol{\varepsilon}},\tag{2-3-5}$$

其中 $\mathrm{d}\lambda$ 是非负的尺度因子，加载时 $\mathrm{d}\lambda>0$，其他情况 $\mathrm{d}\lambda=0$. 式(2－3－5)也称为在应变空间中表述的正交法则.

2－3－3　应变空间表述的本构方程

在应变空间表述中描述介质质点状态采用应变矢量 $\boldsymbol{\varepsilon}$ 和内变量 $\boldsymbol{\varepsilon}^{\mathrm{p}}$ 和 κ，因此现在是对一个指定的状态($\boldsymbol{\varepsilon}$, $\boldsymbol{\varepsilon}^{\mathrm{p}}$, κ)，由一个无限小的应变增量 $\mathrm{d}\boldsymbol{\varepsilon}$ 去确定无限小的应力增量 $\mathrm{d}\boldsymbol{\sigma}$，以及相应的内变增量 $\mathrm{d}\boldsymbol{\sigma}^{\mathrm{p}}$，$\mathrm{d}\kappa$.

设将一个无限小的应变增量 $\mathrm{d}\boldsymbol{\varepsilon}$ 的变形施加在质点上，相应的应力增量 $\mathrm{d}\boldsymbol{\sigma}$ 可分解为如下的两部分：

$$d\boldsymbol{\sigma} = d\boldsymbol{\sigma}^{e} - d\boldsymbol{\sigma}^{p}, \tag{2-3-6}$$

式中

$$d\boldsymbol{\sigma}^{e} = \boldsymbol{D}d\boldsymbol{\varepsilon}. \tag{2-3-7}$$

式(2-3-6)的物理含义是，应力增量可被设想为由外部无限小应变 $d\boldsymbol{\varepsilon}$ 作用下纯弹性反应 $d\boldsymbol{\sigma}^{e}$ 以及在弹性条件下塑性变形所对应的残余应力($-d\boldsymbol{\sigma}^{p}$)两部分组成(参见图 2-12)．实际上，式(2-3-6)是与应变分解的式(2-2-26)一致的，只要在式(2-2-26)的两端各乘以矩阵 $\boldsymbol{D}$，并考虑到

$$d\boldsymbol{\sigma} = \boldsymbol{D}d\boldsymbol{\varepsilon}^{e}, \tag{2-3-8}$$

就得到式(2-3-6)．将式(2-3-7)代入(2-3-6)，由上式得

$$d\boldsymbol{\sigma} = \boldsymbol{D}d\boldsymbol{\varepsilon} - d\boldsymbol{\sigma}^{p}.$$

考虑到流动法则(2-3-5)，由上式得

$$d\boldsymbol{\sigma} = \boldsymbol{D}d\boldsymbol{\varepsilon} - d\lambda\frac{\partial F}{\partial \boldsymbol{\varepsilon}}. \tag{2-3-9}$$

在中性变载和卸载时，$d\lambda=0$，上式退化为 Hooke 定律．对于加载，$d\lambda>0$，$d\lambda$ 的大小由一致性条件

$$dF = \left(\frac{\partial F}{\partial \boldsymbol{\varepsilon}}\right)^{T}d\boldsymbol{\varepsilon} + \left(\frac{\partial F}{\partial \boldsymbol{\varepsilon}^{p}}\right)^{T}d\boldsymbol{\varepsilon}^{p} + \frac{\partial F}{\partial \boldsymbol{\kappa}}d\boldsymbol{\kappa} = 0 \tag{2-3-10}$$

确定．考虑到式(2-3-5)，(2-2-3)和(2-2-4)，我们得

$$d\boldsymbol{\lambda} = \frac{1}{B}\left(\frac{\partial F}{\partial \boldsymbol{\varepsilon}}\right)^{T}d\boldsymbol{\varepsilon}, \tag{2-3-11}$$

其中

$$B = -\left(\frac{\partial F}{\partial \boldsymbol{\varepsilon}^{p}}\right)^{T}\boldsymbol{C}\frac{\partial F}{\partial \boldsymbol{\varepsilon}} - \frac{\partial F}{\partial \boldsymbol{\kappa}}m, \tag{2-3-12}$$

$$m = \begin{cases} \boldsymbol{\sigma}^{T}\boldsymbol{C}\dfrac{\partial F}{\partial \boldsymbol{\varepsilon}}, & \boldsymbol{\kappa} = W^{p}, \\ \left[\left(\dfrac{\partial F}{\partial \boldsymbol{\varepsilon}}\right)^{T}\boldsymbol{C}\boldsymbol{C}\dfrac{\partial F}{\partial \boldsymbol{\varepsilon}}\right]^{1/2}, & \boldsymbol{\kappa} = \bar{\boldsymbol{\varepsilon}}^{p}. \end{cases} \tag{2-3-13}$$

由于在加载时，$d\lambda>0$ 和$\left(\dfrac{\partial F}{\partial \boldsymbol{\varepsilon}}\right)^{T}d\boldsymbol{\varepsilon}>0$，由式(2-3-12)可知 $B>0$．这是塑性力学中对屈服函数 F 的一个约束条件．

将式(2-3-11)代入式(2-3-9)得加载时的本构方程

$$d\boldsymbol{\sigma} = (\boldsymbol{D} - \boldsymbol{D}_{p})d\boldsymbol{\varepsilon}, \tag{2-3-14}$$

$$\boldsymbol{D}_{p} = \frac{1}{B}\frac{\partial F}{\partial \boldsymbol{\varepsilon}}\left(\frac{\partial F}{\partial \boldsymbol{\varepsilon}}\right)^{T}. \tag{2-3-15}$$

还可以给出对加载、卸载和中性变载普遍适用的形式

$$d\boldsymbol{\sigma} = (\boldsymbol{D} - h(L)\boldsymbol{D}_{p})d\boldsymbol{\varepsilon} \equiv \boldsymbol{D}_{ep}d\boldsymbol{\varepsilon}, \tag{2-3-16}$$

式中 $\boldsymbol{D}_p$ 称为塑性矩阵，$\boldsymbol{D}_{ep}$ 称为弹塑性矩阵，$h(L)$ 是阶梯函数．即当 $L \leqslant 0$ 时，$h(L)=0$；当 $L>0$ 时，$h(L)=1$，而 L 是加－卸载准则参数，

$$L = \left(\frac{\partial f}{\partial \boldsymbol{\varepsilon}}\right)^{\mathrm{T}} \mathrm{d}\boldsymbol{\varepsilon}. \qquad (2-3-17)$$

于是，使用加－卸载准则参数(2－3－17)和本构方程(2－3－16)，可由应变增量 $\mathrm{d}\boldsymbol{\varepsilon}$ 唯一地确定应力增量 $\mathrm{d}\boldsymbol{\sigma}$.

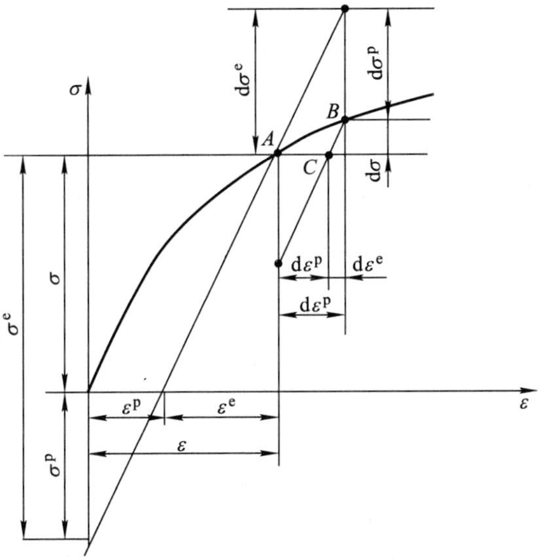

图 2－12　应变和应力增量分解

2－3－4　塑性力学的 Ильюшин 公设

在 §2－2 中我们介绍了应力空间表述的 Drucker 公设，对于软化塑性材料使用 Drucker 公设将会出现一个问题，它就是应力的闭合循环在软化塑性情况下不能实现．例如，当初始应力点 $\boldsymbol{\sigma}^*$ 选得十分靠近屈服面时，由于加载时应力屈服面局部地向内运动，在加载之后可能发现当初的应力点 $\boldsymbol{\sigma}^*$ 已落在屈服面的外侧了．

Ильюшин 在 1961 年提出了一个更一般的塑性公设，Ильюшин 公设是在应变空间表述的，它可陈述为：对于初给处于某一应变状态 $\boldsymbol{\varepsilon}^*$ 的微元，借助一个外部作用，在现有的应变状态 $\boldsymbol{\varepsilon}^*$ 上，缓慢地施加并卸去一组附加应变，在这样的一个应变循环内，外部作用对弹塑性微元做功是非负的，即

$$\oint \boldsymbol{\sigma}^{\mathrm{T}} \mathrm{d}\boldsymbol{\varepsilon} \geqslant 0. \qquad (2-3-18)$$

如果上式取大于号，表示有塑性变形发生；如果取等号，表示只有弹性变形发生．如果只有弹性变形发生时，则对于一个应变闭循环外部作用所做功为零．

设在循环开始时刻 $t=t_0$，初始应变状态 $\boldsymbol{\varepsilon}^*$ 处于现时应变屈服面 $F(\boldsymbol{\varepsilon},\ \boldsymbol{\varepsilon}^{\mathrm{p}},\ \kappa)=0$ 的内侧；在 $t=t_1$ 时应变状态 $\boldsymbol{\varepsilon}$ 刚好达到屈服面上；以后为加载过程，直到 $t=t_2$，状态变量达到 $(\boldsymbol{\varepsilon}+\mathrm{d}\boldsymbol{\varepsilon},\ \boldsymbol{\varepsilon}^{\mathrm{p}}+\mathrm{d}\boldsymbol{\varepsilon}^{\mathrm{p}},\ \kappa+\mathrm{d}\kappa)$；然后卸载使应变在 $t=t_3$ 时又回复到 $\boldsymbol{\varepsilon}^*$．卸载过程中内变量保持不变，在 $t=t_3$ 时达到的状态为 $(\boldsymbol{\varepsilon}^*,\ \boldsymbol{\varepsilon}^{\mathrm{p}}+\mathrm{d}\boldsymbol{\varepsilon}^{\mathrm{p}},\ \kappa+\mathrm{d}\kappa)$，整个循环过程如图 2－13 所示，由于

$$\mathrm{d}\boldsymbol{\sigma}=\mathrm{d}\boldsymbol{\sigma}^{\mathrm{e}}-\mathrm{d}\boldsymbol{\sigma}^{\mathrm{p}},\qquad (2-3-19)$$

在整个应变循环中弹性应力增量 $\mathrm{d}\boldsymbol{\sigma}^{\mathrm{e}}$ 是可逆的，$\mathrm{d}\boldsymbol{\sigma}^{\mathrm{e}}$ 对功贡献为零，而初始应力 $\boldsymbol{\sigma}^*$（与 $\boldsymbol{\varepsilon}^*$ 对应）对功的贡献也为零，仅有塑性应力增量 $\mathrm{d}\boldsymbol{\sigma}^{\mathrm{p}}$ 对作功有贡献，因而有

$$\begin{aligned}\oint\boldsymbol{\sigma}^{\mathrm{T}}\mathrm{d}\boldsymbol{\varepsilon}&=\int_{t_1}^{t_2}(-\mathrm{d}\boldsymbol{\sigma}^{\mathrm{p}})^{\mathrm{T}}\mathrm{d}\boldsymbol{\varepsilon}+\int_{t_2}^{t_3}(-\mathrm{d}\boldsymbol{\sigma}^{\mathrm{p}})^{\mathrm{T}}\mathrm{d}\boldsymbol{\varepsilon}\\&=-\frac{1}{2}(\mathrm{d}\boldsymbol{\sigma}^{\mathrm{p}})^{\mathrm{T}}\mathrm{d}\boldsymbol{\varepsilon}+(-\mathrm{d}\boldsymbol{\sigma}^{\mathrm{p}})^{\mathrm{T}}(\boldsymbol{\varepsilon}^*-(\boldsymbol{\varepsilon}+\mathrm{d}\boldsymbol{\varepsilon}))\\&=(\mathrm{d}\boldsymbol{\sigma}^{\mathrm{p}})^{\mathrm{T}}\left(\boldsymbol{\varepsilon}-\boldsymbol{\varepsilon}^*+\frac{1}{2}\mathrm{d}\boldsymbol{\varepsilon}\right)\geqslant 0.\end{aligned}$$

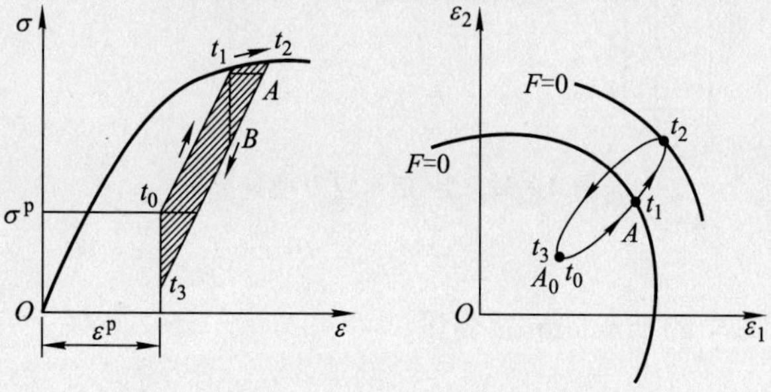

(a) 单向应变　　(b) 双向应变

图 2－13　应变的闭循环

从图 2－13(a)可看出，$\overline{t_1B}$ 代表 $\mathrm{d}\boldsymbol{\sigma}^{\mathrm{p}}$，三角形 t_1Bt_2 面积是 $\mathrm{d}\boldsymbol{\sigma}^{\mathrm{p}}\mathrm{d}\boldsymbol{\varepsilon}$，平行四边形 $t_0t_1Bt_3$ 面积是 $\mathrm{d}\boldsymbol{\sigma}^{\mathrm{p}}(\boldsymbol{\varepsilon}-\boldsymbol{\varepsilon}^*)$．两个面积之和（阴影面积）则是外部作用在应变循环期间所做之功．

与前面关于 Drucker 公设的讨论完全相同，从上式可得两个基本不等式：

$$(\mathrm{d}\boldsymbol{\sigma}^{\mathrm{p}})^{\mathrm{T}}(\boldsymbol{\varepsilon}-\boldsymbol{\varepsilon}^*)\geqslant 0,\qquad (2-3-20)$$

$$(\mathrm{d}\boldsymbol{\sigma}^{\mathrm{p}})^{\mathrm{T}}\mathrm{d}\boldsymbol{\varepsilon}\geqslant 0.\qquad (2-3-21)$$

从上面第一不等式可以证明，应变屈服面 $F=0$ 是外凸的且正交法则(2－3－5)成立．考虑到正交法则，第二个不等式就是应变空间表述的塑性加载的准则．

§2－2 和本节平行地讨论应力空间和应变空间的弹塑性材料的本构理论，从中可看出两个空间的表述具有对偶性，其主要结果列于表 2－1 的第一列和第二列.

表 2－1　应力空间表述和应变空间表述

	应力空间表述	应变空间表述	应变空间表述的实用形式
基本状态变量	$\boldsymbol{\sigma}$	$\boldsymbol{\varepsilon}$	$\boldsymbol{\varepsilon}$
塑性内变量	$\boldsymbol{\sigma}^{\mathrm{p}}$，$\kappa$	$\boldsymbol{\varepsilon}^{\mathrm{p}}$，$\kappa$	$\boldsymbol{\sigma}^{\mathrm{p}}$，$\kappa$
待定的状态变量	$\boldsymbol{\varepsilon}$	$\boldsymbol{\sigma}$	$\boldsymbol{\sigma}$
增量分解	$\mathrm{d}\boldsymbol{\varepsilon}=\mathrm{d}\boldsymbol{\varepsilon}^{\mathrm{e}}+\mathrm{d}\boldsymbol{\varepsilon}^{\mathrm{p}}$	$\mathrm{d}\boldsymbol{\sigma}=\mathrm{d}\boldsymbol{\sigma}^{\mathrm{e}}-\mathrm{d}\boldsymbol{\sigma}^{\mathrm{p}}$	$\mathrm{d}\boldsymbol{\sigma}=\mathrm{d}\boldsymbol{\sigma}^{\mathrm{e}}-\mathrm{d}\boldsymbol{\sigma}^{\mathrm{p}}$
Hooke 定律	$\mathrm{d}\boldsymbol{\varepsilon}^{\mathrm{e}}=\boldsymbol{C}\mathrm{d}\boldsymbol{\sigma}$	$\mathrm{d}\boldsymbol{\sigma}^{\mathrm{e}}=\boldsymbol{D}\mathrm{d}\boldsymbol{\varepsilon}$	$\mathrm{d}\boldsymbol{\sigma}^{\mathrm{e}}=\boldsymbol{D}\mathrm{d}\boldsymbol{\varepsilon}$
屈服准则	$f(\boldsymbol{\sigma},\ \boldsymbol{\sigma}^{\mathrm{p}},\ \kappa)=0$	$F(\boldsymbol{\varepsilon},\ \boldsymbol{\varepsilon}^{\mathrm{p}},\ \kappa)=0$	$f(\boldsymbol{\sigma},\ \boldsymbol{\sigma}^{\mathrm{p}},\ \kappa)=0$
塑性公设	Drucker 公设： $\oint\boldsymbol{\varepsilon}^{\mathrm{T}}\mathrm{d}\boldsymbol{\sigma}\leqslant 0$	Ильюшин 公设： $\oint\boldsymbol{\sigma}^{\mathrm{T}}\mathrm{d}\boldsymbol{\varepsilon}\geqslant 0$	Ильюшин 公设： $\oint\boldsymbol{\sigma}^{\mathrm{T}}\mathrm{d}\boldsymbol{\varepsilon}\geqslant 0$
基本不等式	$(\boldsymbol{\sigma}-\boldsymbol{\sigma}^{*})^{\mathrm{T}}\mathrm{d}\boldsymbol{\varepsilon}^{\mathrm{p}}\geqslant 0$ $(\mathrm{d}\boldsymbol{\sigma})^{\mathrm{T}}\mathrm{d}\boldsymbol{\varepsilon}^{\mathrm{p}}\geqslant 0$	$(\boldsymbol{\varepsilon}-\boldsymbol{\varepsilon}^{*})^{\mathrm{T}}\mathrm{d}\boldsymbol{\sigma}^{\mathrm{p}}\geqslant 0$ $(\mathrm{d}\boldsymbol{\varepsilon})^{\mathrm{T}}\mathrm{d}\boldsymbol{\sigma}^{\mathrm{p}}\geqslant 0$	$(\boldsymbol{\varepsilon}-\boldsymbol{\varepsilon}^{*})^{\mathrm{T}}\mathrm{d}\boldsymbol{\sigma}^{\mathrm{p}}\geqslant 0$ $(\mathrm{d}\boldsymbol{\varepsilon})^{\mathrm{T}}\mathrm{d}\boldsymbol{\sigma}^{\mathrm{p}}\geqslant 0$
正交法则	$\mathrm{d}\boldsymbol{\varepsilon}^{\mathrm{p}}=\mathrm{d}\lambda\dfrac{\partial f}{\partial\boldsymbol{\sigma}}$	$\mathrm{d}\boldsymbol{\sigma}^{\mathrm{p}}=\mathrm{d}\lambda\dfrac{\partial f}{\partial\boldsymbol{\varepsilon}}$	$\mathrm{d}\boldsymbol{\sigma}^{\mathrm{p}}=\mathrm{d}\lambda\boldsymbol{D}\dfrac{\partial f}{\partial\boldsymbol{\sigma}}$
加－卸载准则	$l=\left(\dfrac{\partial f}{\partial\boldsymbol{\sigma}}\right)^{\mathrm{T}}\mathrm{d}\boldsymbol{\sigma}\begin{cases}>0, & \text{加}\\ =0, & \text{中}\\ <0, & \text{卸}\end{cases}$ （仅适用于强化材料）	$L=\left(\dfrac{\partial F}{\partial\boldsymbol{\varepsilon}}\right)^{\mathrm{T}}\mathrm{d}\boldsymbol{\varepsilon}\begin{cases}>0, & \text{加}\\ =0, & \text{中}\\ <0, & \text{卸}\end{cases}$ （强化、理想、软化材料均适用）	$L=\left(\dfrac{\partial f}{\partial\boldsymbol{\sigma}}\right)^{\mathrm{T}}\boldsymbol{D}\mathrm{d}\boldsymbol{\varepsilon}\begin{cases}>0, & \text{加}\\ =0, & \text{中}\\ <0, & \text{卸}\end{cases}$
本构方程	$\mathrm{d}\boldsymbol{\varepsilon}=(\boldsymbol{C}+\boldsymbol{C}_{\mathrm{p}})\mathrm{d}\boldsymbol{\sigma}$ $\boldsymbol{C}_{\mathrm{p}}=\begin{cases}\dfrac{1}{A}\dfrac{\partial f}{\partial\boldsymbol{\sigma}}\left(\dfrac{\partial f}{\partial\boldsymbol{\sigma}}\right)^{\mathrm{T}}, & l>0,\\ \boldsymbol{0}, & l\leqslant 0\end{cases}$ $A=-\left(\dfrac{\partial f}{\partial\boldsymbol{\sigma}^{\mathrm{p}}}\right)^{\mathrm{T}}\boldsymbol{D}\dfrac{\partial f}{\partial\boldsymbol{\sigma}}-\dfrac{\partial f}{\partial\kappa}m>0$ （仅适用于强化材料）	$\mathrm{d}\boldsymbol{\sigma}=(\boldsymbol{D}-\boldsymbol{D}_{\mathrm{p}})\mathrm{d}\boldsymbol{\sigma}$ $\boldsymbol{D}_{\mathrm{p}}=\begin{cases}\dfrac{1}{B}\dfrac{\partial F}{\partial\boldsymbol{\varepsilon}}\left(\dfrac{\partial F}{\partial\boldsymbol{\varepsilon}}\right)^{\mathrm{T}}, & L>0,\\ \boldsymbol{0}, & L\leqslant 0\end{cases}$ $B=-\left(\dfrac{\partial F}{\partial\boldsymbol{\varepsilon}^{\mathrm{p}}}\right)^{\mathrm{T}}\boldsymbol{C}\dfrac{\partial F}{\partial\boldsymbol{\varepsilon}}-\dfrac{\partial F}{\partial\kappa}m>0$ （强化、理想、软化材料均适用）	$\mathrm{d}\boldsymbol{\sigma}=(\boldsymbol{D}-\boldsymbol{D}_{\mathrm{p}})\mathrm{d}\boldsymbol{\varepsilon}$ $\boldsymbol{D}_{\mathrm{p}}=\begin{cases}\dfrac{1}{B}\boldsymbol{D}\dfrac{\partial f}{\partial\boldsymbol{\sigma}}\left(\dfrac{\partial f}{\partial\boldsymbol{\sigma}}\right)^{\mathrm{T}}\boldsymbol{D}, & L>0,\\ \boldsymbol{0}, & L\leqslant 0\end{cases}$ $B=-\left(\dfrac{\partial f}{\partial\boldsymbol{\sigma}^{\mathrm{p}}}\right)^{\mathrm{T}}\boldsymbol{D}\dfrac{\partial f}{\partial\boldsymbol{\sigma}}-\dfrac{\partial f}{\partial\kappa}m>0$ （强化、理想、软化材料均适用）

2-3-5 应变空间表述的本构理论的实用形式

由于以往对屈服函数的实验研究多是在控制载荷的试验机上进行的，因此屈服条件往往是用应力分量表示的，塑性力学的许多基本概念，例如强化、软化和理想塑性等，也都是用应力分量定义的(这也是笔者在§2-2中详尽介绍应力空间表述的原因)．关于应变空间的屈服面的知识却很少，但可以借助应力屈服面知识弥补其中的不足．实际上，内变量被指定后，应力屈服面和应变屈服面分别是应力空间和应变空间弹性区域的外边界，因而它们上面的点按弹性关系一一对应．因此我们通过变换

$$\begin{cases}\boldsymbol{\sigma}^{\mathrm{p}} = \boldsymbol{D}\boldsymbol{\varepsilon}^{\mathrm{p}}, \\ \boldsymbol{\sigma} = \boldsymbol{D}(\boldsymbol{\varepsilon} - \boldsymbol{\varepsilon}^{\mathrm{p}}),\end{cases} \tag{2-3-22}$$

建立应力屈服函数与应变屈服函数之间关系如下：

$$f(\boldsymbol{\sigma},\boldsymbol{\sigma}^{\mathrm{p}},\kappa) = f(\boldsymbol{D}(\boldsymbol{\varepsilon} - \boldsymbol{\varepsilon}^{\mathrm{p}}),\boldsymbol{D}\boldsymbol{\varepsilon}^{\mathrm{p}},\kappa) \equiv F(\boldsymbol{\varepsilon},\boldsymbol{\varepsilon}^{\mathrm{p}},\kappa), \tag{2-3-23}$$

进而得到屈服函数导数之间的关系：

$$\frac{\partial F}{\partial \boldsymbol{\varepsilon}} = D\frac{\partial f}{\partial \boldsymbol{\sigma}}, \quad \frac{\partial F}{\partial \boldsymbol{\varepsilon}^{\mathrm{p}}} = D\left(\frac{\partial f}{\partial \boldsymbol{\sigma}^{\mathrm{p}}} - \frac{\partial f}{\partial \boldsymbol{\sigma}}\right), \quad \frac{\partial F}{\partial \kappa} = \frac{\partial f}{\partial \kappa}. \tag{2-3-24}$$

利用式(2-3-24)，可将应变空间表述的本构方程(2-3-15)用应力屈服函数表示：

$$\boldsymbol{D}_{\mathrm{p}} = \frac{1}{B}\boldsymbol{D}\frac{\partial f}{\partial \boldsymbol{\sigma}}\left(\frac{\partial f}{\partial \boldsymbol{\sigma}}\right)^{\mathrm{T}}\boldsymbol{D}, \tag{2-3-25}$$

$$B = \left(\frac{\partial f}{\partial \boldsymbol{\sigma}}\right)^{\mathrm{T}}\boldsymbol{D}\frac{\partial f}{\partial \boldsymbol{\sigma}} - \left(\frac{\partial f}{\partial \boldsymbol{\sigma}^{\mathrm{p}}}\right)^{\mathrm{T}}\boldsymbol{D}\frac{\partial f}{\partial \boldsymbol{\sigma}} - \frac{\partial f}{\partial \kappa}m, \tag{2-3-26}$$

$$m = \begin{cases}\boldsymbol{\sigma}^{\mathrm{T}}\dfrac{\partial f}{\partial \boldsymbol{\sigma}}, & \kappa = W^{\mathrm{p}}, \\ \left[\left(\dfrac{\partial f}{\partial \boldsymbol{\sigma}}\right)^{\mathrm{T}}\dfrac{\partial f}{\partial \boldsymbol{\sigma}}\right]^{1/2}, & \kappa = \bar{\varepsilon}^{\mathrm{p}},\end{cases} \tag{2-3-27}$$

$$L = \left(\frac{\partial f}{\partial \boldsymbol{\sigma}}\right)^{\mathrm{T}}\boldsymbol{D}\mathrm{d}\boldsymbol{\varepsilon}. \tag{2-3-28}$$

如果考虑到由式(2-2-30)定义的 A，那么由式(2-3-26)定义的 B 可写为

$$B = H + A > 0, \tag{2-3-29}$$

其中

$$H = \left(\frac{\partial f}{\partial \boldsymbol{\sigma}}\right)^{\mathrm{T}}\boldsymbol{D}\frac{\partial f}{\partial \boldsymbol{\sigma}} > 0. \tag{2-3-30}$$

尽管这时在加载准则和本构方程中包含的是应力屈服函数，但在本质上，这些

关系仍是应变空间表述的，我们称这种表述为应变空间表述的实用形式．例如，在加载准则参数表达式(2－3－28)中，如果令 $\mathrm{d}\boldsymbol{\sigma}^{\mathrm{e}}=\boldsymbol{D}\mathrm{d}\boldsymbol{\varepsilon}$，它可表示为

$$L=\left(\frac{\partial f}{\partial \boldsymbol{\sigma}}\right)^{\mathrm{T}}\mathrm{d}\boldsymbol{\sigma}^{\mathrm{e}}=\left(\frac{\partial f}{\partial \boldsymbol{\sigma}}\right)\boldsymbol{D}\mathrm{d}\boldsymbol{\varepsilon}. \tag{2-3-31}$$

这里的 L 与应力空间表述的加－卸载准则函数(2－2－24)中的 l 显然是不同的，那里是由应力增量 $\mathrm{d}\boldsymbol{\sigma}$ 表示的，这里是按弹性规律由 $\mathrm{d}\boldsymbol{\varepsilon}$ 计算出来的“弹性”应力增量 $\mathrm{d}\boldsymbol{\sigma}^{\mathrm{e}}$ 表示的．我们知道，在位移法的有限元分析中只能用应变空间表述的准则，因为 $\mathrm{d}\boldsymbol{\sigma}$ 事先是不知道的．现在从理论上弄清了，在以往的位移法有限元分析中关于本构关系的算法实质上是建立在应变空间表述的本构理论之上的．

应变空间表述的实用形式在表 2－1 的第 3 列给出．

到此为止我们已经给出了弹塑性介质的完整的本构关系．在一个已知的状态 $\boldsymbol{\varepsilon}$，$\boldsymbol{\varepsilon}^{\mathrm{p}}$，$\kappa$(或已知 $\boldsymbol{\sigma}$，$\boldsymbol{\sigma}^{\mathrm{p}}$，$\kappa$)，利用式(2－3－22)的基础上，由应变增量 $\mathrm{d}\boldsymbol{\varepsilon}$ 可以唯一确定应力增量 $\mathrm{d}\boldsymbol{\sigma}$，具体的做法可概括为以下几步：

(1) 由内变量 $\boldsymbol{\varepsilon}^{\mathrm{p}}$(或 $\boldsymbol{\sigma}^{\mathrm{p}}$)，$\kappa$ 确定屈服函数 F(或 f)．

(2) 如果 $\boldsymbol{\varepsilon}$(或 $\boldsymbol{\sigma}$)使 $F<0$(或 $f<0$)，本构方程是

$$\mathrm{d}\boldsymbol{\sigma}=\boldsymbol{D}\mathrm{d}\boldsymbol{\varepsilon},$$

反应是纯弹性的．

(3) 如果 $\boldsymbol{\varepsilon}$(或 $\boldsymbol{\sigma}$)使 $F=0$(或 $f=0$)，反应是弹塑性的，当

$$\left(\frac{\partial F}{\partial \boldsymbol{\varepsilon}}\right)^{\mathrm{T}}\mathrm{d}\boldsymbol{\varepsilon}=\left(\frac{\partial f}{\partial \boldsymbol{\sigma}}\right)^{\mathrm{T}}\boldsymbol{D}\mathrm{d}\boldsymbol{\varepsilon}\leqslant 0$$

时为中性变载或卸载，有

$$\mathrm{d}\boldsymbol{\sigma}=\boldsymbol{D}\mathrm{d}\boldsymbol{\varepsilon},$$

反应是纯弹性的；当

$$\left(\frac{\partial F}{\partial \boldsymbol{\varepsilon}}\right)^{\mathrm{T}}\mathrm{d}\boldsymbol{\varepsilon}=\left(\frac{\partial f}{\partial \boldsymbol{\sigma}}\right)^{\mathrm{T}}\boldsymbol{D}\mathrm{d}\boldsymbol{\varepsilon}>0$$

时为加载，有

$$\mathrm{d}\boldsymbol{\sigma}=(\boldsymbol{D}-\boldsymbol{D}_{\mathrm{p}})\mathrm{d}\boldsymbol{\varepsilon},$$

反应是弹塑性的．

上述计算的实用公式可以用下面一组公式概括地写出

$$\mathrm{d}\boldsymbol{\sigma}=\begin{cases}\boldsymbol{D}\mathrm{d}\boldsymbol{\varepsilon}, & f(\boldsymbol{\sigma},\boldsymbol{\sigma}^{\mathrm{p}},\kappa)<0,\\ & \text{或 } f(\boldsymbol{\sigma},\boldsymbol{\sigma}^{\mathrm{p}},\kappa)=0,\\ & \text{且 } \left(\dfrac{\partial f}{\partial \boldsymbol{\sigma}}\right)^{\mathrm{T}}\boldsymbol{D}\mathrm{d}\boldsymbol{\varepsilon}\leqslant 0,\\ (\boldsymbol{D}-\boldsymbol{D}_{\mathrm{p}})\mathrm{d}\boldsymbol{\varepsilon}, & f(\boldsymbol{\sigma},\boldsymbol{\sigma}^{\mathrm{p}},\kappa)=0,\\ & \text{且 } \left(\dfrac{\partial f}{\partial \boldsymbol{\sigma}}\right)^{\mathrm{T}}\boldsymbol{D}\mathrm{d}\boldsymbol{\varepsilon}>0.\end{cases} \tag{2-3-32}$$

等向强化－软化 Mises 材料的应力屈服准则是

$$f = J_2^{1/2} - k(\kappa) = 0, \tag{2-3-33}$$

其中 J_2 是应力偏张量 s_{ij} 的第二不变量，参见式(2－2－11)～(2－2－15)，k 是根据简单应力实验数据给出的随内变量 κ 变化的屈服参数.

不难计算

$$\frac{\partial J_2}{\partial \boldsymbol{\sigma}} = [s_{11} \quad s_{22} \quad s_{33} \quad 2s_{23} \quad 2s_{31} \quad 2s_{12}]^{\mathrm{T}} \equiv \bar{\boldsymbol{s}},$$

$$\frac{\partial f}{\partial \boldsymbol{\sigma}} = \frac{1}{2\sqrt{J_2}} \frac{\partial J_2}{\partial \boldsymbol{\sigma}} = \frac{1}{2k} \bar{\boldsymbol{s}},$$

$$\boldsymbol{D}\frac{\partial f}{\partial \boldsymbol{\sigma}} = \frac{1}{2k}\begin{bmatrix} K+4G/3 & K-2G/3 & K-2G/3 & 0 & 0 & 0 \\ K-2G/3 & K+4G/3 & K-2G/3 & 0 & 0 & 0 \\ K-2G/3 & K-2G/3 & K+4G/3 & 0 & 0 & 0 \\ 0 & 0 & 0 & G & 0 & 0 \\ 0 & 0 & 0 & 0 & G & 0 \\ 0 & 0 & 0 & 0 & 0 & G \end{bmatrix},$$

$$\begin{bmatrix} s_{11} \\ s_{22} \\ s_{33} \\ 2s_{23} \\ 2s_{31} \\ 2s_{12} \end{bmatrix} = \frac{2G}{2k}[s_{11} \quad s_{22} \quad s_{33} \quad s_{23} \quad s_{31} \quad s_{12}]^{\mathrm{T}} \equiv \frac{G}{k}\boldsymbol{s}, \tag{2-3-34}$$

$$H = \left(\frac{\partial f}{\partial \boldsymbol{\sigma}}\right)^{\mathrm{T}} \boldsymbol{D}\frac{\partial f}{\partial \boldsymbol{\sigma}} = \left(\frac{1}{2k}\bar{\boldsymbol{s}}^{\mathrm{T}}\right)\left(\frac{G}{k}\boldsymbol{s}\right) = \frac{J_2}{k_2}G = G, \tag{2-3-35}$$

$$A = \frac{\partial \tau_{\mathrm{s}}}{\partial W^{\mathrm{p}}}\boldsymbol{\sigma}^{\mathrm{T}}\frac{1}{2\tau_{\mathrm{s}}}\bar{\boldsymbol{s}} = G^{\mathrm{p}} = \frac{E^{\mathrm{p}}}{3}, \tag{2-3-36}$$

式中 G^{p} 是 $\tau_{\mathrm{s}} - \gamma^{\mathrm{p}}$ 曲线的斜率(图 2－14(a))，称为剪切的塑性切变模量；E^{p} 是 $\boldsymbol{\sigma}_{\mathrm{s}} - \boldsymbol{\varepsilon}^{\mathrm{p}}$ 曲线的斜率(2－14(b))，称为拉伸的塑性切线 Young 模量，在软化塑性情况，G^{p} 或 E^{p} 可取负值. 按式(2－3－35)和(2－3－36)有

$$B = G + G^{\mathrm{p}}, \tag{2-3-37}$$

$$\boldsymbol{D}\frac{\partial f}{\partial \boldsymbol{\sigma}}\left(\frac{\partial f}{\partial \boldsymbol{\sigma}}\right)^{\mathrm{T}}\boldsymbol{D} = \frac{G^2}{\tau_{\mathrm{s}}}\boldsymbol{s}\boldsymbol{s}^{\mathrm{T}}, \tag{2-3-38}$$

$$\boldsymbol{D}_{\mathrm{p}} = \frac{G}{(1+G^{\mathrm{p}}/G)k^2}\boldsymbol{s}\boldsymbol{s}^{\mathrm{T}} = \frac{G}{(1+G^{\mathrm{p}}/G)\tau_{\mathrm{s}}^2}\begin{bmatrix} s_{11}s_{11} & s_{11}s_{12} \\ s_{12}s_{11} & s_{12}s_{12} \end{bmatrix}. \tag{2-3-39}$$

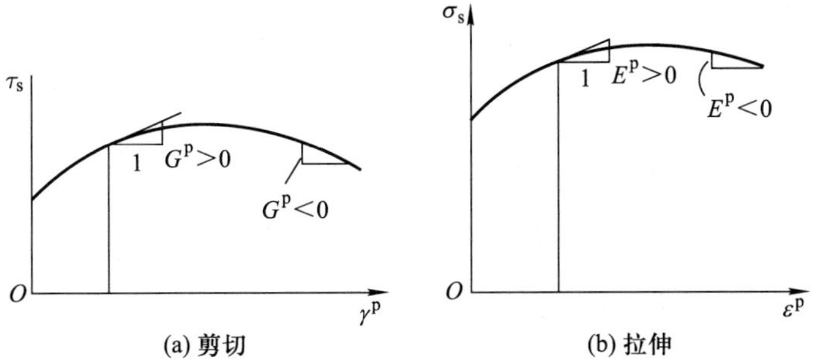

图 2－14　强化－软化塑性切线模量

上式第二个等号右端的矩阵为 6×6 矩阵；式中 $G^p>0$ 为强化，$G^p=0$ 为理想塑性，$G^p<0$ 为软化，在强化和理想塑性情况，显然有

$$B \geqslant G > 0.$$

在软化情况，只要

$$|G^p| < G, \qquad (2-3-40)$$

就可保证 $B>0$，就可使用本构方程(2－3－42)由应变增量 $d\boldsymbol{\varepsilon}$ 确定应力增量 $d\boldsymbol{\sigma}$.

我们知道弹性切变模量 G 是一个很大的值，其数量级为 10^5MPa，因而应变空间表述理论允许应力－应变曲线下降坡度很陡. 国内外某些学者使用脆塑性模型假设应力从峰值直接下跌到残余值，这相当于 $G^p=-\infty$，这种做法会使 $B<0$，与塑性理论相悖. 它不满足加载时的一致性条件.

随动强化的 Mises 材料的应力屈服准则是

$$f=\left[\frac{1}{2}(s_{ij}-c\sigma_{ij}^p)(s_{ij}-c\sigma_{ij}^p)\right]^{1/2}-k_0=0. \qquad (2-3-41)$$

引用矢量记号

$$\boldsymbol{\sigma}^p=[\sigma_{11}^p \quad \sigma_{22}^p \quad \sigma_{33}^p \quad \sigma_{23}^p \quad \sigma_{31}^p \quad \sigma_{12}^p]^T, \qquad (2-3-42)$$

$$\overline{\boldsymbol{\sigma}}^p=[\sigma_{11}^p \quad \sigma_{22}^p \quad \sigma_{33}^p \quad 2\sigma_{23}^p \quad 2\sigma_{31}^p \quad 2\sigma_{12}^p]^T, \qquad (2-3-43)$$

式(2－3－41)可改写为

$$f=\left[\frac{1}{2}(\boldsymbol{s}-c\boldsymbol{\sigma}^p)^T(\overline{\boldsymbol{s}}-c\,\overline{\boldsymbol{\sigma}}^p)\right]^{1/2}-k_0=0, \qquad (2-3-44)$$

其中 c 是材料参数，而

$$\boldsymbol{\sigma}^p=\int d\boldsymbol{\sigma}^p, \qquad (2-3-45)$$

$c\boldsymbol{\sigma}^p$ 确定了屈服面在应力空间中的位置，称为应力迁移矢量. k_0 是常数，这表示屈服面的大小形状不发生变化.

不难计算

$$\frac{\partial f}{\partial \boldsymbol{\sigma}} = \frac{1}{2k_0}(\bar{\boldsymbol{s}} - c\,\overline{\boldsymbol{\sigma}}^{\mathrm{p}}), \tag{2-3-46}$$

$$\boldsymbol{D}\frac{\partial f}{\partial \boldsymbol{\sigma}} = \frac{1}{2k_0}\boldsymbol{D}(\bar{\boldsymbol{s}} - c\,\overline{\boldsymbol{\sigma}}^{\mathrm{p}}) = \frac{G}{k_0}(\boldsymbol{s} - c\boldsymbol{\sigma}^{\mathrm{p}}). \tag{2-3-47}$$

注意，得到式(2-3-47)时利用了 $\boldsymbol{e}^{\mathrm{T}}\boldsymbol{\sigma}^{\mathrm{p}} = \boldsymbol{e}^{\mathrm{T}}\overline{\boldsymbol{\sigma}}^{\mathrm{p}} = 0$ 的条件．由于

$$\left(\frac{\partial f}{\partial \boldsymbol{\sigma}}\right)^{\mathrm{T}}\boldsymbol{D}\frac{\partial f}{\partial \boldsymbol{\sigma}} = \frac{G}{2k_0^2}(\bar{\boldsymbol{s}} - c\,\overline{\boldsymbol{\sigma}}^{\mathrm{p}})^{\mathrm{T}}(\boldsymbol{s} - c\boldsymbol{\sigma}^{\mathrm{p}}) = G, \tag{2-3-48}$$

$$-\left(\frac{\partial f}{\partial \boldsymbol{\sigma}^{\mathrm{p}}}\right)^{\mathrm{T}}\boldsymbol{D}\frac{\partial f}{\partial \boldsymbol{\sigma}} = \frac{G}{2k_0}(\bar{\boldsymbol{s}} - c\,\overline{\boldsymbol{\sigma}}^{\mathrm{p}})^{\mathrm{T}}(\boldsymbol{s} - c\boldsymbol{\sigma}^{\mathrm{p}}) = cG,$$

以及 $\frac{\partial f}{\partial \boldsymbol{\kappa}} = 0$，则按式(2-3-25)和(2-3-26)得

$$B = (1 + c)G, \tag{2-3-49}$$

$$\boldsymbol{D}_{\mathrm{p}} = \frac{G}{(1 + c)k_0^2}(\boldsymbol{s} - c\boldsymbol{\sigma}^{\mathrm{p}})(\boldsymbol{s} - c\boldsymbol{\sigma}^{\mathrm{p}})^{\mathrm{T}}. \tag{2-3-50}$$

如果令 $c = G^{\mathrm{p}}/G$，还能发现这里的塑性矩阵 $\boldsymbol{D}_{\mathrm{p}}$ 与等向强－软化情况的塑性矩阵 $\boldsymbol{D}_{\mathrm{p}}$ 在形式上相同，只是这里用 $\boldsymbol{s} - c\boldsymbol{\sigma}^{\mathrm{p}}$ 代替 $\boldsymbol{s}$，用 k_0 代替 $k(W^{\mathrm{p}})$．

§2-4 讨论

1．有关塑性力学的基本概念，诸如屈服准则、材料的强化、软化和理想塑性等，都是在金属塑性力学基础上引进的，同时是用应力分量表示的，也即是在应力空间表述的．因而学习塑性力学首先要掌握这些由金属塑性力学引进的主要概念．这也是本章用较大篇幅介绍应力空间表述的原因．

2．曲圣年和殷有泉在 1981 年详细讨论了塑性力学的应力空间表述和应变空间表述，阐述了两种表述的对偶性，指出了应变空间表述具有更广泛的适用性．1983 年美国著名力学家 Naghdi 等人，也发表了类似的论文．此后，塑性理论应变空间表述的重要性和优越性得到了国内外学者的广泛认同．

3．殷有泉和曲圣年在 1982 年给出了应变屈服函数和应力屈服函数之间的对应关系，将应变空间表述的加－卸载准则和本构方程用应力屈服函数表述，本书将这种表述称为应变空间表述的实用形式．目前从理论上阐明了有限元位移法中使用的加－卸载准则和弹塑性矩阵，正是与应变空间表述(实用形式)相一致的．

4．应力空间表述的 Drucker 公设和应变空间表述的 Ильюшин 公设是塑性力学本构理论的最重要和最基础的两个公设．从这两个公设都可以导出屈服面

的外凸性、正交流动法则以及加 - 卸载准则. 基于这些公设，材料本构关系的讨论可得到很大的简化.

现代 Drucker 公设是以“余功非正”表述的，这是一种与 Ильюшин 公设对偶的表述(Martin，1990). 早年 Drucker(1952)提出这个公设是以“功非负”表述的，即在应力闭循环下有

$$\int_{t_0}^{t_3}(\boldsymbol{\sigma}-\boldsymbol{\sigma}^*)^{\mathrm{T}}\mathrm{d}\boldsymbol{\varepsilon}\geqslant 0, \tag{2-4-1}$$

其中状态 t_0 和状态 t_3 分别对应应力循环的开始和终了，它们有相同的应力值. 实际上，可以证明 Drucker 公设“余功非正”和“功非负”的两种表述是完全等价的(王仁，黄文彬，黄筑平，1992). 于是，Drucker 公设是应力闭循环下的“功非负”，Ильюшин 公设是应变闭循环下的“功非负”.

5. 如果假定 $t=t_0$ 材料处于自然状态，“功非负”条件可表示为

$$\int_{t_0}^{t}\boldsymbol{\sigma}^{\mathrm{T}}\dot{\boldsymbol{\varepsilon}}\mathrm{d}t\geqslant 0. \tag{2-4-2}$$

在等温条件下，局部熵产生不等式为(熊祝华，1993)

$$\Lambda=-\rho\dot{\psi}+\boldsymbol{\sigma}^{\mathrm{T}}\dot{\boldsymbol{\varepsilon}}\geqslant 0, \tag{2-4-3}$$

式中 ψ 为 Helmholtz 自由能，ρ 为质量密度(在小变形下可看做常数)，Λ 为耗散能，等号对应于可逆过程. 式(2-4-3)是对变形过程的热力学约束.

假设 $t=t_0$ 时自由能 $\psi=0$，对(2-4-3)积分给出

$$-\rho\psi+\int_{t_0}^{t}\boldsymbol{\sigma}^{\mathrm{T}}\dot{\boldsymbol{\varepsilon}}\mathrm{d}t\geqslant 0, \tag{2-4-4}$$

上式是热力学普遍规律，它表示耗散能非负. 如果要求 $\rho\psi\geqslant 0$，则为了满足式(2-4-4)，做功非负仅是必要的，不是充分的. 充分条件是同时还要求耗散能非负，这样 $\rho\psi$ 的正负就无关紧要了. 由此可见，作为 Drucker 公设和 Ильюшин 公设的基础的“功非负”条件并不等同于热力学定理的要求，这两公设不是由热力学定律导出的. 实际上，它们是在大量宏观实验基础上总结归纳出来的，它们对许多材料都适用. 显然，这两个公设是最贴近于耗散能非负的热力学定律的，用它们做塑性本构理论的基本公设是勿庸置疑的.

6. 如果应力循环始终在屈服面之内时，则应力的闭循环将对应于应变的闭循环. 这时并不产生新的塑性变形，材料呈弹性响应，式(2-2-3)应该取等号. 这时，被积函数 $\boldsymbol{\varepsilon}^{\mathrm{T}}\mathrm{d}\boldsymbol{\sigma}$ 是一个全微分，即存在函数 $\phi(\boldsymbol{\sigma},\boldsymbol{\sigma}^{\mathrm{p}},\boldsymbol{\kappa})$，使得

$$\boldsymbol{\varepsilon}=\frac{\partial\phi}{\partial\boldsymbol{\sigma}}, \tag{2-4-5}$$

其中 $\boldsymbol{\varepsilon}$ 是与应力屈服内的任意 $\boldsymbol{\sigma}$ 相对应的应变，而 ϕ 称为弹性余势(或变形

势).

类似于上述讨论，当应变循环始终在应变屈服面内部时，式(2-3-18)应该取等号. 这时存在函数 $U(\boldsymbol{\varepsilon}, \boldsymbol{\varepsilon}^{p}, \boldsymbol{\kappa})$，使得

$$\boldsymbol{\sigma} = \frac{\partial U}{\partial \boldsymbol{\varepsilon}}, \tag{2-4-6}$$

式中 $\boldsymbol{\sigma}$ 是与应变屈服面内的任一应变 $\boldsymbol{\varepsilon}$ 相对应的力，而 U 称为弹性势(或应力势).

在数学上，如果可用一个标量函数的梯度表示一个矢量场，则通常将此标量函数称为势.

在塑性力学发展初期，人们还不知道塑性流动与屈服面有什么关系，Mises(1928)提出了塑性势概念

$$\mathrm{d}\boldsymbol{\varepsilon}^{p} = \mathrm{d}\lambda \frac{\partial g}{\partial \boldsymbol{\sigma}}. \tag{2-4-7}$$

显然，从塑性势 g 不能完全确定塑性流动场，仅能确定其方向场. 塑性势 g 不是严格意义上的势函数，一定要将它称为势，多少有些勉强. 塑性势是一个似是而非的概念.

7. 为帮助读者对不稳定阶段的应变分解和应力分解加深理解，这里做一些补充说明. 现讨论应力应变曲线下降部分的微小弧长 $\widehat{AB}$. 如图 2-15 所示. 不难看出，$\overline{DB}$ 是全应变增量 $\mathrm{d}\varepsilon$，$\overline{CD}$ 是弹性应变增量 $\mathrm{d}\varepsilon^{e}$，$\overline{CB}$ 是塑性应变增量

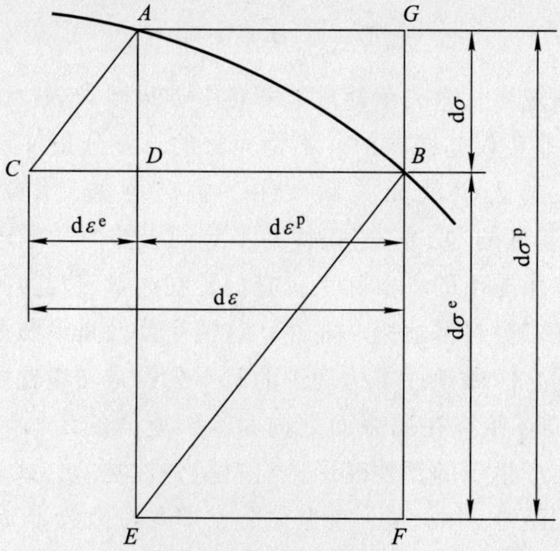

图 2-15 应变增量分解和应力增量分解

$d\varepsilon^{p}$. 应变分解为

$$d\varepsilon = d\varepsilon^{e} + d\varepsilon^{p}, \tag{2-4-8}$$

其中 $d\varepsilon > 0$，$d\varepsilon^{e} < 0$，$d\varepsilon^{p} > 0$. 由于弹性应变增量 $d\varepsilon^{e}$ 为负值，塑性应变增量 $d\varepsilon^{p}$(正值)总是大于全应变增量 $d\varepsilon$.

按定义

$$\begin{aligned} d\sigma^{e} &= E d\varepsilon, \\ d\sigma^{p} &= E d\varepsilon^{p}. \end{aligned} \tag{2-4-9}$$

可从图看出，$\overline{GB}$是全应力增量 $d\sigma$，$\overline{BF}$是弹性应力增量 $d\sigma^{e}$，$\overline{GF}$是塑性应力增量 $d\sigma^{p}$，因而有应力分解公式

$$d\sigma = d\sigma^{e} - d\sigma^{p}, \tag{2-4-10}$$

其中 $d\sigma < 0$，$d\sigma^{e} > 0$，$d\sigma^{p} > 0$. 这里，弹性应力增量 $d\sigma^{e}$ 为正值，它总是小于塑性应力增量 $d\sigma^{p}$.

将一维的标量公式(2-4-8)和(2-4-10)推广到 6 维矢量情况，就是公式(2-2-26)和(2-3-6).

第 3 章　工程岩石类材料的本构理论

岩石类材料的塑性变形机制主要是由微裂隙和微缺陷的产生与扩展，金属类材料的塑性变形机制主要是晶界的滑移，因此在宏观上岩石类材料塑性本构性质与金属塑性有重要的差异. 主要表现为：

(1) 岩石塑性变形可引起岩石屈服强度的变化，屈服面可以扩大(强化)，还可以收缩(软化). 相应地，全应力 - 应变曲线，在峰值之前是稳定阶段，在峰值之后是不稳定阶段.

(2) 岩石塑性变形可引起卸载模量(Young 模量和 Poisson 比)的变化. 这种弹性性质随塑性变形发展而变化的现象称做弹性塑性耦合，在损伤力学出现之后，将 Young 模量的劣化和材料的损伤联系起来，又将弹性塑性耦合模型称为损伤塑性模型.

(3) 岩石类材料的剪切屈服强度受静水压力(在岩石力学中有时称静岩压力)影响，这种现象称为屈服的压力相关性.

至今，能够反映上述的岩石类材料特性的理论和方法已经给出了，这就是弹塑性本构方程的应变空间表述理论. 从 Ильюшин 公设出发，考虑耦合性质建立塑性流动的广义正交法则. 此外，只要在屈服函数中加入主应力的一次项或应力张量第一不变量，就能够反映材料屈服的压力相关性和塑性的体积膨胀性质.

§3 - 1　岩石类材料的本构理论框架

3 - 1 - 1　应力增量分解

由于加载过程材料产生新的塑性变形，同时又使材料刚度进一步劣化，应变增量 $\mathrm{d}\boldsymbol{\varepsilon}$ 可被分解为三部分(如图 3 - 1 所示)

$$\mathrm{d}\boldsymbol{\varepsilon} = \mathrm{d}\boldsymbol{\varepsilon}^{\mathrm{e}} + \mathrm{d}\boldsymbol{\varepsilon}^{\mathrm{p}} + \mathrm{d}\boldsymbol{\varepsilon}^{\mathrm{d}}, \qquad (3-1-1)$$

其中 $\mathrm{d}\boldsymbol{\varepsilon}^{\mathrm{e}}$ 是通常意义下的弹性应变增量，它与应力增量 $\mathrm{d}\boldsymbol{\sigma}$ 由增量形式的 Hooke 定律相关联：

$$\mathrm{d}\boldsymbol{\varepsilon}^{\mathrm{e}} = \boldsymbol{C}\mathrm{d}\boldsymbol{\sigma}, \qquad (3-1-2)$$

$$\mathrm{d}\boldsymbol{\sigma} = \boldsymbol{D}\mathrm{d}\boldsymbol{\varepsilon}^{\mathrm{e}}, \qquad (3-1-3)$$

式中 $\boldsymbol{C}$ 和 $\boldsymbol{D}$ 是两个互逆的弹性矩阵．由于弹塑性耦合，Young 模量与 Poisson 比随塑性内变量 κ 而变化，弹性矩阵应是内变量 κ 的函数，可记为

$$\boldsymbol{C} = \boldsymbol{C}(\kappa), \quad \boldsymbol{D} = \boldsymbol{D}(\kappa). \tag{3-1-4}$$

上述矩阵在结构上与通常的弹性矩阵相同，只是所含 E，v 分别用 $E(\kappa)$，$v(\kappa)$ 替代．

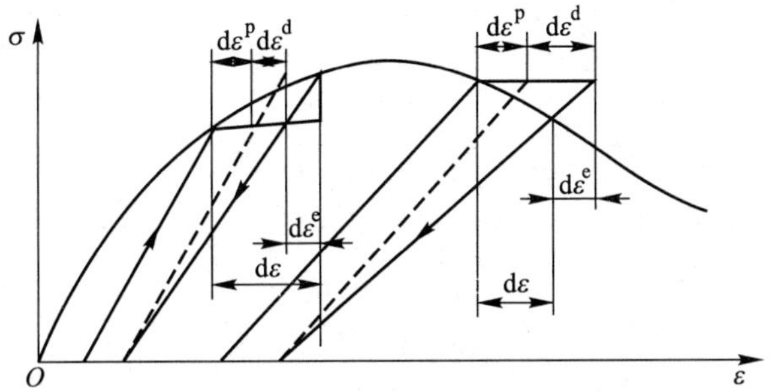

图 3－1　应变增量分解

在式(3－1－1)中的 $\mathrm{d}\boldsymbol{\varepsilon}^{\mathrm{p}}$ 是通常意义下的塑性应变增量．而 $\mathrm{d}\boldsymbol{\varepsilon}^{\mathrm{d}}$ 是耦合应变增量，耦合应变是因内变量 κ 的产生和发展致使 Young 模量劣化而出现的应变．它是由下式定义的：

$$\mathrm{d}\boldsymbol{\varepsilon}^{\mathrm{d}} = \frac{\partial \boldsymbol{C}}{\partial \kappa}\mathrm{d}\kappa \cdot \boldsymbol{\sigma} = \mathrm{d}\boldsymbol{C} \cdot \boldsymbol{\sigma}. \tag{3-1-5}$$

如果完全卸除应力，耦合应变会完全消失，因此在全量意义上，它具有弹性属性(可恢复性)．在增量意义上，耦合应变却是不可逆的，因为部分地卸去应力(即卸去应力增量 $\mathrm{d}\boldsymbol{\sigma}$)时，$\mathrm{d}\boldsymbol{\varepsilon}^{\mathrm{d}}$ 仍保留一定数值．这是与内变量增量 $\mathrm{d}\kappa$ 引起的刚度劣化 $\mathrm{d}\boldsymbol{C}$ 不可逆转相一致的．

在完全卸除应力 $\boldsymbol{\sigma}$ 后，耦合应变完全消失，因此全量应变 $\boldsymbol{\varepsilon}$ 只能分解为两部分

$$\boldsymbol{\varepsilon} = \boldsymbol{\varepsilon}^{\mathrm{e}} + \boldsymbol{\varepsilon}^{\mathrm{p}}, \tag{3-1-6}$$

这与增量应变分解不同．要注意，上式中的弹性应变 $\boldsymbol{\varepsilon}^{\mathrm{e}}$ 是用现时的弹性矩阵 $\boldsymbol{C}(\kappa)$ 与总应力相关联的，即

$$\boldsymbol{\varepsilon}^{\mathrm{e}} = \boldsymbol{C}(\kappa)\boldsymbol{\sigma}, \tag{3-1-7}$$

$$\boldsymbol{\sigma} = \boldsymbol{D}(\kappa)\boldsymbol{\varepsilon}^{\mathrm{e}}. \tag{3-1-8}$$

如果对式(3－1－7)微分，则能得到加载时总弹性应变增量 $\mathrm{d}\boldsymbol{\varepsilon}^{\mathrm{e}}$ 是通常意义下弹性应变增量(式 3－1－2)与耦合应变增量(式(3－1－5))之和．

现在，用下面三式分别定义弹性应力增量 $\mathrm{d}\boldsymbol{\sigma}^{\mathrm{e}}$、塑性应力增量 $\mathrm{d}\boldsymbol{\sigma}^{\mathrm{p}}$ 和耦合应力增量 $\mathrm{d}\boldsymbol{\sigma}^{\mathrm{d}}$：

$$\mathrm{d}\boldsymbol{\sigma}^{\mathrm{e}} = \boldsymbol{D}(\kappa)\mathrm{d}\boldsymbol{\varepsilon}, \tag{3-1-9}$$

$$\mathrm{d}\boldsymbol{\sigma}^{\mathrm{p}} = \boldsymbol{D}(\kappa)\mathrm{d}\boldsymbol{\varepsilon}^{\mathrm{p}}, \tag{3-1-10}$$

$$\mathrm{d}\boldsymbol{\sigma}^{\mathrm{d}} = \boldsymbol{D}(\kappa)\mathrm{d}\boldsymbol{\varepsilon}^{\mathrm{d}}. \tag{3-1-11}$$

请注意，在式(3－1－9)中，弹性应力增量 $\mathrm{d}\boldsymbol{\sigma}^{\mathrm{e}}$ 对应的是总应变增量 $\mathrm{d}\boldsymbol{\varepsilon}$，这里没有出现弹性应变增量 $\mathrm{d}\boldsymbol{\varepsilon}^{\mathrm{e}}$. 弹性应力增量是对应于总应变增量 $\mathrm{d}\boldsymbol{\varepsilon}$ 按弹性方式的应力响应. 事实上，前面式(3－1－2)和(3－1－3)已指出弹性应变增量 $\mathrm{d}\boldsymbol{\varepsilon}^{\mathrm{e}}$ 是对应于总应力增量 $\mathrm{d}\boldsymbol{\sigma}$ 按弹性方式的应变响应，因此总应力增量 $\mathrm{d}\boldsymbol{\sigma}$ 总是与弹性应变增量 $\mathrm{d}\boldsymbol{\varepsilon}^{\mathrm{e}}$ 相关. 由式(3－1－1)，有

$$\mathrm{d}\boldsymbol{\varepsilon}^{\mathrm{e}} = \mathrm{d}\boldsymbol{\varepsilon} - \mathrm{d}\boldsymbol{\varepsilon}^{\mathrm{p}} - \mathrm{d}\boldsymbol{\varepsilon}^{\mathrm{d}}.$$

将上式代入式(3－1－3)，并利用式(3－1－9)～(3－1－11)，则得到总应力增量 $\mathrm{d}\boldsymbol{\sigma}$ 的分解公式

$$\mathrm{d}\boldsymbol{\sigma} = \mathrm{d}\boldsymbol{\sigma}^{\mathrm{e}} - \mathrm{d}\boldsymbol{\sigma}^{\mathrm{p}} - \mathrm{d}\boldsymbol{\sigma}^{\mathrm{d}}. \tag{3-1-12}$$

应力增量分解公式(3－1－12)是应变空间表述理论的一个基本公式. 它表明，总的应力增量 $\mathrm{d}\boldsymbol{\sigma}$ 可被看做是在应变增量 $\mathrm{d}\boldsymbol{\varepsilon}$ 作用下纯弹性的应力响应 $\mathrm{d}\boldsymbol{\sigma}^{\mathrm{e}}$ 与在弹性条件下塑性应变增量对应的初应力 $-\mathrm{d}\boldsymbol{\sigma}^{\mathrm{p}}$ 以及耦合应变增量对应的初应力 $-\mathrm{d}\boldsymbol{\sigma}^{\mathrm{d}}$ 三部分之和. 图 3－2 给出这种应力分解的直观说明.

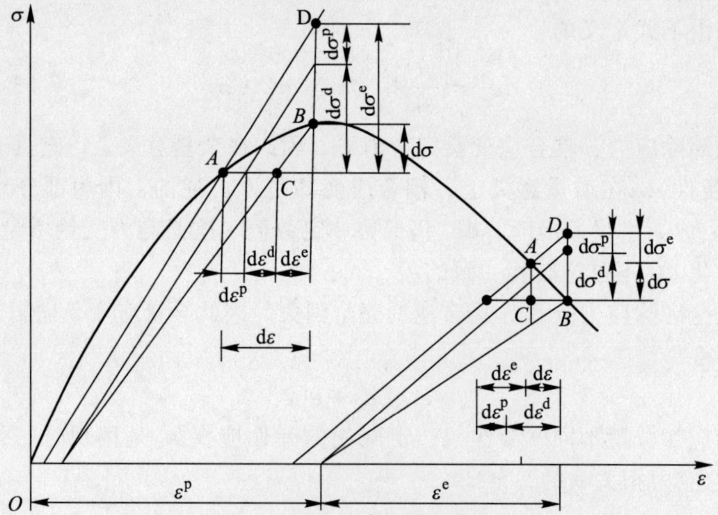

图 3－2 应力增量分解

3－1－2 应变屈服准则和广义正交法则

这里，应变空间表述的屈服准则仍采用式(2－3－1)，即

$$F(\boldsymbol{\varepsilon},\boldsymbol{\varepsilon}^{\mathrm{p}},\kappa)=0,\tag{3-1-13}$$

式中 $\boldsymbol{\varepsilon}^{\mathrm{p}}$ 和 κ 分别是加载历史期间累积的塑性应变矢量和标量内变量.

在 §2-2 中讨论金属材料时，标量内变量 κ 采用塑性功 W^{p} 或等效塑性应变 $\bar{\varepsilon}^{\mathrm{p}}$，见式(2-2-3)和(2-2-4). 塑性功增量 $\mathrm{d}W^{\mathrm{p}}$ 是塑性应变增量 $\mathrm{d}\boldsymbol{\varepsilon}^{\mathrm{p}}$ 的线性一次式，而等效塑性应变增量 $\mathrm{d}\bar{\varepsilon}^{\mathrm{p}}$ 则是塑性应变增量 $\mathrm{d}\boldsymbol{\varepsilon}^{\mathrm{p}}$ 的齐次一次式. 这里讨论岩石类材料，我们取内变量增量 $\mathrm{d}\kappa$ 为塑性应变增量 $\mathrm{d}\boldsymbol{\varepsilon}^{\mathrm{p}}$ 的线性一次式

$$\mathrm{d}\kappa=\boldsymbol{M}^{\mathrm{T}}\mathrm{d}\boldsymbol{\varepsilon}^{\mathrm{p}}.\tag{3-1-14}$$

在上式中 $\boldsymbol{M}$ 是与塑性应变增量 $\mathrm{d}\boldsymbol{\varepsilon}^{\mathrm{p}}$ 无关的 6 维矢量. 如果取 $\boldsymbol{M}$ 为应力矢量，即 $\boldsymbol{M}^{\mathrm{T}}=\boldsymbol{\sigma}^{\mathrm{T}}=[\sigma_x\sigma_y\sigma_z\tau_{zx}\tau_{zy}\tau_{xy}]$，则 κ 就是通常意义下的塑性功 W^{p}，也即是加载过程中总的能量耗散. 如果取

$$\boldsymbol{M}=\boldsymbol{e}=[1\quad 1\quad 1\quad 0\quad 0\quad 0]^{\mathrm{T}},\tag{3-1-15}$$

那么 $\mathrm{d}\kappa=\mathrm{d}\theta^{\mathrm{p}}=\mathrm{d}\varepsilon_x^{\mathrm{p}}+\mathrm{d}\varepsilon_y^{\mathrm{p}}+\mathrm{d}\varepsilon_z^{\mathrm{p}}$，$\kappa$ 是通常意义下的塑性体积应变 θ^{p}，它可代表材料的剪胀(dilatancy). 在岩石类材料中，塑性功 W^{p} 和塑性体积应变 θ^{p} 都是随加载而不断增大的量，在卸载和中性变载时保持不变，可以用它们来表征材料内部结构的不可逆变化.

在已知塑性应变 $\boldsymbol{\varepsilon}^{\mathrm{p}}$ 和标量内变量 κ 的情况，满足式(3-1-13)的应变状态 $\boldsymbol{\varepsilon}$，也即应变矢量端点位于屈服面上，则材料处于塑性状态. 随着应变增量 $\mathrm{d}\boldsymbol{\varepsilon}$ 的指向不同，可出现加载，卸载和中性变载等三种不同情况，根据塑性力学的 Ильюшин 公设，可给出加-卸载准则是

$$L=\left(\frac{\partial F}{\partial\boldsymbol{\varepsilon}}\right)^{\mathrm{T}}\mathrm{d}\boldsymbol{\varepsilon}\begin{cases}>0\ \text{加载}, & \mathrm{d}\boldsymbol{\varepsilon}^{\mathrm{p}}\neq\boldsymbol{0},\mathrm{d}\kappa>0,\\=0\ \text{中性变载}, & \mathrm{d}\boldsymbol{\varepsilon}^{\mathrm{p}}=\boldsymbol{0},\mathrm{d}\kappa=0,\\<0\ \text{卸载} & \mathrm{d}\boldsymbol{\varepsilon}^{\mathrm{p}}=\boldsymbol{0},\mathrm{d}\kappa=0.\end{cases}\tag{3-1-16}$$

由于$\dfrac{\partial F}{\partial\boldsymbol{\varepsilon}}$表示屈服面外法线方向，加载、中性变载和卸载分别对应于应变增量矢量 $\mathrm{d}\boldsymbol{\varepsilon}$ 指向屈服面外侧、与屈服面相切和指向屈服面内侧，如 §2-3 中图 2-11 所示.

根据 Ильюшин 公设还可证明有如下式表示的流动法则：

$$\mathrm{d}\boldsymbol{\sigma}^{\mathrm{p}}+\mathrm{d}\boldsymbol{\sigma}^{\mathrm{d}}=\mathrm{d}\lambda\,\frac{\partial F}{\partial\boldsymbol{\varepsilon}}.\tag{3-1-17}$$

为今后叙述方便，引用如下新的记号：

$$\mathrm{d}\boldsymbol{\varepsilon}^{\mathrm{pd}}=\mathrm{d}\boldsymbol{\varepsilon}^{\mathrm{p}}+\mathrm{d}\boldsymbol{\varepsilon}^{\mathrm{d}},\tag{3-1-18}$$

$$\mathrm{d}\boldsymbol{\sigma}^{\mathrm{pd}}=\mathrm{d}\boldsymbol{\sigma}^{\mathrm{p}}+\mathrm{d}\boldsymbol{\varepsilon}^{\mathrm{d}},\tag{3-1-19}$$

有时分别称 $\boldsymbol{\varepsilon}^{\mathrm{pd}}$ 和 $\boldsymbol{\sigma}^{\mathrm{pd}}$ 为广义塑性应变和广义塑性应力，而且由式(3-1-10)和(3-1-11)有

$$\mathrm{d}\boldsymbol{\sigma}^{\mathrm{pd}} = \boldsymbol{D}(\kappa)\mathrm{d}\boldsymbol{\varepsilon}^{\mathrm{pd}}. \tag{3-1-20}$$

于是岩石类材料的流动法则(3－1－17)可以写成更加简洁的形式：

$$\mathrm{d}\boldsymbol{\sigma}^{\mathrm{pd}} = \mathrm{d}\lambda\,\frac{\partial F}{\partial \boldsymbol{\varepsilon}}, \tag{3-1-21}$$

称之为广义正交法则．在§2－3 中给出的正交法则是(参见式(2－3－5))

$$\mathrm{d}\boldsymbol{\sigma}^{\mathrm{p}} = \mathrm{d}\lambda\,\frac{\partial F}{\partial \boldsymbol{\varepsilon}}.$$

它表明不考虑弹塑性耦合情况时，塑性应力增量与应变屈服面正交．这里考虑弹塑性耦合，塑性应力增量不再与应变屈服面正交．因此，对通常意义下的塑性应力增量 $\mathrm{d}\boldsymbol{\sigma}^{\mathrm{p}}$(或塑性应变增量)而言，广义正交法则是一种非正交(斜交)的塑性流动法则，参见图 3－3．

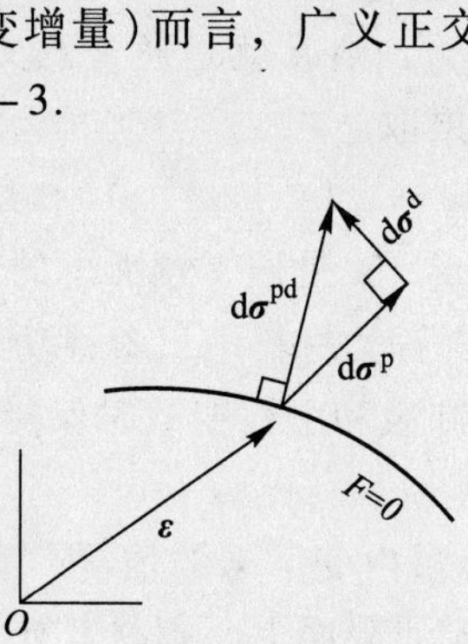

图 3－3 $\mathrm{d}\boldsymbol{\sigma}^{\mathrm{p}}$ 与屈服面 $F=0$ 斜交

3－1－3 Ильюшин 公设及广义正交法则(3－1－21)和加－卸载准则(3－1－16)的证明

Ильюшин 公设是在应变空间表述的，它可陈述为：对于初始处于某一应变状态 $\boldsymbol{\varepsilon}^*$ 的微元，借助一个外部作用，在现有的应变状态 $\boldsymbol{\varepsilon}^*$ 上，缓慢地施加并卸去一组附加应变，在这样的一个应变循环内，外部作用对弹塑性微元做功是非负的，即

$$\oint \boldsymbol{\sigma}^{\mathrm{T}}\mathrm{d}\boldsymbol{\varepsilon} \geqslant 0. \tag{3-1-22}$$

如果上式取大于号，表示有塑性变形发生；如果取等号，表示只有弹性变形发生．这里如果只有弹性变形发生时，则对于一个应变闭循环外部作用所做功为零．

设在循环开始时刻 $t=t_0$，初始应变状态 $\boldsymbol{\varepsilon}^*$ 处于现时应变屈服面 $F(\boldsymbol{\varepsilon},\ \boldsymbol{\varepsilon}^{\mathrm{p}},\ \kappa)=0$ 的内部；在 $t=t_1$ 时应变状态 $\boldsymbol{\varepsilon}$ 刚好达到屈服面上；以后为加载过程，直到 $t=t_2$，状态变量达到$(\boldsymbol{\varepsilon}+\mathrm{d}\boldsymbol{\varepsilon},\ \boldsymbol{\varepsilon}^{\mathrm{p}}+\mathrm{d}\boldsymbol{\varepsilon}^{\mathrm{p}},\ \kappa+\mathrm{d}\kappa)$；然后卸载使应变在 $t=t_3$

时又回复到($\boldsymbol{\varepsilon}^*$, $\boldsymbol{\varepsilon}^{\mathrm{p}}+\mathrm{d}\boldsymbol{\varepsilon}^{\mathrm{p}}$, $\boldsymbol{\kappa}+\mathrm{d}\boldsymbol{\kappa}$). 卸载期间内变量保持不变. 整个循环过程可参照图 3－4. 由于

$$\mathrm{d}\boldsymbol{\sigma}=\mathrm{d}\boldsymbol{\sigma}^{\mathrm{e}}-\mathrm{d}\boldsymbol{\sigma}^{\mathrm{pd}}, \tag{3-1-23}$$

在整个应变循环中弹性应力增量 $\mathrm{d}\boldsymbol{\sigma}^{\mathrm{e}}$ 是可逆的，对功的贡献为零，而初始应力 $\boldsymbol{\sigma}^*$ (与 $\boldsymbol{\varepsilon}^*$ 对应)对功的贡献也为零，仅有广义塑性应力增量 $\mathrm{d}\boldsymbol{\sigma}^{\mathrm{pd}}$ 对作功有贡献，因而有

$$\oint\boldsymbol{\sigma}^{\mathrm{T}}\mathrm{d}\boldsymbol{\varepsilon}=\int_{t_1}^{t_2}(-\mathrm{d}\boldsymbol{\sigma}^{\mathrm{pd}})^{\mathrm{T}}\mathrm{d}\boldsymbol{\varepsilon}+\int_{t_2}^{t_3}(-\mathrm{d}\boldsymbol{\sigma}^{\mathrm{pd}})^{\mathrm{T}}\mathrm{d}\boldsymbol{\varepsilon}.$$

在一维情况上述公式代表的功对应于图 3－4 中阴影区 $t_0t_1t_2t_3$ 的面积. 现在计算阴影区的面积.

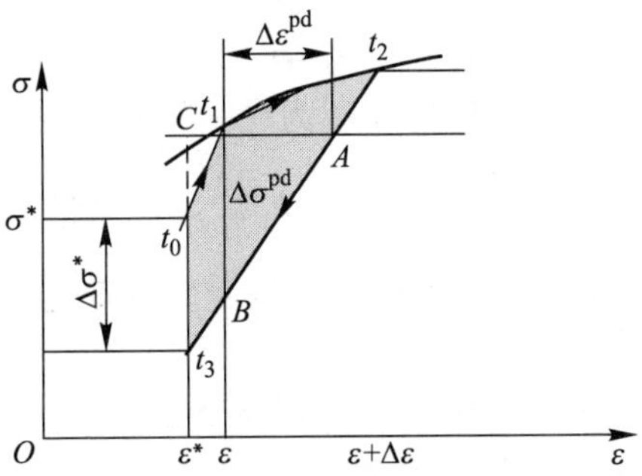

图 3－4　一维情况应变闭循环

在图中，$\overline{t_1B}$ 代表

$$\Delta\sigma^{\mathrm{pd}}=(E+\Delta E)\Delta\varepsilon^{\mathrm{pd}},$$

$\overline{Ct_3}$ 代表

$$(E+\Delta E)(\varepsilon-\varepsilon^*+\Delta\varepsilon^{\mathrm{pd}}),$$

$\overline{Ct_0}$ 代表

$$E(\varepsilon-\varepsilon^*),$$

$\overline{t_0t_3}$ 代表

$$E\Delta\varepsilon^{\mathrm{pd}}+\Delta E(\varepsilon-\varepsilon^*+\Delta\varepsilon^{\mathrm{pd}})=\Delta\sigma^{\mathrm{pd}}+\Delta E(\varepsilon-\varepsilon^*).$$

因而，梯形 $t_0t_3Bt_1$ 面积为

$$\begin{aligned}&\frac{1}{2}[\Delta\sigma^{\mathrm{pd}}+\Delta\sigma^{\mathrm{pd}}+\Delta E(\varepsilon-\varepsilon^*)](\varepsilon-\varepsilon^*)\\&=\Delta\sigma^{\mathrm{pd}}(\varepsilon-\varepsilon^*)+\frac{1}{2}(\varepsilon-\varepsilon^*)\Delta E(\varepsilon-\varepsilon^*).\end{aligned}$$

三角形 t_1Bt_2 面积为$\frac{1}{2}\Delta\sigma^{\mathrm{pd}}\Delta\varepsilon$，将它与梯形面积 $t_0t_3Bt_1$ 相加，可得到整个阴影

区面积.

如果在一般情况下使用相应的矢量和矩阵符号，用 D 代替 E，那么应变闭循环外部作用做功为

$$\oint \boldsymbol{\sigma}^{\mathrm{T}} \mathrm{d}\boldsymbol{\varepsilon} = (\Delta\boldsymbol{\sigma}^{\mathrm{pd}})^{\mathrm{T}}\left(\boldsymbol{\varepsilon} - \boldsymbol{\varepsilon}^{*} + \frac{1}{2}\Delta\boldsymbol{\varepsilon}\right) + \frac{1}{2}(\boldsymbol{\varepsilon} - \boldsymbol{\varepsilon}^{*})^{\mathrm{T}}\Delta\boldsymbol{D}(\boldsymbol{\varepsilon} - \boldsymbol{\varepsilon}^{*}) \geqslant 0. \tag{3-1-24}$$

设应变循环的初始状态为弹性状态，也即 $\boldsymbol{\varepsilon} - \boldsymbol{\varepsilon}^{*} \neq 0$，在式(3－1－24)中略去小量 $\Delta\boldsymbol{\varepsilon}$，则有

$$(\Delta\boldsymbol{\sigma}^{\mathrm{pd}})^{\mathrm{T}}(\boldsymbol{\varepsilon} - \boldsymbol{\varepsilon}^{*}) + \frac{1}{2}(\boldsymbol{\varepsilon} - \boldsymbol{\varepsilon}^{*})^{\mathrm{T}}\Delta\boldsymbol{D}(\boldsymbol{\varepsilon} - \boldsymbol{\varepsilon}^{*}) > 0.$$

当 $\boldsymbol{\varepsilon}^{*} \to \boldsymbol{\varepsilon}$ 时，上式第二项为高阶小，因而对任意的 $\boldsymbol{\varepsilon} - \boldsymbol{\varepsilon}^{*}$ 有

$$(\boldsymbol{\varepsilon} - \boldsymbol{\varepsilon}^{*})^{\mathrm{T}} \mathrm{d}\boldsymbol{\sigma}^{\mathrm{pd}} \geqslant 0. \tag{3-1-25}$$

由上式可推得，广义塑性应力增量 $\mathrm{d}\boldsymbol{\sigma}^{pd}$ 为应变屈服面的外法线方向，因此

$$\mathrm{d}\boldsymbol{\sigma}^{\mathrm{pd}} = \mathrm{d}\lambda \frac{\partial F}{\partial \boldsymbol{\varepsilon}},$$

其中 $\mathrm{d}\lambda$ 是非负的标量因子，这就得到了应变空间表述的广义正交法则(3－1－21).

上述关于广义正交法则的证明，并不要求屈服函数 F 具有外凸性. 事实上，式(3－1－24)右端第二项可能是一个正的小量，这时屈服面可能具有轻微的凹性. 如果 $\mathrm{d}\boldsymbol{D} = \dfrac{\partial \boldsymbol{D}}{\partial \boldsymbol{\kappa}}\mathrm{d}\boldsymbol{\kappa}$ 是负定的(当 ν = 常数，$\dfrac{\partial E}{\partial \boldsymbol{\kappa}} < 0$，即 Young 模量劣化就属于这种情况)，这时式(3－1－24)右端第二项为负，则屈服函数 F 一定是外凸的.

如果应变循环的初始状态是塑性状态，$\boldsymbol{\varepsilon}^{*}$ 在屈服面上，有 $\boldsymbol{\varepsilon}^{*} = \boldsymbol{\varepsilon}$，前面式(3－1－24)为

$$\frac{1}{2}(\mathrm{d}\boldsymbol{\sigma}^{\mathrm{pd}})^{\mathrm{T}} \mathrm{d}\boldsymbol{\varepsilon} \geqslant 0. \tag{3-1-26}$$

按 Ильюшин 公设，上式中取大于号表示有新的塑性变形发生，即为加载情况；取等号表示仅有弹性变形发生，或为卸载或为中性变载. 在塑性加载时，考虑到广义正交法则，式(3－1－26)可改写为

$$\frac{1}{2}\mathrm{d}\lambda\left(\frac{\partial F}{\partial \boldsymbol{\varepsilon}}\right)^{\mathrm{T}} \mathrm{d}\boldsymbol{\varepsilon} \geqslant 0;$$

由于加载时 $\mathrm{d}\lambda > 0$，于是

$$L = \left(\frac{\partial F}{\partial \boldsymbol{\varepsilon}}\right)^{\mathrm{T}} \mathrm{d}\boldsymbol{\varepsilon} > 0, \tag{3-1-27}$$

上式可做为加载时的判据. 在卸载和中性变载时分别有 $\mathrm{d}F < 0$ 和 $\mathrm{d}F = 0$，而同

时又有 $\mathrm{d}\boldsymbol{\varepsilon}^{\mathrm{p}}=\mathbf{0}$，$\mathrm{d}\kappa=0$，因而可分别用

$$L=\mathrm{d}F\big|_{\mathrm{d}\boldsymbol{\varepsilon}^{\mathrm{p}}=0,\mathrm{d}\kappa=0}=\left(\frac{\partial F}{\partial \boldsymbol{\varepsilon}}\right)^{\mathrm{T}}\mathrm{d}\boldsymbol{\varepsilon}<0 \qquad (3-1-28)$$

和

$$L=\mathrm{d}F\big|_{\mathrm{d}\boldsymbol{\varepsilon}^{\mathrm{p}}=0,\mathrm{d}\kappa=0}=\left(\frac{\partial F}{\partial \boldsymbol{\varepsilon}}\right)^{\mathrm{T}}\mathrm{d}\boldsymbol{\varepsilon}=0 \qquad (3-1-29)$$

做为卸载和中性变载的判据. 综合式(3－1－27)～(3－1－29)就给出了应变空间表述的加－卸载准则(3－1－16).

3－1－4　耦合矩阵

将式(3－1－14)代入式(3－1－5)，并考虑式(3－1－10)和(3－1－11)不难得到耦合应力增量 $\mathrm{d}\boldsymbol{\sigma}^{\mathrm{d}}$ 与塑性应力增量 $\mathrm{d}\boldsymbol{\sigma}^{\mathrm{p}}$ 之间的线性关系

$$\mathrm{d}\boldsymbol{\sigma}^{\mathrm{d}}=(\boldsymbol{D}\boldsymbol{C}'\boldsymbol{\sigma}\boldsymbol{M}^{\mathrm{T}}\boldsymbol{C})\mathrm{d}\boldsymbol{\sigma}^{\mathrm{p}},$$

式中 $C'\equiv\dfrac{\partial \boldsymbol{C}}{\partial \kappa}$. 考虑到广义塑性应力增量 $\mathrm{d}\boldsymbol{\sigma}^{\mathrm{pd}}=\mathrm{d}\boldsymbol{\sigma}^{\mathrm{p}}+\mathrm{d}\boldsymbol{\sigma}^{\mathrm{d}}$，得

$$\mathrm{d}\boldsymbol{\sigma}^{\mathrm{pd}}=(\boldsymbol{I}+\boldsymbol{D}\boldsymbol{C}'\boldsymbol{\sigma}\boldsymbol{M}^{\mathrm{T}}\boldsymbol{C})\mathrm{d}\boldsymbol{\sigma}^{\mathrm{p}},$$

式中 $\boldsymbol{I}$ 是 6×6 的单位矩阵. 利用矩阵代数中 Sherman—Morrison 求逆公式

$$(\boldsymbol{I}+\boldsymbol{u}\boldsymbol{v}^{\mathrm{T}})^{-1}=\boldsymbol{I}-\frac{\boldsymbol{u}\boldsymbol{v}^{\mathrm{T}}}{1+\boldsymbol{v}^{\mathrm{T}}\boldsymbol{u}},$$

取矢量 $\boldsymbol{u}=\boldsymbol{D}\boldsymbol{C}'\sigma$，$\boldsymbol{v}^{\mathrm{T}}=\boldsymbol{M}^{\mathrm{T}}\boldsymbol{C}$，容易得到

$$\mathrm{d}\boldsymbol{\sigma}^{\mathrm{p}}=\boldsymbol{K}\mathrm{d}\boldsymbol{\sigma}^{\mathrm{pd}}, \qquad (3-1-30)$$

$$\boldsymbol{K}=\boldsymbol{I}-\frac{\boldsymbol{D}\boldsymbol{C}'\boldsymbol{\sigma}\boldsymbol{M}^{\mathrm{T}}\boldsymbol{C}}{1+\boldsymbol{M}^{\mathrm{T}}\boldsymbol{C}'\boldsymbol{\sigma}}. \qquad (3-1-31)$$

再使用广义正交法则(3－1－21)，即可得出塑性应力增量的流动法则

$$\mathrm{d}\boldsymbol{\sigma}^{\mathrm{p}}=\mathrm{d}\lambda\boldsymbol{K}\frac{\partial F}{\partial \boldsymbol{\varepsilon}}. \qquad (3-1-32)$$

上式是在应变空间写出的塑性应力增量的流动法则，其中所含的矩阵 $\boldsymbol{K}$ 与材料 Young 模量的劣化速度和内变量的定义有关. 我们将矩阵 $\boldsymbol{K}$ 称为弹塑性耦合矩阵，简称耦合矩阵. 对具有耦合性质的岩石类材料，塑性应力增量不再与应变屈服面正交，我们称式(3－1－32)是一种非正交的流动法则. 在忽略了耦合性质时，$\boldsymbol{C}'=0$，$\boldsymbol{K}=\boldsymbol{I}$，式(3－1－32)就退化为 §2－3 的正交流动法则(2－3－5).

3－1－5　本构方程

在应力增量分解公式(3－1－12)中，将式(3－1－9)和(3－1－17)代入，则得

$$d\boldsymbol{\sigma} = \boldsymbol{D}(\kappa)d\boldsymbol{\varepsilon} - \frac{\partial F}{\partial \boldsymbol{\varepsilon}}d\lambda . \qquad (3-1-33)$$

在卸载和中性变载情况下，即 $L=\left(\frac{\partial F}{\partial \boldsymbol{\varepsilon}}\right)^{T}d\boldsymbol{\varepsilon}\leqslant 0$ 时，$d\lambda>0$，上式为弹性关系

$$d\boldsymbol{\sigma} = \boldsymbol{D}(\kappa)d\boldsymbol{\varepsilon} . \qquad (3-1-34)$$

在加载情况，即 $L=\left(\frac{\partial F}{\partial \boldsymbol{\varepsilon}}\right)^{T}d\boldsymbol{\varepsilon}>0$ 时，$d\lambda>0$，其大小由一致性条件(也称相容方程)

$$dF = \left(\frac{\partial F}{\partial \boldsymbol{\varepsilon}}\right)^{T}d\boldsymbol{\varepsilon} + \left(\frac{\partial F}{\partial \boldsymbol{\varepsilon}^{p}}\right)^{T}d\boldsymbol{\varepsilon}^{p} + \left(\frac{\partial F}{\partial \boldsymbol{\kappa}}\right)d\boldsymbol{\kappa} = 0 \qquad (3-1-35)$$

确定. 考虑到耦合方程(3－1－32)和内变量的定义(3－1－14)，则一致性条件为

$$\left(\frac{\partial F}{\partial \boldsymbol{\varepsilon}}\right)^{T}d\boldsymbol{\varepsilon} + \left[\left(\frac{\partial F}{\partial \boldsymbol{\varepsilon}^{p}}\right)^{T} + \frac{\partial F}{\partial \boldsymbol{\kappa}}\boldsymbol{M}^{T}\right]\boldsymbol{CK}d\boldsymbol{\sigma}^{pd} = 0, \qquad (3-1-36)$$

上式表明广义塑性应力增量 $d\boldsymbol{\sigma}^{pd}$ 与应变增量 $d\boldsymbol{\varepsilon}$ 成线性关系，因此内变量增量 $d\boldsymbol{\kappa}$ 和 $d\boldsymbol{\varepsilon}$ 也是线性关系，这都体现了塑性理论的速率无关性. 利用广义正交法则(3－1－21)，方程(3－1－36)为

$$dF = \left(\frac{\partial F}{\partial \boldsymbol{\varepsilon}}\right)^{T}d\boldsymbol{\varepsilon} - Bd\lambda = 0, \qquad (3-1-37)$$

$$B = -\left[\left(\frac{\partial F}{\partial \boldsymbol{\varepsilon}^{p}}\right)^{T} + \frac{\partial F}{\partial \boldsymbol{\kappa}}\boldsymbol{M}^{T}\right]\boldsymbol{CK}\frac{\partial F}{\partial \boldsymbol{\varepsilon}}, \qquad (3-1-38)$$

因而有

$$d\lambda = \frac{1}{B}\left(\frac{\partial F}{\partial \boldsymbol{\varepsilon}}\right)d\boldsymbol{\varepsilon} . \qquad (3-1-39)$$

由于在加载时有 $d\lambda>0$ 和 $\left(\frac{\partial F}{\partial \boldsymbol{\varepsilon}}\right)^{T}d\boldsymbol{\varepsilon}>0$，必然有

$$B > 0, \qquad (3-1-40)$$

这是在塑性理论中一致性条件所要求的一个约束条件. 将式(3－1－39)代入式(3－1－33)，得加载时的本构方程

$$d\boldsymbol{\sigma} = \left[\boldsymbol{D}(\kappa) - \frac{1}{B}\frac{\partial F}{\partial \boldsymbol{\varepsilon}}\left(\frac{\partial F}{\partial \boldsymbol{\varepsilon}}\right)^{T}\right]d\boldsymbol{\varepsilon} \equiv \boldsymbol{D}_{ep}d\boldsymbol{\varepsilon} . \qquad (3-1-41)$$

本构矩阵 $\boldsymbol{D}_{ep}$ 是对称矩阵，耦合弹塑性材料本构方程(3－1－41)在形式上与不耦合情况的本构方程(2－3－17)完全相同，但这里的矩阵 $\boldsymbol{D}$ 和参数 B 有完全不同的含义.

前面所有的本构表述都是以增量形式给出的，这是弹塑性材料的历史相关性所决定的. 因而应力、应变等物理量的计算应该是一个增量的累加过程，具体说明如下：

(1) 设某个状态已经被确定，由外变量应力 $\boldsymbol{\sigma}$、应变 $\boldsymbol{\varepsilon}$、内变量塑性应变 $\boldsymbol{\varepsilon}^{\mathrm{p}}$ 和标量 κ 表示，这时应变屈服函数 $F(\boldsymbol{\varepsilon}, \boldsymbol{\varepsilon}^{\mathrm{p}}, \kappa)$ 和弹性矩阵 $\boldsymbol{D}(\kappa)$ 也是确定了.

(2) 在应变 $\boldsymbol{\varepsilon}$ 上施加应变增量 $\mathrm{d}\boldsymbol{\varepsilon}$，进行增量计算. 如果 $\left(\dfrac{\partial F}{\partial \boldsymbol{\varepsilon}}\right)^{\mathrm{T}} \mathrm{d}\boldsymbol{\varepsilon} > 0$，即加载，则有

$$\mathrm{d}\boldsymbol{\sigma} = \left[\boldsymbol{D}(\kappa) - \frac{1}{B}\frac{\partial F}{\partial \boldsymbol{\varepsilon}}\left(\frac{\partial F}{\partial \boldsymbol{\varepsilon}}\right)^{\mathrm{T}}\right]\mathrm{d}\boldsymbol{\varepsilon},$$

$$\mathrm{d}\boldsymbol{\varepsilon}^{\mathrm{p}} = \frac{1}{B}\boldsymbol{CK}\frac{\partial F}{\partial \boldsymbol{\varepsilon}}\left(\frac{\partial F}{\partial \boldsymbol{\varepsilon}}\right)^{\mathrm{T}}\mathrm{d}\boldsymbol{\varepsilon},$$

$$\mathrm{d}\kappa = \frac{\boldsymbol{M}^{\mathrm{T}}}{B}\boldsymbol{CK}\frac{\partial F}{\partial \boldsymbol{\varepsilon}}\left(\frac{\partial F}{\partial \boldsymbol{\varepsilon}}\right)^{\mathrm{T}}\mathrm{d}\boldsymbol{\varepsilon};$$

如果 $\left(\dfrac{\partial F}{\partial \boldsymbol{\varepsilon}}\right)^{\mathrm{T}} \mathrm{d}\boldsymbol{\varepsilon} \leqslant 0$，即卸载和中性变载，则有

$$\mathrm{d}\boldsymbol{\sigma} = \boldsymbol{D}(\kappa)\mathrm{d}\boldsymbol{\varepsilon},$$

$$\mathrm{d}\boldsymbol{\varepsilon}^{\mathrm{p}} = 0,$$

$$\mathrm{d}\kappa = \mathbf{0}.$$

(3) 将得到的增量累加到原状态的诸量上，得到下一个新的状态，即

$$\mathrm{d}\boldsymbol{\varepsilon} + \boldsymbol{\varepsilon} \rightarrow \boldsymbol{\varepsilon},$$

$$\mathrm{d}\boldsymbol{\sigma} + \boldsymbol{\sigma} \rightarrow \boldsymbol{\sigma},$$

$$\mathrm{d}\boldsymbol{\varepsilon}^{\mathrm{p}} + \boldsymbol{\varepsilon}^{\mathrm{p}} \rightarrow \boldsymbol{\varepsilon}^{\mathrm{p}},$$

$$\mathrm{d}\kappa + \kappa \rightarrow \kappa,$$

同时得新的屈服函数 $F(\boldsymbol{\varepsilon}, \boldsymbol{\varepsilon}^{\mathrm{p}}, \kappa)$ 和新的弹性矩阵 $\boldsymbol{D}(\kappa)$.

§3-2　应变空间表述的本构方程的实用形式

3-2-1　应变屈服函数和应力屈服函数的对应关系

在应变空间本构理论的表述中，使用应变屈服函数在理论上是必要的和自然的，然而在实际应用中却出现了困难，因为对应变空间表述的应变屈服面，我们几乎是一无所知. 在塑性力学发展史中，所有的基本概念(例如屈服强度、强化、软化等)以及屈服准则都是用应力分量表示的. 事实上，应力屈服准则的研究已经相当充分了.

值得庆幸的是，我们可以在应变屈服函数和应力屈服函数之间建立某种对应关系. 实际上，在指定塑性内变量 $\boldsymbol{\varepsilon}^{\mathrm{p}}$，$\boldsymbol{\sigma}^{\mathrm{p}}$，$\kappa$ 之后，应力屈服面在应力空间

所围区域和应变屈服面在应变空间所围区域都是弹性区. 这两个弹性区内的点有一一对应的关系，做为区域的边界，两个屈服面上的点也应有一一对应的关系. 不难看出，应力屈服函数 f 和应变屈服函数 F 的转换关系是

$$f(\boldsymbol{\sigma},\boldsymbol{\sigma}^{\mathrm{p}},\kappa) = f(\boldsymbol{D}(\boldsymbol{\varepsilon}-\boldsymbol{\varepsilon}^{\mathrm{p}}),\boldsymbol{D}\boldsymbol{\varepsilon}^{\mathrm{p}},\kappa) \equiv F(\boldsymbol{\varepsilon},\boldsymbol{\varepsilon}^{\mathrm{p}},\kappa). \quad (3-2-1)$$

请注意，式中矩阵 $\boldsymbol{D}$ 是内变量 κ 的函数，屈服函数导数之间的关系应是

$$\begin{aligned}\frac{\partial F}{\partial \boldsymbol{\varepsilon}} &= \boldsymbol{D}\frac{\partial f}{\partial \boldsymbol{\sigma}},\\ \frac{\partial F}{\partial \boldsymbol{\varepsilon}^{\mathrm{p}}} &= \boldsymbol{D}\left(\frac{\partial f}{\partial \boldsymbol{\sigma}^{\mathrm{p}}}-\frac{\partial f}{\partial \boldsymbol{\sigma}}\right), \qquad (3-2-2)\\ \frac{\partial F}{\partial \kappa} &= \frac{\partial f}{\partial \kappa}+\left(\frac{\partial f}{\partial \boldsymbol{\sigma}}\right)^{\mathrm{T}}\boldsymbol{D}'\boldsymbol{C}\boldsymbol{\sigma}+\left(\frac{\partial f}{\partial \boldsymbol{\sigma}^{\mathrm{p}}}\right)^{\mathrm{T}}\boldsymbol{D}'\boldsymbol{C}\boldsymbol{\sigma}^{\mathrm{p}}.\end{aligned}$$

迄今为止，我们还未注意到岩石类材料是否具有 Bauschinger 效应，不管岩石类材料初始屈服是各向同性还是各向异性的，我们目前假设其强(软)化规律都是等向强(软)化的. 因此，我们假设应力屈服函数中仅含有 κ，不含 $\boldsymbol{\sigma}^{\mathrm{p}}$，即

$$f(\boldsymbol{\sigma},\kappa) = 0. \quad (3-2-3)$$

在等向强(软)化条件下，上述转换公式(3-2-2)得以简化

$$\begin{aligned}\frac{\partial F}{\partial \boldsymbol{\varepsilon}} &= \boldsymbol{D}\frac{\partial f}{\partial \boldsymbol{\sigma}},\\ \frac{\partial F}{\partial \boldsymbol{\varepsilon}^{\mathrm{p}}} &= -\boldsymbol{D}\frac{\partial f}{\partial \boldsymbol{\sigma}}, \qquad (3-2-4)\\ \frac{\partial F}{\partial \kappa} &= \frac{\partial f}{\partial \kappa}+\left(\frac{\partial f}{\partial \boldsymbol{\sigma}}\right)^{\mathrm{T}}\boldsymbol{D}'\boldsymbol{C}\boldsymbol{\sigma}.\end{aligned}$$

在本书后文讨论岩石类材料的强(软)化规律时，仅限于等向强(软)化情况.

3-2-2 应变空间表述的本构方程的实用形式

在应变空间表述本构方程，按式(3-2-4)，可采用应力屈服函数. 使用应力屈服函数表述应变空间的本构关系，我们称之为实用形式.

这种实用形式的表述，关键是参数 B 的表述. 用应变屈服函数表示的参数 B 由式(3-1-38)给出，按转换公式(3-2-4)现在可写为

$$B = \left\{\left(\frac{\partial f}{\partial \boldsymbol{\sigma}}\right)^{\mathrm{T}}\boldsymbol{D}-\left[\frac{\partial f}{\partial \kappa}+\left(\frac{\partial f}{\partial \boldsymbol{\sigma}}\right)^{\mathrm{T}}\boldsymbol{D}'\boldsymbol{C}\boldsymbol{\sigma}\right]\boldsymbol{M}^{\mathrm{T}}\right\}\boldsymbol{CKD}\frac{\partial f}{\partial \boldsymbol{\sigma}}. \quad (3-2-5)$$

现引入一个新的矩阵 $\overline{\boldsymbol{K}}$，它的定义是

$$\overline{\boldsymbol{K}} = \boldsymbol{CKD} = \boldsymbol{I}-\frac{\boldsymbol{C}'\boldsymbol{\sigma}\boldsymbol{M}^{\mathrm{T}}}{1+\boldsymbol{M}^{\mathrm{T}}\boldsymbol{C}'\boldsymbol{\sigma}}. \quad (3-2-6)$$

不难看出，$\overline{\boldsymbol{K}}$ 是在应力空间表述中联系塑性应变增量 $\mathrm{d}\boldsymbol{\varepsilon}^{\mathrm{p}}$ 与应力屈服函数梯度 $\dfrac{\partial f}{\partial \boldsymbol{\sigma}}$ 的耦合矩阵

$$\mathrm{d}\boldsymbol{\varepsilon}^{\mathrm{p}} = \mathrm{d}\lambda \overline{\boldsymbol{K}} \frac{\partial f}{\partial \boldsymbol{\sigma}}, \tag{3-2-7}$$

弹塑性耦合性质在应力空间表述比在应变空间表述稍简单一些．式(3－2－5)可表示为

$$B = \left\{\left(\frac{\partial f}{\partial \boldsymbol{\sigma}}\right)^{\mathrm{T}} \boldsymbol{D} - \left[\frac{\partial f}{\partial \kappa} + \left(\frac{\partial f}{\partial \boldsymbol{\sigma}}\right)^{\mathrm{T}} \boldsymbol{D}' \boldsymbol{C} \boldsymbol{\sigma}\right] \boldsymbol{M}^{\mathrm{T}}\right\} \overline{\boldsymbol{K}} \frac{\partial f}{\partial \boldsymbol{\sigma}}. \tag{3-2-8}$$

通常将上式的参数 B 写成两项之和：

$$B = H + A, \tag{3-2-9}$$

$$H = \left(\frac{\partial f}{\partial \boldsymbol{\sigma}}\right)^{\mathrm{T}} \boldsymbol{D} \frac{\partial f}{\partial \boldsymbol{\sigma}}, \tag{3-2-10}$$

$$A = -\frac{\partial f}{\partial \kappa} \boldsymbol{M}^{\mathrm{T}} \overline{\boldsymbol{K}} \frac{\partial f}{\partial \boldsymbol{\sigma}} - \left(\frac{\partial f}{\partial \boldsymbol{\sigma}}\right)^{\mathrm{T}} \boldsymbol{D}' \boldsymbol{C} \boldsymbol{\sigma} \boldsymbol{M}^{\mathrm{T}} \overline{\boldsymbol{K}} \frac{\partial f}{\partial \boldsymbol{\sigma}} - \left(\frac{\partial f}{\partial \boldsymbol{\sigma}}\right)^{\mathrm{T}} \boldsymbol{D} \Delta \overline{\boldsymbol{K}} \frac{\partial f}{\partial \boldsymbol{\sigma}}, \tag{3-2-11}$$

式中

$$\Delta \overline{\boldsymbol{K}} = \boldsymbol{I} - \overline{\boldsymbol{K}} = \frac{\boldsymbol{C}' \boldsymbol{\sigma} \boldsymbol{M}^{\mathrm{T}}}{1 + \boldsymbol{M}^{\mathrm{T}} \boldsymbol{C}' \boldsymbol{\sigma}}. \tag{3-2-12}$$

由式(3－2－10)定义的 H 是一个正数，而由式(3－2－11)定义的 A 是与材料强化－软化速率和材料劣化速率有关的参数．

此外，在讨论耦合性质时，我们采用式(2－1－3)或(2－1－7)，用由 Young 模量 E 和 Poisson 比 ν 表示的弹性矩阵 $\boldsymbol{D}$ 和 $\boldsymbol{C}$，总是方便一些．为了回避繁琐的数学推演，突出材料劣化的力学本质，我们还假定在加载过程中只有 Young 模量发生变化(劣化)，而 Poisson 比 ν 始终保持常数．这时可得到如下的简单关系：

$$\boldsymbol{D}' = \frac{E'}{E} \boldsymbol{D}, \quad \boldsymbol{C}' = -\frac{E'}{E} \boldsymbol{C}, \tag{3-2-13}$$

通常 Young 模量是劣化的，即 $E' < 0$，因此矩阵 $\boldsymbol{D}'$ 和 $\boldsymbol{C}'$ 分别是负定和正定的．这时耦合矩阵 $\overline{\boldsymbol{K}}$ 可写为

$$\overline{\boldsymbol{K}} = \boldsymbol{I} + \frac{\dfrac{E'}{E} \boldsymbol{C} \boldsymbol{\sigma} \boldsymbol{M}^{\mathrm{T}}}{1 - \dfrac{E'}{E} \boldsymbol{M}^{\mathrm{T}} \boldsymbol{C} \boldsymbol{\sigma}}. \tag{3-2-14}$$

式(3－2－11)定义的参数 A 可写成

$$A = -\frac{\partial f}{\partial \kappa} \boldsymbol{M}^{\mathrm{T}} \boldsymbol{K} \frac{\partial f}{\partial \boldsymbol{\sigma}}$$

$$
-\left(\frac{\partial f}{\partial \boldsymbol{\sigma}}\right)^{\mathrm{T}} \boldsymbol{D}'\boldsymbol{C}\boldsymbol{\sigma}\boldsymbol{M}^{\mathrm{T}}\frac{\partial f}{\partial \boldsymbol{\sigma}}+\left(\frac{\partial f}{\partial \boldsymbol{\sigma}}\right)^{\mathrm{T}} \boldsymbol{D}'\boldsymbol{C}\boldsymbol{\sigma}\boldsymbol{M}^{\mathrm{T}}\frac{\boldsymbol{C}'\boldsymbol{\sigma}\boldsymbol{M}^{\mathrm{T}}}{1+\boldsymbol{M}^{\mathrm{T}}\boldsymbol{C}'\boldsymbol{\sigma}}\frac{\partial f}{\partial \boldsymbol{\sigma}}
$$

$$
-\left(\frac{\partial f}{\partial \boldsymbol{\sigma}}\right)^{\mathrm{T}} \boldsymbol{D}\left(\frac{\boldsymbol{C}'\boldsymbol{\sigma}\boldsymbol{M}^{\mathrm{T}}}{1+\boldsymbol{M}^{\mathrm{T}}\boldsymbol{C}'\boldsymbol{\sigma}}\right)\frac{\partial f}{\partial \boldsymbol{\sigma}}. \tag{3-2-15}
$$

由于$\frac{E'}{E}$的绝对值是一个小数，而 $\boldsymbol{M}^{\mathrm{T}}\boldsymbol{C}\boldsymbol{\sigma}$ 或者是弹性体积应变 θ^{e}（当 $\boldsymbol{M}=\boldsymbol{e}$ 时），或者是 2 倍的单位体积的弹性功 W^{e}（当 $\boldsymbol{M}=\boldsymbol{\sigma}$ 时），因而可认为

$$
\boldsymbol{M}^{\mathrm{T}}\boldsymbol{C}'\boldsymbol{\sigma}=\frac{E'}{E}\boldsymbol{M}\boldsymbol{C}\boldsymbol{\sigma} \ll 1. \tag{3-2-16}
$$

这时式(3-2-15)右端第二项和第四项可以抵消($\boldsymbol{D}'\boldsymbol{C}=-\boldsymbol{D}\boldsymbol{C}'$)，参数 A 的最终表达式为

$$
\begin{aligned}
A &= -\frac{\partial f}{\partial \boldsymbol{\kappa}}\boldsymbol{M}^{\mathrm{T}}\overline{\boldsymbol{K}}\frac{\partial f}{\partial \boldsymbol{\sigma}}+\left(\frac{\partial f}{\partial \boldsymbol{\sigma}}\right)^{\mathrm{T}}\boldsymbol{D}'\boldsymbol{C}\boldsymbol{\sigma}\boldsymbol{M}^{\mathrm{T}}\boldsymbol{C}'\boldsymbol{\sigma}\boldsymbol{M}^{\mathrm{T}}\frac{\partial f}{\partial \boldsymbol{\sigma}} \\
&= -\frac{\partial f}{\partial \boldsymbol{\kappa}}\boldsymbol{M}^{\mathrm{T}}\overline{\boldsymbol{K}}\frac{\partial f}{\partial \boldsymbol{\sigma}}+\left(\frac{\partial f}{\partial \boldsymbol{\sigma}}\right)^{\mathrm{T}}\frac{E'}{E}\boldsymbol{\sigma}\boldsymbol{M}^{\mathrm{T}}\left(-\frac{E'}{E}\right)\boldsymbol{C}\boldsymbol{\sigma}\boldsymbol{M}^{\mathrm{T}}\frac{\partial f}{\partial \boldsymbol{\sigma}} \\
&= -\frac{\partial f}{\partial \boldsymbol{\kappa}}\boldsymbol{M}^{\mathrm{T}}\overline{\boldsymbol{K}}\frac{\partial f}{\partial \boldsymbol{\sigma}}-\left(\frac{E'}{E}\right)^{2}(\boldsymbol{M}^{\mathrm{T}}\boldsymbol{C}\boldsymbol{\sigma})\left(\frac{\partial f}{\partial \boldsymbol{\sigma}}\right)^{\mathrm{T}}\boldsymbol{\sigma}\boldsymbol{M}^{\mathrm{T}}\frac{\partial f}{\partial \boldsymbol{\sigma}}.
\end{aligned} \tag{3-2-17}
$$

今后本书讨论岩石类材料的应变空间表述实用形式的本构关系时，始终使用式(3-2-10)定义的参数 H 和式(3-2-17)定义的参数 A，应当记住它们是在三个假设下得到的：① 等向强(软)化假设，即应力屈服函数不含 $\boldsymbol{\sigma}^{p}$；② 加载过程中 Poisson 比 ν 保持常数；③ $\frac{E'}{E}\boldsymbol{M}^{\mathrm{T}}\boldsymbol{C}\boldsymbol{\sigma} \ll 1$. 这些假设既保留了岩石类材料的主要特性(强(软)化性质和耦合性质)，又能使公式大大简化，便于应用.

有时将式(3-2-17)改写为

$$
A = A_1 + A_2, \tag{3-2-18}
$$

$$
A_1 = -\frac{\partial f}{\partial \boldsymbol{\kappa}}\boldsymbol{M}^{\mathrm{T}}\overline{\boldsymbol{K}}\frac{\partial f}{\partial \boldsymbol{\sigma}}, \tag{3-2-19}
$$

$$
A_2 = -\left(\frac{E'}{E}\right)^{2}(\boldsymbol{M}^{\mathrm{T}}\boldsymbol{C}\boldsymbol{\sigma})\left(\frac{\partial f}{\partial \boldsymbol{\sigma}}\right)^{\mathrm{T}}\boldsymbol{\sigma}\boldsymbol{M}^{\mathrm{T}}\frac{\partial f}{\partial \boldsymbol{\sigma}}. \tag{3-2-20}
$$

这样，如果不考虑弹塑性耦合效应则 $A_2=0$. 在式(3-2-19)中 $\overline{\boldsymbol{K}}=\boldsymbol{I}$，因而

$$
A = A_1 = -\frac{\partial f}{\partial \boldsymbol{\kappa}}\boldsymbol{M}^{\mathrm{T}}\frac{\partial f}{\partial \boldsymbol{\sigma}}. \tag{3-2-21}
$$

本书后文的工程应用中，大都采用上式，而没有考虑耦合效应.

利用转换公式(3-2-4)推导其他本构公式的实用形式是比较简单的. 例如，应变空间的加-卸载参数

$$L = \left(\frac{\partial F}{\partial \boldsymbol{\varepsilon}}\right)^{\mathrm{T}} \mathrm{d}\boldsymbol{\varepsilon} = \left(\frac{\partial f}{\partial \boldsymbol{\sigma}}\right)^{\mathrm{T}} \boldsymbol{D}\mathrm{d}\boldsymbol{\varepsilon}, \tag{3-2-22}$$

弹塑性本构矩阵

$$\boldsymbol{D}_{\mathrm{ep}} = \boldsymbol{D} - \frac{1}{H+A}\boldsymbol{D}\frac{\partial f}{\partial \boldsymbol{\sigma}}\left(\frac{\partial f}{\partial \boldsymbol{\sigma}}\right)^{\mathrm{T}}\boldsymbol{D}, \tag{3-2-23}$$

在式(3-2-22)和(3-2-23)中，矩阵 $\boldsymbol{D}$ 都是内变量 κ 的函数.

如果不考虑材料的弹塑性耦合性质，有 $E'=0$，$\overline{\boldsymbol{K}}=\boldsymbol{I}$，则上述所有公式都退化为 §2-3 的相应公式.

§3-3　常用的屈服准则和本构方程

3-3-1　Mohr-Coulomb 准则

Mohr 在 1900 年提出了破坏条件，他认为在材料剪切破坏面内极限剪应力 τ 是同一面内正应力 σ 的函数(这反映了剪切破坏的压力相关性). 对不同应力路径做破坏试验，在 $\tau-\sigma$ 坐标平面上画出破坏时的应力圆主圆，这些主圆的包络线，称为 Mohr 包络线. 包络线的数学表达式 $\tau=f(\sigma)$ 就是 Mohr 破坏准则或强度准则. Mohr 包络线的最简单形式是直线

$$|\tau| = c - \sigma\tan\varphi. \tag{3-3-1}$$

早在 1773 年 Coulomb 研究土体破坏时就使用了这个直线方程，后人将它称做 Coulomb 方程. 式中 τ 是剪切强度，c 是直线在 τ 轴上的截距，通常称为黏聚力；φ 是直线相对横轴的倾角，通常称为内摩擦角，而 $\mu=\tan\varphi$ 称为内摩擦系数. c 值和 φ 值是两个独立的材料参数. 式(3-3-1)在土力学中称做 Coulomb 准则，而在岩石力学中称做 Mohr-Coulomb 准则，简称为 M-C 准则.

如果规定 $\sigma_1 \geqslant \sigma_2 \geqslant \sigma_3$，那么破坏面上的正应力和剪应力可分别表示为(参见图 3-5)

$$\sigma = \frac{1}{2}(\sigma_1+\sigma_3) + \frac{1}{2}(\sigma_1-\sigma_3)\sin\varphi,$$

$$\tau = \frac{1}{2}(\sigma_1-\sigma_3)\cos\varphi.$$

将上式代入式(3-3-1)得到用主应力 σ_1 和 σ_3 表示的 Mohr-Coulomb 准则

$$f(\sigma_1,\sigma_3) = n\sigma_1 - \sigma_3 - \sigma_{\mathrm{c}} = 0, \tag{3-3-2}$$

式中

$$n = \frac{1+\sin\varphi}{1-\sin\varphi}, \quad \sigma_{\mathrm{c}} = \frac{2c\cos\varphi}{1-\sin\varphi}. \tag{3-3-3}$$

参数 σ_{c} 是在 $\sigma_1-\sigma_3$ 主应力平面内直线(3-3-2)的截距，表征无侧限的压缩

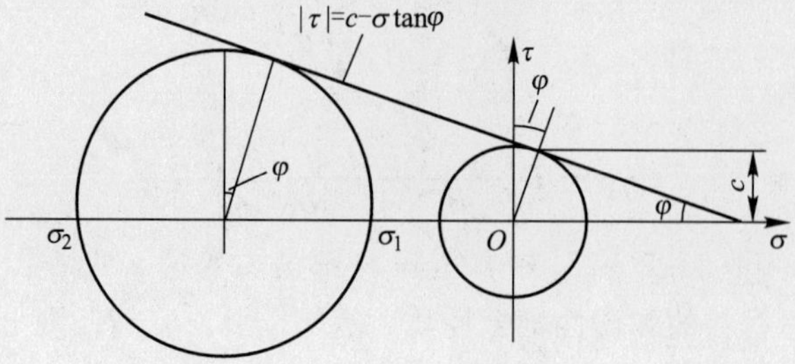

图 3－5 Mohr－Coulomb 准则

强度；而 n 是表征压缩强度与表征拉伸强度之比．n 和 σ_c 也可以看做是两个独立的材料参数，式(3－3－2)在几何上是主应力空间中的一个平面．如果不规定主应力的次序，采用对称开拓方法，Mohr－Coulomb 准则在主应力空间是一个六棱锥体的表面，它在 π 平面内的截线是一个不规则六边形，称为 Coulomb 六边形．在 $\varphi=0$ 的特殊情况，$n=1$，$\sigma_c=2c$，式(3－3－2)回到 Tresca 准则，$|\tau|=c$．这时黏聚力等于剪切强度，$c=k$．于是 Mohr－Coulomb 准则可以看做是为考虑压力相关性而对 Tresca 准则的推广．

在历史上，Mohr－Coulomb 准则是作为强度准则(破坏准则)使用的，c 值和 φ 值是由破坏试验得到的两个强度参数．在岩石塑性力学中，将 Mohr－Coulomb 准则当做屈服准则，更确切实地说，岩石材料的屈服准则采用 Mohr－Coulomb 的数学形式．然而，屈服准则的表述要比强度准则复杂一些．屈服准则有初始屈服准则(刚开始出现微破裂)和后继屈服准则(随微破裂发展，屈服面大小和形状发生改变)之分，因而岩石类材料的屈服准则应用一族曲面表示．换而言之，屈服准则仍可采用 Mohr－Coulomb 形式，但其 c 值和 φ 值不再是常数(除非采用理想塑性模型，但这与大多数岩石类材料性质相悖)，而应随塑性变形的发展而变化．这样，式(3－3－2)就可以代表一族屈服准则．最简单的方法是使用标量内变量 κ 代表加载历史，c 值和 φ 值看做 κ 的函数．当 κ 取零值时，$c=c(0)$，$\varphi=\varphi(0)$，对应于初始屈服面．随着 κ 的不断增长，屈服面不断扩大(对应于强化阶段)，当 κ 达到某个值时，$\kappa=\kappa_p$，$c=c(\kappa_p)$，$\varphi=\varphi(\kappa_p)$ 达到峰值屈服面(或许它就是强度面，$c(\kappa_p)$ 和 $\varphi(\kappa_p)$ 就是岩石力学手册中的强度参数)．随着 κ 进一步增长，屈服面逐渐收缩(相当于进入软化阶段)，以致在某个 κ 值达到残余流动屈服面．上面描述的过程，恰是采用 Mohr－Coubomb 屈服准则和使用等向强(软)化规律的情景．应该说，等向强(软)化的 Mohr－Coulomb 准则能够反映岩石类材料主要的弹塑性性质，而且简单可行．

材料随内变量 κ 而变化的 $c(\kappa)$，$\varphi(\kappa)$ 值资料可通过室内三轴压缩试验取得. 对不同围压 σ_3 做常规三轴压缩试验，可得到一族全过程曲线，如图 3－6(a)所示. 根据试验得到的卸载模量 E，v 扣除应变中的弹性部分，可得出塑性应变，并计算出内变量 κ. 于是可以做出，不同围压 σ_3 下的强度曲线，如图 3－6(b)所示. 对任何指定的 κ^*，都可得相应的 m 对屈服强度值(σ_1，σ_3)；用这些值做最小二乘拟合，可得到主应力 $\sigma_1-\sigma_3$ 平面的 Coulomb 直线相应的参数 n 和 σ_c，然后，通过式(3－3－3)反解出 c 值和 φ 值. 由于 κ^* 是任意指定的，因此，我们可以得到随内变量 κ 而变化的 $c(\kappa)$ 和 $\varphi(\kappa)$ 值资料. 表 3－1 是长庆砂岩的试验结果(王红才等，2012).

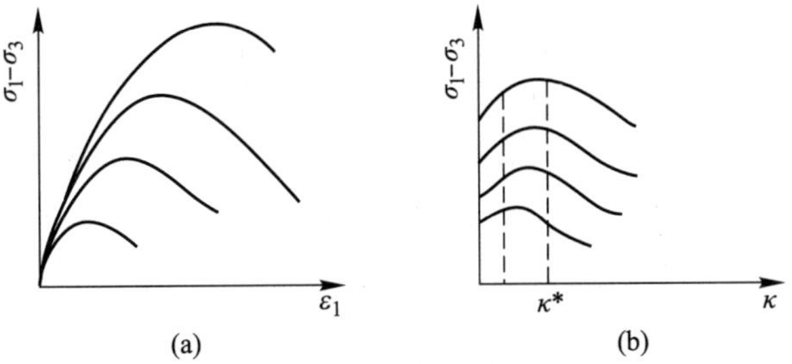

图 3－6　全应力应变曲线和强度曲线

表 3－1　长庆砂岩的 c 值和 φ 值

内变量 θ^p	黏聚力 c/MPa	内摩擦角 φ/(°)
0	33.75	13.37
0.001	41.18	19.69
0.002	30.46	29.62
0.003	24.74	33.54
0.004	19.18	36.64
0.005	11.82	40.11
0.006	3.88	42.42
0.007	3.42	42.13
0.008	3.80	41.40

Mohr－Coulomb(M－C)准则在应力空间是六棱锥面，在棱线上导数没有定义，形成奇异点. 将 Mohr－Coulomb 准则当做强度准则使用时，这些奇异点

是无关紧要的，然而将 Mohr - Coulomb 准则当做屈服准则使用，会产生一些困难，主要是在奇异点处塑性流动法则和本构方程的表述相当复杂(尽管在理论上已经解决，见附录 2)，造成了有限元编程的困难. 在塑性力学的数值分析中使用更多的是 Drucker - Prager 准则，因此这里对 Mohr - Coulomb 屈服准则，不做更多的介绍了.

3-3-2　Drucker - Prager 准则

为推广 Mises 准则在土力学中的应用，Drucker 和 Prager 考虑压力对屈服的影响而引入一个附加项，提出了一个新的准则，这就是 Drucker - Prager 准则(简称 D - P 准则)：

$$f = \alpha I_1 + \sqrt{J_2} - k = 0. \tag{3-3-4}$$

式中 α 为材料的压力相关系数，αI_1 是摩擦剪切屈服强度，k 是黏聚剪切屈服强度. 在应力空间中，式(3-3-4)是一个圆锥面，它的子午线和在 π 平面内的截线表示在图 3-7 中，在 π 平面内截线是一个圆，称为 Drucker - Prager 圆(简称 D - P 圆).

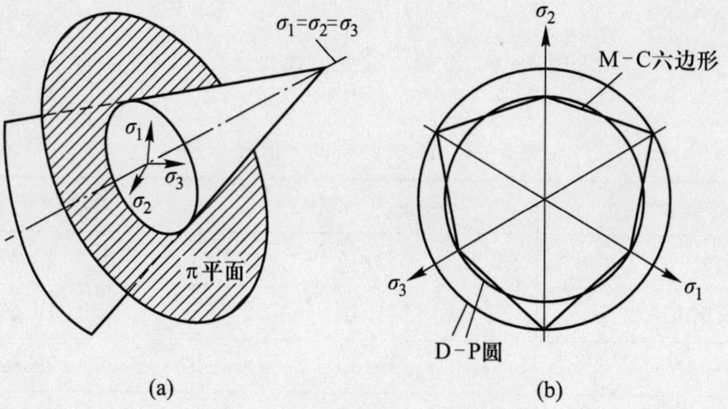

图 3-7　Drucker - Prager 屈服准则

为确定参数 α 和 k 与工程上常用的黏聚力 c 和内摩擦角 φ 之间的关系，需要将 D - P 圆锥锥顶与 M - C 棱锥锥顶重合，当 D - P 圆与 M - C 六边形外顶点重合时，可得

$$\alpha = \frac{2\sin\varphi}{\sqrt{3}(3-\sin\varphi)},\quad k = \frac{6c\cos\varphi}{\sqrt{3}(3-\sin\varphi)}; \tag{3-3-5}$$

而当与 M - C 六边形内顶点重合时，可得

$$\alpha = \frac{2\sin\varphi}{\sqrt{3}(3+\sin\varphi)},\quad k = \frac{6c\cos\varphi}{\sqrt{3}(3+\sin\varphi)}. \tag{3-3-6}$$

在理想塑性情况（仅针对软的岩石，如白垩、含水泥岩等），α，k 可看做常数；一般的工程岩石类材料，α 和 k 是内变量 $\boldsymbol{\kappa}$ 的函数. 从三轴压缩试验确定了 $c(\boldsymbol{\kappa})$ 和 $\varphi(\boldsymbol{\kappa})$ 之后，可用式（3-3-5）或（3-3-6）确定 $\alpha(\boldsymbol{\kappa})$ 和 $k(\boldsymbol{\kappa})$. 于是，式（3-3-4）代表一个等向强（软）化的 D-P 屈服准则. 最近，姚再兴（2014）给出了由三轴压缩试验资料直接确定 $\alpha(\boldsymbol{\kappa})$ 和 $k(\boldsymbol{\kappa})$ 的方法.

从式（3-3-4）不难计算出

$$\frac{\partial f}{\partial \boldsymbol{\sigma}} = \alpha \boldsymbol{e} + \frac{1}{2\sqrt{J_2}}\frac{\partial J_2}{\partial \boldsymbol{\sigma}} = \alpha \boldsymbol{e} + \frac{1}{2\sqrt{J_2}}\bar{\boldsymbol{s}}, \tag{3-3-7}$$

$$\boldsymbol{D}\frac{\partial f}{\partial \boldsymbol{\sigma}} = 3\alpha K \boldsymbol{e} + \frac{G}{\sqrt{J_2}}\boldsymbol{s}, \tag{3-3-8}$$

$$\left(\frac{\partial f}{\partial \boldsymbol{\sigma}}\right)^{\mathrm{T}}\boldsymbol{D}\frac{\partial f}{\partial \boldsymbol{\sigma}} = \left(\alpha \boldsymbol{e}^{\mathrm{T}} + \frac{1}{2\sqrt{J_2}}\bar{\boldsymbol{s}}^{\mathrm{T}}\right)\left(3\alpha K\boldsymbol{e} + \frac{G}{\sqrt{J_2}}\boldsymbol{s}\right) = 9\alpha^2 K + G. \tag{3-3-9}$$

在不考虑 Young 模量劣化情况，如果取 $\boldsymbol{M} = \boldsymbol{\sigma}$，$\boldsymbol{\kappa} = W^{\mathrm{p}}$，那么

$$H = 9\alpha^2 K + G, \tag{3-3-10}$$

$$A = -\frac{\partial f}{\partial W^{\mathrm{p}}}\boldsymbol{\sigma}^{\mathrm{T}}\frac{\partial f}{\partial \boldsymbol{\sigma}} = (k' - \alpha' I_1)\boldsymbol{\sigma}^{\mathrm{T}}\left[\alpha \boldsymbol{e} + \frac{\bar{\boldsymbol{s}}}{2\sqrt{J_2}}\right] = k(k' - \alpha' I_1), \tag{3-3-11}$$

式中 $\alpha' = \dfrac{\partial \alpha}{\partial W^{\mathrm{p}}}$，$k' = \dfrac{\partial k}{\partial W^{\mathrm{p}}}$.

由于 $\mathrm{d}\theta^{\mathrm{p}} = \mathrm{d}\lambda \boldsymbol{e}^{\mathrm{T}}\dfrac{\partial f}{\partial \boldsymbol{\sigma}} = \mathrm{d}\lambda(3\alpha) > 0$ 内变量也可取塑性体积应变 θ^{p}，即 $\boldsymbol{M} = \boldsymbol{e}$，$\boldsymbol{\kappa} = \theta^{\mathrm{p}}$，这时有

$$A = -\frac{\partial f}{\partial \theta^{\mathrm{p}}}\boldsymbol{e}^{\mathrm{T}}\frac{\partial f}{\partial \boldsymbol{\sigma}} = (k' - \boldsymbol{\alpha}' I_1)\boldsymbol{e}^{\mathrm{T}}\left[\alpha \boldsymbol{e} + \frac{\bar{\boldsymbol{s}}}{2\sqrt{J_2}}\right] = 3\alpha(k' - \alpha' I_1), \tag{3-3-12}$$

式中 $\alpha' = \dfrac{\partial \alpha}{\partial \theta^{\mathrm{p}}}$，$k' = \dfrac{\partial k}{\partial \theta^{\mathrm{p}}}$.

无论取 $\boldsymbol{\kappa} = W^{\mathrm{p}}$ 还是 $\boldsymbol{\kappa} = \theta^{\mathrm{p}}$，$k' - \alpha' I_1 > 0$ 表示强化，$k' - \alpha' I_1 = 0$ 表示理想塑性，$k' - \alpha' I_1 < 0$ 表示软化.

在考虑弹塑性耦合效应时，同样可给出相应的本构公式，不过此时弹性矩阵应理解为是内变量 $\boldsymbol{\kappa}$ 的函数. Drucker-Prager 屈服函数对 $\boldsymbol{\sigma}$ 求导，其表达式 $\dfrac{\partial f}{\partial \boldsymbol{\sigma}}$ 由式（3-3-7）给出，因此有

$$\boldsymbol{\sigma}^{\mathrm{T}} \frac{\partial f}{\partial \boldsymbol{\sigma}} = \alpha I_1 + \sqrt{J_2} = k,$$

$$\boldsymbol{e}^{\mathrm{T}} \frac{\partial f}{\partial \boldsymbol{\sigma}} = 3\alpha .$$

因而在取 $\boldsymbol{M}=\boldsymbol{\sigma}$，$\kappa = W^{\mathrm{p}}$ 时有

$$H = 9\alpha^2 K + G, \tag{3-3-13}$$

$$A = k(k' - \alpha' I_1) - \left(\frac{E'}{E}\right)^2 k^2 (\boldsymbol{\sigma}^{\mathrm{T}} \boldsymbol{\varepsilon}^{\mathrm{e}}); \tag{3-3-14}$$

在取 $\boldsymbol{M}=\boldsymbol{e}$，$\kappa = \theta^{\mathrm{p}}$ 时有

$$H = 9\alpha^2 K + G, \tag{3-3-15}$$

$$A = 3\alpha(k' - \alpha' I_1) - \left(\frac{E'}{E}\right)^2 3\alpha k \theta^{\mathrm{e}}. \tag{3-3-16}$$

式中 $\theta^{\mathrm{e}} = \boldsymbol{e}^{\mathrm{T}} \boldsymbol{C} \boldsymbol{\sigma}$ 是弹性体积应变.

Drucker – Prager 屈服面上除锥顶外处处光滑. 在国内外著名的有限元程序中都含有 D – P 准则的材料模型(尚未考虑弹塑性耦合).

3 – 3 – 3　Drucker – Prager – Yin 准则

Mohr – Coulomb 准则和 Drucker – Prager 准则都是双参数的压剪型的准则，它们适用于中低围压情况. 然而，当围压接近零时，由它们预言的压缩强度和剪切强度均为表征强度，它们与实验值有一定偏差. 对拉剪型应力状态，它们完全丧失了实验基础，由它们预言的抗拉强度(锥顶处的 I_1^* 值，$I_1^* = k/\alpha$)远大于试验值 $I_{\mathrm{t}} = (\sigma_{11} + \sigma_{22} + \sigma_{33})_{\mathrm{T}} = \sigma_{\mathrm{T}}$，$\sigma_{\mathrm{T}}$ 为抗拉强度的试验值. 为解决这些矛盾，以往工程计算中曾采用一个过点(I_{t}，0)且垂直于横轴的拉伸截断面局部地取代拉剪区的 Drucker – Prager 锥的顶部，如图 3 – 8(a)所示. 这样做，虽然避免了在计算中出现过大的拉应力，但这个截断面与原锥面又交汇成新的奇异点，对处理流动法则和建立本构公式增加了新的困难. 为了避免新的奇异点出现，我们可采用在低围压区和拉剪区局部修正 Drucker – Prager 准则(D – P – Y 准则)的两种方案.

第一种方案如图 3 – 8(a)所示. 在压剪区，$I_1 < I_B$，仍采用 Drucker – Prager 锥面方程(3 – 3 – 4)；在低围压区和拉剪区，$I_1 \geqslant I_B$，采用一个球形屈服面代替原锥顶附近的锥面. 因此，修正后的屈服准则为

$$f = \begin{cases} \alpha I_1 + J_2^{1/2} - k = 0, & I_1 < I_B, \\ [J_2 + (I_1 - I_A)^2]^{1/2} - (I_1 - I_A) = 0, & I_1 \geqslant I_B, \end{cases} \tag{3-3-17}$$

其中

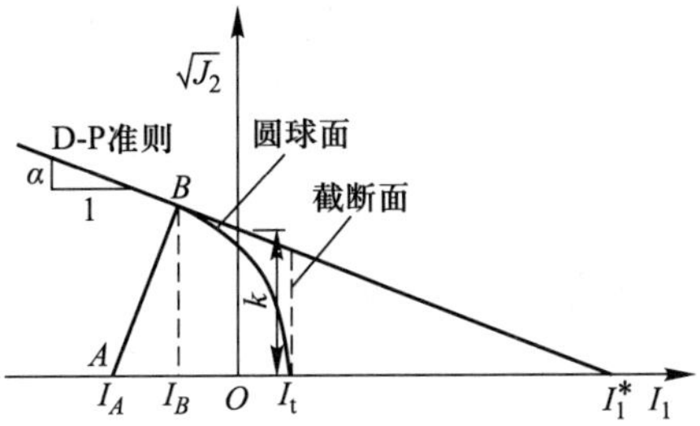

(a) 球顶形 D-P-Y 准则

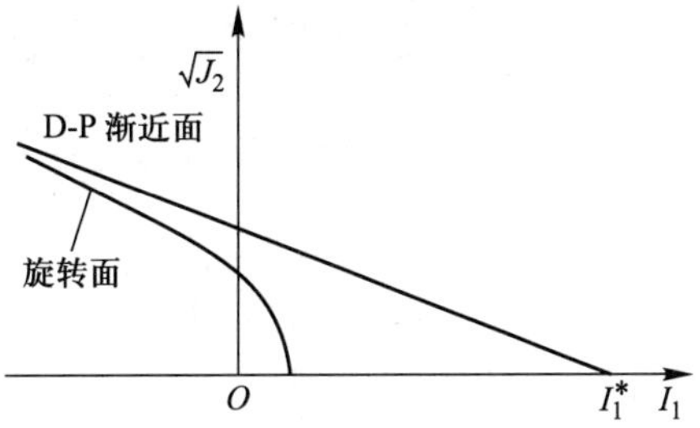

(b) 双曲形 D-P-Y 准则

图 3－8　D－P－Y 准则的两种方案

$$I_A = \sigma_T + \frac{\alpha\sigma_T - k}{(1+\alpha^2)^{1/2} - \alpha},\quad I_B = \sigma_T + \frac{\alpha\sigma_T - k}{(1+\alpha^2)^{1/2}}. \tag{3-3-18}$$

不难看出，采用的球面既通过点$(I_t,\ 0)$，又在 B 点与原 Drucker－Prager 锥面相切. 因此，由式(3－3－17)定义的新的屈服准则是一个处处光滑的正则函数，只是其表达式分区定义，稍微复杂一些.

第二种方案是使用一个双曲旋转面近似地代替 Drucker－Prager 圆锥面，后者是前者的渐近面，如图 3－8(b)所示. 这时屈服准则为

$$f = (J_2 + a^2k^2)^{1/2} + \alpha I_1 - k = 0, \tag{3-3-19}$$

其中

$$a = 1 - \frac{\alpha\sigma_T}{k}\quad (0 \leqslant a \leqslant 1), \tag{3-3-20}$$

a 是一个无量纲的小常数. 由式(3－3－19)定义的双曲旋转面通过点$(I_t,\ 0)$且处处光滑.

上述的两种新的屈服准则都包含三个材料参数：α，k 和 σ_T. 这两类三参数屈服准则是殷有泉首先提出并应用于工程计算的，因此它们称为 Drucker－Prager－Yin 屈服准则，简称 D－P－Y 准则.

D－P－Y 准则所含三个参数 α，k，σ_T 都是内变量 κ 的函数，因而它是一种等向强(软)化的屈服准则. $\alpha(\kappa)$和 $k(\kappa)$利用式(3－3－5)或(3－3－6)由 $c(\kappa)$和 $\varphi(\kappa)$计算给出或直接从三轴试验资料拟合给定；$\sigma_T(\kappa)$由伺服试验机上的点载荷试验(劈裂试验)或拉伸试验给出. 当 $\sigma_T \to k/\alpha$，D－P－Y 准则退化为双参数的 D－P 准则.

现在以双曲型 D－P－Y 准则为例，由式(3－3－19)和(3－3－20)不难计算得到

$$\frac{\partial f}{\partial \boldsymbol{\sigma}} = \alpha \boldsymbol{e} + \frac{\bar{\boldsymbol{s}}}{2(\alpha I_1 - k)}, \tag{3-3-21}$$

$$\boldsymbol{D}\frac{\partial f}{\partial \boldsymbol{\sigma}} = 3\alpha K \boldsymbol{e} + \frac{G\boldsymbol{s}}{2(\alpha I_1 - k)}, \tag{3-3-22}$$

$$\frac{\partial f}{\partial \boldsymbol{\kappa}} = \frac{k - \alpha\sigma_{\mathrm{T}}}{k - \alpha I_1}(k' - \alpha'\sigma_{\mathrm{T}} - \sigma'_{\mathrm{T}}) - (k' - \alpha' I_1). \tag{3-3-23}$$

由于$\left(\frac{\partial f}{\partial \boldsymbol{\sigma}}\right)^{\mathrm{T}}\boldsymbol{\sigma} = \alpha I_1 + \frac{J_2}{\alpha I_1 - k}$，则

$$\left(\frac{\partial f}{\partial \boldsymbol{\sigma}}\right)^{\mathrm{T}}\boldsymbol{e} = 3\alpha.$$

容易推导出 H 和 A 的计算公式. 如果取 $\boldsymbol{M}=\boldsymbol{\sigma}$，$\boldsymbol{\kappa} = W^{\mathrm{p}}$，那么

$$H = 9\alpha^2 K + \frac{GJ_2}{J_2 + \alpha^2 k^2}, \tag{3-3-24}$$

$$A = \left[(k' - \alpha' I_1) - \frac{k - \alpha\sigma_{\mathrm{T}}}{k - \alpha\sigma_1}(k' - \alpha\sigma'_{\mathrm{T}} - \alpha'\sigma_{\mathrm{T}})\right]\left(\alpha I_1 + \frac{J_2}{\alpha I_1 - k}\right) - \left(\frac{E'}{E}\right)^2\left(\alpha I_1 + \frac{J_2}{\alpha I_1 - k}\right)^2 W^{\mathrm{e}}, \tag{3-3-25}$$

式中 $W^{\mathrm{e}} = \boldsymbol{\sigma}^{*}\boldsymbol{C}\boldsymbol{\sigma}$ 是 2 倍的弹性应变能. 如果取 $\boldsymbol{M} = \boldsymbol{e}$，$\boldsymbol{\kappa} = \theta^{\mathrm{p}}$，则

$$H = 9\alpha^2 k + \frac{GJ_2}{J_2 + \alpha^2 k^2}, \tag{3-3-26}$$

$$A = 3\alpha\left[(k' - \alpha' I_1) - \frac{k - \alpha\sigma_{\mathrm{T}}}{k - \alpha I_1}(k' - \alpha'\sigma_{\mathrm{T}} - \alpha\sigma'_{\mathrm{T}})\right] - 3\alpha\left(\frac{E'}{E}\right)^2\left(\alpha I_1 + \frac{J_2}{\alpha I_1 - k}\right)\theta^{\mathrm{e}}, \tag{3-3-27}$$

式中 $\theta^{\mathrm{e}} = \boldsymbol{e}^{\mathrm{T}}\boldsymbol{C}\boldsymbol{\sigma}$ 是弹性体积应变.

3-3-4 层状岩石类材料的屈服准则及层状材料

若要反映岩石类材料在强度上的各向异性，可以依据 Hill 准则(2-2-17)，并考虑岩石类材料屈服的压力相关性，加入正应力分量的线性项. 因此采用如下形式的 Hill 屈服准则：

$$f(\boldsymbol{\sigma}) = [\alpha_1(\sigma_y - \sigma_z)^2 + a_2(\sigma_z - \sigma_x)^2 + a_3(\sigma_x - \sigma_y)^2 + (a_4\tau_{yz}^2 + a_5\tau_{zx}^2 + a_6\tau_{xy}^2)]^{1/2} + a_7\sigma_x + a_8\sigma_y + a_9\sigma_z - 1 = 0. \tag{3-3-28}$$

这个准则含 9 个独立的材料参数 a_1，…，a_9，能够反映材料的正交各向异性.

对于所含层理、裂隙等软弱结构面有一定取向的岩石类介质，在受载过程

产生的微破裂在结构面内占优势，以致最后的宏观破裂沿结构面发生，其破坏形式，可能是沿结构面的剪破裂和垂直结构面的张(拉)破裂. 用塑性力学语言表述为，宏观上的塑性变形(不可逆变形)主要是沿有一定方向取向的结构面的剪应变和垂直该结构面的张应变. 这种介质在强度上是横观同性的. 这时，式(3-3-28)中 9 个参数不再是独立的，应有

$$a_1 = a_2,\quad a_4 = a_5,\quad a_6 = 2(a_1 + a_3),\quad a_7 = a_8. \tag{3-3-29}$$

进一步假设破坏仅发生在弱面(层面)内，因此破坏与应力分量 σ_x，σ_y，τ_{xy} 无关，在式(3-3-28)中，取

$$a_4 = a_5 = 1/c^2,\quad a_9 = \mu/c,$$

其余参数为零，则得

$$f(\boldsymbol{\sigma}, c, \mu) = (\tau_{zx}^2 + \tau_{zy}^2)^{1/2} + \mu\sigma_z - c = 0. \tag{3-3-30}$$

这里取层面的法方向为坐标 z 轴方向，式中 μ 和 c 分别是层面内的内摩擦系数和黏聚力. 为了去掉屈服面上的奇异点，使预言的抗拉强度和试验值 σ_{T} 一致，可对上述屈服准则在拉剪区予以修正，修正后的准则为

$$f(\boldsymbol{\sigma}, c, \mu) = (\tau_{zx}^2 + \tau_{zy}^2 + a^2c^2)^{1/2} + \mu\sigma_z - c = 0, \tag{3-3-31}$$

$$a = 1 - \frac{\mu\sigma_{\mathrm{T}}}{c}. \tag{3-3-32}$$

将层面内剪应力 τ_{zx} 和 t_{zy} 的合力记为 τ，即有

$$\tau^2 = \tau_{zx}^2 + \tau_{zy}^2. \tag{3-3-33}$$

这样，在 σ 和 τ 组成的平面坐标系，准则(3-3-30)是一条直线，这是一种 Coulomb 型的屈服准则，而准则(3-3-31)是一双曲线，含三个独立参数，当 $a \to 0$ 时，它无限接近 Coulomb 直线，退化为双参数准则(3-3-30).

对于采用式(3-3-30)或(3-3-31)做屈服准则的各向异性材料，在工程上称为层状弹塑性材料，简称层状材料. 我们假设层状材料是等向强(软)化的，也就是，c，φ 和 σ_{T} 等参数都是内变量 κ 的函数.

为了叙述简单，我们假定层状材料的弹性变形是各向同性的，弹性矩阵 $\boldsymbol{D}$ 只含两个参数，可取 E 和 ν 或 K 和 G；为考虑弹塑性耦合，假设这些弹性参数是内变量 κ 的函数.

设内变量 κ 取为塑性体积应变 θ^{p}，从式(3-3-31)可计算出

$$\frac{\partial f}{\partial \boldsymbol{\sigma}} = \begin{bmatrix} 0 & 0 & \mu & \dfrac{\tau_{zy}}{\beta} & \dfrac{\tau_{zx}}{\beta} & 0 \end{bmatrix}^{\mathrm{T}}, \tag{3-3-34}$$

$$\boldsymbol{D}\frac{\partial f}{\partial \boldsymbol{\sigma}} = \begin{bmatrix} \left(K - \dfrac{2}{3}G\right)\mu & \left(K - \dfrac{2}{3}G\right)\mu & \left(K + \dfrac{4}{3}G\right)\mu & G\dfrac{\tau_{zy}}{\beta} & G\dfrac{\tau_{zx}}{\beta} & 0 \end{bmatrix}^{\mathrm{T}}, \tag{3-3-35}$$

$$H = \left(K + \frac{4}{3}G\right)\mu^2 + G\left(1 - \frac{a^2c^2}{\beta}\right) \qquad (3-3-36)$$

$$A = (c' - \mu'\sigma_2) - \frac{ac}{\beta}(c' - \mu'\sigma_{\mathrm{T}} - \mu\sigma_1') + \left(\frac{G'}{G}\right)^2\mu\left(\mu\sigma_2 + \frac{\tau^2}{\beta}\right)\theta^{\mathrm{e}}, \qquad (3-3-37)$$

$$\beta = (\tau^2 + \alpha^2c^2)^{1/2} = (\tau_{zx}^2 + \tau_{zy} + a^2c^2)^{1/2}, \qquad (3-3-38)$$

$$\frac{G'}{G} = \frac{E'}{E}(\text{当}\ \nu = \text{常数时}). \qquad (3-3-39)$$

最后要说明的是，本节前面给出了四类常用材料的屈服准则和相应的本构公式．这些公式包括各种材料的屈服准则 $f=0$，以及 $\frac{\partial f}{\partial \boldsymbol{\sigma}}$，$\boldsymbol{D}\frac{\partial f}{\partial \boldsymbol{\sigma}}$，$H$ 和 A 的表达式．进一步由这些公式并按式(3－2－13)写出材料的本构矩阵 $\boldsymbol{D}_{\mathrm{ep}}$ 的表达式的工作留给读者去做，由于仅使用矩阵的加法、乘法等初等运算，读者不会有任何困难．这些矩阵的显式表达式写起来很占篇幅，不在此列出了．

除了前面介绍的四类屈服准则之外，还有很多准则可用，可参阅郑颖人等(2002)的专著．我们建议采用正则的屈服准则．在屈服面的奇异点、流动法则和加－卸载准则的表述很复杂，编程较困难．国内外一些学者热衷于提出各种强度准则，但把它们作为屈服准则使用时，过多的奇异点是一个严重的问题．对岩石类材料，由于试验资料的分散性(见附录1)，各种强度(屈服)曲面的差异完全没有意义了；而屈服面上的奇异点的存在也缺少试验资料的支持(见附录2)．

§3－4 讨论

1. 考虑岩石类材料弹塑性耦合(也称刚度劣化)的本构理论早在30年前就建立了(殷有泉和曲圣年，1982)．在应变空间 Ильюшин 公设下，导出了广义正交法则和加－卸载准则，从而导出本构方程，这些结果在形式上与金属材料本构方程和加－卸载准则相似．耦合塑性理论堪称严谨完美．

由于缺少可用的试验资料，长期以来这个理论被束之高阁．随着实验技术的发展，进口的和国产的伺服刚性试验机在国内各部门大量购进，已具有了开展岩石类材料试验工作的条件，使取得的 c 值和 φ 值(或 α 值和 k 值)以及弹模 E 值随塑性内变量 κ 而变化资料更为容易(王红才等，2012；姚再兴，2014)．耦合塑性理论可望有更大的发展和应用前景．

2. 把塑性应力增量 $\mathrm{d}\boldsymbol{\sigma}^{\mathrm{p}}$ 和耦合应力增量 $\mathrm{d}\boldsymbol{\sigma}^{\mathrm{d}}$ 之和定义为广义塑性应力增量 $\mathrm{d}\boldsymbol{\sigma}^{\mathrm{pd}}$，有广义正交法则

$$\mathrm{d}\boldsymbol{\sigma}^{\mathrm{pd}} = \mathrm{d}\boldsymbol{\sigma}^{\mathrm{p}} + \mathrm{d}\boldsymbol{\sigma}^{\mathrm{d}} = \mathrm{d}\lambda\frac{\partial F}{\partial \boldsymbol{\varepsilon}}. \qquad (3-4-1)$$

在应力空间写出的广义正交方法则为

$$\mathrm{d}\boldsymbol{\varepsilon}^{\mathrm{pd}} = \mathrm{d}\boldsymbol{\varepsilon}^{\mathrm{p}} + \mathrm{d}\boldsymbol{\varepsilon}^{\mathrm{d}} = \mathrm{d}\lambda \frac{\partial f}{\partial \boldsymbol{\sigma}}. \tag{3-4-2}$$

因而广义塑性应变增量 $\mathrm{d}\boldsymbol{\varepsilon}^{\mathrm{pd}}$ 与应力屈服面正交，而常规塑性应变增量 $\mathrm{d}\boldsymbol{\varepsilon}^{\mathrm{p}}$ 与屈服面斜交. 广义塑性应变增量与常规塑性应变增量由耦合矩阵 $\overline{\boldsymbol{K}}$ 相关联，因而有

$$\mathrm{d}\boldsymbol{\varepsilon}^{\mathrm{p}} = \mathrm{d}\lambda \overline{\boldsymbol{K}} \frac{\partial f}{\partial \boldsymbol{\sigma}}, \tag{3-4-3}$$

$$\overline{K} = \boldsymbol{I} - \frac{\boldsymbol{C}'\boldsymbol{\sigma}\boldsymbol{M}^{\mathrm{T}}}{1 + \boldsymbol{M}^{\mathrm{T}}\boldsymbol{C}'\boldsymbol{\sigma}}. \tag{3-4-4}$$

常规塑性应变增量 $\mathrm{d}\boldsymbol{\varepsilon}^{\mathrm{p}}$ 不再指向应力屈服面法向 $\frac{\partial f}{\partial \boldsymbol{\sigma}}$，而是由于耦合矩阵的作用和法向发生了偏离. 偏离的大小与耦合性质 $\boldsymbol{C}'$ 和内变量定义 $\boldsymbol{M}^{\mathrm{T}}$ 有关.

3. 岩石类材料是压力相关性材料，屈服函数应含有应力一次项或者应力的第一不变量，本章介绍的 Mohr - Coulomb 准则，Drucker - Prager 准则，Drucker - Prager - Yin 准则和正交异性屈服准则都具有这样的性质. 对于这些准则，相应的塑性体应变都不为零.

任何屈服准则的使用都是有条件的. Mohr - Coulomb 准则和 Drucker - Prager 准则适用于常温状态和中低围压情况. 它们是用压剪实验做出的二参数准则，含独立参数 c 和 φ(或 k 和 α). 如果在零围压附近，由它们预言的压缩强度偏小，拉剪区的拉伸强度过大. 为了避免这些情况，需要引用三参数的 Drucker - Prager - Yin 准则，这时独立材料参数多了个抗拉屈服强度 σ_{T}. 如果材料承受过大的压应力时发生压缩屈服，或许还要采用带有压缩帽盖的模型(见附录 2).

塑性内变量 κ 的选取也不是唯一的，只要它是单调增长的并能够反映塑性变形过程的加载历史即可. 在本书，对岩石类材料塑性内变量的演化公式采用塑性应变的线性一次式

$$\mathrm{d}\kappa = \boldsymbol{M}^{\mathrm{T}}\mathrm{d}\boldsymbol{\varepsilon}^{\mathrm{p}}, \tag{3-4-5}$$

$\boldsymbol{M}$ 取不同形式的矢量，内变量 κ 有不同的力学含义，但都与塑性应变有关，能反应岩石类材料的损伤程度. 我们没有采用金属塑性中使用的等效塑性应变 $\overline{\varepsilon}^{\mathrm{p}}$

$$\mathrm{d}\overline{\varepsilon}^{\mathrm{p}} = \left[(\mathrm{d}\boldsymbol{\varepsilon}^{\mathrm{p}})^{\mathrm{T}}\mathrm{d}\boldsymbol{\varepsilon}^{\mathrm{p}} \right]^{1/2}, \tag{3-4-6}$$

等效塑性应变增量是塑性应变的齐次一次式，它和塑性应变张量的第二不变量有关，看上去它度量的是剪切塑性变形，更适用于做金属塑性材料的内变量. 在金属塑性中，内变量不能采用塑性体应变($\boldsymbol{M} = \boldsymbol{e}$)，因韧性金属的塑性体应变为零.

第 4 章　岩体中的间断面及其本构表述

岩体中节理、断层、剪切带等大型的软弱结构面统称为间断面．间断面对岩体工程的变形、强度和稳定性往往起控制性作用．在岩石塑性力学中，一些微小的裂缝可并到连续介质代表体的本构关系中研究，而大规模的间断面必须单独地专门处理．本章介绍如何在塑性力学理论框架内建立间断面本构关系的方法．

§4－1　间断面力学性质的表述

一种最简单的情况，是没有充填物的结构面，实际的结构面不是理想的平面，它凹凸不平．图 4－1 给出了一个含节理的岩块在室内做的直剪试验资料，

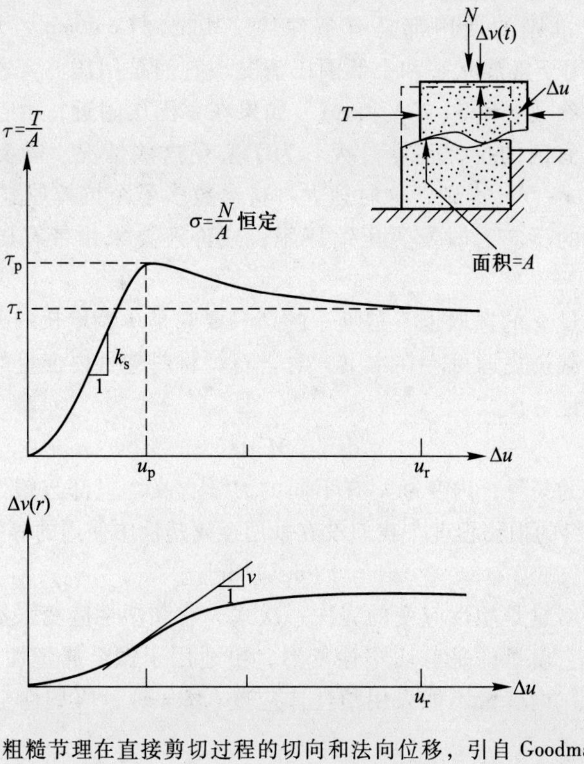

图 4－1　粗糙节理在直接剪切过程的切向和法向位移，引自 Goodman，1989

穿过节理面的剪切位移 Δu 是平行节理面测量的上下盘岩块位移之差. 我们设穿过节理面峰谷的一个平面为平均节理面，它就是我们在宏观理论探讨中所认定的节理平面. 由于在细观上节理面起伏不平，在受剪过程，节理将变厚，有膨胀的趋势. 这种膨胀，或称剪胀(dilatancy)，记为 Δv，是由剪切引起的上下盘岩块法向位移之差. 认为张开(变厚)是正的剪胀. 随着剪切载荷的施加，首先是轻微的膨胀；随后膨胀速度迅速增大，在剪应力(剪切强度)达到峰值 τ_p 时，膨胀速度最大；此后，剪应力开始持续下降，而节理继续膨胀，其大小可超过峰值位移 u_p 若干毫米或若干厘米之后达到残余位移 u_r. 节理的膨胀受节理粗糙程度(突台)控制，在很大程度上，节理强度也受粗糙程度和上下盘材料强度控制.

有充填物的结构面，情况要复杂一些. 它们包括充填的节理、断层、软弱夹层、剪切带等. 充填材料各式各样，如节理风化或分解物、构造运动时产生的碎悄、断层泥以及岩溶产物. 当充填物的厚度很小，小于突台高度时，结构面的抗剪性能与无充填情况没有多大差别. 当充填厚度大于突台高度时，抗剪强度和膨胀特性才决定于充填材料.

为更全面描述间断面的变形，在间断面上某点 M 建立一个局部坐标系 $Oxyz$，x 轴和 y 轴取在间断面内，z 轴指向间断面的法向，x，y 和 z 轴成右手系，在这样局部坐标内描述变形、应力以及建立本构方程是最方便的. 设间断面上 M 点的上盘和下盘的位移矢量分别是

$$\boldsymbol{u}^+ = [u^+ \ v^+ \ w^+]^{\mathrm{T}}, \qquad (4-1-1)$$
$$\boldsymbol{u}^- = [u^- \ v^- \ w^-]^{\mathrm{T}}.$$

间断面在 M 点的变形用位移间断矢量

$$\begin{aligned}\langle \boldsymbol{u} \rangle &= \boldsymbol{u}^+ - \boldsymbol{u}^- \\ &= [(u^+ - u^-) \quad (v^+ - v^-) \quad (w^+ - w^-)]^{\mathrm{T}} \\ &= [\langle u \rangle \quad \langle v \rangle \quad \langle w \rangle]^{\mathrm{T}}\end{aligned} \qquad (4-1-2)$$

来描述，式中 $\langle u \rangle$，$\langle v \rangle$ 分别是在 x 和 y 轴方向的切向位移通过间断面的间断值，$\langle w \rangle$ 是法向位移的间断值. 与位移间断面矢量 $\langle \boldsymbol{u} \rangle$ 在能量上共轭的应力矢量是

$$\overline{\boldsymbol{\sigma}} = [t_{zx} \quad \tau_{zy} \quad \sigma_z]^{\mathrm{T}}, \qquad (4-1-3)$$

式中 τ_{zx} 和 τ_{zy} 分别是间断面上的剪应力 τ 的 x 轴方向分量和 y 轴方向分量，σ_z 是间断面的法向应力分量. 间断面的本构表述，核心是建立联系 $\langle \boldsymbol{u} \rangle$ 和 $\overline{\boldsymbol{\sigma}}$ 的增量形式本构方程

$$\mathrm{d}\overline{\boldsymbol{\sigma}} = \overline{\boldsymbol{D}}_{\mathrm{ep}} \mathrm{d}\langle \boldsymbol{u} \rangle. \qquad (4-1-4)$$

间断面不是一个简单的几何平面，间断面在细观上的粗糙度和充填物质极

大地影响间断面的宏观力学性质．现在将间断面看做是一个物质面，在塑性力学框架内赋于该物质面以力学性质，本构方程(4－1－4)将能反映这些性质(屈服、剪胀、软化等等)．殷有泉(1987)的做法是取由层状材料组成的厚度为 B 的板，根据已有的层状材料的本构方程，在令板厚 B 趋于无限小情况得到间断面的本构方程．Desai 等(1991)、殷有泉(1994)，将节理间断面各种几何量和力学量与塑性力学对应量相比，用完全类似办法推导间断面的本构关系，并将他们得到的方程与实验资料做了比较．这两种方法分别在后面两节中详细叙述．

§4－2 用层状材料退化的方法建立间断面本构方程

图 4－2(a)表示一个有限厚度 B，由层状材料构成的板．层状材料的本构公式，诸如 $\boldsymbol{D}\dfrac{\partial f}{\partial \boldsymbol{\sigma}}$，$H$ 和 A 的公式等，已在 §3－3 给出．

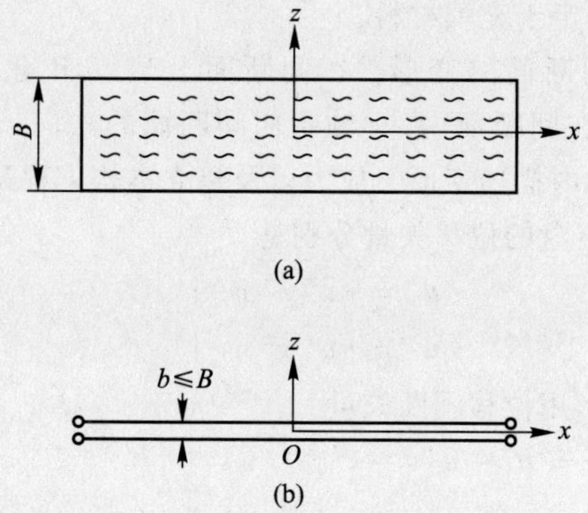

图 4－2 由层状材料板退化为间断面

根据式(3－3－31)和(3－3－32)以及(3－3－34)～(3－3－38)通过矩阵代数的初等运算容易得到层状材料的弹塑性矩阵的显式表达式为

$$\mathrm{d}\boldsymbol{\sigma} = \boldsymbol{D}_{\mathrm{ep}}\mathrm{d}\boldsymbol{\varepsilon} = (\boldsymbol{D} - \boldsymbol{D}_{\mathrm{p}})\mathrm{d}\boldsymbol{\varepsilon}, \qquad (4-2-1)$$

其中

$$
\boldsymbol{D}=\begin{bmatrix}
K+\frac{4}{3}G & K-\frac{2}{3}G & K-\frac{2}{3}G & 0 & 0 & 0\\
K-\frac{2}{3}G & K+\frac{4}{3}G & K-\frac{2}{3}G & 0 & 0 & 0\\
K-\frac{2}{3}G & K-\frac{2}{3}G & K+\frac{4}{3}G & 0 & 0 & 0\\
0 & 0 & 0 & G & 0 & 0\\
0 & 0 & 0 & 0 & G & 0\\
0 & 0 & 0 & 0 & 0 & G
\end{bmatrix}, \quad (4-2-2)
$$

$$
\boldsymbol{D}_{\mathrm{p}}=\frac{1}{H+A}
$$

$$
\times\begin{bmatrix}
\left(K-\frac{2}{3}G\right)^2\mu^2 & \left(K-\frac{2}{3}G\right)^2\mu^2 & \left(K+\frac{4}{3}G\right)\left(K-\frac{2}{3}G\right)\mu^2 & \left(K-\frac{2}{3}G\right)G\frac{\tau_{zy}}{\beta} & \left(K-\frac{2}{3}G\right)G\mu\frac{\tau_{zx}}{\beta} & 0\\
 & \left(K-\frac{2}{3}G\right)^2\mu^2 & \left(K+\frac{4}{3}G\right)\left(K-\frac{2}{3}G\right)\mu^2 & \left(K-\frac{2}{3}G\right)G\frac{\tau_{zy}}{\beta} & \left(K-\frac{2}{3}G\right)G\mu\frac{\tau_{zx}}{\beta} & 0\\
 & & \left(K+\frac{2}{3}G\right)^2\mu^2 & \left(K+\frac{4}{3}G\right)G\frac{\tau_{zy}}{\beta} & \left(K+\frac{4}{3}G\right)G\mu\frac{\tau_{zx}}{\beta} & 0\\
 & \text{对称} & & G^2\frac{\tau_{zy}^2}{\beta^2} & G^2\frac{\tau_{zx}\tau_{zy}}{\beta^2} & 0\\
 & & & & G^2\frac{\tau_{zx}\tau_{zy}}{\beta} & 0
\end{bmatrix},
$$

$$(4-2-3)$$

$$
H=\left(K+\frac{4}{3}G\right)\mu^2+G\left(1-\frac{a^2c^2}{\beta}\right), \quad (4-2-4)
$$

$$
A=(c'-\mu'\sigma_z)-\frac{ac}{\beta}(c'-\mu'\sigma_{\mathrm{T}}'-\mu\sigma_{\mathrm{T}}')+\left(\frac{G'}{G}\right)^2\mu\left(\mu\sigma_z+\frac{\tau^2}{\beta}\right)\theta^{\mathrm{e}}.
$$

$$(4-2-5)$$

上述本构矩阵 $\boldsymbol{D}_{\mathrm{ep}}$ 是联系六维应力增量矢量 $\mathrm{d}\boldsymbol{\sigma}$ 和六维应变增量矢量 $\mathrm{d}\boldsymbol{\varepsilon}$ 的矩阵，式中“′”表示对内变量 θ^{p} 求导 $\frac{\mathrm{d}}{\mathrm{d}\theta^{\mathrm{p}}}$，并有

$$
\mathrm{d}\theta^{\mathrm{p}}=\mathrm{d}\varepsilon_z^{\mathrm{p}}. \quad (4-2-6)
$$

我们将要导出的间断面本构矩阵 $\overline{\boldsymbol{D}}_{\mathrm{ep}}$（参见式(4-1-1)）是联系三维应力增量矢量 $\mathrm{d}\overline{\boldsymbol{\sigma}}$ 和三维位移间断增量矢量 $\mathrm{d}\langle\boldsymbol{u}\rangle$ 的矩阵. 由式(4-1-2)定义的位移间断矢量 $\langle\boldsymbol{u}\rangle$ 可以看做位移增量矢量 $\mathrm{d}\boldsymbol{u}$ 沿厚度(z 方向)积分在 $B\to b$ 时的极限，这里 b 是一个小数，代表间断面(物质面)板的厚度(见图 4-2(b))，我们有

$$
\langle\boldsymbol{u}\rangle=\lim_{B\to b}[B\gamma_{zx}\quad B\gamma_{zy}\quad B\varepsilon_z]^{\mathrm{T}}=b[\gamma_{zx}\quad\gamma_{zy}\quad\varepsilon_z]^{\mathrm{T}}. \quad (4-2-7)
$$

在矩阵 $\boldsymbol{D}$(4－2－2)和 $\boldsymbol{D}_{\mathrm{p}}$(4－2－3)中，划去第一、第二和第六行以及第一、第二和第六列，保留虚线框内的各项，再做适当的换行和换列，即可得如下方程：

$$\begin{bmatrix} \mathrm{d}\tau_{zx} \\ \mathrm{d}\tau_{zu} \\ \mathrm{d}\sigma_z \end{bmatrix} = (\boldsymbol{D} - \boldsymbol{D}_{\mathrm{p}}) \begin{bmatrix} \mathrm{d}\gamma_{zx} \\ \mathrm{d}\gamma_{zu} \\ \mathrm{d}\varepsilon_z \end{bmatrix}, \tag{4-2-8}$$

其中

$$\boldsymbol{D} = \begin{bmatrix} G & 0 & 0 \\ 0 & G & 0 \\ 0 & 0 & K + \frac{4}{3}G \end{bmatrix}, \tag{4-2-9}$$

$$\boldsymbol{D}_{\mathrm{p}} = \frac{1}{H + A} \begin{bmatrix} G^2 \frac{\tau_{zx}^2}{\beta^2} & G^2 \frac{\tau_{zx}\tau_{zy}}{\beta^2} & \left(K + \frac{4}{3}G\right) G \frac{\tau_{zx}}{\beta^2}\mu \\ & G^2 \frac{\tau_{zy}^2}{\beta^2} & \left(K + \frac{4}{3}G\right) G \frac{\tau_{zy}}{\beta^2}\mu \\ \text{对称} & & \left(K + \frac{4}{3}G\right)\mu^2 \end{bmatrix}, \tag{4-2-10}$$

H 和 A 仍由式(4－2－4)和(4－2－5)给出.

设

$$k_{\mathrm{t}} = \frac{G}{b}, \quad k_{\mathrm{n}} = \frac{K + \frac{4}{3}G}{b}, \tag{4-2-11}$$

考虑到式(4－2－7)，即$[\gamma_{zx} \quad \gamma_{zy} \quad \sigma_z]^{\mathrm{T}} = \langle \boldsymbol{u} \rangle / b$，我们可得到间断面的本构方程(4－1－4)

$$\mathrm{d}\overline{\boldsymbol{\sigma}} = \overline{\boldsymbol{D}}_{\mathrm{ep}} \mathrm{d}\langle \boldsymbol{u} \rangle = (\overline{\boldsymbol{D}} - \overline{\boldsymbol{D}}_{\mathrm{p}}) \mathrm{d}\langle \boldsymbol{u} \rangle, \tag{4-2-12}$$

其中

$$\overline{\boldsymbol{D}} = \begin{bmatrix} k_{\mathrm{t}} & 0 & 0 \\ 0 & k_{\mathrm{t}} & 0 \\ 0 & 0 & k_{\mathrm{n}} \end{bmatrix},$$

$$\overline{\boldsymbol{D}}_{\mathrm{p}} = \frac{1}{\overline{H} + \overline{A}} \begin{bmatrix} k_{\mathrm{t}}^2 \frac{\tau_{zx}^2}{\beta^2} & k_{\mathrm{t}}^2 \frac{\tau_{zx}\tau_{zy}}{\beta^2} & k_{\mathrm{t}} k_{\mathrm{n}} \frac{\tau_{zx}}{\beta^2}\mu \\ & k_{\mathrm{t}}^2 \frac{\tau_{zy}^2}{\beta^2} & k_{\mathrm{t}} k_{\mathrm{n}} \frac{\tau_{zy}}{\beta^2}\mu \\ \text{对称} & & k_{\mathrm{n}}^2 \mu^2 \end{bmatrix}, \tag{4-2-13}$$

$$\overline{H} = \frac{H}{b} = k_n\mu^2 + k_t\left(1 - \frac{a^2c^2}{\beta^2}\right), \tag{4-2-14}$$

$$\overline{A} = \frac{A}{b} = [(c' - \mu'\sigma_2) - \frac{ac}{\beta}(c' - \mu'\sigma_T - \mu\sigma'_T)]\mu - \left(\frac{k'_t}{k_t}\right)^2\left(\mu\sigma_2 + \frac{\tau_2}{\beta}\right)\mu\theta^e, \tag{4-2-15}$$

其中“′”表示对内变量 $\overline{\theta}^p$ 求导，$d\overline{\theta}^p = d\langle W\rangle^p = bd\varepsilon_z^p$. 式(4-2-11)所定义的 k_n 和 k_t 分别是单位面积的间断面(物质面)的法向和切向刚度，它们可由含间断面的岩石样品用实验的方法来确定(Goodman，1989)，在缺少实验资料时可按式(4-2-11)来估算.

§4-3　用位移间断和应变比拟方法建立间断面本构方程

我们在间断面的局部坐标系 $Oxyz$(x，y 是面内切向，z 是法向)建立间断面的弹塑性耦合的本构方程(Desai，1991；殷有泉，1994). 下面给出这种方法的要点.

(1) 位移间断矢量可分解为三部分

$$d\langle \boldsymbol{u}\rangle = d\langle \boldsymbol{u}\rangle^e + d\langle \boldsymbol{u}\rangle^d + d\langle \boldsymbol{u}\rangle^p, \tag{4-3-1}$$

式中 $d\langle \boldsymbol{u}\rangle^e$ 是间断面弹性位移间断矢量的增量，而且有

$$d\langle \boldsymbol{u}\rangle^e = \overline{\boldsymbol{C}}d\overline{\boldsymbol{\sigma}}. \tag{4-3-2}$$

而

$$\overline{\boldsymbol{\sigma}} = [\tau_{zx}\quad \tau_{zy}\quad \sigma_z]^T, \tag{4-3-3}$$

$$\overline{\boldsymbol{C}} = \overline{\boldsymbol{D}}^{-1} = \begin{bmatrix} \frac{1}{k_t} & 0 & 0 \\ 0 & \frac{1}{k_t} & 0 \\ 0 & 0 & \frac{1}{k_n} \end{bmatrix}. \tag{4-3-4}$$

这里，间断面弹性刚度 k_t，k_n 是间断面内变量 $\overline{\kappa}$(标量)的函数，随 $\overline{\kappa}$ 的出现和增长，k_t 和 k_n 下降，这表示塑性变形引起刚度劣化. 在式(4-3-1)中的 $d\langle \boldsymbol{u}\rangle^d$，由下式定义：

$$d\langle \boldsymbol{u}\rangle^d = \frac{\partial \overline{\boldsymbol{C}}}{\partial \overline{\kappa}}d\overline{\kappa}\,\overline{\boldsymbol{\sigma}}. \tag{4-3-5}$$

它是由刚度劣化引起的位移间断量矢量的增量，也即弹塑性耦合引起的位移间断矢量的增量. $d\langle \boldsymbol{u}\rangle^p$ 是通常意义下的塑性位移间断矢量的增量.

(2) 当应力矢量满足屈服准则

$$f(\overline{\boldsymbol{\sigma}},\overline{\boldsymbol{\kappa}}) = 0 \tag{4-3-6}$$

时，可能出现新的塑性位移间断，使 $f(\overline{\boldsymbol{\sigma}}, \overline{\boldsymbol{\kappa}})<0$ 的应力状态不产生新的塑性位移间断，仅可能出现弹性的位移间断. 这种状态称为弹性状态.

（3）耦合位移间断和塑性位移间断满足广义正交流动法则

$$\mathrm{d}\langle\boldsymbol{u}\rangle^{\mathrm{d}}+\mathrm{d}\langle\boldsymbol{u}\rangle^{\mathrm{p}}=\mathrm{d}\lambda\frac{\partial f}{\partial\overline{\boldsymbol{\sigma}}}, \tag{4-3-7}$$

式中 $\mathrm{d}\lambda\geqslant 0$，是待定的非负尺度因子.

（4）对率无关间断面（不考虑黏性效应），内变量增量与塑性位移间断增量之间满足线性一次关系

$$\mathrm{d}\overline{\boldsymbol{\kappa}}=\overline{\boldsymbol{M}}^{\mathrm{T}}\mathrm{d}\langle\boldsymbol{u}\rangle^{\mathrm{p}}, \tag{4-3-8}$$

式中 $\overline{\boldsymbol{M}}$ 是一个三维矢量，如果取 $\overline{\boldsymbol{M}}^{\mathrm{T}}=[0\quad 0\quad \sigma_z]$，则 $\mathrm{d}\overline{\boldsymbol{\kappa}}$ 是塑性功增量 $\mathrm{d}\overline{W}^{\mathrm{p}}$. 如果取 $\overline{\boldsymbol{M}}^{\mathrm{T}}=[0\quad 0\quad 1]$，则 $\mathrm{d}\overline{\boldsymbol{\kappa}}$ 是塑性剪切膨胀.

（5）塑性位移间断矢量增量为

$$\mathrm{d}\langle\boldsymbol{u}\rangle^{\mathrm{p}}=\mathrm{d}\lambda\overline{\boldsymbol{K}}\frac{\partial f}{\partial\overline{\boldsymbol{\sigma}}}, \tag{4-3-9}$$

$$\overline{\boldsymbol{K}}=\boldsymbol{I}-\frac{\overline{\boldsymbol{C}}\,\overline{\boldsymbol{\sigma}}\,\overline{\boldsymbol{M}}^{\mathrm{T}}}{1+\overline{\boldsymbol{M}}^{\mathrm{T}}\overline{\boldsymbol{C}}'\overline{\boldsymbol{\sigma}}}, \tag{4-3-10}$$

式中 $\boldsymbol{I}$ 是 3×3 的单位矩阵，$\overline{\boldsymbol{K}}$ 是弹塑性耦合矩阵.

（6）由一致性条件

$$\mathrm{d}f=\left(\frac{\partial f}{\partial\overline{\boldsymbol{\sigma}}}\right)^{\mathrm{T}}\mathbf{d}\overline{\boldsymbol{\sigma}}+\frac{\partial f}{\partial\overline{\boldsymbol{\kappa}}}\mathrm{d}\overline{\boldsymbol{\kappa}}=0, \tag{4-3-11}$$

确定

$$\mathrm{d}\lambda=\frac{1}{\overline{H}+\overline{A}}\left(\frac{\partial f}{\partial\overline{\boldsymbol{\sigma}}}\right)\overline{\boldsymbol{D}}\mathrm{d}\langle\boldsymbol{u}\rangle, \tag{4-3-12}$$

$$\overline{H}=\left(\frac{\partial f}{\partial\overline{\boldsymbol{\sigma}}}\right)\overline{\boldsymbol{D}}\frac{\partial f}{\partial\overline{\boldsymbol{\sigma}}}, \tag{4-3-13}$$

$$\overline{A}=-\frac{\partial f}{\partial\overline{\boldsymbol{\kappa}}}\overline{\boldsymbol{M}}^{\mathrm{T}}\overline{\boldsymbol{K}}\frac{\partial f}{\partial\overline{\boldsymbol{\sigma}}}-\left(\frac{k_{\mathrm{t}}'}{k_{\mathrm{t}}}\right)^{2}(\overline{\boldsymbol{M}}^{\mathrm{T}}\overline{\boldsymbol{C}}\,\overline{\boldsymbol{\sigma}})\left(\frac{\partial f}{\partial\overline{\boldsymbol{\sigma}}}\right)^{\mathrm{T}}\overline{\boldsymbol{\sigma}}\,\overline{\boldsymbol{M}}^{\mathrm{T}}\frac{\partial f}{\partial\overline{\boldsymbol{\sigma}}}. \tag{4-3-14}$$

（7）加－卸载准则为

$$L=\frac{\partial f}{\partial\overline{\boldsymbol{\sigma}}}\overline{\boldsymbol{D}}\mathrm{d}\langle\boldsymbol{u}\rangle\begin{cases}>0, & \text{加载},\\ =0, & \text{中性变载},\\ <0, & \text{卸载}.\end{cases} \tag{4-3-15}$$

在加载时，间断面的本构方程为

$$\mathrm{d}\overline{\boldsymbol{\sigma}}=\overline{\boldsymbol{D}}_{\mathrm{ep}}\mathrm{d}\langle\boldsymbol{u}\rangle, \tag{4-3-16}$$

$$\overline{\boldsymbol{D}}_{\mathrm{ep}}=\overline{\boldsymbol{D}}-\frac{1}{\overline{H}+\overline{A}}\overline{\boldsymbol{D}}\frac{\partial f}{\partial\overline{\boldsymbol{\sigma}}}\left(\frac{\partial f}{\partial\overline{\boldsymbol{\sigma}}}\right)^{\mathrm{T}}\overline{\boldsymbol{D}}, \tag{4-3-17}$$

内变量增量

$$d\overline{\boldsymbol{\kappa}} = \frac{1}{\overline{H}+\overline{A}} \overline{\boldsymbol{M}}^{\mathrm{T}} \overline{\boldsymbol{K}} \frac{\partial f}{\partial \overline{\boldsymbol{\sigma}}} \left(\frac{\partial f}{\partial \overline{\boldsymbol{\sigma}}} \right)^{\mathrm{T}} \overline{\boldsymbol{D}} \mathrm{d}\langle \boldsymbol{u} \rangle. \tag{4-3-18}$$

在卸载和中性变载时

$$d\overline{\boldsymbol{\sigma}} = \overline{\boldsymbol{D}} \mathrm{d}\langle \boldsymbol{u} \rangle, \tag{4-3-19}$$

$$d\overline{\boldsymbol{\kappa}} = 0. \tag{4-3-20}$$

（8）如果间断面的屈服准则采用双曲型修正的 Coulomb 型准则

$$f(\overline{\boldsymbol{\sigma}}, \overline{k}) = (\tau^2 + a^2c^2)^{1/2} + \mu\sigma_z - c = 0, \tag{4-3-21}$$

$$\tau^2 = \tau_{zx}^2 + \tau_{zy}^2,$$

$$\beta^2 = \tau^2 + a^2c^2,$$

而且取

$$\overline{\boldsymbol{M}}^{\mathrm{T}} = [0 \quad 0 \quad \sigma_z], \tag{4-3-22}$$

那么，耦合张量为

$$\overline{\boldsymbol{K}} = \frac{1}{k_n^2 - \sigma_z^2 k_n'} \begin{bmatrix} k_n^2 - \sigma_z^2 k_n' & 0 & \sigma_z \tau_{zx} k_t' \left(\dfrac{k_n}{k_t} \right)^2 \\ 0 & k_n^2 - \sigma_z^2 k_n' & \sigma_z \tau_{zy} k_t' \left(\dfrac{k_n}{k_t} \right)^2 \\ 0 & 0 & k_n^2 \end{bmatrix}. \tag{4-3-23}$$

（9）设 $\tau_{zx}=0$，则 $\tau_{zy}=\tau$，或者说，坐标轴 x 取在剪应力合力 τ 的方向上，这时有

$$\frac{\partial f}{\partial \overline{\boldsymbol{\sigma}}} = \left[0 \quad \frac{\tau}{\beta} \quad \mu \right]^{\mathrm{T}}. \tag{4-3-24}$$

塑性流动方向是 $\overline{\boldsymbol{K}} \dfrac{\partial f}{\partial \overline{\boldsymbol{\sigma}}}$ 的后两个分量之比(见图 4-3)，即有

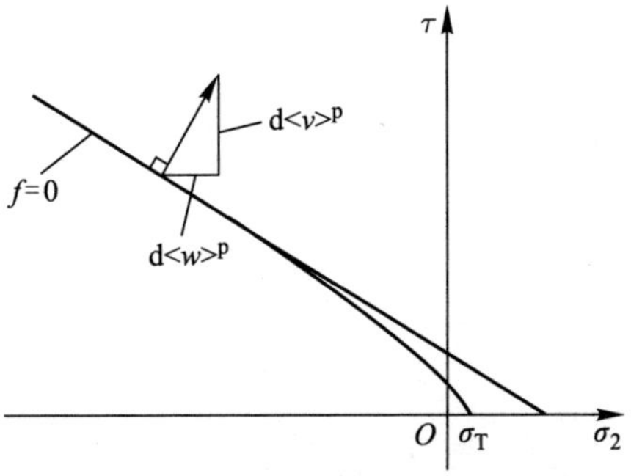

图 4-3　塑性流动的方向

$$\frac{\mathrm{d}\langle w\rangle^{\mathrm{p}}}{\mathrm{d}\langle v\rangle^{\mathrm{p}}}=\frac{\mu k_{\mathrm{n}}^{2}}{(k_{\mathrm{n}}^{2}-\sigma_{z}^{2}k_{\mathrm{n}}')\dfrac{\tau}{\beta}+\mu\sigma_{z}k_{\mathrm{t}}'\left(\dfrac{k_{\mathrm{n}}}{k_{\mathrm{t}}}\right)^{2}}. \tag{4-3-25}$$

通常有 $\sigma_z<0$(压应力)，$k_{\mathrm{n}}'<0$，$k_{\mathrm{t}}'<0$(刚度劣化)，因而显然有

$$0\leqslant\frac{\mathrm{d}\langle w\rangle^{\mathrm{p}}}{\mathrm{d}\langle v\rangle^{\mathrm{p}}}\leqslant\mu. \tag{4-3-26}$$

用关联的弹塑性理论确定的流动方向为 μ(使用经典 Coulomb 准则，即在式(4-3-21)中取 $\alpha=0$ 的准则)，或为 $\mu(\beta/\tau)$(双曲型修正的 Coulomb 准则，即式(4-3-21))，与通常资料相比都是偏大的. 用耦合的弹塑性理论确定的流动方向(见式(4-3-26))可望更符合实测资料.

§4-4 讨论

现代连续介质力学可以处理间断面问题，例如空气动力学的激波、金属塑性力学的滑移线、岩石塑性力学的各类位移间断面等.

某些地质学家和岩石力学家认为地质体充满了各种各样的间断面，不能将其看做连续介质. 其实，这是对连续介质力学的误解. 使用连续介质力学方法研究岩体工程和岩石力学问题时，微小的节理裂隙等间断已纳入本构方程，较大间断面才单独处理.

本章将间断面的位移间断矢量 $\langle\boldsymbol{u}\rangle$ 和面内应力矢量 $\overline{\boldsymbol{\sigma}}$ 看做是一对能量共轭的量，建立了间断面的弹塑性本构方程

$$\mathrm{d}\overline{\boldsymbol{\sigma}}=\overline{\boldsymbol{D}}_{\mathrm{ep}}\mathrm{d}\langle\boldsymbol{u}\rangle.$$

在后文中笔者都将间断面本构关系归入含间断面岩体的边值问题中去.

第 5 章　本构关系的塑性势理论

在塑性力学发展初期，人们还不知道塑性流动(塑性应变率)与屈服面有什么关系. Mises(1928)在弹性应变是弹性势能对应力的导数的启发下，提出了塑性势的概念，其书面形式是

$$\mathrm{d}\boldsymbol{\varepsilon}^{\mathrm{p}} = \mathrm{d}\lambda \frac{\partial g}{\partial \boldsymbol{\sigma}}, \tag{5-0-1}$$

此处 $g(\boldsymbol{\sigma})$ 是塑性势，$\mathrm{d}\lambda$ 是待定的非负参数，$\mathrm{d}\boldsymbol{\varepsilon}^{\mathrm{p}}$ 是塑性应变增量矢量. 以式(5-0-1)为基础建立的塑性本构理论称为塑性势理论. 由于塑性流动与屈服准则无关，该理论也称为非关联理论. 1952 年 Drucker 提出了一个塑性公设，由该公设能导出塑性力学本构理论大部分结果(诸如正交法则、屈服准则的凸性、加-卸载准则等)，Drucker 公设成为塑性力学的基础和核心内容. 在此后的相当长时间里，塑性势理论被淡漠了.

在 20 世纪后半叶，随着电子计算技术出现和有限元等数值方法的发展，对岩石工程进行了大量非线性计算，促进了岩石塑性力学的发展. 使用 Drucker 公设导出的正交流动法则，计算得到的塑性体应变要比实际观测到的数值要大. 在当时，解决这个问题的最简单方法，就是抛弃正交法则，重新拾起塑性势理论. 因此，当前在工程岩石类材料的弹塑性计算中，一些学者和工程师都喜欢采用塑性势理论的本构方程.

§5-1　应变空间表述的塑性势本构理论

由于岩石类材料全应力-应变曲线在峰前是稳定的，峰后是不稳定的，对这类同时具有强化和软化的弹塑性材料，必需使用在应变空间表述的本构关系. 在理论上，屈服准则应用应变 $\boldsymbol{\varepsilon}$ 做自变量

$$F = F(\boldsymbol{\varepsilon}, \boldsymbol{\varepsilon}^{\mathrm{p}}, \kappa) = 0. \tag{5-1-1}$$

尽管假设岩石类材料仅为等向强(软)化，可应变屈服函数中还是会含 $\boldsymbol{\varepsilon}^{\mathrm{p}}$，这是因为强化软化等概念原本是用应力定义的，尽管在应力屈服函数 $f(\boldsymbol{\sigma}, \kappa)$ 中仅含标量内变量 κ，不含矢量内变量 $\boldsymbol{\sigma}^{\mathrm{p}}$，但根据弹性的映射关系 $\boldsymbol{\sigma} = \boldsymbol{D}(\boldsymbol{\varepsilon} - \boldsymbol{\varepsilon}^{\mathrm{p}})$，应变屈服函数必然含内变量 κ 和 $\boldsymbol{\varepsilon}^{\mathrm{p}}$.

在应变空间表述的加-卸载准则是

$$L = \left(\frac{\partial F}{\partial \boldsymbol{\varepsilon}}\right)^{\mathrm{T}} \mathrm{d}\boldsymbol{\varepsilon} \begin{cases} > 0, & 加载, \\ = 0, & 中性变载, \\ < 0, & 卸载. \end{cases} \tag{5-1-2}$$

在应变空间表述塑性势理论时，在理论上塑性势也应是应变 $\boldsymbol{\varepsilon}$ 的函数 $G(\boldsymbol{\varepsilon})$，它是应变空间表述的塑性势，而流动法则应为

$$\mathrm{d}\boldsymbol{\sigma}^{\mathrm{p}} = \mathrm{d}\lambda \frac{\partial G}{\partial \boldsymbol{\varepsilon}}, \tag{5-1-3}$$

式中 $\mathrm{d}\boldsymbol{\sigma}^{\mathrm{p}}$ 是塑性应力增量矢量. 由定义式(2-3-22)的第一式 $\mathrm{d}\boldsymbol{\sigma}^{\mathrm{p}} = \boldsymbol{D}\mathrm{d}\boldsymbol{\varepsilon}^{\mathrm{p}} = \boldsymbol{D}\left(\mathrm{d}\lambda \frac{\partial g}{\partial \boldsymbol{\sigma}}\right)$，容易得到应变空间塑性势梯度$\frac{\partial g}{\partial \boldsymbol{\sigma}}$和应力空间的塑性势梯度$\frac{\partial G}{\partial \boldsymbol{\varepsilon}}$之间有线性关系

$$\frac{\partial G}{\partial \boldsymbol{\varepsilon}} = \boldsymbol{D} \frac{\partial g}{\partial \boldsymbol{\sigma}}. \tag{5-1-4}$$

上述关系与两个空间表述的屈服函数梯度的关系相同，

$$\frac{\partial F}{\partial \boldsymbol{\varepsilon}} = \boldsymbol{D} \frac{\partial f}{\partial \boldsymbol{\sigma}}. \tag{5-1-5}$$

在应变空间表述中，应力增量可分解为两部分

$$\mathrm{d}\boldsymbol{\sigma} = \mathrm{d}\boldsymbol{\sigma}^{\mathrm{e}} - \mathrm{d}\boldsymbol{\sigma}^{\mathrm{p}}, \tag{5-1-6}$$

利用 Hooke 定律和流动法则，上式可改写为

$$\mathrm{d}\boldsymbol{\sigma} = \boldsymbol{D}\mathrm{d}\boldsymbol{\varepsilon} - \mathrm{d}\lambda \frac{\partial G}{\partial \boldsymbol{\varepsilon}}. \tag{5-1-7}$$

在加载时，$\mathrm{d}\lambda > 0$，其大小可由一致性方程

$$\mathrm{d}F = \left(\frac{\partial F}{\partial \boldsymbol{\varepsilon}}\right)^{\mathrm{T}} \mathrm{d}\boldsymbol{\varepsilon} + \left(\frac{\partial F}{\partial \boldsymbol{\varepsilon}^{\mathrm{p}}}\right)^{\mathrm{T}} \mathrm{d}\boldsymbol{\varepsilon}^{\mathrm{p}} + \frac{\partial F}{\partial \boldsymbol{\kappa}} = 0 \tag{5-1-8}$$

确定. 我们不难得到

$$\mathrm{d}\lambda = \frac{1}{H+A} \frac{\partial F}{\partial \boldsymbol{\varepsilon}} \mathrm{d}\boldsymbol{\varepsilon}, \tag{5-1-9}$$

$$H = -\left(\frac{\partial F}{\partial \boldsymbol{\varepsilon}^{\mathrm{p}}}\right)^{\mathrm{T}} \boldsymbol{C} \frac{\partial G}{\partial \boldsymbol{\varepsilon}}, \tag{5-1-10}$$

$$A = -\frac{\partial F}{\partial \boldsymbol{\kappa}} \boldsymbol{M}^{\mathrm{T}} \boldsymbol{C} \frac{\partial G}{\partial \boldsymbol{\varepsilon}}, \tag{5-1-11}$$

式中 $\boldsymbol{C}$ 是弹性矩阵 $\boldsymbol{D}$ 的逆，$\boldsymbol{M}$ 是一个 6 维列矢量. 如果取 $\boldsymbol{M} = \boldsymbol{\sigma}$，则内变量 $\boldsymbol{\kappa}$ 是塑性功 W^{p}；如果取 $\boldsymbol{M} = [1 \quad 1 \quad 1 \quad 0 \quad 0 \quad 0] = \boldsymbol{e}^{\mathrm{T}}$，则 $\boldsymbol{\kappa}$ 是塑性体应变 θ^{p}. 将式(5-1-9)代入式(5-1-7)，得加载时的本构方程

$$\mathrm{d}\boldsymbol{\sigma} = \left(\boldsymbol{D} - \frac{1}{H+A} \frac{\partial G}{\partial \boldsymbol{\varepsilon}} \cdot \frac{\partial F}{\partial \boldsymbol{\varepsilon}}\right) \mathrm{d}\boldsymbol{\varepsilon}. \tag{5-1-12}$$

在卸载和中性变载时，$d\lambda=0$. 式(5－1－7)给出的本构方程为

$$d\boldsymbol{\sigma}=\boldsymbol{D}d\boldsymbol{\varepsilon}. \tag{5-1-13}$$

加－卸载准则(5－1－2)和本构方程(5－1－12)，(5－1－13)一起给出了岩石类弹塑性材料塑性势理论的完整本构关系.

在上面的应变空间表述中，使用的是应变屈服函数 $F(\boldsymbol{\varepsilon})$ 和应变塑性势函数 $G(\boldsymbol{\varepsilon})$ 因而所有公式都是理论公式. 由于实用中使用的是应力屈服函数 $f(\boldsymbol{\sigma})$ 和应力塑性势函数 $g(\boldsymbol{\sigma})$，可用公式(5－1－4)和(5－1－5)，将理论公式改写成实用公式，它们主要是

$$L=\left(\frac{\partial F}{\partial\boldsymbol{\varepsilon}}\right)^{\mathrm{T}}d\boldsymbol{\varepsilon}=\left(\frac{\partial f}{\partial\boldsymbol{\sigma}}\right)^{\mathrm{T}}\boldsymbol{D}d\boldsymbol{\varepsilon}, \tag{5-1-14}$$

$$\boldsymbol{D}_{\mathrm{p}}=\frac{1}{H+A}\frac{\partial G}{\partial\boldsymbol{\varepsilon}}\left(\frac{\partial F}{\partial\boldsymbol{\varepsilon}}\right)^{\mathrm{T}}=\frac{1}{H+A}\boldsymbol{D}\frac{\partial g}{\partial\boldsymbol{\sigma}}\left(\frac{\partial f}{\partial\boldsymbol{\sigma}}\right)^{\mathrm{T}}\boldsymbol{D}, \tag{5-1-15}$$

$$H=-\left(\frac{\partial F}{\partial\boldsymbol{\varepsilon}^{\mathrm{p}}}\right)^{\mathrm{T}}\boldsymbol{C}\frac{\partial G}{\partial\boldsymbol{\varepsilon}}=\left(\frac{\partial f}{\partial\boldsymbol{\sigma}}\right)^{\mathrm{T}}\boldsymbol{D}\frac{\partial f}{\partial\boldsymbol{\sigma}}, \tag{5-1-16}$$

$$A=-\frac{\partial F}{\partial\boldsymbol{\kappa}}\boldsymbol{M}^{\mathrm{T}}\boldsymbol{C}\frac{\partial G}{\partial\boldsymbol{\varepsilon}}=-\frac{\partial f}{\partial\boldsymbol{\kappa}}\boldsymbol{M}^{\mathrm{T}}\frac{\partial g}{\partial\boldsymbol{\sigma}}. \tag{5-1-17}$$

在表 5－1 中列出了塑性势理论应变空间表述的理论公式和实用公式. 实用公式是目前有限元程序中所采用的公式. 塑性势理论的弹塑性矩阵 $\boldsymbol{D}_{\mathrm{ep}}$（主要因为 $\boldsymbol{D}_{\mathrm{p}}$）是不对称的，这给理论分析和数值计算带来一些麻烦. 当取 $F(\boldsymbol{\varepsilon})=G(\boldsymbol{\varepsilon})$ 或 $f(\boldsymbol{\sigma})=g(\boldsymbol{\sigma})$，所有公式都退化为正交流动的相应公式. 为了将应变空间表述与应力空间表述比较，在表 5－1 中也列出了塑性势本构理论的应力空间表示的公式.

表 5－1　塑性势理论本构性质的应力空间表述和应变空间表述

	应力空间表述	应变空间表述（理论公式）	应变空间表述（实用形式）
基本状态变量	$\boldsymbol{\sigma}$	$\boldsymbol{\varepsilon}$	$\boldsymbol{\varepsilon}$
内变量	$\boldsymbol{\sigma}^{\mathrm{p}}$，$\kappa$	$\boldsymbol{\varepsilon}^{\mathrm{p}}$，$\kappa$	$\boldsymbol{\varepsilon}^{\mathrm{p}}$，$\kappa$
待定的状态变量	$\boldsymbol{\varepsilon}$	$\boldsymbol{\sigma}$	$\boldsymbol{\sigma}$
增量分解	$d\boldsymbol{\varepsilon}=d\boldsymbol{\varepsilon}^{\mathrm{e}}+d\boldsymbol{\varepsilon}^{\mathrm{p}}$	$d\boldsymbol{\sigma}=d\boldsymbol{\sigma}^{\mathrm{e}}-d\boldsymbol{\sigma}^{\mathrm{p}}$	$d\boldsymbol{\sigma}=d\boldsymbol{\sigma}^{\mathrm{e}}-d\boldsymbol{\sigma}^{\mathrm{p}}$
Hooke 定律	$d\boldsymbol{\varepsilon}^{\mathrm{e}}=\boldsymbol{C}d\boldsymbol{\sigma}$	$d\boldsymbol{\sigma}^{\mathrm{e}}=\boldsymbol{D}d\boldsymbol{\varepsilon}$	$d\boldsymbol{\sigma}^{\mathrm{e}}=\boldsymbol{D}d\boldsymbol{\varepsilon}$
屈服准则	$f(\boldsymbol{\sigma},\kappa)$ 等向强化	$F(\boldsymbol{\varepsilon},\boldsymbol{\varepsilon}^{\mathrm{p}},\kappa)$ 等向强(软)化	$f(\boldsymbol{\sigma},\kappa)$ 等向强(软)化

续表

	应力空间表述	应变空间表述（理论公式）	应变空间表述（实用形式）
加-卸载准则	$L=\left(\frac{\partial f}{\partial \boldsymbol{\sigma}}\right)^{\mathrm{T}}\mathrm{d}\boldsymbol{\sigma}$ $\begin{cases}>0, & 加载,\\ =0, & 中性变载,\\ <0, & 卸载\end{cases}$	$L=\left(\frac{\partial F}{\partial \boldsymbol{\varepsilon}}\right)^{\mathrm{T}}\mathrm{d}\boldsymbol{\varepsilon}$ $\begin{cases}>0, & 加载,\\ =0, & 中性变载,\\ <0, & 卸载\end{cases}$	$L=\left(\frac{\partial f}{\partial \boldsymbol{\varepsilon}}\right)^{\mathrm{T}}\boldsymbol{D}\mathrm{d}\boldsymbol{\varepsilon}$ $\begin{cases}>0, & 加载,\\ =0, & 中性变载,\\ <0, & 卸载\end{cases}$
塑性势函数	$g(\boldsymbol{\sigma})$	$G(\boldsymbol{\varepsilon})$	$g(\boldsymbol{\sigma})$
流动法则	$\mathrm{d}\boldsymbol{\varepsilon}^{\mathrm{p}}=\mathrm{d}\lambda\frac{\partial g}{\partial \boldsymbol{\sigma}}$	$\mathrm{d}\boldsymbol{\sigma}^{\mathrm{p}}=\mathrm{d}\lambda\frac{\partial G}{\partial \boldsymbol{\varepsilon}}$	$\mathrm{d}\boldsymbol{\varepsilon}^{\mathrm{p}}=\mathrm{d}\lambda\frac{\partial g}{\partial \boldsymbol{\sigma}}$
本构方程	$\mathrm{d}\boldsymbol{\varepsilon}=(\boldsymbol{C}+\boldsymbol{C}_{\mathrm{p}})\mathrm{d}\boldsymbol{\sigma}$ $\boldsymbol{C}_{\mathrm{p}}=\begin{cases}\frac{1}{A}\frac{\partial g}{\partial \boldsymbol{\sigma}}\left(\frac{\partial f}{\partial \boldsymbol{\sigma}}\right)^{\mathrm{T}}, & l>0,\\ 0, & l\leqslant 0\end{cases}$ $A=-\frac{\partial f}{\partial \boldsymbol{\kappa}}\boldsymbol{M}^{\mathrm{T}}\frac{\partial g}{\partial \boldsymbol{\sigma}}$	$\mathrm{d}\boldsymbol{\sigma}=(\boldsymbol{D}-\boldsymbol{D}_{\mathrm{p}})\mathrm{d}\boldsymbol{\varepsilon}$ $\boldsymbol{D}_{\mathrm{p}}=\begin{cases}\frac{1}{H+A}\frac{\partial G}{\partial \boldsymbol{\varepsilon}}\left(\frac{\partial F}{\partial \boldsymbol{\varepsilon}}\right)^{\mathrm{T}}, & L>0,\\ 0, & L\leqslant 0\end{cases}$ $H=-\left(\frac{\partial F}{\partial \boldsymbol{\varepsilon}^{\mathrm{p}}}\right)^{\mathrm{T}}\boldsymbol{C}\frac{\partial G}{\partial \boldsymbol{\varepsilon}}$ $A=-\frac{\partial F}{\partial \boldsymbol{\kappa}}\boldsymbol{M}^{\mathrm{T}}\boldsymbol{C}\frac{\partial G}{\partial \boldsymbol{\varepsilon}}$	$\mathrm{d}\boldsymbol{\sigma}=(\boldsymbol{D}-\boldsymbol{D}_{\mathrm{p}})\mathrm{d}\boldsymbol{\varepsilon}$ $\boldsymbol{D}_{\mathrm{p}}=\begin{cases}\frac{1}{H+A}\boldsymbol{D}\frac{\partial g}{\partial \boldsymbol{\sigma}}\left(\frac{\partial f}{\partial \boldsymbol{\sigma}}\right)^{\mathrm{T}}\boldsymbol{D}, & L>0,\\ 0, & L\leqslant 0\end{cases}$ $H=\left(\frac{\partial f}{\partial \boldsymbol{\sigma}}\right)^{\mathrm{T}}\boldsymbol{D}\frac{\partial g}{\partial \boldsymbol{\sigma}}$ $A=-\frac{\partial f}{\partial \boldsymbol{\kappa}}\boldsymbol{M}^{\mathrm{T}}\frac{\partial g}{\partial \boldsymbol{\sigma}}$
适用范围	仅适用强化材料	适用于强化、理想，软化	适用于强化、理想，软化

§5-2 如何选取岩石类材料和间断面的塑性势

关于塑性势采用何种形式，迄今尚在探讨之中. 目前采用的方法是引入一个流动参数 ζ 对屈服函数进行修正，而得到塑性势函数. 这种方法的优点是能够根据简单试验取得岩石材料流动参数 ζ，而且当该参数取某特定数值(例如 $\zeta=1$)，塑性势函数可退化屈服函数，这便于将塑性势理论和关联流动理论做对比研究.

以双曲型的 D-P-Y 材料为例，它的屈服准则，即 D-P-Y 准则为

$$f(\boldsymbol{\sigma},k)=\alpha I_1+(J_2+a^2k^2)^{1/2}-k=0, \tag{5-2-1}$$

式中

$$a=1-\frac{\alpha\sigma_{\mathrm{T}}}{k},\ 0\leqslant a\leqslant 1. \tag{5-2-2}$$

引入流动参数 ζ 对压力相关系数 α 进行修正，得到拟采用的塑性势函数为

$$g(\boldsymbol{\sigma},\boldsymbol{\kappa})=\zeta\alpha I_1+(J_2+\alpha^2k^2)^{1/2}-k. \tag{5-2-3}$$

按塑性势理论，材料的塑性应变增量和塑性体应变分别为

$$\mathrm{d}\boldsymbol{\varepsilon}^{\mathrm{p}} = \left(\zeta\alpha\boldsymbol{e} + \frac{\bar{\boldsymbol{s}}}{2(\zeta\alpha I_1 - k)}\right)\mathrm{d}\lambda, \tag{5-2-4}$$

$$\mathrm{d}\theta^{\mathrm{p}} = \boldsymbol{e}^{\mathrm{T}}\mathrm{d}\boldsymbol{\varepsilon}^{\mathrm{p}} = 3\zeta\alpha\mathrm{d}\lambda. \tag{5-2-5}$$

这样，$3\zeta\alpha$ 代表塑性势理论的塑性体积膨胀的度量. 类似地，使用屈服准则(5－2－1)和正交流动法则

$$\mathrm{d}\boldsymbol{\varepsilon}^{\mathrm{p}} = \mathrm{d}\lambda\frac{\partial f}{\partial\boldsymbol{\sigma}}, \tag{5-2-6}$$

$$\mathrm{d}\theta^{\mathrm{p}} = 3\alpha\mathrm{d}\lambda \tag{5-2-7}$$

时，3α 代表关联流动假设下的塑性体积膨胀的度量，与试验和观测资料相比，关联流动理论的预言值 3α 较大，而塑性势理论的预言值 $3\zeta\alpha$ 可以更为接近试验观测值，只要使 ζ 在 0 和 1 之间取值.

实验观察和理论分析均表明，材料塑性体积膨胀在初始屈服时较小，在达到峰值前(达到峰值强度的 70%～90%)时，达到较大的值. 因而流动参数实际上应是内变量 κ 的函数，式(5－2－3)中的 ζ 可认为是 $\zeta(\kappa)$ 的某种平均值. 此外，在流动法则(5－0－1)中出现的是塑性势梯度，因而塑性势中常数 k 是无关紧要的，通常可以略去.

5－2－1　D－P－Y 材料塑性势理论的本构方程

屈服准则和塑性势函数分别是式(5－2－1)和(5－2－3). 由于 α, k, a 均是内变量 κ 函数，因而材料是等向强(软)化的. 不难从式(5－2－1)和(5－2－3)导出

$$\frac{\partial f}{\partial\boldsymbol{\sigma}} = \alpha\boldsymbol{e} + \frac{\bar{\boldsymbol{s}}}{2(\alpha I_1 - k)}, \tag{5-2-8}$$

$$\boldsymbol{D}\frac{\partial f}{\partial\boldsymbol{\sigma}} = 3\alpha K\boldsymbol{e} + \frac{G\bar{\boldsymbol{s}}}{2(\alpha I_1 - k)} \equiv \boldsymbol{\Phi}, \tag{5-2-9}$$

$$\frac{\partial f}{\partial\kappa} = -(k' - \alpha' I_1) + \frac{k - \alpha\sigma_{\mathrm{T}}}{k - \alpha I_1}(k - \alpha'\sigma_{\mathrm{T}} - \alpha\sigma'_{\mathrm{T}}), \tag{5-2-10}$$

$$\frac{\partial g}{\partial\boldsymbol{\sigma}} = \zeta\alpha\boldsymbol{e} + \frac{\bar{\boldsymbol{s}}}{2(\alpha I_1 - k)}, \tag{5-2-11}$$

$$\boldsymbol{D}\frac{\partial g}{\partial\boldsymbol{\sigma}} = 3\zeta\alpha K\boldsymbol{e} + \frac{G\bar{\boldsymbol{s}}}{\alpha I_1 - k} \equiv \boldsymbol{\Psi}, \tag{5-2-12}$$

$$H = 9\zeta\alpha^2 K + G, \tag{5-2-13}$$

$$A = 3\zeta\alpha\left[(k' - \alpha' I_1) - \frac{k - \alpha\sigma_{\mathrm{T}}}{k - \alpha I_1}(k - \alpha'\sigma_{\mathrm{T}} - \alpha\sigma'_{\mathrm{T}})\right], \tag{5-2-14}$$

以上各式中 $\boldsymbol{s}$, $\bar{\boldsymbol{s}}$, $\boldsymbol{e}$ 分别由下式定义：

$$\boldsymbol{s} = [\boldsymbol{s}_x \quad \boldsymbol{s}_y \quad \boldsymbol{s}_z \quad \boldsymbol{s}_{zx} \quad \boldsymbol{s}_{zy} \quad \boldsymbol{s}_{xy}]^{\mathrm{T}}, \tag{5-2-15}$$

$$\bar{\boldsymbol{s}} = [\boldsymbol{s}_x \quad \boldsymbol{s}_y \quad \boldsymbol{s}_z \quad 2\boldsymbol{s}_{zx} \quad 2\boldsymbol{s}_{zy} \quad 2\boldsymbol{s}_{xy}]^{\mathrm{T}}, \tag{5-2-16}$$

$$\boldsymbol{e} = [1 \quad 1 \quad 1 \quad 0 \quad 0 \quad 0]^{\mathrm{T}}. \tag{5-2-17}$$

K 和 G 分别是弹性体积模量和剪切模量，这里取 $\boldsymbol{M}=\boldsymbol{e}$，$\kappa=\theta^{\mathrm{p}}$，“$'$”代表$\dfrac{\partial}{\partial\theta^{\mathrm{p}}}$.

本构矩阵是

$$\boldsymbol{D}_{\mathrm{ep}} = \boldsymbol{D} - \frac{1}{H+A}\boldsymbol{\Psi}\boldsymbol{\Phi}^{\mathrm{T}}, \tag{5-2-18}$$

其中 $\boldsymbol{D}$ 是弹性矩阵，$\boldsymbol{\psi}$，$\boldsymbol{\Phi}$，H，A 则分别由式(5－2－9)，(5－2－12)，(5－2－13)和(5－2－14)给出.

如果在式(5－2－1)和(5－2－3)中取 $a=0$，就退回到 D－P 材料的塑性势理论本构公式，这是目前有限元程序中广泛使用的. 如果取 $\zeta=0$ 就得到关联流动理论的本构公式.

5－2－2 间断面的塑性势理论模型

按§5－1对岩石类材料建立塑性势理论的方法，可同样地建立间断面塑性势本构理论. 这时，在局部坐标系中，位移间断矢量和应力矢量分别是

$$\langle \boldsymbol{u} \rangle = [\langle u \rangle \quad \langle u \rangle \quad \langle w \rangle]^{\mathrm{T}}, \tag{5-2-19}$$

$$\overline{\boldsymbol{\sigma}} = [\tau_{xz} \quad \tau_{yz} \quad \sigma_z]^{\mathrm{T}}. \tag{5-2-20}$$

流动法则是

$$\mathrm{d}\langle \boldsymbol{u} \rangle^{\mathrm{p}} = \mathrm{d}\lambda \frac{\partial g(\overline{\boldsymbol{\sigma}})}{\partial \overline{\boldsymbol{\sigma}}}. \tag{5-2-21}$$

屈服函数和塑性势函数分别取为

$$f = (\tau^2 + a^2c^2)^{1/2} + \mu\sigma_z - c, \tag{5-2-22}$$

$$g = (\tau^2 + a^2c^2)^{1/2} + \zeta\mu\sigma_z - c, \tag{5-2-23}$$

式中

$$\tau^2 = \tau_{zx}^2 + \tau_{zy}^2,\ \tau^2 + a^2c^2 = \beta^2, \tag{5-2-24}$$

$$a = 1 - \frac{\mu\sigma_{\mathrm{T}}}{c}. \tag{5-2-25}$$

塑性势理论弹塑性本构方程是

$$\mathrm{d}\overline{\boldsymbol{\sigma}} = \overline{\boldsymbol{D}}_{\mathrm{ep}}\mathrm{d}\langle \boldsymbol{u} \rangle, \tag{5-2-26}$$

式中

$$\overline{\boldsymbol{D}}_{\mathrm{ep}} = \overline{\boldsymbol{D}} - \overline{\boldsymbol{D}}_{\mathrm{p}}, \tag{5-2-27}$$

$$\overline{\boldsymbol{D}} = \begin{bmatrix} k_t & 0 & 0 \\ 0 & k_t & 0 \\ 0 & & k_n \end{bmatrix}, \tag{5-2-28}$$

$$\overline{\boldsymbol{D}}_p = \begin{bmatrix} k_t^2 \dfrac{\tau_{zx}^2}{\beta^2} & k_t^2 \dfrac{\tau_{zx}\tau_{zy}}{\beta^2} & k_t k_n \dfrac{\tau_{zx}}{\beta}\mu \\ k_t \dfrac{\tau_{zx}\tau_{zy}}{\beta^2} & k_t^2 \dfrac{\tau_{zy}^2}{\beta^2} & k_t k_n \dfrac{\tau_{zy}}{\beta}\mu \\ \zeta k_t k_n \dfrac{\tau_{zx}}{\beta} & \zeta k_t k_n \dfrac{\tau_{zy}}{\beta}\mu & \zeta k_t^2 \mu^2 \end{bmatrix}, \tag{5-2-29}$$

以上各式中，k_t 和 k_n 分别是切向和法向刚度，“$'$”代表$\dfrac{\partial}{\partial \theta^p}$，$\overline{\theta}^p = \langle W \rangle^p$ 是塑性剪切膨胀.

§5－3　塑性势理论与耦合塑性理论

至此我们已介绍了三种类型应变空间表述的本构理论，它们是：满足正交法则的关联塑性理论、满足广义正交法则的耦合塑性理论以及不满足正交法则的非关联塑性理论(也称为塑性势理论). 关联塑性理论早期主要针对金属材料，是在应力空间表述的，后来随着有限元位移法的发展和应用，也给出了应变空间表述的形式. 关联塑性理论在数学理论和试验研究上都比较充分，它是传统塑性力学的主要内容之一. 塑性势理论是最早提出的，然而长时间被搁置，直到 20 世纪 80 年代在岩石工程和水电工程开展大规模非线性有限元计算时，才重新起用. 采用塑性势理论主要是为了更准确地预言受载岩石类材料的塑性体积膨胀. 耦合塑性理论提出较晚，它是遵循金属材料塑性理论的研究思路，考虑岩石材料的刚度劣化以及应变强化－软化等特性而建立的，刚度劣化是指弹性矩阵 $\boldsymbol{D}$ 随塑性内变量 $\boldsymbol{\kappa}$ 的增长而变化$\left(其中\dfrac{\mathrm{d}E}{\mathrm{d}\boldsymbol{\kappa}} < 0\right)$，这种性质也称为弹性和塑性相耦合. 它从理论上解释了塑性流动的非正交现象. 耦合塑性理论在理论体系上比较完善，可与金属材料的关联流动理论相媲美. 耦合塑性理论主要应用于工程岩石类材料，由于岩石类材料实验资料不够充分，在实用上耦合理论不如塑性势理论简单方便. 表 5－2 列出了三类塑性本构模型的主要特点.

塑性势理论与耦合塑性理论，两者塑性流动都不与屈服面正交，但它们是有区别的. 前者的塑性流动由塑性势梯度决定

$$\mathrm{d}\boldsymbol{\varepsilon}^p = \mathrm{d}\lambda \frac{\partial g(\boldsymbol{\sigma}, \boldsymbol{\kappa})}{\partial \boldsymbol{\sigma}}.$$

表面上看，塑性流动与屈服函数无关，因此也称为非关联流动．但于由选择塑性势函数 g 时参照了屈服函数 f 的形式(嵌入了流动参数 ζ)，因此塑性流动与屈服函数 f 是间接地相关．耦合塑性理论的塑性流动受广义正交法则控制，由于刚度劣化，塑性流动与屈服面不正交，但直接相关

$$\mathrm{d}\boldsymbol{\varepsilon}^{\mathrm{p}} = \mathrm{d}\lambda \overline{\boldsymbol{K}} \frac{\partial f}{\partial \boldsymbol{\sigma}}.$$

表 5－2 应变空间表述(实用型)的各种理论

	关联塑性理论	耦合塑性理论	塑性势理论
弹性性质	E，ν 保持常数	$E(\kappa)$，$\nu(\kappa)$ 刚度劣化	E，ν 保持常数
流动法则	Drucker 公设 $\mathrm{d}\boldsymbol{\varepsilon}^{\mathrm{p}}=\mathrm{d}\lambda \frac{\partial f}{\partial \boldsymbol{\sigma}}$	Ильюшин 公设 $\mathrm{d}\boldsymbol{\varepsilon}^{\mathrm{p}}=\mathrm{d}\lambda \overline{\boldsymbol{K}} \frac{\partial f}{\partial \boldsymbol{\sigma}}$	存在塑性势 $g(\sigma,\ \kappa)$ $\mathrm{d}\boldsymbol{\varepsilon}^{\mathrm{p}}=\mathrm{d}\lambda \frac{\partial g}{\partial \boldsymbol{\sigma}}$
本构矩阵 $\boldsymbol{D}_{\mathrm{ep}}$	$\boldsymbol{D}-\frac{1}{H+A}\boldsymbol{D}\frac{\partial f}{\partial \boldsymbol{\sigma}}\left(\frac{\partial f}{\partial \boldsymbol{\sigma}}\right)^{\mathrm{T}}\boldsymbol{D}$ $\boldsymbol{D}$ 为常数矩阵 矩阵对称	$\boldsymbol{D}-\frac{1}{H+A}\boldsymbol{D}\frac{\partial f}{\partial \boldsymbol{\sigma}}\left(\frac{\partial f}{\partial \boldsymbol{\sigma}}\right)^{\mathrm{T}}\boldsymbol{D}$ $\boldsymbol{D}(\kappa)$ 矩阵对称	$\boldsymbol{D}-\frac{1}{H+A}\boldsymbol{D}\frac{\partial g}{\partial \boldsymbol{\sigma}}\left(\frac{\partial f}{\partial \boldsymbol{\sigma}}\right)^{\mathrm{T}}\boldsymbol{D}$ $\boldsymbol{D}$ 为常数矩阵 矩阵不对称
本构参数 H，A	$H=\left(\frac{\partial f}{\partial \boldsymbol{\sigma}}\right)^{\mathrm{T}}\boldsymbol{D}\frac{\partial f}{\partial \boldsymbol{\sigma}}$ $A=-\frac{\partial f}{\partial \kappa}\boldsymbol{M}^{\mathrm{T}}\frac{\partial f}{\partial \boldsymbol{\sigma}}$	$H=\left(\frac{\partial f}{\partial \boldsymbol{\sigma}}\right)^{\mathrm{T}}\boldsymbol{D}\frac{\partial f}{\partial \boldsymbol{\sigma}}$ $A=-\left(\frac{\partial f}{\partial \kappa}+\frac{E'}{E}\left(\frac{\partial f}{\partial \boldsymbol{\sigma}}\right)^{\mathrm{T}}\boldsymbol{\sigma}\right)$ $\times \boldsymbol{M}^{\mathrm{T}}\overline{\boldsymbol{K}}\frac{\partial f}{\partial \boldsymbol{\sigma}}$	$H=\left(\frac{\partial f}{\partial \boldsymbol{\sigma}}\right)^{\mathrm{T}}\boldsymbol{D}\frac{\partial g}{\partial \boldsymbol{\sigma}}$ $A=-\frac{\partial f}{\partial \kappa}\boldsymbol{M}^{\mathrm{T}}\frac{\partial f}{\partial \boldsymbol{\sigma}}$
理论与实验	理论严谨，实验充分	理论严谨，资料不足	工程理论，资料易得
适用材料	韧性金属	工程岩石类材料	工程岩石类材料
应用情况	广泛	目前尚少	广泛

式中 $\overline{\boldsymbol{K}}$ 称为耦合矩阵．耦合塑性理论通常不能称为非关联流动，耦合理论要求由实验资料给出弹性模量的劣化规律：$E(\kappa)$，$\nu(\kappa)$．塑性势理论要求由实验资料给出参数 ζ 或者更一般地给出 $\zeta(\kappa)$，以确定塑性势函数 $g(\boldsymbol{\sigma},\ \kappa)$.

在数学上，如果能用一个标量函数的梯度来表示矢量场时，通常将此标量函数称为矢量场的势．例如，储存在物体单位体积中弹性变形的势能称为弹性势(或应力势)，记做 $U(\boldsymbol{\varepsilon})$，它的梯度是应力矢量 $\boldsymbol{\sigma}=\frac{\partial U(\boldsymbol{\varepsilon})}{\partial \boldsymbol{\varepsilon}}$；单位体积的余能(变形势)，记做 $\phi(\boldsymbol{\sigma})$，它的梯度是应变矢量 $\boldsymbol{\varepsilon}=\frac{\partial \phi(\boldsymbol{\sigma})}{\partial \boldsymbol{\sigma}}$. 而 Mises 引进的

塑性势 $g(\boldsymbol{\sigma})$，其梯度不是一个塑性应变率矢量场，仅是一个矢量的方向场（矢量的大小还需给出 $\mathrm{d}\lambda$ 才能确定）. 因此在严格的意义上，将 $g(\boldsymbol{\sigma})$称一个势函数，多少有点勉强，因而 Mises 塑性势的概念应该是工程意义上的.

对于岩石类材料考虑和不考虑刚度劣化现象，在同一个应力增量作用下产生的塑性应变增量是不同的. 如图 5－1 所示，考虑刚度劣化时塑性应变增量（记为 $\mathrm{d}\boldsymbol{\varepsilon}_{\mathrm{I}}^{\mathrm{p}}$）小于不考虑刚度劣化时的塑性应变增量（记为 $\mathrm{d}\boldsymbol{\varepsilon}_{\mathrm{II}}^{\mathrm{p}}$）. 因此，当构建岩石类材料本构关系时，不考虑刚度劣化，则势必夸大了塑性变形，也即夸大了塑性体积应变. 那么又应如何处理这个问题呢？看来有两种方案：一是考虑刚劣化，采用耦合塑性理论；另一个是假设一个塑性势函数，采用塑性势理论. 很明显，耦合理论是治本的方法，塑性势理论是治标的办法. 然而塑性势理论比较简单方便，也能解决问题，因而至今仍在工程计算中广泛使用.

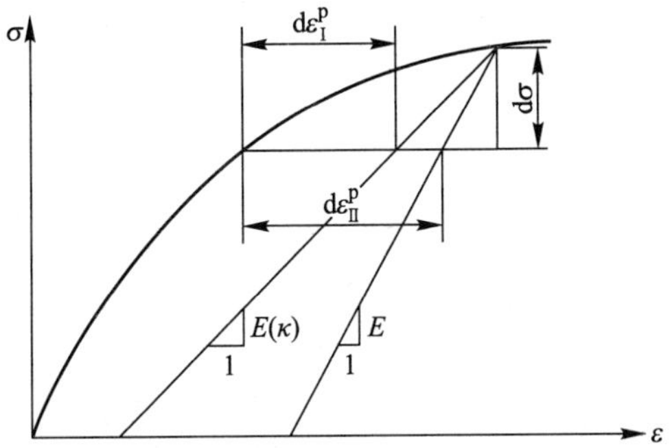

图 5－1　刚度劣化对塑性应变的影响

§5－4　讨论

1. 前文建立岩石塑性力学理论框架时，由于建立了广义正交法则和耦合弹塑性理论，完全可以不涉及塑性势，本书讨论塑性势，实乃画蛇添足. 然而，当前工程界还在使用塑性势理论，特别是在一些大型商用程序中也都有塑性势理论的相应模块. 因而，本书专设一章对塑性势理论由来和发展做一个概括介绍.

岩石类材料的刚度劣化性质（弹性性质与塑性性质耦合）是一个不容争辩的事实. 如果你承认这个事实，使用广义正交法则，自然得到常规塑性应变增量与应力屈服面斜交的结果，不会得到过大的塑性体应变. 如果你不承认这个事实，却又强调塑性体应变过大，而采用塑性势，也会得到常规塑性应变增量不与应力屈服面正交的效果. 耦合塑性表述是治本的，是从力学现象和基本公设出发的严谨理论方法. 塑性势方法是治标的，本末倒置的方法.

2. 当前塑性势仅含一个流动常数 ζ，这过于简单，不能描述初始屈服和峰值附近塑性体膨胀的差异. 至少应将流动参数 ζ 看做内变量 κ 的函数，根据实验确定 $\zeta(\kappa)$，其实验工作量与确定 $E(\kappa)$ 大致相当.

3. 目前，从刚性试验机的三轴压缩全过程曲线和卸载曲线可以拟合出 $\alpha(\kappa)$，$k(\kappa)$，$c(\kappa)$，$\varphi(\kappa)$，$E(\kappa)$，$\nu(\kappa)$等资料，为了避免塑性势理论带来的一些麻烦(例如，本构矩阵的不对称等)，在岩石工程计算中，应逐步推广使用耦合塑性理论.

第 6 章　岩石类材料和岩体间断面的不稳定性

工程结构的稳定性是指在载荷作用下结构保持某个构形(形态)的性质，开始丧失稳定性(失稳)时的载荷是结构的临界载荷，它标志着结构的承载能力. 结构失稳是由两方面因素引起的，一是变形因素，如屈曲和颈缩；二是材料不稳定性造成的，如滑坡和地震. 岩石工程问题通常处于小变形条件下，因此它的不稳定性往往源于材料的不稳定性. 因此，研究材料的不稳定性问题具有重要的理论意义和应用价值.

对于固体材料，在单轴应力下，稳定性定义为

$$\delta\varepsilon\delta\sigma \geqslant 0, \qquad (6-0-1)$$

而不稳定性的定义为

$$\delta\varepsilon\delta\sigma < 0. \qquad (6-0-2)$$

因应力增量 $\delta\sigma$ 可表示为切线 Young 模量 E_{T} 和应变增量 $\delta\varepsilon$ 之积，式(6-0-1)和(6-0-2)可分别改写为 $E_{\mathrm{T}}(\delta\varepsilon)^2 \geqslant 0$ 和 $E_{\mathrm{T}}(\delta\varepsilon)^2 < 0$，因而切线 Young 模量 E_{T} 的正负决定了材料是否稳定，在切线 Young 模量为负时材料是不稳定的. 在岩石材料的单轴压缩试验的全应力-应变曲线上，峰值前是稳定阶段，峰值后是不稳定阶段.

在一般的三向受力情况，应力和应变都是六维矢量，材料稳定性的定义是，对任意的非零的应变增量矢量 $\delta\boldsymbol{\varepsilon}$，有

$$(\delta\boldsymbol{\varepsilon})^{\mathrm{T}}\delta\boldsymbol{\sigma} \geqslant 0, \qquad (6-0-3)$$

或

$$(\delta\boldsymbol{\varepsilon})^{\mathrm{T}}\boldsymbol{D}_{\mathrm{ep}}\delta\boldsymbol{\varepsilon} \geqslant 0, \qquad (6-0-4)$$

则材料是稳定的，式中 $\boldsymbol{D}_{\mathrm{ep}}$ 是弹塑性材料的本构矩阵. 在上面不等式中取大于号对应于严格稳定. 不稳定性的定义是，至少存在一个应变增量矢量 $\delta\boldsymbol{\varepsilon}$，使

$$(\delta\boldsymbol{\varepsilon})^{\mathrm{T}}\delta\boldsymbol{\sigma} < 0, \qquad (6-0-5)$$

或

$$(\delta\boldsymbol{\varepsilon})^{\mathrm{T}}\boldsymbol{D}_{\mathrm{ep}}\delta\boldsymbol{\varepsilon} < 0, \qquad (6-0-6)$$

则材料是不稳定的. 显然，材料稳定性等价于材料本构矩阵的正定性，§2-1已经证明了线性弹性本构矩阵 $\boldsymbol{D}_{\mathrm{ep}}$ 是正定的，因而线性弹性材料 $\boldsymbol{D}$ 是稳定的. 本章主要讨论弹塑性材料的稳定性或弹塑性矩阵的正定性.

§6-1 耦合塑性材料的不稳定性

耦合塑性材料应变空间表述的本构矩阵为

$$\boldsymbol{D}_{\mathrm{ep}} = \boldsymbol{D} - \frac{1}{H+A}\boldsymbol{D}\frac{\partial f}{\partial \boldsymbol{\sigma}}\left(\frac{\partial f}{\partial \boldsymbol{\sigma}}\right)^{\mathrm{T}}\boldsymbol{D}, \tag{6-1-1}$$

式中矩阵 $\boldsymbol{D}$ 为弹性矩阵，由于刚度劣化，$\boldsymbol{D}$ 是塑性内变量 $\boldsymbol{\kappa}$ 的函数，按 §2-1 的讨论，$\boldsymbol{D}$ 是正定对称的．在式(6-1-1)中

$$H = \left(\frac{\partial f}{\partial \boldsymbol{\sigma}}\right)^{\mathrm{T}}\boldsymbol{D}\frac{\partial f}{\partial \boldsymbol{\sigma}} > 0, \tag{6-1-2}$$

$$A = -\frac{\partial f}{\partial \boldsymbol{\kappa}}\boldsymbol{M}^{\mathrm{T}}\overline{\boldsymbol{K}}\frac{\partial f}{\partial \boldsymbol{\sigma}} - \left(\frac{E'}{E}\right)^2\boldsymbol{M}^{\mathrm{T}}\boldsymbol{C}\boldsymbol{\sigma}\left(\frac{\partial f}{\partial \boldsymbol{\sigma}}\right)^{\mathrm{T}}\boldsymbol{\sigma}\boldsymbol{M}^{\mathrm{T}}\frac{\partial f}{\partial \boldsymbol{\sigma}}, \tag{6-1-3}$$

$$\boldsymbol{M} = \begin{cases}\boldsymbol{\sigma}, & \boldsymbol{\kappa} = W^{\mathrm{p}}(\text{塑性功}),\\ \boldsymbol{e}, & \boldsymbol{\kappa} = \theta^{\mathrm{p}}(\text{塑性体积膨胀}).\end{cases} \tag{6-1-4}$$

在以上各式中，我们假设了材料是等向强(软)化的，应力屈服函数 $f(\boldsymbol{\sigma}, \boldsymbol{\kappa})$ 不含 $\boldsymbol{\sigma}^{\mathrm{p}}$.

首先讨论关于本构矩阵 $\boldsymbol{D}_{\mathrm{ep}}$ 的广义特征值问题.

$$\boldsymbol{D}_{\mathrm{ep}}\boldsymbol{r} = \mu\boldsymbol{D}\boldsymbol{r}, \tag{6-1-5}$$

式中 $\boldsymbol{D}$ 是正定的弹性矩阵．由于弹塑性矩阵 $\boldsymbol{D}_{\mathrm{ep}}$ 的具体形式为式(6-1-1)，不难看出，$\boldsymbol{r}_1 = \dfrac{\partial f}{\partial \boldsymbol{\sigma}}$ 是它的一个特征矢量．实际上，只要将 $\boldsymbol{r}_1$ 代入式(6-1-5)的左端，并考虑式(6-1-2)，则有

$$\boldsymbol{D}_{\mathrm{ep}}\boldsymbol{r}_1 = \boldsymbol{D}\boldsymbol{r}_1 - \frac{1}{H+A}\boldsymbol{D}\boldsymbol{r}_1 H = \frac{A}{H+A}\boldsymbol{D}\boldsymbol{r}_1.$$

将上式与式(6-1-5)相对照，$\boldsymbol{r}_1 = \dfrac{\partial f}{\partial \boldsymbol{\sigma}}$ 是一个特征矢量，而相应的特征值 $\mu_1 = \dfrac{A}{H+A}$. 在 $\boldsymbol{r}_1$ 的补空间取任意的 5 个广义正交矢量，记为 $\boldsymbol{r}_2$，$\boldsymbol{r}_3$，$\boldsymbol{r}_4$，$\boldsymbol{r}_5$，$\boldsymbol{r}_6$，由于它们均与 $\boldsymbol{r}_1 = \dfrac{\partial f}{\partial \boldsymbol{\sigma}}$ 广义正交(即 $\boldsymbol{r}_1^{\mathrm{T}}\boldsymbol{D}\boldsymbol{r}_i = 0$，$i = 2, \cdots, 6$)，将它们代入式(6-1-5)左端，并考虑式(6-1-1)，有

$$\boldsymbol{D}_{\mathrm{ep}}\boldsymbol{r}_i = \boldsymbol{D}\boldsymbol{r}_i, \quad i = 2,3,4,5,6,$$

因而 $\boldsymbol{r}_i$ 也是特征矢量，并且相应的特值 $\mu_i = 1$. 这样，我们得到了矩阵 $\boldsymbol{D}_{\mathrm{ep}}$ 的 6 个特征值

$$\mu_1 = \frac{A}{H+A}, \quad \mu_2 = \mu_3 = \mu_4 = \mu_5 = \mu_6 = 1 \tag{6-1-6}$$

和对应的 6 个特征矢量

$$\boldsymbol{r}_1 = \frac{\partial f}{\partial \sigma}, \quad \boldsymbol{r}_i(i = 2,3,4,5,6). \qquad (6-1-7)$$

由于 $\boldsymbol{r}_i$ 是 $\boldsymbol{r}_1$ 的补空间的 5 个广义正交矢量，因而对 $\boldsymbol{D}_{\mathrm{ep}}$的 6 个特征矢量有

$$\boldsymbol{r}_i^{\mathrm{T}}\boldsymbol{D}\boldsymbol{r}_j = \begin{cases} 0, & i \neq j, \\ \boldsymbol{r}_i^{\mathrm{T}}\boldsymbol{D}\boldsymbol{r}_i > 0, & i = j. \end{cases} \qquad (6-1-8)$$

式(6－1－8)左端第二式为正，是由于弹性矩阵 $\boldsymbol{D}$ 是正定的. 式(6－1－8)表示的正交性是特征矢量 $\boldsymbol{r}_i(i=1, \cdots 6)$关于矩阵 $\boldsymbol{D}$ 的广义正交性，简称 $\boldsymbol{D}$－正交性. 根据式(6－1－8)和(6－1－5)容易证明，特征矢量 $\boldsymbol{r}_i$ 关于 $\boldsymbol{D}_{\mathrm{ep}}$也有广义正交性，即 $\boldsymbol{D}_{\mathrm{ep}}$－正交性

$$\boldsymbol{r}_i^{\mathrm{T}}\boldsymbol{D}_{\mathrm{ep}}\boldsymbol{r}_j = \begin{cases} 0, & i \neq j, \\ \mu_1\boldsymbol{r}_i^{\mathrm{T}}\boldsymbol{D}\boldsymbol{r}_i, & i = j. \end{cases} \qquad (6-1-9)$$

其次研究矩阵 D_{ep}的正定性问题. 一个任意的非零矢量 $\delta\boldsymbol{\varepsilon}$ 总可以表示为不相关的 6 个特征矢量 $\boldsymbol{r}_i$ 的线性组合

$$\delta\boldsymbol{\varepsilon} = \sum_{i=1}^{6} a_i\boldsymbol{r}_i, \qquad (6-1-10)$$

其中系数 a_i 是一组不全为零的常数. 计算如下的二次型：

$$\delta\boldsymbol{\varepsilon}^{\mathrm{T}}\boldsymbol{D}_{\mathrm{ep}}\delta\boldsymbol{\varepsilon} = \Big(\sum_{i=1}^{6} a_i\boldsymbol{r}_i^{\mathrm{T}}\Big)\boldsymbol{D}_{\mathrm{ep}}\Big(\sum_{i=1}^{6} a_i\boldsymbol{r}_i\Big).$$

由于特征矢量的 $\boldsymbol{D}_{\mathrm{ep}}$－正交性(见式(6－1－9))，则

$$\delta\boldsymbol{\varepsilon}^{\mathrm{T}}\boldsymbol{D}_{\mathrm{ep}}\delta\boldsymbol{\varepsilon} = \sum_{i=1}^{6}\mu_i a_i^2\boldsymbol{r}_i^{\mathrm{T}}\boldsymbol{D}\boldsymbol{r}_i = \mu_1 a_1^2\boldsymbol{r}_1^{\mathrm{T}}\boldsymbol{D}\boldsymbol{r}_1 + \sum_{i=2}^{6} a_i^2\boldsymbol{r}_i^{\mathrm{T}}\boldsymbol{D}\boldsymbol{r}_i, \qquad (6-1-11)$$

式中

$$\mu_1 = \frac{A}{A+H}, \quad \mu_i = 1 \quad (i = 2,\cdots,6).$$

因为 $H+A=B>0$，故 μ_1 和 A 是同号的. 当 $A>0$ 时，所有的特征值都大于零，二次型(6－1－11)为正，因而矩阵 $\boldsymbol{D}_{\mathrm{ep}}$是正定的；当 $A=0$ 时，有一个零特征值和 5 个正特征值，矩阵 $\boldsymbol{D}_{\mathrm{ep}}$是半正定的；当 $A<0$，$\mu_1<0$，总可以选取一个矢量 $\delta\boldsymbol{\varepsilon}$，使 $\delta\boldsymbol{\varepsilon}^{\mathrm{T}}\boldsymbol{D}_{\mathrm{ep}}\delta\boldsymbol{\varepsilon}<0$，例如取 $\delta\boldsymbol{\varepsilon}=a_1\boldsymbol{r}_1=a_1\dfrac{\partial f}{\partial \boldsymbol{\sigma}}$，这时 $a_i=0(i=2, 3, 4, 5, 6)$，式(6－1－11)取值为负，因而矩阵 $\boldsymbol{D}_{\mathrm{ep}}$是不正定的，材料是不稳定的.

由上面讨论得到一个结论，即材料的稳定性或本构矩阵 $\boldsymbol{D}_{\mathrm{ep}}$的正定性取决于 μ_1 或参数 A 的符号：如果 $A\geqslant 0$ 材料是稳定的，矩阵 $\boldsymbol{D}_{\mathrm{ep}}$是正定和半正定；如果 $A<0$，材料是不稳定的，矩阵 $\boldsymbol{D}_{\mathrm{ep}}$是不正定的. 参数 A 由式(6－1－3)给

出，因而对于耦合塑性材料，稳定性既与材料强度的强化－软化特性有关，也与材料的刚度劣化性质有关.

以等向强(软)化的 D－P 材料为例，取内变量 $\boldsymbol{\kappa}=\theta^{\mathrm{p}}$，$\boldsymbol{M}=\boldsymbol{e}$，其参数 A 由式(3－3－16)给出

$$A = 3\alpha(k' - \alpha' I_1) - 3\alpha k\theta^{\mathrm{e}}\left(\frac{E'}{E}\right)^2, \qquad (6-1-12)$$

式中 $\theta^{\mathrm{e}}=\boldsymbol{e}^{\mathrm{T}}\boldsymbol{C\sigma}$ 是弹性体积应变. 上式右端第一项是强度的强(软)化有关的项，第二项是和刚度劣化速度有关的项. 材料不稳性的条件是 $A<0$，即

$$k' - \alpha' I_1 < k\theta^{\mathrm{e}}\left(\frac{E'}{E}\right)^2, \qquad (6-1-13)$$

上式左端$(k'-\alpha' I_1)>0$ 表示材料强化，<0 表示软化，$=0$ 是理想塑性；上式右端是一个正的小数，因而对耦合塑性的 D－P 材料而言，在软化、理想塑性和低强化(指满足式(6－1－13))时都是不稳定的.

§6－2 满足正交法则的岩石类材料的不稳定性

不考虑材料的刚度劣化，$E'=0$，从 Ильюшин 公设可证明，这种材料满足正交法则，即关联的塑性流动，其弹塑性本构矩阵

$$\boldsymbol{D}_{\mathrm{ep}} = \boldsymbol{D} - \frac{1}{H+A}\boldsymbol{D}\frac{\partial f}{\partial \boldsymbol{\sigma}}\left(\frac{\partial f}{\partial \boldsymbol{\sigma}}\right)^{\mathrm{T}}\boldsymbol{D}, \qquad (6-2-1)$$

$$H = \left(\frac{\partial f}{\partial \boldsymbol{\sigma}}\right)^{\mathrm{T}}\boldsymbol{D}\frac{\partial f}{\partial \boldsymbol{\sigma}}, \qquad (6-2-2)$$

$$A = -\frac{\partial f}{\partial \boldsymbol{\kappa}}\boldsymbol{M}^{\mathrm{T}}\frac{\partial f}{\partial \boldsymbol{\sigma}}, \qquad (6-2-3)$$

式中 $\boldsymbol{D}$ 是常数的弹性矩阵，这里它与§6－1 的 $\boldsymbol{D}(\boldsymbol{\kappa})$有所差别. 实际上，在§6－1 中讨论的公式和结论这里仍然适用，只要取 $E'=0$，$\boldsymbol{D}(\boldsymbol{\kappa})=\boldsymbol{D}$，$\overline{\boldsymbol{K}}=\boldsymbol{I}$. 这里材料的不稳定性条件是

$$A = -\frac{\partial f}{\partial \boldsymbol{\kappa}}\boldsymbol{M}^{\mathrm{T}}\frac{\partial f}{\partial \boldsymbol{\sigma}} < 0.$$

仍以等向强(软)化的 D－P 材料为例，取 $\boldsymbol{\kappa}=\theta^{\mathrm{p}}$，$\boldsymbol{M}=\boldsymbol{e}$，则

$$A = 3\alpha(k' - \alpha' I_1) < 0,$$

去掉正的因子 3α，可写做

$$k' - \alpha' I_1 < 0. \qquad (6-2-4)$$

因此，只有软化塑性材料满足式(6－2－4)，材料才是不稳定的，矩阵 $\boldsymbol{D}_{\mathrm{ep}}$是不正定的. 对强化塑性材料和理想塑性材料，材料是稳定的，矩阵 $\boldsymbol{D}_{\mathrm{ep}}$是正定和半正定的. 这时，材料软化和材料不稳定完全是等价的.

§6-3　非关联流动塑性材料的不稳定性

非关联材料的屈服准则和塑性势函数分别为

$$f(\boldsymbol{\sigma},\boldsymbol{\kappa}) = 0, \tag{6-3-1}$$

$$g = g(\boldsymbol{\sigma},\boldsymbol{\kappa}). \tag{6-3-2}$$

加载时的本构矩阵为

$$\boldsymbol{D}_{\mathrm{ep}} = \boldsymbol{D} - \frac{1}{H_{12} + A}\boldsymbol{D}\frac{\partial g}{\partial \boldsymbol{\sigma}}\left(\frac{\partial f}{\partial \boldsymbol{\sigma}}\right)^{\mathrm{T}}\boldsymbol{D}, \tag{6-3-3}$$

$$H_{21} = H_{12} = \left(\frac{\partial g}{\partial \boldsymbol{\sigma}}\right)^{\mathrm{T}}\boldsymbol{\sigma}\frac{\partial f}{\partial \boldsymbol{\sigma}}, \tag{6-3-4}$$

$$A = -\frac{\partial f}{\partial \boldsymbol{\kappa}}m = -\frac{\partial f}{\partial \boldsymbol{\kappa}}\boldsymbol{M}^{\mathrm{T}}\frac{\partial g}{\partial \boldsymbol{\sigma}}, \tag{6-3-5}$$

式中 $\boldsymbol{D}$ 是常数的弹性矩阵，由于 $g\neq f$，本构矩阵 $\boldsymbol{D}_{\mathrm{ep}}$是不对称的.

设

$$H_{11} = \left(\frac{\partial f}{\partial \boldsymbol{\sigma}}\right)^{\mathrm{T}}\boldsymbol{D}\frac{\partial f}{\partial \boldsymbol{\sigma}}, \quad H_{22} = \left(\frac{\partial g}{\partial \boldsymbol{\sigma}}\right)^{\mathrm{T}}\boldsymbol{D}\frac{\partial g}{\partial \boldsymbol{\sigma}},$$

$$H_{21} = H_{12} = \left(\frac{\partial g}{\partial \boldsymbol{\sigma}}\right)\boldsymbol{D}\frac{\partial f}{\partial \boldsymbol{\sigma}}, \tag{6-3-6}$$

$$\boldsymbol{p} = \frac{1}{\sqrt{H_{11}}}\frac{\partial f}{\partial \boldsymbol{\sigma}}, \quad \boldsymbol{q} = \frac{1}{\sqrt{H_{22}}}\frac{\partial g}{\partial \boldsymbol{\sigma}}. \tag{6-3-7}$$

可计算出

$$\boldsymbol{p}^{\mathrm{T}}\boldsymbol{D}\boldsymbol{p} = 1, \quad \boldsymbol{q}^{\mathrm{T}}\boldsymbol{D}\boldsymbol{q} = 1,$$

$$\boldsymbol{p}^{\mathrm{T}}\boldsymbol{D}\boldsymbol{q} = \boldsymbol{q}^{\mathrm{T}}\boldsymbol{D}\boldsymbol{p} = \frac{H_{12}}{\sqrt{H_{11}H_{22}}} \leqslant 1. \tag{6-3-8}$$

这时由式(6-3-3)表示的弹塑性本构矩阵可改写为

$$\boldsymbol{D}_{\mathrm{ep}} = \boldsymbol{D} - \frac{\sqrt{H_{11}H_{22}}}{H_{12} + A}\boldsymbol{D}\boldsymbol{q}\boldsymbol{p}^{\mathrm{T}}\boldsymbol{D}. \tag{6-3-9}$$

非对称本构矩阵总可以分解为对称矩阵 $\boldsymbol{D}_{\mathrm{ep}}^{\mathrm{S}}$和反对称矩阵 $\boldsymbol{D}_{\mathrm{ep}}^{\mathrm{A}}$之和：

$$\boldsymbol{D}_{\mathrm{ep}} = \boldsymbol{D}_{\mathrm{ep}}^{\mathrm{S}} + \boldsymbol{D}_{\mathrm{ep}}^{\mathrm{A}}.$$

由于对任意矢量 $\delta\boldsymbol{\varepsilon}$，总有 $\delta\boldsymbol{\varepsilon}^{\mathrm{T}}\boldsymbol{D}_{\mathrm{ep}}^{\mathrm{A}}\delta\boldsymbol{\varepsilon}=0$(零能量)，则

$$\delta\boldsymbol{\varepsilon}^{\mathrm{T}}\boldsymbol{D}_{\mathrm{ep}}\delta\boldsymbol{\varepsilon} = \delta\boldsymbol{\varepsilon}^{\mathrm{T}}\boldsymbol{D}_{\mathrm{ep}}^{\mathrm{S}}\delta\boldsymbol{\varepsilon}.$$

因而，讨论 $\boldsymbol{D}_{\mathrm{ep}}$的正定性等价于讨论 $\boldsymbol{D}_{\mathrm{ep}}^{\mathrm{S}}$的正定性，不难得到

$$\boldsymbol{D}_{\mathrm{ep}}^{\mathrm{S}} = \frac{1}{2}(\boldsymbol{D}_{\mathrm{ep}} + \boldsymbol{D}_{\mathrm{ep}}^{\mathrm{T}}) = \boldsymbol{D} - \frac{\sqrt{H_{11}H_{22}}}{2(H_{12} + A)}\boldsymbol{D}(\boldsymbol{q}\boldsymbol{p}^{\mathrm{T}} + \boldsymbol{p}\boldsymbol{q}^{\mathrm{T}})\boldsymbol{D}. \tag{6-3-10}$$

下面讨论矩阵 $\boldsymbol{D}_{\mathrm{ep}}^{\mathrm{S}}$ 的正定性问题. $\boldsymbol{D}_{\mathrm{ep}}^{\mathrm{S}}$ 的广义特征值问题是

$$\boldsymbol{D}_{\mathrm{ep}}^{\mathrm{S}}\boldsymbol{r} = \mu\boldsymbol{D}\boldsymbol{r}. \tag{6-3-11}$$

为讨论问题的方便，可将式(6-3-10)改写为

$$\boldsymbol{D}_{\mathrm{ep}}^{\mathrm{S}} = \boldsymbol{D} - \frac{\sqrt{H_{11}H_{22}}}{4(H_{12}+A)}\boldsymbol{D}[(\boldsymbol{p}+\boldsymbol{q})(\boldsymbol{p}+\boldsymbol{q})^{\mathrm{T}} - (\boldsymbol{p}-\boldsymbol{q})(\boldsymbol{p}-\boldsymbol{q})^{\mathrm{T}}]\boldsymbol{D}. \tag{6-3-12}$$

由计算可得

$$\begin{aligned}
&(\boldsymbol{p}+\boldsymbol{q})^{\mathrm{T}}\boldsymbol{D}(\boldsymbol{p}+\boldsymbol{q}) = 2(1 + H_{12}/\sqrt{(H_{11}H_{22})}),\\
&(\boldsymbol{p}-\boldsymbol{q})^{\mathrm{T}}\boldsymbol{D}(\boldsymbol{p}-\boldsymbol{q}) = 2(1 - H_{12}/\sqrt{(H_{11}H_{22})}),\\
&(\boldsymbol{p}+\boldsymbol{q})^{\mathrm{T}}\boldsymbol{D}(\boldsymbol{p}-\boldsymbol{q}) = (\boldsymbol{p}-\boldsymbol{q})^{\mathrm{T}}D(\boldsymbol{p}+\boldsymbol{q}) = 0.
\end{aligned} \tag{6-3-13}$$

不难看出，$\boldsymbol{r}_1=\boldsymbol{p}+\boldsymbol{q}$，$\boldsymbol{r}_2=\boldsymbol{p}-\boldsymbol{q}$ 是广义特征问题(6-3-11)的两个特征矢量，而相应的特征值为

$$\mu_1 = 1 - \frac{\sqrt{H_{11}H_{22}}+H_{12}}{2(H_{12}+A)},\quad \mu_2 = 1 + \frac{\sqrt{H_{11}H_{22}}-H_{12}}{2(H_{12}+A)} \geqslant 1. \tag{6-3-14}$$

在 $\boldsymbol{r}_1$，$\boldsymbol{r}_2$ 的补空间取任意的 4 个广义正交矢量，记为 $\boldsymbol{r}_3$，$\boldsymbol{r}_4$，$\boldsymbol{r}_5$，$\boldsymbol{r}_6$，它们与 $\boldsymbol{r}_1$，$\boldsymbol{r}_2$ 一起构成 6 个 $\boldsymbol{D}$-正交性的矢量，即有

$$\boldsymbol{r}_i^{\mathrm{T}}\boldsymbol{D}\boldsymbol{r}_j = \begin{cases}0, & i\neq j,\\ \boldsymbol{r}_i^{\mathrm{T}}\boldsymbol{D}\boldsymbol{r}_i > 0, & i=j.\end{cases} \tag{6-3-15}$$

显然，$\boldsymbol{r}_i(i=3,\cdots,6)$ 也是矩阵 $\boldsymbol{D}_{\mathrm{ep}}^{\mathrm{S}}$ 的广义特征矢量，只要将它们代入式(6-3-11)和(6-3-12)，就可得到验证，而且相应的特征值为

$$\mu_3 = \mu_4 = \mu_5 = \mu_6 = 1. \tag{6-3-16}$$

现在讨论矩阵 $\boldsymbol{D}_{\mathrm{ep}}^{\mathrm{S}}$ 的正定性问题，矩阵 $\boldsymbol{D}_{\mathrm{ep}}^{\mathrm{S}}$ 可以改写为

$$\boldsymbol{D}_{\mathrm{ep}}^{\mathrm{S}} = \boldsymbol{D} - \frac{\sqrt{H_{11}H_{22}}}{4(H_{12}+A)}\boldsymbol{D}[\boldsymbol{r}_1\boldsymbol{r}_1^{\mathrm{T}} - \boldsymbol{r}_2\boldsymbol{r}_2^{\mathrm{T}}]\boldsymbol{D}. \tag{6-3-17}$$

不难通过计算验证，特征矢量也是 $\boldsymbol{D}_{\mathrm{ep}}^{\mathrm{S}}$-正交的：

$$\boldsymbol{r}_i^{\mathrm{T}}\boldsymbol{D}_{\mathrm{ep}}^{\mathrm{S}}\boldsymbol{r}_j = \begin{cases}0, & i\neq j,\\ \mu_i\boldsymbol{r}_i^{\mathrm{T}}\boldsymbol{D}\boldsymbol{r}_i, & i=j.\end{cases} \tag{6-3-18}$$

对任意矢量 $\delta\boldsymbol{\varepsilon}$，可写为

$$\delta\boldsymbol{\varepsilon} = \sum_{i=1}^{6} a_i\boldsymbol{r}_i, \tag{6-3-19}$$

其中 a_1，…，a_6 是任意的 6 个不全为零的常数，这时有

$$\delta\boldsymbol{\varepsilon}^{\mathrm{T}}\boldsymbol{D}_{\mathrm{ep}}^{\mathrm{S}}\delta\boldsymbol{\varepsilon} = \mu_1 a_1^2\boldsymbol{r}_1^{\mathrm{T}}\boldsymbol{D}\boldsymbol{r}_1 + \sum_{i=2}^{6}\mu_i a_i^2\boldsymbol{r}_i^{\mathrm{T}}\boldsymbol{D}\boldsymbol{r}_i. \tag{6-3-20}$$

由于弹性矩阵 $\boldsymbol{D}$ 是正定的，$\boldsymbol{r}_i^{\mathrm{T}}\boldsymbol{D}\boldsymbol{r}_i > 0(i=1,\ \cdots,\ 6)$，而且 $\mu_2 \geqslant 1$，$\mu_i = 1(i=3,\ \cdots,\ 6)$，在式(6-3-20)中只要 $\mu_1 \geqslant 0$ 二次型非负，则 $\boldsymbol{D}_{\mathrm{ep}}^{\mathrm{S}}$ 是正定或半正定的，就有

$$\delta\boldsymbol{\varepsilon}^{\mathrm{T}}\boldsymbol{D}_{\mathrm{ep}}\delta\boldsymbol{\varepsilon} = \delta\boldsymbol{\varepsilon}^{\mathrm{T}}\boldsymbol{D}_{\mathrm{ep}}^{\mathrm{S}}\delta\boldsymbol{\varepsilon} \geqslant 0.$$

这时材料是稳定的．材料不稳定性的条件是

$$\mu_1 < 0,$$

即

$$A < \frac{1}{2}\left(\sqrt{H_{11}H_{22}} - H_{12}\right). \tag{6-3-21}$$

这时，只要取 $\delta\boldsymbol{\varepsilon} = a_1\boldsymbol{r}_1 = a_1\left[\frac{1}{\sqrt{H_{11}}}\frac{\partial f}{\partial\boldsymbol{\sigma}} + \frac{1}{\sqrt{H_{22}}}\frac{\partial g}{\partial\boldsymbol{\sigma}}\right]$，就有

$$\delta\boldsymbol{\varepsilon}^{\mathrm{T}}\boldsymbol{D}_{\mathrm{ep}}\delta\boldsymbol{\varepsilon} = \delta\boldsymbol{\varepsilon}^{\mathrm{T}}\boldsymbol{D}_{\mathrm{ep}}^{\mathrm{S}}\delta\boldsymbol{\varepsilon} = \mu_1 a_1^2\boldsymbol{r}_1^{\mathrm{T}}\boldsymbol{D}\boldsymbol{r}_1 < 0.$$

由于$(\sqrt{H_{11}H_{22}} - H_{12})$是一个非负的小数(仅当关联情况 $H_{11} = H_{22} = H_{12}$时，它才为零)，在 A 是一个更小的正数情况，式(6-3-21)成立，因此对非关联材料来说，理想塑性或低强化塑性情况材料也可以是不稳定的．这与关联材料是完全不同的．这个事实也说明了，塑性软化和材料不稳定性是不同的两件事．

非关联的 Drucker - Prager 材料的屈服条件和塑性势分别取为

$$f = aI_1 + \sqrt{J_2} - k = 0,$$

$$g = \zeta aI_1 + \sqrt{J_2}.$$

式中 ζ 为材料的流动参数，有 $0 \leqslant \zeta \leqslant 1$，其中 $\zeta = 1$ 表示关联流动，$0 \leqslant \zeta \leqslant 1$ 表示非关联流动，a 和 k 是内变量 κ 函数．不难计算

$$\frac{\partial f}{\partial\boldsymbol{\sigma}} = a\boldsymbol{e} + \frac{\bar{\boldsymbol{s}}}{2\sqrt{J_2}},\quad \frac{\partial g}{\partial\boldsymbol{\sigma}} = \zeta a\boldsymbol{e} + \frac{\bar{\boldsymbol{s}}}{2(J_2)},$$

$$H_{11} = \left(\frac{\partial f}{\partial\boldsymbol{\sigma}}\right)^{\mathrm{T}}\boldsymbol{D}\frac{\partial f}{\partial\boldsymbol{\sigma}} = 9a^2K + G,$$

$$H_{22} = \left(\frac{\partial g}{\partial\boldsymbol{\sigma}}\right)^{\mathrm{T}}\boldsymbol{D}\frac{\partial g}{\partial\boldsymbol{\sigma}} = 9\zeta^2a^2K + G,$$

$$H_{21} = H_{12} = \left(\frac{\partial f}{\partial\boldsymbol{\sigma}}\right)^{\mathrm{T}}\boldsymbol{D}\frac{\partial g}{\partial\boldsymbol{\sigma}} = 9\zeta a^2K + G,$$

$$A = -\frac{\partial f}{\partial\kappa}\boldsymbol{M}^{\mathrm{T}}\frac{\partial g}{\partial\boldsymbol{\sigma}} = (k' - a'I_1)\boldsymbol{M}^{\mathrm{T}}\frac{\partial g}{\partial\boldsymbol{\sigma}}.$$

材料不稳定性的条件是

$$(k' - a'I_1)\boldsymbol{M}^{\mathrm{T}}\frac{\partial g}{\partial\boldsymbol{\sigma}} < \frac{1}{2}\left[\sqrt{9a^2K+G}\sqrt{9\zeta^2a^2K+G} - (9\zeta a^2K+G)\right].$$

如果设材料是塑性不可压缩的，则流动参数 $\zeta=0$. 如果材料参数 a 不随内变量 κ 变化，则 $\alpha'=0$. 取 $\kappa=W^{p}$，塑性势 $g=\sqrt{J_2}$. 这时非关联材料的不稳定条件是

$$\sqrt{J_2}k' < \frac{1}{2}\left[\sqrt{9a^2K+G}\sqrt{G}-G\right],$$

或

$$\frac{(k-aI_1)k'}{G} < \frac{1}{2}\left[\sqrt{\frac{3a^2(1+\nu)}{1-2\nu}+1}-1\right].$$

由此可见在理想塑性($k'=0$)或低强化塑性($k'>0$，但满足式(6-3-22))的情况下，非关联 Drucker-Prager 材料(屈服条件取 Drucker-Prager 条件，塑性势取 Mises 函数)是不稳定的.

§6-4 材料不稳定性问题的几点注释

1. 本章讨论材料稳定性的思路可归结为讨论材料本构矩阵的正定性，最后归结为讨论本构矩阵的特征值. 如果全部特征值为正，则本构矩阵是正定的，材料是稳定的；如果至少有一个特征值为负，则本构矩阵是不正定的，材料是不稳定的. 对于三种本构模型，共同特点是 6 个特征值中有 5 个为正，仅 μ_1 可能取正值，也可能取负值，因此 μ_1 的符号决定了材料的稳定性.

在耦合塑性本构模型中

$$\mu_1 = 1-\frac{H}{H+A}=\frac{A}{H+A}=\frac{A}{B}, \tag{6-4-1}$$

$$A = A_1+A_2 = -\frac{\partial f}{\partial \boldsymbol{\kappa}}\boldsymbol{M}^{\mathrm{T}}\overline{\boldsymbol{K}}\frac{\partial f}{\partial \boldsymbol{\sigma}}-\left(\frac{E'}{E}\right)^2\boldsymbol{M}^{\mathrm{T}}\boldsymbol{C}\boldsymbol{\sigma}\left(\frac{\partial f}{\partial \boldsymbol{\sigma}}\right)^{\mathrm{T}}\boldsymbol{\sigma}\boldsymbol{M}^{\mathrm{T}}\frac{\partial f}{\partial \boldsymbol{\sigma}}. \tag{6-4-2}$$

在关联塑性流动的本模型中

$$\mu_1 = 1-\frac{H}{H+A}=\frac{A}{H+A}=\frac{A}{B}, \tag{6-4-3}$$

$$A = -\frac{\partial f}{\partial \boldsymbol{\kappa}}\boldsymbol{M}^{\mathrm{T}}\frac{\partial f}{\partial \boldsymbol{\sigma}}. \tag{6-4-4}$$

在非关联塑性流动本构模型中

$$\mu_1 = 1-\frac{\sqrt{H_{11}H_{22}}-H_{12}}{2(H_{12}+A)}, \tag{6-4-5}$$

$$A = -\frac{\partial f}{\partial \boldsymbol{\kappa}}\boldsymbol{M}^{\mathrm{T}}\frac{\partial g}{\partial \boldsymbol{\sigma}}. \tag{6-4-6}$$

在不同的本构理论模型中，μ_1 与 A 的关系不同，A 的表达式也不同，因此，虽

然 $\mu_1<0$ 是三种模型中通用的不稳定充分必要条件，但其力学的含义却不尽相同.

2. 对关联塑性流动模型，由式(6－4－3)可知，$B>0$，μ_1 与 A 同号，因而不稳定条件是

$$A=-\frac{\partial f}{\partial \boldsymbol{\kappa}}\boldsymbol{M}^{\mathrm{T}}\frac{\partial f}{\partial \boldsymbol{\sigma}}<0. \qquad (6-4-7)$$

容易看出，$-\frac{\partial f}{\partial \boldsymbol{\kappa}}\boldsymbol{M}^{\mathrm{T}}\frac{\partial f}{\partial \boldsymbol{\sigma}}>0$，$=0$ 和 <0 分别对应于强化塑性、理想塑性和软化塑性. 因而，在关流流动模型情况，材料为强化和理想塑性时($A\geqslant 0$)，材料是稳定的，仅在软化塑性时材料是不稳定. 于是，材料软化和材料不稳定性是等价的. 这种认识曾被人们广泛接受.

3. 对耦合塑性理论模型，虽然 μ_1 仍与 A 同号，但 A 是由 A_1 和 A_2 两部分组成的，其中 A_1 的正负号取决于材料的强度是强化还是软化，而 A_2 取决于刚度劣化情况. 因为刚度劣化总有 $A_2<0$，因此即便 A_1 为正，只要数值很小($A_1<|A_2|$)，也可使 $A_1+A_2=A<0$，即有 $\mu_1<0$，材料不稳定. 因而对耦合塑性理论模型，软化塑性、理想塑性和低强化塑性(指 $A_1<|A_2|$)情况下，材料都是不稳定的. 在具有刚度劣化情况下，软化塑性和材料不稳定性不再等价. 耦合塑性理论把不稳性条件的范围扩展到峰前的某个区域.

4. 对非关联理论模型(塑性势理论)，μ_1 和 A 的关系较复杂，由式(6－4－5)可导出用 A 表示的不稳定性条件：

$$A<\frac{1}{2}(\sqrt{H_{11}H_{22}}-H_{12}). \qquad (6-4-8)$$

这里 $A>0$，$A=0$ 和 $A<0$ 仍可分别代表强化塑性、理想塑性和软化塑性，而式(6－4－8)的右端是一个小的正数. 于是在软化塑性、理想塑性和低强化塑性(指式(6－4－8)成立)时，材料均是不稳定的. 这个结论与耦合塑性理论相似.

5. 在耦合塑性理论中，如果令 $E'=0$，$\overline{\boldsymbol{K}}=\boldsymbol{I}$，也就是去除刚度劣化，则式(6－4－1)和(6－4－2)分别退化为式(6－4－3)和(6－4－4)，即耦合理论退化到关联塑性流动情况. 在非关联理论模型中，如果令 $g(\boldsymbol{\sigma},\kappa)=f(\boldsymbol{\sigma},\kappa)$，并且 $H_{11}=H_{22}=H_{12}=H_{21}=H$，则式(6－4－9)和(6－4－10)分别退化为式(6－4－3)和(6－4－4)，即非关联理论同样可退化到关联塑性流动情况.

§6－5　岩体间断面的不稳定性

使用前几节的方法同样可讨论间断面的稳定性，并且也会得到类似的结论

（殷有泉，2011；殷有泉，2007）.

对间断面的耦合塑性模型，在局部坐标系 $Oxyz$ 内，设切向刚度 k_t 是内变量 $\overline{\kappa}$ 的函数，则弹性矩阵 $\overline{\boldsymbol{D}}$ 为内变量 $\overline{\kappa}$ 的函数，这时本构矩阵为

$$\overline{\boldsymbol{D}}_{ep} = \overline{\boldsymbol{D}} - \frac{1}{\overline{H} + \overline{A}}\overline{\boldsymbol{D}}\frac{\partial f}{\partial \overline{\boldsymbol{\sigma}}}\left(\frac{\partial f}{\partial \overline{\boldsymbol{\sigma}}}\right)^{\mathrm{T}}\overline{\boldsymbol{D}}, \tag{6-5-1}$$

$$\overline{H} = \left(\frac{\partial f}{\partial \overline{\boldsymbol{\sigma}}}\right)^{\mathrm{T}}\overline{\boldsymbol{D}}\left(\frac{\partial f}{\partial \overline{\boldsymbol{\sigma}}}\right), \tag{6-5-2}$$

$$\begin{aligned}\overline{A} &= \overline{A}_1 + \overline{A}_2 \\ &= -\frac{\partial f}{\partial \overline{\boldsymbol{\kappa}}}\overline{\boldsymbol{M}}^{\mathrm{T}}\frac{\partial f}{\partial \overline{\boldsymbol{\sigma}}} - \left(\frac{k_1'}{k_1}\right)^2(\overline{\boldsymbol{M}}^{\mathrm{T}}\overline{\boldsymbol{C}}\overline{\boldsymbol{\sigma}})\left(\frac{\partial f}{\partial \overline{\boldsymbol{\sigma}}}\right)^{\mathrm{T}}\overline{\boldsymbol{M}}^{\mathrm{T}}\overline{\boldsymbol{\sigma}}\frac{\partial f}{\partial \overline{\boldsymbol{\sigma}}}.\end{aligned} \tag{6-5-3}$$

本构矩阵 $\overline{\boldsymbol{D}}_{ep}$ 是实对称的，3 个特征值分别是 $\dfrac{\overline{A}}{\overline{H}+\overline{A}}$，1 和 1. 当 $\overline{A}>0$ 时矩阵是正定的，$\overline{A}=0$ 时矩阵是半正定的，$\overline{A}<0$ 的矩阵是不正定的，间断面是不稳定. 间断面的不稳定性是应变强（软）化性质和刚度劣化性质两类因素的综合效果. 由于式(6-5-3)右端刚度劣化项为正小数，因此不仅软化和理想塑性情况间断面是不稳定的，而在低强化情况间断面也可以是不稳定的.

在不考虑刚度劣化时，k_t，k_n 是常数，因而 $\overline{\boldsymbol{D}}$ 也是常数矩阵，$\overline{\boldsymbol{K}}=\boldsymbol{I}$，间断面的本构矩阵仍有式(6-5-1)形式，$\overline{H}$ 表达式仍旧为式(6-5-2)，此时

$$\overline{A} = -\frac{\partial f}{\partial \overline{\boldsymbol{\kappa}}}\overline{\boldsymbol{M}}^{\mathrm{T}}\frac{\partial f}{\partial \overline{\boldsymbol{\sigma}}}. \tag{6-5-4}$$

这时 $\overline{A}>0$，$\overline{A}=0$ 和 $\overline{A}<0$ 分别对应于应变强化、理想塑性和应变软化，因而间断面的强度的软化性质和间断面不稳定性是等价的.

间断面也可采用第五章的非关联理论模型，这是屈服函数和塑性势函数分别记为 f 和 g

$$f = (\tau^2 + a^2c^2)^{1/2} + \mu\sigma_z - c = 0, \tag{6-5-5}$$

$$g = (\tau^2 + a^2c^2)^{1/2} + \zeta\mu\sigma_z, \tag{6-5-6}$$

其中

$$\tau^2 = \tau_{xz}^2 + \tau_{yz}^2, \tau^2 + a^2c^2 = \beta^2, \tag{6-5-7}$$

$$a = 1 - \frac{\mu\sigma_{\mathrm{T}}}{c}. \tag{6-5-8}$$

这里使用的屈服准则(6-5-5)是一个三参数准则，三个参数 c，μ，σ_{T} 都是内变量 $\overline{\kappa}$ 的函数. 当 $a=0$，即 $\sigma_{\mathrm{T}}=\sigma_{\mathrm{T}}^0=c/\mu$ 时，这个准则退化为通常的二参数的 Coulomb 型准则. 间断面的本构矩阵能写成如下形式：

$$\overline{\boldsymbol{D}}_{\mathrm{ep}} = \overline{D} - \frac{1}{\overline{H}_{12} + \overline{A}} \overline{\boldsymbol{D}}\boldsymbol{a}\boldsymbol{b}^{\mathrm{T}}\overline{\boldsymbol{D}}, \tag{6-5-9}$$

式中

$$\begin{aligned} \boldsymbol{a} &= \frac{\partial f}{\partial \overline{\boldsymbol{\sigma}}} = \left[\frac{\tau_{zx}}{\beta} \quad \frac{\tau_{zx}}{\beta} \quad \mu\right]^{\mathrm{T}}, \\ \boldsymbol{b} &= \frac{\partial g}{\partial \overline{\boldsymbol{\sigma}}} = \left[\frac{\tau_{zx}}{\beta} \quad \frac{\tau_{zy}}{\beta} \quad \zeta\mu\right]^{\mathrm{T}}, \end{aligned} \tag{6-5-10}$$

$$\overline{A} = \left[(c' - \mu'\sigma_z) - \frac{ac}{\beta}(c' - \mu'\sigma_{\mathrm{T}} - \mu\sigma'_{\mathrm{T}})\right]\overline{\boldsymbol{M}}\frac{\partial f}{\partial \overline{\boldsymbol{\sigma}}}. \tag{6-5-11}$$

本构矩阵 $\overline{\boldsymbol{D}}_{\mathrm{ep}}$ 是不对称的，它与其对称部分

$$\overline{\boldsymbol{D}}^{\mathrm{S}}_{\mathrm{ep}} = \overline{\boldsymbol{D}} - \frac{1}{2(\overline{H}_{12} + \overline{A})}\boldsymbol{D}(\boldsymbol{b}\boldsymbol{a}^{\mathrm{T}} + \boldsymbol{a}\boldsymbol{b}^{\mathrm{T}})\overline{\boldsymbol{D}} \tag{6-5-12}$$

有相同的正定性. 设

$$\overline{H}_{11} = \boldsymbol{a}^{\mathrm{T}}\overline{\boldsymbol{D}}\boldsymbol{a} = \mu^2 k_{\mathrm{n}} + k_{\mathrm{t}}\left(1 - \frac{a^2c^2}{\beta^2}\right), \tag{6-5-13}$$

$$\overline{H}_{22} = \boldsymbol{b}^{\mathrm{T}}\overline{\boldsymbol{D}}\boldsymbol{b} = \zeta^2 k_{\mathrm{n}} + k_{\mathrm{t}}\left(1 - \frac{a^2c^2}{\beta^2}\right), \tag{6-5-14}$$

$$\overline{H}_{12} = \overline{H}_{21} = \boldsymbol{a}^{\mathrm{T}}\overline{\boldsymbol{D}}\boldsymbol{b} = \zeta\mu k_{\mathrm{n}} + k_{\mathrm{t}}\left(1 - \frac{a^2c^2}{\beta^2}\right), \tag{6-5-15}$$

可直接验证

$$\boldsymbol{r}_1 = \frac{\boldsymbol{a}}{\sqrt{\overline{H}_{11}}} + \frac{\boldsymbol{b}}{\overline{H}_{22}}, \quad \boldsymbol{r}_2 = \frac{\boldsymbol{a}}{\sqrt{\overline{H}_{11}}} - \frac{\boldsymbol{b}}{\sqrt{\overline{H}_{22}}}$$

是对称矩阵的两个特征矢量，而第三个特征矢量可用 $\boldsymbol{r}_1$ 和 $\boldsymbol{r}_2$ 叉乘得到. 相应的特征值为

$$\begin{aligned} \mu_1 &= 1 - \frac{\sqrt{\overline{H}_{11}\overline{H}_{22} + \overline{H}_{12}}}{2(\overline{H}_{12} + \overline{A})}, \\ \mu_2 &= 1 + \frac{\sqrt{\overline{H}_{11}\overline{H}_{22} - \overline{H}_{12}}}{2(\overline{H}_{12} + \overline{A})}, \\ \mu_3 &= 1. \end{aligned} \tag{6-5-16}$$

当 $\mu_1 \geqslant 0$ 时，矩阵 $\overline{\boldsymbol{D}}^{\mathrm{S}}_{\mathrm{ep}}$ 是正定或半正定的，间断面是稳定的；当 $\mu_1 < 0$ 时，$\overline{\boldsymbol{D}}^{\mathrm{S}}_{\mathrm{ep}}$ 是不正定的，间断面是不稳定的. 不稳定的条件 $\mu_1 < 0$ 可改写为

$$\overline{A} < (\sqrt{\overline{H}_{11}\overline{H}_{12}} - \overline{H}_{12})/2.$$

将式(6－5－12)和(6－5－14)～(6－5－16)代入上式，得

$$(c'-\mu'\sigma_{\mathrm{T}})-\frac{ac}{\beta}(c'-\mu'\sigma_{\mathrm{T}}-\mu\sigma'_{\mathrm{T}})$$
$$<\frac{1}{\overline{\boldsymbol{M}}\,\dfrac{\partial f}{\partial\overline{\overline{\boldsymbol{\sigma}}}}}\left\{\left[\mu^2k_{\mathrm{n}}+k_{\mathrm{t}}\left(1-\frac{a^2c^2}{\beta^2}\right)\right]^{1/2}\left[\zeta^2\mu^2k_{\mathrm{n}}+k_{\mathrm{t}}\left(1-\frac{a^2c^2}{\beta^2}\right)\right]^{1/2}\right.$$
$$\left.-\left[\zeta\mu^2k_{\mathrm{n}}+k_{\mathrm{t}}\left(1-\frac{a^2c^2}{\beta^2}\right)\right]\right\}. \qquad (6-5-17)$$

注意在上式中的μ是间断面的内摩擦系数，它是没有下标的，有下标i的μ_i代表特征值，而ζ是塑性势中的流动参数. 不等式(6－5－17)的右端是一个非负的小数，当$0\leqslant\zeta<1$时是一个正小数，当$\zeta=1$(相当于关联流动)时为零. 于是在非关联理论模型中，间断面为理想塑性或低强化塑性时，它也可以是不稳定的，这一结论是与耦合塑性模型是一致的.

§6－6 讨论

1. 耦合塑性理论和正交(关联)塑性流动理论的本构矩阵都是实对称矩阵，其正定性的讨论比较简单. 其结论是：

(1) 如果不考虑岩石类材料的刚度劣化(即不考虑弹塑性耦合)，那么仅当材料处于软化阶段，本构矩阵$\boldsymbol{D}_{\mathrm{ep}}$才是不正定的. 这种材料软化和不稳定等价的看法，与以前人们的通常认识是一致的.

(2) 如果考虑岩石材料的刚度劣化，那么材料除了在软化阶段外，在理想塑性和低强化时，材料的本构矩阵也是不正定的. 于是，刚度劣化拓宽了材料不稳定的范围，也就是说岩石材料不仅在峰后，而且在峰值和峰前的某个邻域内都是不稳定的，本构矩阵是不正定的.

软化和刚度劣化两者都是材料不稳定性的原因，因此不稳定性与材料软化并不等效，而是两个不同的概念. 这使人们对材料不稳定性的认识向前迈进了一步.

2. 塑性势理论(非关联理论)的本构矩阵$\boldsymbol{D}_{\mathrm{ep}}$是非对称的，具有复特征值和特征向量，直接研究本构矩阵的正定性有一定的困难. 只好采用一种迂回的方法，通过研究本构矩阵的对称部分$\boldsymbol{D}_{\mathrm{ep}}^{\mathrm{S}}$(它是实对称的)的正定性得到关于$\boldsymbol{D}_{\mathrm{ep}}$的有关结论. 即使这样做，在数学上也还是比较繁琐，好在所得到的定性结论和耦合塑性理论的结果是一致的.

从岩石材料本构矩阵正定性(即材料的稳定性)研究来看，耦合理论具有先天的优势. 在物理上，它指出材料不稳定性的两个根源是材料在强度上软化

和刚度上劣化. 因此, 考察材料稳定性时不能只考虑软化情况, 软化和不稳定性是不同概念. 这些认识无法从塑性势理论中得到, 塑性势理论没有涉及刚度劣化, 是理论上的先天不足.

第二部分

岩石类材料塑性力学边值问题及其有限元表述

第 7 章　简单的弹塑性问题

在这一章将讨论三个简单的弹塑性问题，它们可以得到解析解．这些讨论能够帮助我们了解岩石类材料结构弹塑性变形的概念及其基本特性，特别是结构的稳定性和不稳定性，也可看出岩石塑性力学在应用方面的深度和广度．

§7－1　自由端受力矩作用的混凝土悬臂梁

一个混凝土悬臂梁的几何形状如图 7－1 所示，梁长为 l，矩形截面的高为 h，宽为 b，在自由端($x=l$)作用以外力矩 M.

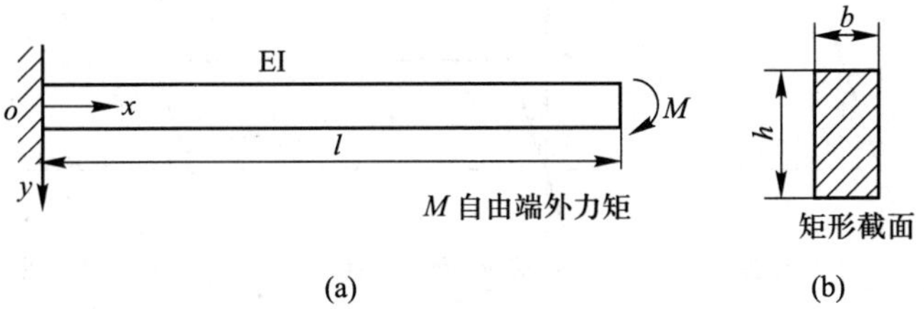

图 7－1　混凝土悬臂梁

混凝土材料特性可简化为如下的三种模型．第一种类型是完全弹性，即拉伸和压缩均为线性弹性，而且弹性模量相同(即拉压同性材料)，如图 7－2(a)所示．这时本构方程为

$$\sigma = E\varepsilon, \quad -\infty < \varepsilon < +\infty, \tag{7-1-1}$$

式中 E 是弹性模量，也称为 Young 模量．第二种类型是弹性－理想塑性，即拉伸是弹性－理想塑性，压缩时是纯弹性的，如图 7－2(b)所示，由于混凝土的抗压强度远大于抗拉强度，有理由将压缩变形假定为弹性反应．这是一种拉压不同性材料模型，本构方程是

$$\sigma = \begin{cases} E\varepsilon, & -\infty < \varepsilon \leqslant \varepsilon_s, \\ \sigma_s, & \varepsilon > \varepsilon_s, \end{cases} \tag{7-1-2}$$

式中 σ_s 是拉伸强度或拉伸屈服应力，ε_s 是初始屈服时的拉伸应变，$\varepsilon_s=\sigma_s/E$.
第三种类型是弹性－软化塑性，即拉伸是弹性－软化塑性的，压缩是弹性的，如图 7－2(c)所示．这也是一种拉压不同性材料模型，同时可以反映混凝土的

应变软化特性. 它的本构方程是

$$\sigma = \begin{cases} E\varepsilon, & -\infty < \varepsilon \leqslant \varepsilon_s, \\ \sigma_s - E_t(\varepsilon - \varepsilon_s), & \varepsilon_s < \varepsilon \leqslant \varepsilon_r, \\ 0, & \varepsilon_r < \varepsilon < +\infty, \end{cases} \quad (7-1-3)$$

式中 σ_s 是峰值强度，ε_s 是峰值强度对应的应变，而 ε_r 是强度刚刚达到零值的应变，即零残余强度阶段的起点(阈值). E_t 是曲线下降段的坡度. 这里取 E_t 为正值，而这时的切线模量应是 $E_T = -E_t$. 也即 E_t 是 E_T 的绝对值(今后请注意 E_t 和 E_T 的区别). ε_s 和 ε_r 是两个材料参数，为方便起见，设应变比

$$\frac{\varepsilon_r}{\varepsilon_s} = \alpha^2 > 1, \quad (7-1-4)$$

因此 α^2 也可以看做是材料参数，并且有

$$\frac{E_t}{E} = \frac{\varepsilon_s}{\varepsilon_r - \varepsilon_s} = \frac{1}{\alpha^2 - 1} \geqslant 0. \quad (7-1-5)$$

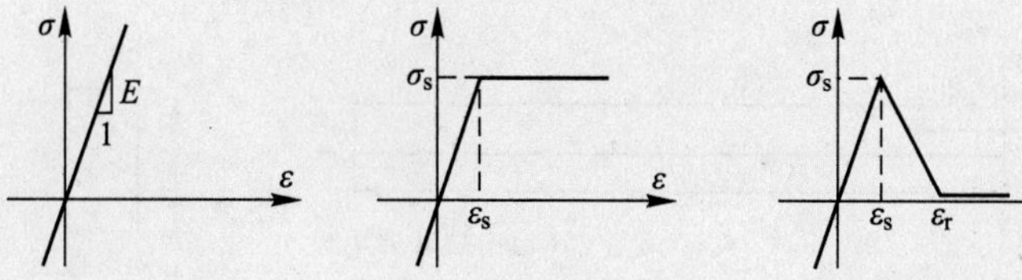

(a) 完全弹性 (b) 弹性-理想塑性 (c) 弹性-软化模型

图 7-2 三种类型的本构关系

由于梁的轴向合力为零，中性轴上轴向应变为零，轴向应力也为零. 设 κ 是中性轴变形后的曲率，y 是由中性轴起算的坐标(坐标原点总是取在中性轴上)，由平截面假设(殷有泉等，2006)，截面上应变分布为

$$\varepsilon(y) = \kappa y, \quad (7-1-6)$$

这表明梁纤维的相对伸长是坐标 y 的线性函数. 由于本问题梁轴各点处的曲率相同(相当于纯弯曲梁)，梁自由端转角

$$\varphi = \kappa l. \quad (7-1-7)$$

由平衡条件，可计算梁截面的弯矩(数值上它与端面外力矩 M 相等)，即

$$M = \int_A \sigma y \mathrm{d}A, \quad (7-1-8)$$

其中 A 为梁的横截面面积. 下面仅讨论第二和第三种材料模型.

7-1-1　弹性-理想塑性情况

(1) 弹性变形阶段(截面顶部应变 $\tilde{\varepsilon}<\varepsilon_s$)

这时梁变形的中性轴与截面形心轴一致，截面内弯矩(或端部外力矩)

$$M=\int_A \sigma y\mathrm{d}A=\int_A E\kappa y^2\mathrm{d}A=EI\kappa, \tag{7-1-9}$$

其中 I 是截面的惯性矩，在矩形截面(图 7-1-1)情况下，

$$I=\int_A y^2\mathrm{d}A=\frac{bh^3}{12}.$$

由式(7-1-7)，外力矩 M 和端部转角 φ 之间关系为

$$M=\frac{EI}{l}\varphi. \tag{7-1-10}$$

当截面顶部应变 $\tilde{\varepsilon}=\varepsilon_s$ 时，截面顶部和底部$\left(y=\pm\dfrac{h}{2}\right)$的应力为 $\sigma=\pm\sigma_s$，这时外力矩、曲率和自由端转角分别为

$$\begin{aligned}M&=M_e=\frac{bh^2}{6}\sigma_s,\\ \kappa&=\kappa_e=\frac{2\varepsilon_s}{h},\\ \varphi&=\varphi_e=\frac{2\varepsilon_s l}{h},\end{aligned} \tag{7-1-11}$$

式中 M_e，κ_e 和 φ_e 代表相应量弹性阶段的极限值，分别称为弹性极限外力矩、弹性极限曲率和弹性极限转角. 引入无量纲量①

$$\overline{M}=\frac{M}{M_e},\quad \overline{\kappa}=\frac{\kappa}{\kappa_e},\quad \overline{\varphi}=\frac{\varphi}{\varphi_e}, \tag{7-1-12}$$

则外力矩和转角的关系(7-1-10)可表示为

$$\overline{M}=\overline{\varphi},\quad \overline{\kappa}=1,\quad 当\ \overline{\varphi}<1. \tag{7-1-13}$$

在弹性极限状态下，

$$\overline{M}=1,\quad \overline{\kappa}=1,\quad 当\ \overline{\varphi}=1. \tag{7-1-14}$$

采用这种无量纲表述既简洁又具有一般性.

(2) 理想塑性变形阶段($\tilde{\varepsilon}>\varepsilon_s$)

进入塑性变形阶段后，塑性区仅发生在截面的受拉伸部分，这时中性轴离开形心轴向下移动，设中性轴到截面顶部距离为 nh，塑性区范围为 ζh，n 和 ζ

---

① 按国家标准，应称为量纲一的量.

是两个无量纲参数，分别表示中性轴的位置和塑性区的大小，如图 7－3 所示．随着外力矩的增大，塑性区总是扩展的，因而 ζ 是单调增加的参数，实际上可以将它可看做是一种内变量．下文将所有变量都表示为 ζ 的函数．

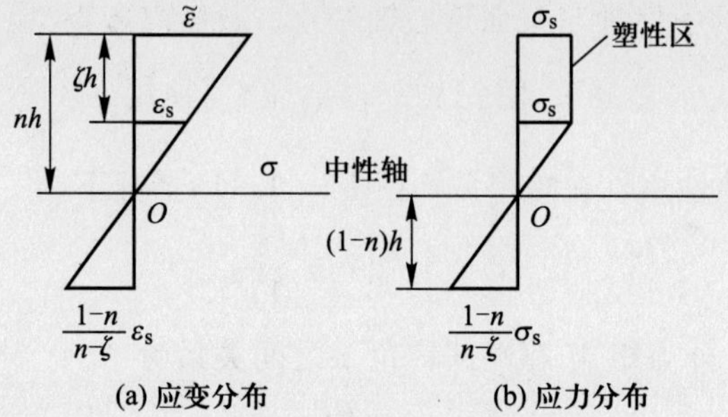

图 7－3 随塑性区扩展截面应变分布和应力分布

由轴力 N 等于零，轴向平衡方程为

$$N = \zeta h\sigma_s + \frac{1}{2}(n-\zeta)h\sigma_s - \frac{1}{2}(1-n)h\frac{1-n}{n-\zeta}\sigma_s = 0,$$

从而可确定中性轴位置

$$n = \frac{1}{2}(1+\zeta^2). \qquad (7-1-15)$$

知道了中性轴位置，可计算出力矩

$$M(\zeta) = h^2\sigma_s\left[\zeta\left(n-\frac{1}{2}\zeta\right)+\frac{1}{3}(n-\zeta)^2+\frac{1}{3}\frac{(1-n)^3}{n-\zeta}\right].$$

将式(7－1－15)的 n 代入上式，并考虑式(7－1－12)得

$$\overline{M}(\zeta) = \frac{M}{M_e} = 1+\frac{1}{2}\zeta+\frac{3}{2}\zeta^2(1-\zeta). \qquad (7-1-16)$$

由几何关系(平截面假定，见式(7－1－6))

$$\varepsilon_s = \kappa(n-\zeta)h,$$

则得

$$\overline{\kappa} = \frac{\kappa}{\kappa_e} = \frac{\dfrac{\varepsilon_s}{(n-\zeta)h}}{\dfrac{2\varepsilon_s}{h}} = \frac{1}{2(n-\zeta)},$$

最后得

$$\overline{\varphi}(\zeta) = \frac{1}{2(n-\zeta)} = \frac{1}{(1-\zeta)^2}. \qquad (7-1-17)$$

式(7－1－16)和(7－1－17)给出了外力矩 $\overline{M}$ 和自由端转角 $\overline{\varphi}$ 的参数方程，从

中消去变量 ζ 得到 $\overline{M}-\overline{\varphi}$ 曲线，这个曲线叫做平衡路径曲线，上面的每一个点代表一个平衡状态，如图 7 - 4 所示.

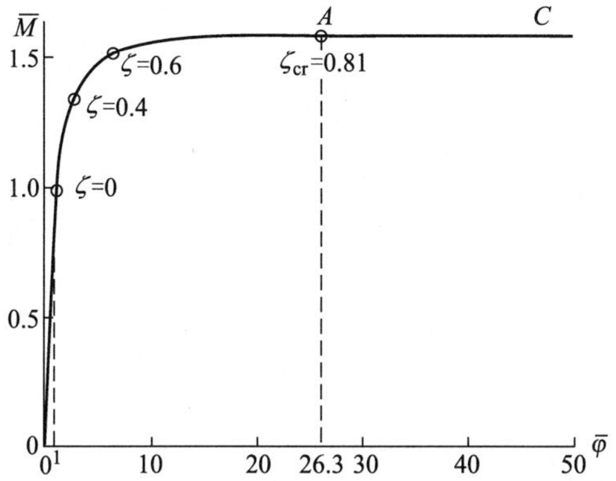

图 7 - 4 弹性 - 理想塑性材料梁的平衡路径曲线

从图可见，随着塑性区发展，即内变量参数 ζ 不断增加，$\overline{M}$ 也不断增加，在 $\zeta=\zeta_{cr}=0.81$ 时达到最大值 $\overline{M}_{cr}=1.59$，相应的转角为 $\overline{\varphi}_{cr}=26.3$. 此后随 ζ 增加，$\overline{M}$ 下降，在 $\zeta\to1$ 时，即塑性区贯穿整个截面时，$\overline{M}=1.5$，$\overline{\varphi}\to\infty$，此时为最终的断裂破坏. 在 $\zeta_{cr}=0.81$ 时，$\overline{M}_{cr}$是平衡路径曲线外力矩的峰值，是 $\overline{M}$ 的一个转向点，此时达到了临界载荷 $\overline{M}_{cr}$，这时梁是不稳定的. 随着 $\overline{\varphi}$ 增加，要保持梁的平衡，以后的每一瞬时的外力矩必须减少. 如果外力矩保持不变，那么将发生突然加快的变形，自由端转角瞬时地达到很大，参数 ζ 从 0.81 迅速地达到 1，致使梁的完全破坏. 点 $A(\overline{\varphi}_{cr},\ \overline{M}_{cr})$是平衡曲线从稳定分支 OA 到不稳定分支 AC 的临界点. 这种失稳形式称为极值点型失稳. 外力矩 $\overline{M}_{cr}$称为临界载荷，也称梁的承载能力. 上述分析能够揭示混凝土结构塑性区由稳态扩展过渡到非稳态扩展的现象.

7 - 1 - 2 弹性 - 软化塑性情况

由于塑性软化材料(图 7 - 2(c))在峰值后除软化阶段还有残余的零强度的“流动”阶段，因而悬臂梁的变形分为三个阶段：弹性阶段、软化塑性阶段(塑性变形的第一阶段)和零强度的流动阶段(塑性变形的第二阶段). 采用平截面假设，梁的整个变形过程中截面上的应变分布和应力分布如表 7 - 1 所示.

(1) 弹性阶段(截面顶部应变 $\tilde{\varepsilon}<\varepsilon_s$)

ε_s 是峰值强度对应的应变. 引用无量纲变量(7 - 1 - 12)之后，外力矩和转角的关系为式(7 - 1 - 13)，即

$$\overline{M}=\overline{\varphi},\quad \overline{\kappa}=\overline{\varphi},\quad 当\ \overline{\varphi}<1.$$

表 7－1 弹性－软化塑性材料变形过程中的应变和应力分布

阶段序号	(1)	(2)	(3)	(4)	(5)
载面顶部应变 $\tilde{\varepsilon}$	$\tilde{\varepsilon} < \varepsilon_s$	$\tilde{\varepsilon} = \varepsilon_s$	$\varepsilon_s < \tilde{\varepsilon} < \varepsilon_r$	$\tilde{\varepsilon} = \varepsilon_r$	$\tilde{\varepsilon} > \varepsilon_r$
应变分布 (平面假设)				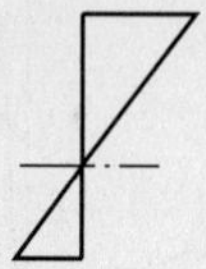	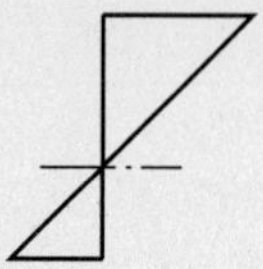
应力分布 (由本构关系)			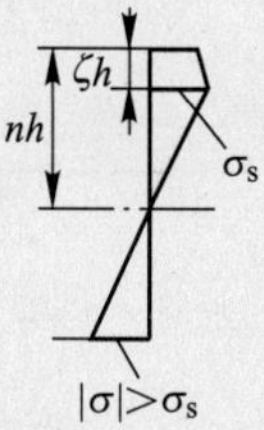	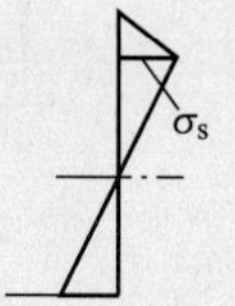	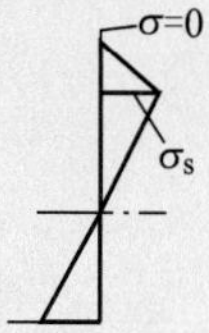
中性轴位置: 距顶部 nh 塑性区范围: ζh	中性轴过形心 $n=0.5$ $\zeta=0$		中性轴下移 $n=>0.5$ $\zeta>0$	中性轴 继续下移 塑性区扩大	中性轴 继续下移 塑性区 继续扩大

(2) 初始屈服($\tilde{\varepsilon}=\varepsilon_s$)

$$\overline{M}=1,\quad \overline{\varphi}=1,\quad \overline{\kappa}=1.$$

(3)塑性变形第一阶段($\varepsilon_s<\tilde{\varepsilon}<\varepsilon_r$)

仍设中性轴到截面顶边距离为 nh，塑性区范围为 ζh，应变分布与应力分布如图 7－5 所示.

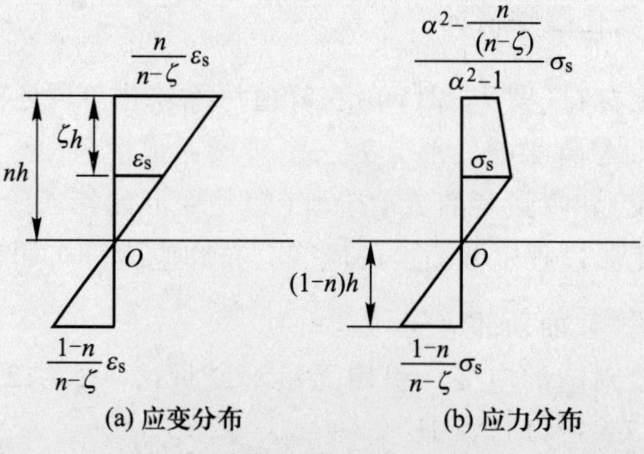

(a) 应变分布　　(b) 应力分布

图 7－5 塑性变形第一阶段的应变和应力分布

中性轴参数 n 的大小可由截面上正应力的合力为零，即 $N=0$ 确定

$$N=\frac{1}{2}\left(1+\frac{\alpha^2-\dfrac{n}{n-\zeta}}{\alpha^2-1}\right)\zeta bh\sigma_s+\frac{1}{2}(n-\zeta)bh\sigma_s-\frac{1}{2}\frac{(1-n)^3bh\sigma_s}{n-\zeta}=0.$$

因而

$$n=\frac{1}{2}\left(1+\frac{\alpha^2}{\alpha^2-1}\zeta^2\right).\qquad(7-1-18)$$

中性轴的位置与参数 α^2（见式(7－1－4)）有关，而且随塑性区的扩大（ζ 的增大）而下移．弯矩（或外力矩）是截面上正应力相对中性轴的力矩之和

$$M(\zeta)=\left\{\frac{\alpha^2-\dfrac{n}{n-\zeta}}{\alpha^2-1}\zeta\left(\frac{\zeta}{2}+(n-\zeta)\right)+\frac{1}{2}\left(1-\frac{\alpha^2-\dfrac{n}{n-\zeta}}{\alpha^2-1}\right)\zeta\left[\frac{1}{3}\zeta+(n-\zeta)\right]\right.$$

$$\left.+\frac{1}{2}(n-\zeta)\cdot\frac{2}{3}(n-\zeta)+\frac{1}{2}\frac{1-n}{n-\zeta}(1-n)\frac{2}{3}(1-n)\right\}h^2b\sigma_s.$$

将 n 的表达式(7－1－18)代入上式，得

$$\overline{M}(\zeta)=\frac{1-\dfrac{\alpha^2}{\alpha^2-1}(3-2\zeta)\zeta^2}{1-2\zeta+\dfrac{\alpha^2}{\alpha^2-1}\zeta^2},\quad 0<\zeta\leqslant\zeta_r,\qquad(7-1-19)$$

由几何分析

$$\kappa=\frac{\varepsilon_s}{(n-\zeta)h}=\frac{\kappa_e}{2(n-\zeta)},$$

$$\overline{\kappa}=\frac{1}{2(n-\zeta)},$$

将 n 值代入得

$$\overline{\varphi}=\overline{\kappa}=\frac{1}{1-2\zeta+\dfrac{\alpha^2}{\alpha^2-1}\zeta^2},\quad 0<\zeta\leqslant\zeta_r.\qquad(7-1-20)$$

由式(7－1－19)和(7－1－20)构成塑性变形第一阶段平衡路径的参数方程．ζ_r 是塑性变形第一阶段末塑性区尺度参数，又是进入第二阶段的阈值．

(4) 确定 ε_r 值和 ζ_r 值

当 $\tilde{\varepsilon}=\varepsilon_r$ 时截面的应变分布和应力分布如图 7－6 所示．此时梁截面顶部应力 $\tilde{\sigma}=0$，中性轴位置为 n_rh，塑性区范围为 ζ_rb．由

$$N=\frac{1}{2}n_rbh\sigma_r-\frac{1}{2}\frac{1-n_r}{n_r-\zeta_r}bh\sigma_s=0,$$

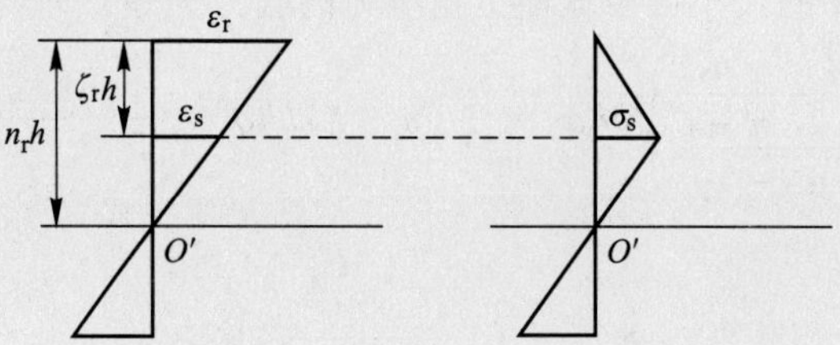

(a) 应变分布　　(b) 应力分布

图 7-6　塑性变形第一阶段末的应变和应力分布

得

$$n_r = \frac{1}{2-\zeta_r}. \tag{7-1-21}$$

由几何关系有

$$\varepsilon_s = \kappa(n_r - \zeta_r)h, \quad \varepsilon_r = \kappa n_r h.$$

将两式消去 κ，得

$$\frac{n_r}{n_r - \zeta_r} = \alpha^2. \tag{7-1-22}$$

由式(7-1-21)和(7-1-22)解出

$$\zeta_r = \frac{\alpha - 1}{\alpha} < 1, \quad n_r = \frac{\alpha}{\alpha + 1} < 1. \tag{7-1-23}$$

将 ζ_r 和 n_r 代入式(7-1-19)和(7-1-20)，得

$$\overline{M}(\zeta_r) = 1,$$

$$\overline{\varphi}(\zeta_r) = \frac{1}{2}\alpha(1+\alpha).$$

对于不同的 α^2 值，$\overline{M}(\zeta_r)$ 均等于单位值.

(5) 进入塑性变形的第二阶段($\tilde{\varepsilon} > \varepsilon_r$)

为表述零应力区，引入新参数 η，ηh 为零应力的塑性区大小，如图 7-7 所示，由几何关系得

$$\alpha^2 = \frac{n - \eta}{n - \zeta},$$

又由 $N=0$ 得

$$n - \eta - \frac{(1-n)^2}{n - \zeta} = 0,$$

从前两式可解出

$$\eta = 1 - (1-\zeta)\alpha, \quad n = \frac{\alpha\zeta + 1}{\alpha + 1}. \tag{7-1-24}$$

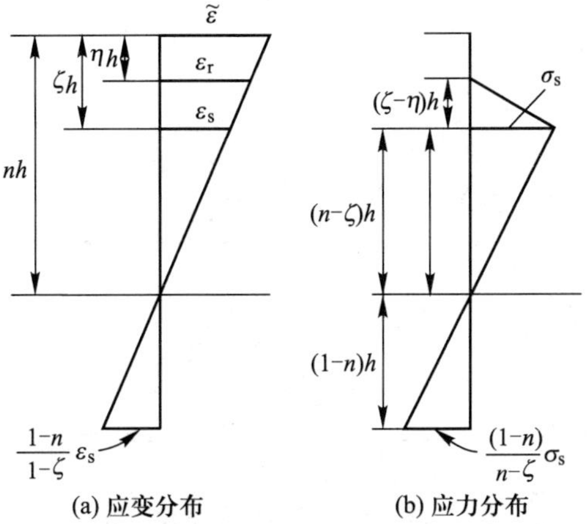

图 7－7　塑性变形第二阶段的应变和应力分布

最后得

$$\overline{M}(\zeta) = \alpha^2(1-\zeta)^2,$$
$$\overline{\varphi}(\zeta) = \frac{\alpha+1}{2(1-\zeta)} \quad (\zeta_r \leqslant \zeta < 1). \tag{7-1-25}$$

由于 $\zeta_r = (\alpha-1)/\alpha$，$\overline{M}(\zeta_r)=1$，$\overline{\varphi}(\zeta_r)=\frac{1}{2}(1+\alpha)\alpha$；当 $\zeta\to 1$ 时，$\overline{M}(\zeta)\to 0$，$\overline{\varphi}(\zeta)\to\infty$，因而 $\overline{M}(\zeta)$ 从 1 到 0 变化，$\overline{\varphi}(\zeta)$ 在区间 $\left[\frac{1}{2}(1+\alpha)\alpha,\ \infty\right)$ 内变化.

弹性阶段的平衡路径由式(7－1－13)给出，塑性变形第一阶段平衡路径由式(7－1－19)和(7－1－20)给出，塑性变形第二阶段平衡路径由式(7－1－25)给出. 这样就得全过程的平衡路径，对取不同的 α^2 值的平衡路径曲线如图 7－8 所示.

曲线的峰值发生在塑性变形的第一阶段，令

$$\frac{\partial\overline{M}}{\partial\overline{\varphi}} = \frac{\partial\overline{M}}{\partial\xi}\Big/\frac{\partial\overline{\varphi}}{\partial\xi} = 0,$$

由式(7－1－19)和(7－1－20)确定参数 ζ_{cr}，从而确定峰值力矩 $\overline{M}_{cr}$ 和相应的转角 $\overline{\varphi}_{cr}$，内变量参数(塑性区尺度参数)达到 ζ_{cr} 时，悬臂梁处于不稳定状态. 在扰动下，$\overline{\varphi}$ 迅速增大，$\overline{M}$ 迅速降至为零. 这种失稳形式称为极值点失稳. $\overline{M}_{cr}$ 为稳定性问题的临界载荷，也即梁的承载能力. $\overline{\varphi}_{cr}$ 为失稳时的转角，相当于失稳模态.

从图 7－8 可看出，随着 α^2 的增大，或随 $E_t/E=\frac{1}{\alpha^2-1}$ 的减小，稳定性的

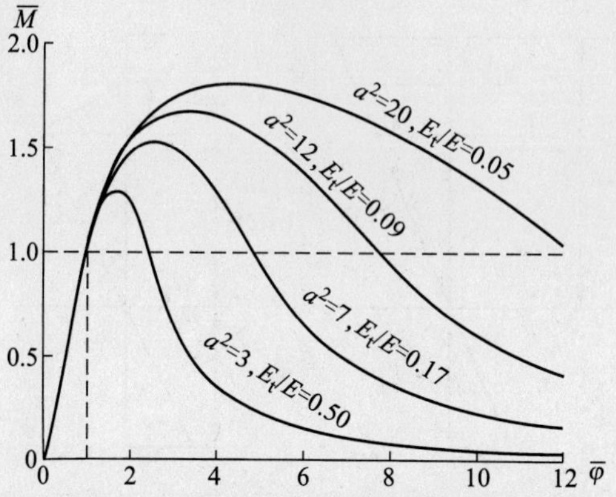

图 7－8　悬臂梁的平衡路径曲线

临界载荷 $\overline{M}_{cr}$是不断减小的. E_t/E 代表无量纲化的峰值后应力曲线坡度. 这个坡度越大，材料越脆；越小越不脆；当 $E_t/E=0$ 时为理想塑性情况，表现为较大韧性. 因而可定义 E_t/E 为材料的“脆度”. 这样，材料脆度越大，稳定性临界载荷(承载能力)越小.

§7－2　受均布内压的厚壁圆筒

受内压的厚壁筒是工程中常见的结构物. 弹性和理想弹塑性材料的厚壁筒问题都有解析解(王仁，黄文彬，黄筑平，1992)，而软化塑性材料的解析解由殷有泉(2011)给出.

设厚壁筒的内半径为 a，外半径为 b，在内壁受均布压力 p 的作用. 由于筒体很长，可简化为平面应变问题. 采用柱坐标(r，θ，z)，非零位移分量为 u，非零应变分量为 ε_r，ε_θ，非零应力分量为 σ_r，σ_θ 和 σ_z，它们都只是半径 r 的函数. 应力分量满足平衡方程

$$\frac{d\sigma_r}{dr}+\frac{\sigma_r-\sigma_\theta}{r}=0 . \tag{7-2-1}$$

位移和应变分量满足几何关系

$$\varepsilon_r=\frac{du}{dr},\quad \varepsilon_\theta=\frac{u}{r} . \tag{7-2-2}$$

此外还需补充本构关系和相应的边界条件

$$\sigma_r=\begin{cases}-p, & \text{当 } r=a,\\ 0, & \text{当 } r=b .\end{cases} \tag{7-2-3}$$

7-2-1　完全弹性材料

弹性材料的本构关系是 Hooke 定律，在平面应变情况下，

$$\varepsilon_r = \frac{1}{E}[\sigma_r - \nu(\sigma_\theta + \sigma_z)],$$

$$\varepsilon_\theta = \frac{1}{E}[\sigma_\theta - \nu(\sigma_z + \sigma_r)], \tag{7-2-4}$$

$$\varepsilon_z = \frac{1}{E}[\sigma_z - \nu(\sigma_r + \sigma_\theta)] = 0,$$

式中 E 是 Young 模量，ν 是 Poisson 比．式(7-2-1)，式(7-2-2)和(7-2-4)共 6 个方程，含 6 个未知函数 u，ε_r，ε_θ，σ_r，σ_θ 和 σ_z，构成封闭的方程组，在边界条件(7-2-3)下可以求得解答．其中的应力分量 σ_r 和 σ_θ 为

$$\sigma_r = \left(\frac{a^2}{b^2 - a^2}\right)\left(1 - \frac{b^2}{r^2}\right)p \leqslant 0,$$

$$\sigma_\theta = \left(\frac{a^2}{b^2 - a^2}\right)\left(1 + \frac{b^2}{r^2}\right)p > 0, \tag{7-2-5}$$

而径向位移 u 为

$$u = \left(\frac{a^2}{b^2 - a^2}\right)\left(\frac{1+\nu}{E}\right)\left[(1-2\nu)r + \frac{b^2}{r}\right]p. \tag{7-2-6}$$

由式(7-2-5)可见，径向应力 σ_r 在 $r=b$ 处取零值，它是最大值(在 $a\leqslant r<b$，均为负值)．周向应力 σ_θ 在 $r=b$ 处取值 $\sigma_\theta = \frac{2a^2}{b^2-a^2}p$，它是最小值．可以论证，当 $0\leqslant\sigma_z\leqslant\frac{2a^2}{b^2-a^2}p$ 或 $0\leqslant T\leqslant 2\pi a^2 p$(其中 T 是厚壁筒的轴向力)时，σ_z 将是中间主应力．这时 Tresca 屈服准则为

$$\sigma_\theta - \sigma_r = \sigma_s, \tag{7-2-7}$$

式中 σ_s 是拉伸屈服应力．将式(7-2-5)代入上式得

$$\frac{2a^2}{b^2-a^2}p = \sigma_s$$

从而可求得内壁首先进入塑性状态时内压 p 值

$$p = p_e = \frac{\sigma_s}{2}\left(1 - \frac{a^2}{b^2}\right), \tag{7-2-8}$$

其中 p_e 称为弹性极限压力．厚壁筒的弹性解(7-2-5)和(7-2-6)的适用条件是

$$p \leqslant p_e \quad 或 \quad p/p_e \leqslant 1. \tag{7-2-9}$$

为讨论平衡稳定性，可考虑平衡路径曲线．在式(7-2-6)中令 $r=a$，得

内壁位移和内壁压力之间的关系为

$$u(a) = \frac{a^2}{b^2 - a^2}\frac{1+\nu}{E}\left[(1-2\nu) + \frac{b^2}{a^2}\right]ap.$$

引用无量纲变量

$$\bar{u} = \frac{2Eu(a)}{(1+\nu)a\sigma_s}, \quad \bar{p} = \frac{p}{p_e} = \frac{2b^2 p}{\sigma_s(b^2 - a^2)}, \qquad (7-2-10)$$

上式可改写为

$$\bar{u} = \left[1 + (1-2\nu)\frac{a^2}{b^2}\right]\bar{p}. \qquad (7-2-11)$$

式(7-2-11)为弹性厚壁圆管的平衡路径曲线. 由于 $\bar{u}$ 和 $\bar{p}$ 之间是线性关系，只要 $p \leqslant p_e$，每个平衡状态都是稳定的平衡状态.

7-2-2 弹性-理想塑性材料

当厚壁筒的内壁压力逐渐增大到 $p = p_e$ 时，内壁 $r = a$ 处出现屈服；而当 $p > p_e$ 时，随 p 的增加，塑性区从内半径 $r = a$ 处向深部扩张. 设塑性区的外边界为 $r = c$，下面分别对塑性区 $a \leqslant r \leqslant c$ 和弹性区 $c \leqslant r \leqslant b$ 进行求解.

首先考虑塑性区 $a \leqslant r \leqslant c$. 设 σ_z 为中间主应力(可以在求出解答后予以验证)，采用 Tresca 屈服准则(7-2-7)，这时可将平衡方程(7-2-1)写为

$$\frac{d\sigma_r}{dr} = \frac{\sigma_s}{r}.$$

将上式积分，并利用边界条件(7-2-3)，求得

$$\sigma_r = -p + \sigma_s \ln\frac{r}{a},$$

$$\sigma_\theta = -p + \sigma_s\left(1 + \ln\frac{r}{a}\right), \quad a \leqslant r \leqslant c. \qquad (7-2-12)$$

由于在上面求应力分量 σ_r 和 σ_θ 时只用到了屈服准则和平衡方程，并未用到几何关系，故对理想塑性区求解应力而言，问题是静定的.

其次考虑弹性区 $c \leqslant r \leqslant b$. 如果将内层塑性区对外层弹性区的压应力 $\sigma_r|_{r=c}$(简记为 p_c)看做是作用于内半径为 c 且外半径为 b 的弹性圆筒上的内壁压力，则可利用前面完全弹性材料模型分析得到的式(7-2-5)和(7-2-6)，而得到相应的解. 这时只要将上述公式中的 a 改为 c，p 改为 p_c 即可. 实际上，在 p_c 作用下外层弹性筒的内边界 $r = c$ 处可认为就是弹性极限压力，利用式(7-2-8)，将式中 a 改写为 c，即得该压力

$$p_c = \frac{\sigma_s}{2}\left(1 - \frac{c^2}{b^2}\right). \qquad (7-2-13)$$

最后得到弹性区($c\leqslant r\leqslant b$)的应力和位移表达式为

$$\begin{aligned}\sigma_r &= \frac{\sigma_s c^2}{2b^2}\left(1-\frac{b^2}{r^2}\right),\\ \sigma_\theta &= \frac{\sigma_s c^2}{2b^2}\left(1+\frac{b^2}{r^2}\right),\\ u &= \frac{(1+\nu)\sigma_s}{2E}\left(\frac{c^2}{b^2}\right)\left[(1-2\nu)r+\frac{b^2}{r}\right],\\ c &\leqslant r\leqslant b.\end{aligned}\tag{7-2-14}$$

根据弹性区和塑性区的正应力 σ_r 在两区交界 $r=c$ 处的连续性，分别由式(7－2－14)和(7－2－12)计算出的应力分量 σ_r 应该相等，由此求得 c 和 p 之间所满足的关系式为

$$p=\frac{\sigma_s}{2}\left(2\ln\frac{c}{a}+1-\frac{c^2}{b^2}\right).\tag{7-2-15}$$

从上式可看出，随厚壁筒内压 p 的增加，塑性区不断向外扩展(c 增大)；而当 $c=b$ 时，塑性区扩展到整个圆筒，此时内压 p 已不能再增加，就得到厚壁筒的塑性极限压力，或称承载能力 p_s.

$$p_s=\sigma_s\ln\frac{b}{a}.\tag{7-2-16}$$

从上式可见，塑性极限压力 p_s 随筒壁厚的增加而增大.

最后，计算塑性区的位移 u. 由于采用的是 Tresca 屈服准则和正交流动法则，塑性的体应变为零，材料的体积变形是以弹性规律变化的，因而有

$$\begin{aligned}\varepsilon_r+\varepsilon_\theta+\varepsilon_z=\frac{\mathrm{d}u}{\mathrm{d}r}+\frac{u}{r}&=\left(\frac{1-2\nu}{E}\right)(\sigma_r+\sigma_\theta+\sigma_z)\\ &=\left(\frac{1-2\nu}{E}\right)[(1+\nu)(\sigma_r+\sigma_\theta)],\end{aligned}$$

或

$$\frac{1}{r}\frac{\mathrm{d}}{\mathrm{d}r}(ru)=\frac{(1-2\nu)(1+\nu)}{E}(\sigma_r+\sigma_\theta).\tag{7-2-17}$$

将式(7－2－12)代入上式并积分得

$$\begin{aligned}u&=\frac{(1-2\nu)(1+\nu)\sigma_s}{E}\left(r\ln\frac{r}{a}-\frac{pr}{\sigma_s}\right)+\frac{A}{r}\\ &=\frac{(1-2\nu)(1+\nu)\sigma_s\nu}{E}\left(\ln\frac{r}{a}-\ln\frac{c}{a}-\frac{1}{2}+\frac{c^2}{2b^2}\right)+\frac{A}{r}.\end{aligned}\tag{7-2-18}$$

上式的第二等式是利用了式(7－2－15)，而式中 A 为积分常数，它需由 $r=c$ 处的位移连续性条件来确定. 而弹性区 $c\leqslant r\leqslant b$ 内的位移 u 已在式(7－2－14)

中给出，故由 $r=c$ 处的位移连续性要求，可得

$$A = \frac{(1-\nu^2)\sigma_s c^2}{E}. \tag{7-2-19}$$

为讨论弹性－理想塑性厚壁筒的平衡稳定性，需要给出平衡路径的表达式，也就是随外载荷(内压 p)增加内壁位移变化的曲线. 在式(7－2－18)中令 $r=a$，可得筒内壁位移为

$$u(a) = \frac{(1-2\nu)(1+\nu)}{E}\sigma_s\left[\frac{ac^2}{2b^2} - a\ln\frac{a}{c} - \frac{a}{2}\right] + \frac{(1-\nu^2)\sigma_s c^2}{aE}. \tag{7-2-20}$$

上式也是厚壁筒内壁($r=a$)的位移随塑性区外半径 c 变化的公式. 类似地，式(7－2－15)是内壁压力随塑性区外半径 c 变化的公式. 采用式(7－2－10)定义的无量纲变量，式(7－2－20)和(7－2－15)可改写为

$$\bar{u} = (1-2\nu)\left(\frac{c^2}{b^2} - 2\ln\frac{a}{c} - 1\right) + 2(1-\nu)\left(\frac{c^2}{a^2}\right),$$

$$\bar{p} = \frac{2b^2}{b^2-a^2}\left(\ln\frac{c}{a} + \frac{b^2-c^2}{2b^2}\right), \tag{7-2-21}$$

以上两式是以 c 为参数的方程，从中消去 c 便得到平衡曲线 $\bar{p}=\bar{p}(\bar{u})$.

我们引入有物理含义的参数 ζ，

$$\zeta = \frac{c-a}{a}. \tag{7-2-22}$$

显然它是塑性区径向厚度与筒的内径之比，它表征塑性区的径向尺度. 在弹性变形阶段，$p \leqslant p_e$，$\zeta=0$. 随着内压 p 进一步增加，ζ 不断增大. 而当 c 达到 b 时，ζ 达到最大值

$$\zeta_M = \frac{b-a}{a}.$$

因而 ζ 的取值范围是从零到 ζ_M，ζ 可以看做是一种塑性内变量. 不难看出 $c/a=1+\zeta$，$b/a=1+\zeta_M$，因而用内变量 ζ 表示的方程(7－2－21)为

$$\bar{u} = (1-2\nu)\left[\left(\frac{1+\zeta}{1+\zeta_M}\right)^2 - 2\ln(1+\zeta) - 1\right] + 2(1-\nu)(1+\zeta)^2,$$

$$\bar{p} = \frac{(1+\zeta_M)^2}{(1+\zeta_M)^2-1}\left[2\ln(1+\zeta) + 1 - \frac{(1+\zeta)^2}{(1+\zeta_M)^2}\right],\quad \zeta \geqslant 0. \tag{7-2-23}$$

如果 $\zeta=0$，可从上式求得 $\bar{p}=1$，$\bar{u}=(1-2\nu)\dfrac{a^2}{b^2}+1$，因此方程(7－2－23)是与弹性阶段($\bar{p}<1$)的方程(7－2－11)相衔接的.

设厚壁筒外径与内径之比 $b/a=3$，则 $\zeta_M=2$. 并设材料 Poisson 比 $\nu=0.25$，厚壁筒平衡路径曲线可由式(7－2－11)和(7－2－23)给出

$$\begin{cases}\bar{u}=1.06\bar{p},\\0\leqslant\bar{p}\leqslant1,\quad\zeta=0.\end{cases}$$

$$\begin{cases}\bar{u}=1.56(1+\zeta^2)-\ln(1+\zeta)-0.5,\\\bar{p}=\dfrac{9}{8}\left[2\ln(1+\zeta)+1-\dfrac{1}{9}(1+\zeta)^2\right],\\\bar{p}\geqslant1,\quad0\leqslant\zeta\leqslant2.\end{cases}$$

平衡曲线如图 7－9 所示，曲线是单调上升的. 这表明所有平衡状态都是稳定的. 当 $\zeta=\zeta_M=2$ 时，塑性区贯穿整个壁厚，厚壁筒达到极限承载能力. 此时 $\bar{p}=2.48$，$\bar{u}=12.44$. 由式(7－2－10)，内壁径向位移 $u(a)/a=7.78\sigma_s/E$，还是属于小变形范围. 理想弹塑性材料厚壁筒的破坏不是失稳破坏，而是塑性区贯穿筒壁，属于强度破坏.

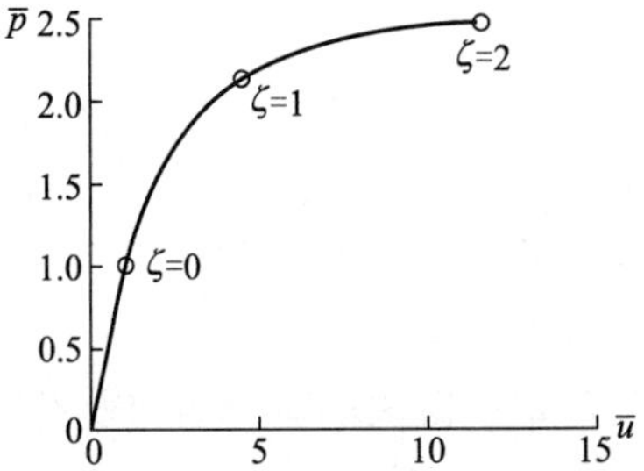

图 7－9　弹性－理想塑性厚壁筒的平衡路径曲线

7－2－3　弹性－软化塑性材料

弹性－软化塑性材料的应力－应变曲线(川本眺万等，1981)如图 7－10 所示，应力达到峰值 σ_s 后，随变形的发展，曲线呈下降走势. 下降段的坡度($d\sigma/d\varepsilon$ 或 $d\tau/d\gamma$)为负值. 本小节将坡度的数值(绝对值)记为 E_t 或 G_t，即 $E_t=|E_T|$ 或 $G_t=|G_T|$. 对各向同性材料有 $G=E/2(1+\nu)$，可以证明 $G_t/G=E_t/E$. 在变形达到 ε_r 或 γ_r 后，曲线又呈水平走向，其幅值 σ_r 或 τ_r 为残余强度或流动强度.

内压 p 从零开始，直到达到 p_e 之前，厚壁筒应力场和变形场都是弹性的，它们的解由式(7－2－5)和(7－2－6)给出. 当内压达到 p_e 时，厚壁筒内壁 $r=a$ 开始出现塑性变形. 随着变形进一步发展，靠近内壁出现一个塑性区，而在塑性区之外则是弹性区. 弹性区和塑性区的交界仍用 $r=c$ 表示，由于这

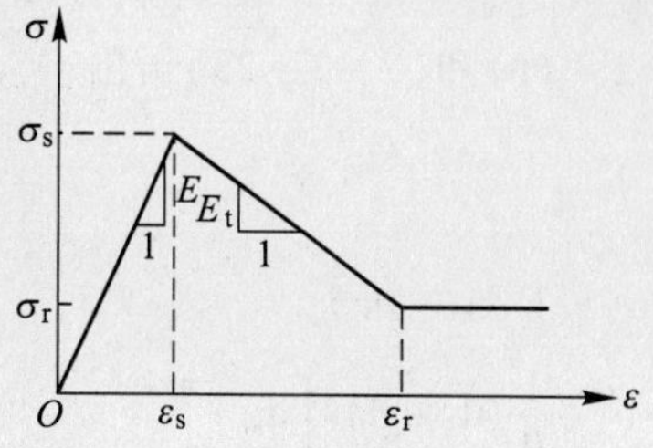

(a) 拉伸本构曲线

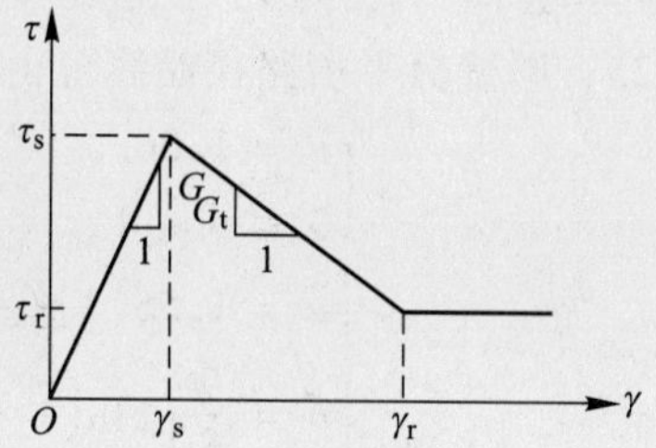

(b) 剪切本构曲线

图 7－10 弹性－软化塑性材料的本构模型

里的材料是软化塑性的，塑性区称为软化塑性区. 在塑性区的外边界 $r=c$ 处材料是刚刚屈服的，它们的屈服应力保持为峰值应力 σ_s；在塑性区的内部 $(a\leqslant r<c)$，屈服应力因应变软化已小于峰值应力 σ_s. 随软化塑性区不断扩展，直到塑性区的内边界 $r=a$ 处的屈服应力达到残余屈服应力 σ_r. 这时软化塑性区的范围为 $0\leqslant r\leqslant c$. 随着变形的进一步发展，圆筒内壁处的屈服应力保持在残余屈服应力 σ_r 的水平，不再发生变化. 随着整个塑性区的不断扩展，但在软化塑性区之后存在一个"理想"的残余流动塑性区. 为了叙述方便，我们将仅有软化塑性区的情况称为塑性变形发展的第一阶段，而将出现残余流动塑性区之后称为塑性变形发展的第二阶段.

接下来讨论塑性变形的第一阶段的应力场和变形场. 首先考虑的是弹性区 $(b\geqslant r\geqslant c)$. 由于在 $r=c$ 处恰是刚进入塑性，作用在弹性区边界 $r=c$ 的法向应力 p_c 由式(7－2－13)给出，弹性区的应力和位移由式(7－2－14)给出.

其次考虑塑性区 $(a\leqslant r\leqslant c)$. 由于材料是软化塑性的，在塑性区内屈服应力是变化的. 这里需要指出，屈服应力随应变 ε 变化的性质(参见图 7－10)是材料性质，在塑性区内屈服应力随坐标 r 的变化规律是厚壁筒的结构性质，材料性质是事前给定的，而结构性质是待求的. 软化塑性问题求解应力分布不再是静定问题. 我们假设软化塑性区内屈服应力是空间坐标 r 的一个函数，即

$$\sigma_s(r)=f(r)\sigma_s, \tag{7-2-24}$$

函数 $\sigma_s(r)$ 或 $f(r)$ 是待定的. 当 $r=c$ 时 $f(c)=1$，当 $r=a$ 时 $f(a)=m$，其中 $m_r\leqslant m\leqslant 1$，$m_r=\sigma_r/\sigma_s$. 这时由 Tresca 屈服准则有

$$\sigma_\theta(r)-\sigma_r(r)=f(r)\sigma_s. \tag{7-2-25}$$

将上式代入平衡方程(7－2－1)得

$$\frac{\mathrm{d}\sigma_r(r)}{\mathrm{d}r}=\frac{f(r)}{r}\sigma_s.$$

利用厚壁筒内壁 $(r=a)$ 的边界条件 $\sigma_r(a)=-p$，对上式积分得

$$\sigma_r(r) = \sigma_s \int_a^r \frac{f(r)}{r} \mathrm{d}r - p. \tag{7-2-26}$$

再由式(7-2-25)得

$$\sigma_\theta(r) = \sigma_s \left[\int_a^r \frac{f(r)}{r} \mathrm{d}r + f(r) \right] - p, \tag{7-2-27}$$

$$\sigma_r(r) + \sigma_\theta(r) = \sigma_s \left[2\int_a^r \frac{f(r)}{r} \mathrm{d}r + f(r) \right] - 2p. \tag{7-2-28}$$

在 $r=c$ 两侧的应力 $\sigma_r(c^+)$ 和 $\sigma_r(c^-)$ 可分别用式(7-2-14)和(7-2-26)给出

$$\sigma_r(c^+) = \frac{\sigma_s c^2}{2b^2}\left(1 - \frac{b^2}{c^2}\right) = \frac{\sigma_s}{2}\left(\frac{c^2 - b^2}{b^2}\right),$$

$$\sigma_r(c^-) = \sigma_s \int_a^r \frac{f(r)}{r} \mathrm{d}r - p.$$

由于应力的连续条件 $\sigma_r(c^+) = \sigma_r(c^-)$，可得

$$p = \frac{\sigma_s}{2}\left(2\int_a^r \frac{f(r)}{r} \mathrm{d}r + 1 - \frac{c^2}{b^2}\right). \tag{7-2-29}$$

下面讨论软化塑性区 $a \leqslant r \leqslant c$ 的位移场并确定待定函数 $f(r)$ 的具体表达式. 在软化塑性区，式(7-2-17)仍然成立，将式(7-2-28)代入得方程

$$\frac{1}{r}\frac{\mathrm{d}}{\mathrm{d}r}(ru) = \frac{(1-2\nu)(1+\nu)\sigma_s}{E}\left[2\int_a^r \frac{f(r)}{r}\mathrm{d}r + f(r)\right] - \frac{2(1-2\nu)(2+\nu)p}{E}.$$

由上式可得塑性区位移为

$$u(r) = \frac{(1-2\nu)(1+\nu)\sigma_s}{E}\left[\frac{2}{r}\int_a^r\left(r\int_a^r \frac{f(r)}{r}\mathrm{d}r\right)\mathrm{d}r + \frac{1}{r}\int_a^r r\frac{f(r)}{r}\mathrm{d}r - \frac{p}{\sigma_s}r\right] + \frac{A}{r}. \tag{7-2-30}$$

利用几何关系(7-2-2)，可由上式导出应变分量 ε_r 和 ε_θ 的表达式，进而得到塑性区最大剪应变 γ 的表达式

$$\gamma(r) = \varepsilon_\theta - \varepsilon_r = \frac{(1-2\nu)(1+\nu)}{E}\sigma_s[F(r) - f(r)] + \frac{2A}{r^2}, \tag{7-2-31}$$

式中

$$F(r) = \frac{4}{r^2}\int_a^r r\int_a^r \frac{f(r)}{r}\mathrm{d}r\mathrm{d}r + \frac{2}{r^2}\int_a^r rf(r)\,\mathrm{d}r - 2\int_a^r \frac{f(r)}{r}\mathrm{d}r. \tag{7-2-32}$$

不难直接验证，函数 $F(r)$ 满足如下方程：

$$r\frac{\mathrm{d}}{\mathrm{d}r}F(r) + 2F(r) = 0. \tag{7-2-33}$$

利用$\frac{1+\nu}{E}=\frac{1}{2G}$，$\sigma_s=2\tau_s$，$\tau_s=G\gamma_s$，式(7－3－31)可改写为更简洁的形式

$$\gamma(r)=(1-2\nu)\gamma_s[F(r)-f(r)]+\frac{2A}{r^2}. \qquad (7-2-34)$$

由于所采用 Tresca 屈服准则是最大剪应力的准则，在剪切的全应力－应变曲线(图7－10(b))上讨论强度随剪应变 γ 的变化更为方便. 在峰值强度后的下降阶段显然有

$$\tau_s-\tau_s(r)=-G_t[\gamma_s-\gamma(r)], \qquad (7-2-35)$$

式中 G_t 是下降坡度(切线模量)的绝对值，即 $G_t=|G_T|$，由于 $\tau_s=G\gamma_s$，$\tau_s(r)=f(r)G\gamma_s$，利用式(7－2－34)，上式可写为

$$1-f(r)=-\frac{G_t}{G}\left\{1-(1-2\nu)[F(r)-f(r)]-\frac{2A}{\gamma_s r^2}\right\}.$$

将上式两端微商，得

$$-\frac{d}{dr}f(r)=-\frac{G_t}{G}\left[-(1-2\nu)\left(\frac{dF(r)}{dr}-\frac{df(r)}{dr}\right)+\frac{4A}{\gamma_s r^3}\right].$$

利用式(7－2－34)，可计算出

$$1-f(r)-\frac{r}{2}\frac{df(r)}{dr}=-\frac{G_t}{G}\left[-1-(1-2\nu)f(r)-(1-2\nu)\frac{r}{2}\frac{df(r)}{dr}\right].$$

函数 $F(r)$和常数 A 在推导过程中被消去了，上式可进一步简化为

$$r\frac{df}{dr}+2f(r)=2n, \qquad (7-2-36)$$

$$n=\frac{1+G_t/G}{1-(1-2\nu)G_t/G}\geqslant 1. \qquad (7-2-37)$$

上式定义的 n 是材料的一个重要无量纲参数，它和另一个参数 $m_r=\sigma_r/\sigma_s$ 一起，共同描述了材料的脆塑程度. 利用边界条件$f(a)=m$，方程(7－2－36)的解为

$$f(r)=n-\frac{(n-m)a^2}{r^2}. \qquad (7-2-38)$$

利用条件$f(c)=1$，得

$$\frac{c^2}{a^2}=\frac{n-m}{n-1},$$

$$\zeta=\left(\frac{n-m}{n-1}\right)^{1/2}-1\geqslant 0, \qquad (7-2-39)$$

$$n-m=(n-1)(1+\zeta)^2,$$

$$m\geqslant m_r.$$

式中 ζ 是塑性区径向尺度参数(参见式(7－2－22))，m 是塑性区内边界的无

量纲强度，$m=f(a)=\sigma_s(a)/\sigma_s$. 于是式(7－2－38)还可写成如下形式：

$$f(r)=n-\frac{(n-1)(1+\zeta)^2a^2}{r^2}. \qquad (7-2-40)$$

从上面讨论看出，参数 n 和 m 共同决定塑性区的尺度(用 ζ 表示)，同时也决定了塑性区的强度下降的规律(用 $f(r)$ 表示). 式(7－2－40)表明，下降规律是负二次的，而不简化为线性的.

参数 n 随 G_t/G 变化的曲线如图 7－11 所示. 从图上可看出 G_t/G 的取值范围是$[0,\ 1/(1-2\nu))$. 如果 $\nu=0.25$，则 G_t/G 取值范围是$[0,\ 2)$，n 的取值范围是$[1,\ +\infty)$，不同的 n 值对应的本构曲线如图 7－12 所示. $n=1$ 对应于理想塑性情况. $n\to\infty$ 对应于所允许的材料曲线最大坡度 $G_t/G=\dfrac{1}{1+2\nu}\approx 2$. 塑性力学理论不允许采用直接跌落的本构曲线($G_t/G=\infty$).

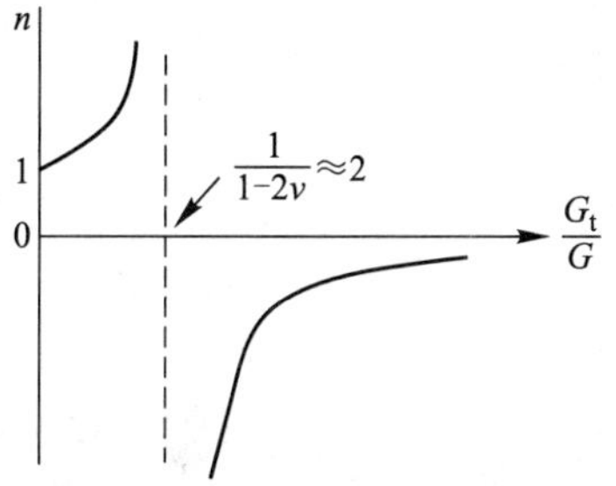

图 7－11　参数 n 随 G_t/G 变化曲线

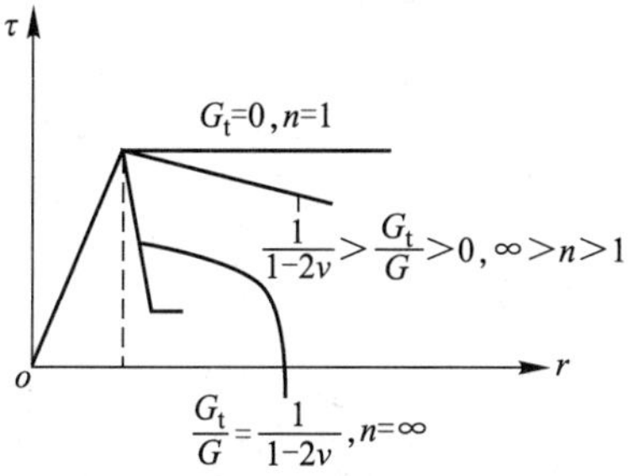

图 7－12　不同 n 值的本构曲线

知道了函数 $f(r)$ 的具体形式(7－2－40)之后，便可计算出下列积分：

$$\int_a^r rf(r)\,\mathrm{d}r=\frac{n}{2}(r^2-a^2)-(n-1)(1+\zeta)^2a^2\ln\frac{r}{a}, \qquad (7-2-41)$$

$$\int_a^r \frac{f(r)}{r}\mathrm{d}r=n\ln\frac{r}{a}+\frac{1}{2}(n-1)(1+\zeta)^2\left(\frac{a^2}{r^2}-1\right), \qquad (7-2-42)$$

$$\int_a^r r\left(\int_a^r\frac{f(r)}{r}\mathrm{d}r\right)\mathrm{d}r=n\left(\frac{r^2}{2}\ln\frac{r}{a}-\frac{r^2}{4}+\frac{a^4}{4}\right)$$

$$+\frac{1}{2}(n-1)(1+\zeta)^2\left[a^2\ln\frac{r}{a}-\frac{1}{2}(r^2-a^2)\right]. \qquad (7-2-43)$$

将上述公式代入式(7－2－26)，(7－2－27)和(7－2－30)，就可得到软化厚壁筒塑性第一阶段塑性区的应力分布和位移分布. 式(7－2－30)中的常数 A，可由弹性区和塑性区交界 $r=c$ 处的位移连续条件确定. 由弹性区的位移公式(7－2－14)得

$$u(c^+) = \frac{(1+\nu)\sigma_s c}{2E}\left[(1-2\nu)\frac{c^2}{b^2}+1\right].$$

由塑性位移公式(7-2-30)，并考虑式(7-2-29)，经过冗长的推演，得

$$u(c^-) = \frac{(1-2\nu)(1+\nu)\sigma_s c}{2E}\left(\frac{c^2}{b^2}-1\right)+\frac{A}{c}.$$

由 $u(c^+)=u(c^-)$ 可确定

$$A = \frac{(1-\nu^2)\sigma_s c^2}{E} = \frac{(1-\nu^2)\sigma_s a^2}{E}(1+\zeta)^2, \qquad (7-2-44)$$

这个常数值与理想弹塑性材料相应的积分常数(参见式(7-2-19))相同. 将(7-2-41)~(7-2-43)代入(7-2-26)，(7-2-27)和(7-2-9)就得到塑性变形第一阶段塑性内应力分量的表达式

$$\sigma_r(r) = \sigma_s\left[n\ln\frac{r}{a}+\frac{1}{2}\left(\frac{a^2}{r^2}-1\right)(1+\zeta^2)\right]-p, \qquad (7-2-45)$$

$$\sigma_\theta(r) = \sigma_s\left\{n\left(1+\ln\frac{r}{a}\right)+\frac{1}{2}\left[(3-2n)\frac{a^2}{r^2}-1\right](1+\zeta)^2\right\}-p, \qquad (7-2-46)$$

$$p = \sigma_s\left\{\frac{1}{2}+n\ln(1+\zeta)+\frac{1}{2}(n-1)\left[1-(1+\zeta)^2\right]-\frac{1}{2}\frac{(1+\zeta)^2}{(1+\zeta_M)^2}\right\}. \qquad (7-2-47)$$

同样将式(7-2-41)，(7-2-43)和(7-2-44)代入式(7-2-30)得塑性变形第一阶段塑性区径向位移的表达式

$$u(r) = \frac{(1-2\nu)(1+\nu)\sigma_s a^2}{Er}\left[\frac{1-\nu}{1-2\nu}(1+\zeta)^2+\frac{nr^2}{a^2}\ln\frac{r}{a} - \frac{1}{2}(n-1)(1+\zeta)^2\left(\frac{r^2}{a^2}-1\right)-\frac{p}{\sigma_s}\frac{r^2}{a^2}\right]. \qquad (7-2-48)$$

以上各式是塑性变形第一阶段内塑性区应力位移公式. 上面假设了塑性区内边界 $r=a$ 处 $\tau_s(a)=m\tau_s$. 由于残余屈服强度 $\tau_r=m_r\tau_s$，因而有 $m\geqslant m_r$. 式(7-2-39)给出了内变量参数 ζ 与 m 的关系，因而以上各式的适用范围是

$$0\leqslant\zeta\leqslant\zeta_{tr} \quad 或 \quad m_r\leqslant m\leqslant 1, \qquad (7-2-49)$$

其中

$$\zeta_{tr} = \left(\frac{n-m_r}{n-1}\right)^{1/2}-1. \qquad (7-2-50)$$

如果变形继续发展，即 $\zeta\geqslant\zeta_{tr}$，则进入塑性变形的第二阶段. 此时的厚壁筒将分为三个区域：(1) 最外层的弹性区($b\geqslant r\geqslant c$)；(2) 中间的软化塑性区($c\geqslant r\geqslant c_1$)；(3) 内层的残余流动塑性区($c_1\geqslant r\geqslant a$). 这里，$r=c$ 仍表示弹性

区与塑性区的交界，$r=c_1$ 是软化塑性区与残余流动塑性区的交界，如图 7-13 所示. 随着变形的持续发展，c 和 c_1 的值都不断增大，而软化区整体地向外移动.

只要设定塑性区内屈服应力

$$\tau_s(r) = g(r)\tau_s,$$

完全可用前面的方法求解塑性变形的第二阶段厚壁筒的应力分布和位移分布. 只要用 $g(r)$ 代替 $f(r)$，前述各公式都成立. 这里不妨设定，$g(r)$ 的形式为

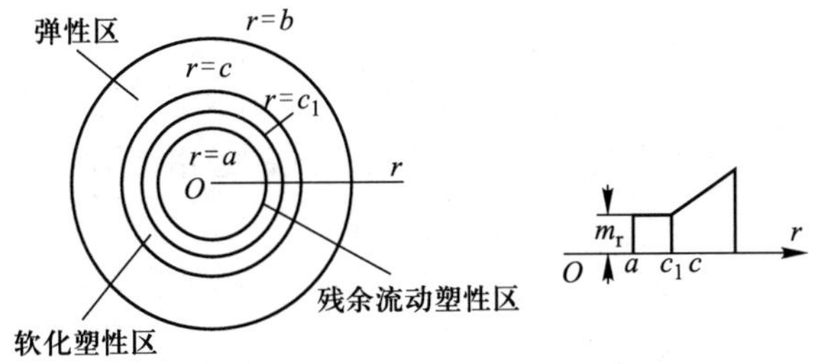

(a) 三个分区　　(b) 屈服应力参数 $g(r)$

图 7-13　厚壁筒变形分区

$$g(r) = \begin{cases} m_r, & a \leqslant r \leqslant c_1 \\ f(r-c_1+a), & c_1 \leqslant r \leqslant c, \end{cases} \tag{7-2-51}$$

式中

$$f(r-c_1+a) = n - \frac{(n-m_r)a^2}{(r-c_1+a)^2}. \tag{7-2-52}$$

经过冗繁的初等推演，可计算出积分

$$\int_a^r rg(r)\,\mathrm{d}r,\quad \int_a^r \frac{g(r)}{r}\mathrm{d}r,\quad \int_a^r r\left(\int_a^r \frac{g(r)}{r}\mathrm{d}r\right)\mathrm{d}r$$

的表达式，从而得到应力场和位移场，即

$$\sigma_r(r) = \sigma_s\int_a^r \frac{g(r)}{r}\mathrm{d}r - p, \tag{7-2-53}$$

$$\sigma_\theta(r) = \sigma_s\left[\int_a^r \frac{g(r)}{r}\mathrm{d}r + g(r)\right] - p, \tag{7-2-54}$$

$$p = \frac{\sigma_s}{2}\left(2\int_a^r \frac{g(r)}{r}\mathrm{d}r + 1 - \frac{c^2}{b^2}\right), \tag{7-2-55}$$

$$u(r) = \frac{(1-2\nu)(1+\nu)\sigma_s}{E}\left[\frac{2}{r}\int_a^r r\left(\int_a^r \frac{g(r)}{r}\mathrm{d}r\right)\mathrm{d}r + \frac{1}{r}\int_a^r rf(r)\,\mathrm{d}r - \frac{pr}{\sigma_s}\right] + \frac{A}{r}. \tag{7-2-56}$$

根据在 $r=c$ 处位移连续的条件 $u(c^-)=u(c^+)$，经过冗长的运算，可定出常数

$$A = \frac{(1-\nu^2)\sigma_s c^2}{E}. \tag{7-2-57}$$

此结果与前面公式(7－2－24)和(7－2－20)相同．如果仍用 ζ 表示整个塑性区的径向尺度参数，即 $\zeta=\dfrac{c-a}{a}$，用 ζ_{tr} 表示软化塑性区的径向尺度参数，即 $\zeta_{tr}=\dfrac{c-c_1}{a}$，那么有

$$c = (1+\zeta)a, \quad c_1 = (1+\zeta-\zeta_{tr})a. \tag{7-2-58}$$

在上面的公式(7－2－53)～(7－2－57)写成显示表达式后，仍可用无量纲参数 ζ 和 ζ_{tr} 代替 c，c_1．这些塑性第二阶段的公式的适用范围是

$$\zeta_{tr} \leqslant \zeta \leqslant \zeta_M, \tag{7-2-59}$$

式中

$$\zeta_{tr} = \left(\frac{n-m_r}{n-1}\right)^{1/2} - 1, \quad \zeta_M = \frac{b-a}{a}. \tag{7-2-60}$$

至此，我们在原则上给出了软化材料厚壁筒的所有的应力解和位移解．

在讨论软化材料厚壁筒的稳定性之前，我们具体地给出积分 $\int_a^r \frac{g(r)}{r}dr$ 和公式(7－2－55)的显示表达式，因为它们是后面讨论稳定性问题所需要的．按式(7－2－51)，当 $a\leqslant r\leqslant c_1$ 时，

$$\int_a^r \frac{g(r)}{r}dr = \int_a^r \frac{m_r}{r}dr = m_r \ln\frac{r}{a}.$$

当 $c_1\leqslant r\leqslant c$ 时，

$$\begin{aligned}\int_a^r \frac{g(r)}{r}dr &= \int_a^{c_1}\frac{m_r}{r}dr + \int_{c_1}^r\left(\frac{n}{r} - \frac{(n-m_r)a^2}{r(r-c_1+a)}\right)dr \\ &= m_r\ln\frac{c_1}{a} + n\ln\frac{r}{c_1} - (n-m_r)a^2\left[\frac{1}{(-c_1+a)(r-c_1+a)}\right. \\ &\quad \left. - \frac{1}{(-c_1+a)a} - \frac{1}{(-c_1+a)^2}\ln\frac{r-c_1+a}{r} + \frac{1}{(-c_1+a)^2}\ln\frac{a}{c_1}\right].\end{aligned}$$

考虑到式(7－2－58)，可计算出定积分

$$\begin{aligned}\int_a^c \frac{g(r)}{r}dr &= m_r\ln(1+\zeta-\zeta_{tr}) + n\ln\frac{1+\zeta}{1+\zeta-\zeta_{tr}} \\ &\quad + (n-m_r)\left[\frac{-\zeta_{tr}}{(\zeta-\zeta_{tr})(1+\zeta_{tr})} + \frac{1}{(\zeta-\zeta_{tr})^2}\ln\frac{(1+\zeta_{tr})(1+\zeta-\zeta_{tr})}{1+\zeta}\right].\end{aligned}$$

于是，式(7－2－55)为

$$p=\frac{\sigma_s}{2}\left(1+2m_r\ln(1+\zeta-\zeta_{tr})+2n\ln\frac{1+\zeta}{1+\zeta-\zeta_{tr}}-\frac{(1+\zeta)^2}{(1+\zeta_M)^2}\right.$$
$$\left.+2(n-m_r)\left[\frac{-\zeta_{tr}}{(\zeta-\bar{\zeta}_{cr})(1+\zeta_{tr})}+\frac{1}{(\zeta-\zeta_{tr})^2}\ln\frac{(1+\zeta_{tr})(1+\zeta-\zeta_{tr})}{1+\zeta}\right]\right). \tag{7-2-61}$$

现在可以按厚壁筒变形的三个阶段依次写出内壁压力 p 和内壁位移 $u(a)$ 之间的关系，即平衡路径曲线.

在弹性变形阶段，$p<p_e$，内状态变量 $\zeta=0$，引用无量纲压力参数 $\bar{p}$ 和无量纲内壁位移参数 $\bar{u}$(见式(7－2－10))，有

$$\bar{u}=\left[1+(1-2\nu)\frac{a^2}{b^2}\right]\bar{p}.$$

为与后文的塑性变形阶段相比较，引入参数 ζ_M，上式为

$$\bar{u}=\left[1+\frac{1-2\nu}{(1+\zeta_M)^2}\right]\bar{p}. \tag{7-2-62}$$

上式表示的平衡路径是一条有正斜率的直线，因而在弹性变形阶段的平衡是稳定的. 不难看出，弹性阶段最大的压力值和相应的位移值为

$$\bar{p}=1,\quad \bar{u}=1+\frac{2-2\nu}{(1+\zeta_M)^2}. \tag{7-2-63}$$

当 $\zeta>0$ 时，将进入塑性变形第一阶段，这时的内壁压力表达式已由公式(7－2－47)给出，将它稍加简化，并用无量纲参数表示，则为

$$\bar{p}=\frac{(1+\zeta_M)^2}{(1+\zeta_M)^2-1}\left[n+n\ln(1+\zeta)^2-\left(n-1+\frac{1}{(1+\zeta_M)^2}\right)(1+\zeta)^2\right]. \tag{7-2-64}$$

厚壁筒内壁位移 $u(a)$ 可在公式(7－2－48)中取 $r=a$，得到

$$u(a)=\frac{(1-2\nu)(1+\nu)\sigma_s a}{E}\left[\frac{1-\nu}{1-2\nu}(1+\zeta)^2-\frac{p}{\sigma_s}\right].$$

采用无量纲参数 $\bar{u}$ 和 $\bar{p}$，上式为

$$\bar{u}=2(1-\nu)(1+\zeta)^2-(1-2\nu)\left(1-\frac{1}{(1+\zeta_M)^2}\right)\bar{p}. \tag{7-2-65}$$

将式(7－2－64)代入式(7－2－65)得到用 ζ 表示的 $\bar{u}$. 这样式(7－2－64)和(7－2－65)联立构成了塑性变形第一阶段的平衡路径曲线，它们是以含参变量 ζ 的参数方程形式给出的. 这个方程的适用范围是

$$0\leqslant\zeta\leqslant\zeta_{tr},$$

式中 ζ_{tr} 的定义已由式(7－2－50)给出，它表示软化塑性区的最大径向尺度(对

应于 $m=m_r$）. 在式(7-2-64)和(7-2-65)中，令 $\zeta=0$，得

$$\bar{p}=1,\quad \bar{u}=1+\frac{1-2\nu}{(1+\zeta_M)^2}. \tag{7-2-66}$$

它们与式(7-2-63)取值相同，这表明塑性变形第一阶段的平衡路径与弹性阶段曲线在 $\zeta=0(p=p_e)$ 处是连续的.

当 $\zeta>\zeta_{tr}$时，进入塑性变形的第二阶段，该阶段的压力 p 由式(7-2-61)给出，写成无量纲形式为

$$\bar{p}=\frac{(1+\zeta_M)^2}{(1+\zeta_M)^2-1}\left\{1+2m_0\ln(1+\zeta-\zeta_{tr})+2n\ln\frac{1+\zeta}{1+\zeta-\zeta_{tr}}-\frac{(1+\zeta)^2}{(1+\zeta_M)^2}\right.$$
$$\left.+2(n-m_0)\left[\frac{-\zeta_{tr}}{(\zeta-\zeta_{tr})(1+\zeta_{tr})}+\frac{1}{(\zeta-\zeta_{tr})^2}\ln\frac{(1+\zeta_{tr})(1+\zeta-\zeta_{tr})}{1+\zeta}\right]\right\}. \tag{7-2-67}$$

利用公式(7-2-56)和(7-2-57)可得到内壁位移 $u(a)$ 的表达式，而相应的无量纲位移 $\bar{u}$ 的表达式为

$$\bar{u}=2(1-\nu)(1+\zeta)^2-\left[1-\frac{1}{(1+\zeta_M)^2}\right](1-2\nu)\bar{p}. \tag{7-2-68}$$

上式与塑性变形第一阶段的表达式(7-2-65)在形式上完全相同，然而两式中 $\bar{p}$ 的含义却是不同的. 公式(7-2-67)和(7-2-68)联立，构成了塑性变形第二阶段的平衡路径曲线，该曲线的适用范围是

$$\zeta_{tr}\leqslant\zeta\leqslant\zeta_M, \tag{7-2-69}$$

式中 ζ_{tr}和 ζ_M 的定义见式(7-2-60). 我们注意到，当 $\zeta\to\zeta_{tr}$或 $\zeta-\zeta_{tr}\to0$ 时，利用 L'Hospital 法则，式(7-2-67)右端方括号内表达式趋于

$$\frac{1}{2}\left[\frac{1}{(1+\zeta_{tr})}-1\right],$$

而且

$$n-m_r=(m-1)(1+\zeta_{tr})^2.$$

这时式(7-2-67)取的值为

$$\bar{p}=\frac{(1+\zeta_M)^2}{(1+\zeta_M)^2-1}\left\{1+2n\ln(1+\zeta_{tr})+(n-1)[1-(1+\zeta_{tr})]-\frac{(1+\zeta_{tr})^2}{(1+\zeta_M)^2}\right\}$$
$$=\frac{(1+\zeta_M)^2}{(1+\zeta_M)^2-1}\left\{n+n\ln(1+\zeta_{tr})^2-\left[n-1+\frac{1}{(1+\zeta_M)^2}\right](1+\zeta_{tr})^2\right\},$$

它与在式(7-2-64)中取 $\zeta=\zeta_{tr}$时得到的值相同. 这表明上面给出的塑性变形第一阶段和第二阶段的平衡路径在 $\zeta=\zeta_{tr}$处满足连续性要求.

取厚壁筒的尺寸参数 $\zeta_M=2$（相当于 $b/a=3$），材料残余强度参数 $m_r=0$，Poisson 比 $\nu=0.25$，图 7－14 给出了对应于不同参数 n 的平衡路径曲线．随着内壁位移 $\bar{u}$ 的增大，每支曲线都有一个压力 $\bar{p}$ 的转向点，即极值点．在极值点之前的平衡路径状态是稳定的，在极值点之后各点代表的平衡状态是不稳定的．这个极值点也称为临界点．该点对应的压力称为临界压力或极值压力，记为 $\bar{p}_{cr}$．这就是说，当厚壁筒内壁压力 $\bar{p}$ 从零开始增加，在达到临界压力 $\bar{p}_{cr}$ 时，在外界扰动下突然失稳，塑性参数从 ζ_{cr} 迅速增大到 ζ_M，塑性区贯穿筒壁，厚壁筒的承载能力完全丧失．厚壁筒的失稳显然是极值点型失稳．现在我们认识到，软化塑性材料和理想塑性材料厚壁筒的破坏失效有不同的力学意义，前者属于失稳破坏，后者完全是强度破坏．

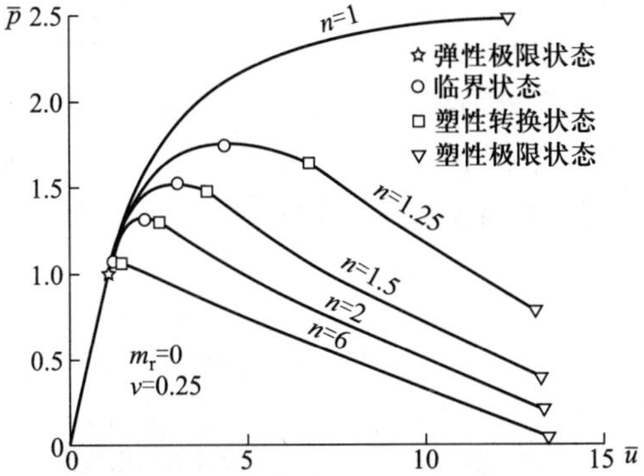

图 7－14　弹性－软化塑性厚壁筒的平衡路径曲线

图 7－14 的平衡路径曲线关键点数据在表 7－2 中列出．可以看到，对于 $m_r=0$ 情况，临界点都发生在塑性变形第一阶段．随着参数 n 的增大，临界力 $\bar{p}_{cr}$ 和相应的塑性区尺度（用 ζ_{cr} 表示）都不断减小．

表 7－2　平衡路径曲线关键点数据资料

参数	弹性极限状态			临界状态			塑性转换状态			塑性极限状态		
n	ζ_e	$\bar{p}_e$	$\bar{u}_e$	ζ_{cr}	$\bar{p}_{cr}$	$\bar{u}_{cr}$	ζ_{tr}	$\bar{p}_{tr}$	$\bar{u}_{tr}$	ζ_M	$\bar{p}_M$	$\bar{u}_M$
1	0	1	1.056							2	2.471	12.4
1.25	0	1	1.056	0.861	1.746	4.413	1.236	1.637	6.779	2	0.777	13.2
1.5	0	1	1.056	0.567	1.515	3.005	0.732	1.478	3.848	2	0.384	13.3
2	0	1	1.056	0.342	1.323	2.114	0.414	1.309	2.423	2	0.192	13.4
6	0	1	1.056	0.084	1.082	1.278	0.095	1.080	1.323	2	0.038	13.5

对塑性变形第一阶段压力 $\bar{p}$（见式(7－2－64)）求导数，并令其为零，可确

定出

$$\zeta_{cr} = \left(\frac{n}{n-1+(1+\zeta_M)^{-2}} \right)^{1/2} - 1, \tag{7-2-70}$$

从而得

$$\bar{p}_{cr} = \frac{(1+\zeta_M)^2}{(1+\zeta_M)^2-1} n \ln \frac{n}{n-1+(1+\zeta_M)^{-2}}. \tag{7-2-71}$$

对于 $m_r=0$ 情况，有

$$\zeta_{tr} = \left(\frac{n}{n-1} \right)^{1/2} - 1.$$

因而有 $\zeta_{cr} \leqslant \zeta_{tr}$，也即对 $m_r=0$ 情况，临界点总是发生在塑性变形第一阶段. 此外，由于 $(1+\zeta_M)^2=b^2/a^2$，总有 $0<(1+\zeta_M)^{-2}<1$，按式(7-2-71)，随 n 的增大，$\bar{p}_{cr}$ 总是减小的；当 $n\to\infty$，$\bar{p}_{cr}\to 1$. 对于 $m_r\neq 0$ 的情况，问题稍复杂一些，图 7-15，7-16 和 7-17 分别给出了 $m_r=0.2$，$m_r=0.4$ 和 $m_r=0.6$ 的平衡路径曲线. 由此可见，仅在 m_r 很小和 n 较小的情况，临界点才发生在塑性变形的第一阶段，而大多数情况，临界点发生在塑性变形的第二阶段. 这里就不做过多的讨论了.

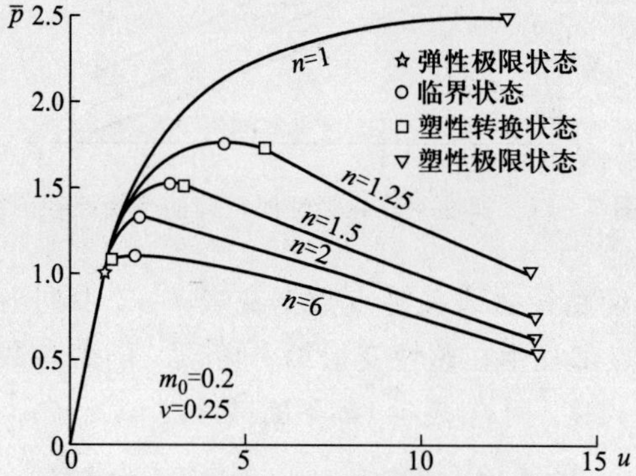

图 7-15 $m_r=0.2$ 时的平衡路径曲线

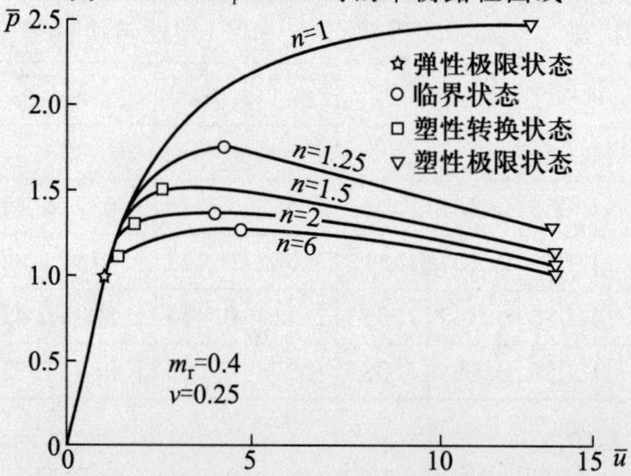

图 7-16 $m_r=0.4$ 时的平衡路径曲线

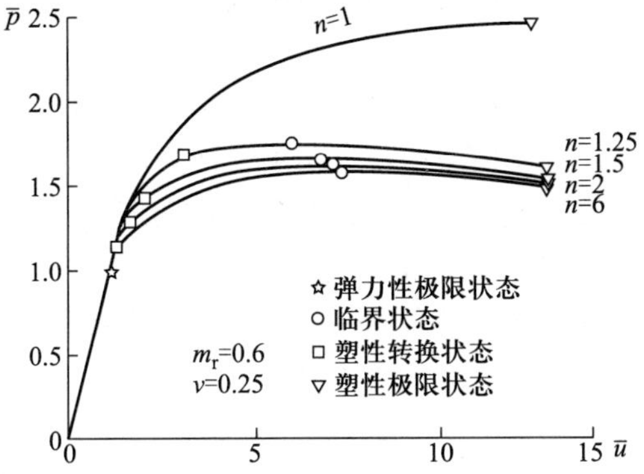

图 7-17　$m_r=0.6$ 时的平衡路径曲

§7-3　逆冲断层地震的不稳定性模型

断层或断裂带在地震过程中的作用很早就为人们所认识. 然而在地震研究中孤立地研究断裂带是不够的，断层的破裂和地震波的产生是由贮存在断层两盘围岩里弹性能量的释放所驱动的. 因此，研究断层地震过程必须考虑含断层和围岩的整个岩石力学系统. 从固体力学角度用准静态方法研究断层地震的机制和地震前兆是有重要意义的.

Stuart 首先提出用准静态力学方法来研究地震稳定性(Stuart, 1979)，并建立了应变软化的地震不稳定模型，得出了一些重要的结论. 殷有泉等(1984 和 2011)在一个包含断层带和围岩的统一力学系统内研究地震稳定性，用变形体力学方法建立了由于断层带介质的应变软化导致地震发生的严谨的力学模型.

7-3-1　断层带材料的全过程曲线

断层是地壳中的软弱结构面，由于其面内尺度巨大，不能用直接实验方法得到面内应力 τ 和错距 u 之间的全过程曲线，即使在室内做小尺度实验，也缺少相似准则将其外推到大尺度的现场情况. 因而，我们需要另辟蹊径，从细观力学角度，用统计力学方法推导出理论的断层带材料应力-位移全过程本构曲线.

众所周知，在断层面内各点的力学性质(如局部强度)绝不是处处相同的. 随着面内应力的增大，首先在那些较软弱的局部区微元发生微小破裂. 这就是说，即使在较低的平均应力水平，也可在这些局部微元产生局部破裂，引起断层变形. 而随应力水平的提高，破裂在更多的局部微元发生，从而引起断层的变形逐渐增大. 当所有的局部破裂连接在一起时，最后发生了沿全断面的破裂(Tang 等，1993).

从损伤力学观点看，上述过程可看做是一种不断发展的损伤过程，断层面从早期的低应力水平局部微破裂损伤，不断地演化和发展到最后的全断面的宏观破裂. 因而我们相信，断层面的这种损伤过程与断层面的本构关系(应力－变形的全过程曲线)必然存在重大的关联.

根据 Lemaitre 的损伤理论(Lemaitre，1992)，对断层可构建如下的损伤模型：

$$\tau = k_0(1-\omega)u, \tag{7-3-1}$$

其中 τ 是面内应力，k_0 是断层的初始刚度，ω 称为损伤参数(或损伤变量). 在剪切变形条件下，ω 表示在单位长度的断层面内存在的微破裂面积与整个断层面面积的比值. $\omega=0$ 对应于没有任何损伤，$\omega=1$ 表示面内完全破裂. 因而 $(1-\omega)$ 表示在面内有效抵抗内力的面积 S' 与整个面积 S 之比，

$$\omega = 1 - S'/S = (S-S')/S. \tag{7-3-2}$$

由于 $S-S'$ 表示损伤部分的面积，则 ω 可表征断层内部的损伤. 损伤过程是不可逆的，因而损伤参数 ω 是单调增加的变量.

为了得到断层的应力－位移全过程曲线，我们首先应该求出损伤参数 ω 的表达式. 为此，我们将断层面剖分为许多小的局部微元. 由于每个微元含有原生缺陷的数量不同，这些微元具有不同的强度. 设局部强度 u_s(强度用错距度量，例如 $u_s=\tau_s/k_0$)的分布遵循某种概率分布. 随着剪力 τ 作用在断层面内，错距 u(假设是均匀分布的)逐渐增加；当某个别微元的局部扰动 u 达到该微元的强度 u_s，也即 $u=u_s$ 时，该微元局部破坏. 现在我们做两个假设：

(1) 局部微元在破坏前，剪力 τ 和错距成线性关系(Hooke 材料)，即

$$\tau_i = (k_0)_i u_i = (k_0)_i u, \quad i = 1,2,\cdots, \tag{7-3-3}$$

式中 $(k_0)_i$ 是第 i 个微元的初始刚度.

(2) 局部微元的强度遵循 Weibull 分布密度(见图 7－18)

$$\varphi(u) = \frac{m}{u_0}\left(\frac{u}{u_0}\right)^{n-1} \mathrm{e}^{-(u/u_0)^m}. \tag{7-3-4}$$

由于局部微元破坏的条件是 $u=u_s$，式(7－3－4)中 u 可理解为个别微元的强度 $(u_s)_i$(局部强度). m 是形状参数，$m\geqslant 1$. u_0 是平均错距的一种度量.

已经损伤微元的比例等效于从 $u=0$ 到 $u=u_s$ 的概率 P，即概率密度曲线 $\varphi(u)$ 下面从 0 到 u 的那部分面积. 因而断层面损伤部分的面积为

$$S - S' = S\int_0^u \varphi(u)\,\mathrm{d}u, \tag{7-3-5}$$

联立方程(7－3－2)和(7－3－5)可得到损伤参数 ω 的表达式

$$\omega = \int_0^u \varphi(u)\,\mathrm{d}u. \tag{7-3-6}$$

进而由方程(7-3-4)得

$$\omega(u) = \frac{m}{u_0}\int_0^u \left(\frac{u}{u_0}\right)^{m-1} \mathrm{e}^{-(u/u_0)^m}\mathrm{d}u = 1 - \mathrm{e}^{-\left(\frac{u}{u_0}\right)^m}, \tag{7-3-7}$$

将上式代入式(7-3-1)，可得断层面的本构方程为

$$\tau = g(u) = k_0 u \mathrm{e}^{-(u/u_0)^m}. \tag{7-3-8}$$

如果考虑到断层内有初始应力 τ_0，并且用错距重新表示本构关系(7-3-8)，就得到了形如下式的断层的本构关系为

$$\tau - \tau_0 = g(u) = k_0 u \mathrm{e}^{-(u/u_0)^m}, \tag{7-3-9}$$

其中，u 为错距，k_0 为断层初始切线刚度.

图 7-18 给出了不同形状参数 m 的应力-变形的全过程的理论曲线. 由图可看出，形状参数 m 是局部强度可变性的一种度量，它可作为断层面内均匀性的一种指标. 比较大的 m，断层比较均匀. 当 m 趋于无限大时，面内各微元的差异趋于零(图 7-18)，此时得到"理想脆性的"应力-变形全过程曲线，如图 7-19 的虚线所示. 具有这种特性的材料称为理想脆性材料.

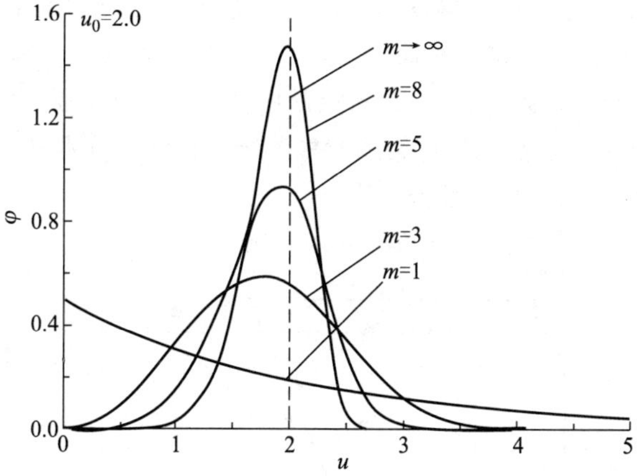

图 7-18　局部微元强度的 Weibull 分布密度

需要强调指出的是，在局部微元的假设中并未引入微元塑性的概念，只是认为微元具有破坏和不破坏的 0，1 二元逻辑状态，但结果却导出了人们通常所指的宏观塑性表现. 因此，可以看出，对地质材料的所谓"塑性"，实质上只不过是微观损伤累积的宏观表现，从 Weibull 分布来看，参见图 7-18，所谓塑性较大，正是局部微元强度分布比较离散；而脆性较大，则是局部微元强度的分布比较集中.

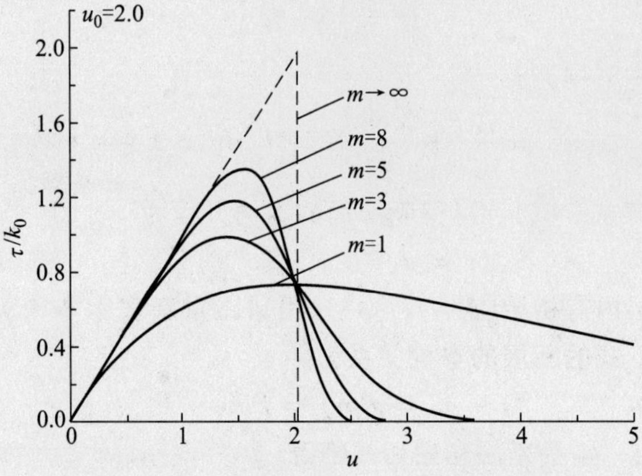

图 7-19 载荷-变形全过程理论曲线

7-3-2 地震不稳定性的一个简单力学模型

研究地震不稳定性的一个简单力学模型如图 7-20 所示，它是由均匀围岩和一个倾角为 α 的逆冲断层构成的平面力学系统. 系统的右端面不动(坐标原点 O 选在这个端面上)，在左端面上施以不断增大的均布位移 a. 将断层两盘切向相对位移(断层错距)记为 u，断层面内剪力记为 τ，围岩内正应力记为 σ，区域长度记为 L，横截面面积记为 A. 并设断层和围岩分别具有初始应力 τ_0 和 σ_0，它们不是独立的，由平衡条件有

$$\tau_0 = (\sigma_0 \sin 2\alpha)/2. \tag{7-3-10}$$

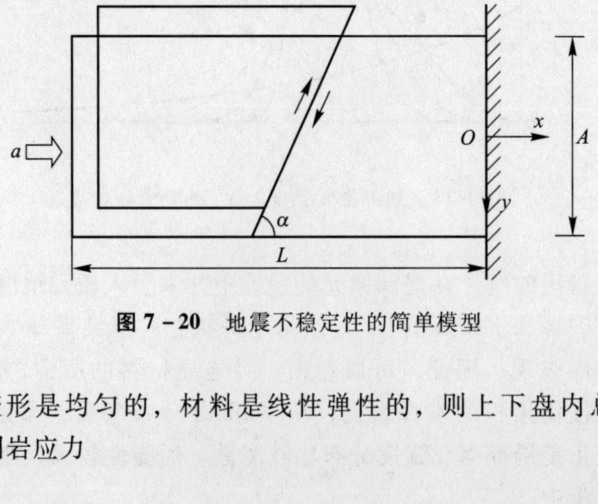

图 7-20 地震不稳定性的简单模型

设围岩变形是均匀的，材料是线性弹性的，则上下盘内总的压缩量为 $a - u\cos\alpha$，围岩应力

$$\sigma = \frac{E}{L}(a - u\cos\alpha) + \sigma_0, \tag{7-3-11}$$

式中 E 是围岩的 Young 模量. 远场边界的约束反力(事先未知待求的)可表示为

$$P = \frac{AE}{L}(a - u\cos\alpha) + A\sigma_0. \tag{7-3-12}$$

设沿断层的错距 u 也是均匀分布的，即在断层上各点错动是相同的. 各点的切向刚度均为

$$k(u) = \frac{\mathrm{d}\tau}{\mathrm{d}u} = k_0 \mathrm{e}^{-(u/u_0)^m}\left[1 - m\cdot\left(\frac{u}{u_0}\right)^m\right], \tag{7-3-13}$$

式中 k_0 是本构曲线的初始($u=0$)斜率. $k(u)$的大小随 u 而不同，在应力峰值前为正，称为变形的稳定阶段；在应力峰值之后为负，本构曲线是下降的，称为不稳定阶段. 在本构曲线的拐点处($u=u_1$)，$k(u)$按绝对值取最大值

$$k(u_1) = -mk_0\mathrm{e}^{-(1+m)/m}, \tag{7-3-14}$$

式中 u_1 是曲线拐点的错距，$u_1 = u_0\left(\frac{1+m}{m}\right)^{1/m}$. 将 $k(u_1)$与断层面面积 $A/\sin\alpha$ 的乘积定义为整个断层的切线刚度

$$K_{\mathrm{f}}(m) = k(u_1)A/\sin\alpha. \tag{7-3-15}$$

实际上，断层切线刚度是随错距 u 的增大而不同的，上面定义的断层刚度是其中的最大者(按绝对值).

由于围岩变形和沿断层的错距都假设是均匀的，因而系统的平衡条件仅为

$$\tau = \frac{1}{2}\sin 2\alpha\cdot\sigma,$$

考虑到式(7-3-10)，有

$$\tau - \tau_0 = \frac{1}{2}\sin 2\alpha\cdot(\sigma - \sigma_0), \tag{7-3-16}$$

式中的 $\tau - \tau_0$ 和 $\sigma - \sigma_0$ 可分别由式(7-3-9)和(7-3-11)给出. 于是得到了如下方程:

$$a(u) = \frac{L}{E}\frac{2k_0}{\sin 2\alpha}u\mathrm{e}^{-\left(\frac{u}{u_0}\right)^m} + u\cos\alpha, \tag{7-3-17}$$

$$P(u) = \frac{2Ak_0}{\sin 2\alpha}u\mathrm{e}^{-\left(\frac{u}{u_0}\right)^m} + A\sigma_0. \tag{7-3-18}$$

方程(7-3-17)是以远场位移 a 为边界条件，以断层错距 u 作状态变量的单自由度问题. 在用式(7-3-17)求出错距 u 之后，再用式(7-3-18)确定远场约束反力 P. 远场位移 a 和约束反力 P 是在能量上共轭的一对量，用它们研究岩石力学系统的稳定性是非常有用的.

引入无量纲变量

$$\zeta = u/u_0, \quad \overline{a} = \frac{a}{u_0 \cos \alpha}, \quad \overline{P} = \frac{P}{2Ak_0u_0}, \quad \overline{P}_0 = \frac{\sigma_0}{2k_0u_0}, \tag{7-3-19}$$

式(7－3－17)可写成无量纲形式

$$\overline{a}(\zeta) = \frac{1}{m\beta(m)} e^{(1+m)/m} \zeta e^{-\zeta^m} + \zeta, \tag{7-3-20}$$

其中

$$\beta(m) = \frac{E}{Lk_0} \sin \alpha \cos^2 \alpha \cdot \frac{1}{m} e^{(1+m)/m}, \tag{7-3-21}$$

$\beta(m)$是一个重要的无量纲参数，将在后面详细讨论．方程(7－3－18)的无量纲形式则为

$$\overline{P}(\zeta) = \zeta e^{-\zeta^m} / \sin 2\alpha + \overline{P}_0. \tag{7-3-22}$$

对这里的简单力学模型而言，如果将围岩和断层的组合看做一个力学系统，那么$\overline{a}(\zeta)$可看做是输入的控制变量，$\overline{P}(\zeta)$可以看做系统的响应．在以$\overline{a}$为横轴，以$\overline{P}$为纵轴的坐标平面内，每一个点($\overline{a}$，$\overline{P}$)代表一个平衡状态，则整个$\overline{a}-\overline{P}$曲线代表所有的平衡状态，这曲线称为平衡路径曲线．式(7－3－20)和(7－3－22)是以ζ为参数的平衡路径曲线参数方程．

本节给出的简单力学模型中，远场位移a作为位移边界条件，所有应力边界条件是齐次的，不考虑重力，因而总势能就是变形能．总势能的表达式是

$$\Pi(u) = \frac{A}{\sin \alpha} \int_0^u k_0 u e^{-(u/u_0)^m} du + \frac{1}{2} \frac{EA}{L} (a - \cos \alpha \cdot u)^2 + \sigma_0 a A,$$

利用式(7－3－19)，将上式写成无量纲形式

$$\begin{aligned} \overline{\Pi}(\zeta) &= \frac{\sin \alpha}{Ak_0u_0^2} \Pi(u) \\ &= \int_0^\zeta \zeta e^{-\zeta^m} d\zeta + \frac{E \sin\alpha \cos^2\alpha}{2k_0L} (\overline{a} - \zeta)^2 + \overline{P}_0 \overline{a} \sin 2\alpha \\ &= \int_0^\zeta \zeta e^{-\zeta^m} d\zeta + \frac{m\beta}{2e^{(1+m)/m}} (\overline{a} - \zeta)^2 + \overline{P}_0 \overline{a} \sin 2\alpha. \end{aligned} \tag{7-3-23}$$

总势能对ζ的一阶、二阶和三阶导数分别为

$$\frac{\partial \overline{\Pi}(\zeta)}{\partial(\zeta)} = \zeta e^{-\zeta^m} - \frac{m\beta}{e^{(1+m)/m}} (\overline{a} - \zeta), \tag{7-3-24}$$

$$\frac{\partial^2 \overline{\Pi}(\zeta)}{\partial \zeta^2} = e^{-\zeta^m}(1 - m\zeta^m) + \frac{m\beta}{e^{(1+m)/m}}, \tag{7-3-25}$$

$$\frac{\partial^3 \overline{\Pi}(\zeta)}{\partial \zeta^3} = m\zeta^{m-1} e^{-\zeta^m} (m\zeta^m - 1 - m). \tag{7-3-26}$$

判断平衡路径曲线上某点的平衡状态是否稳定，则需要讨论总势能的二次变分 $\partial^2 \Pi(\zeta)$ 的正负. 如果为正，是稳定的平衡状态；如果为负，则是不稳定的平衡状态；如果为零，则是临界状态，这就需要研究更高阶的变分以判断其是否稳定. 总势能的二次变分的正负和总势能对 ζ 二次偏导数的正负是完全一致的. 当 $\partial^3 \Pi(\zeta)/\partial\zeta^3 = 0$ 时，有

$$\zeta = \zeta_1 = \left(\frac{1+m}{m}\right)^{1/m}.$$

将上式带入式(7-3-25)得二阶变分 $\partial^2 \Pi(\zeta)/\partial\zeta^2$ 的极小值为

$$\left.\frac{\partial^2 \overline{\Pi}}{\partial \zeta^2}\right|_{\zeta=\zeta_1} = \frac{m(\beta - 1)}{e^{(m+1)/m}}, \tag{7-3-27}$$

其中参数 $\beta(m)$ 称为刚度比，是围岩的刚度

$$K_s = \frac{EA}{L}\cos^2\alpha \tag{7-3-28}$$

和断层刚度最大值(按绝对值)

$$|K_f| = \frac{A}{\sin\alpha} m k_0 e^{-(1+m)/m} \tag{7-3-29}$$

之比.

由式(7-3-27)可知，对于任意 $m \geqslant 1$，当 $\beta > 1.0$ 时，有 $\partial^2 \overline{\Pi}/\partial\zeta^2$ 恒大于零，平衡路径上的每一点都是稳定的. 当 $\beta = 1$ 时，$\partial^2 \overline{\Pi}/\partial\zeta^2$ 与零纵坐标轴相切，只有一个点为零，对应一个拐点，其余各点 $\partial^2 \overline{\Pi}/\partial\zeta^2$ 均恒大于零，因此，平衡路径上的点也都是稳定的. 当 $\beta < 1$ 时，存在两个 $\partial^2 \overline{\Pi}/\partial\zeta^2 = 0$ 的点，正好对应两个位移转向点(记为 A 和 C)，则在两个位移转向点之间，$\partial^2 \overline{\Pi}/\partial\zeta^2 < 0$ 恒成立，因此平衡路径的 AC 分支是不稳定的，在转向点 A 会发生地震失稳. 这里从总势能的角度分析表明，系统刚度比 β 是决定地震稳定性的关键参数，地震失稳的条件是 $\beta(m) < 1$.

对于多自由度系统的研究表明(殷有泉，2007；2011)，系统的稳定性等价于系统的切线刚度矩阵 $\boldsymbol{K}$ 是正定的，不稳定性等价于系统的切线刚度矩阵是不正定的. 对一个自由度的简单系统，稳定性等价于系统的切线刚度为正($K > 0$)，不稳定性等价于系统切线刚度为负($K < 0$). 在断层软化阶段，系统的切线刚度为

$$K = K_s + K_f = K_s - |K_f| = K_s - \frac{K_s}{\beta} = \left(1 - \frac{1}{\beta}\right)K_s.$$

由于围岩刚度 $K_s > 0$，因而 $\beta > 1$ 和 $\beta < 1$ 分别对应于 $K > 0$ 和 $K < 0$，即分别对应于稳定和不稳定平衡. 而 $\beta = 1$ 时 $K = 0$ 是临界状态. 显然，断层具有软化性质(也称为不稳定性质)是围岩断层系统的不稳定的必要条件，但不是充分条

件. 系统刚度比 $\beta(m)<1$ 才是系统不稳定性的充要条件.

现在回过来，根据式(7-3-20)和式(7-3-22)讨论平衡路径曲线. 取 $\alpha=45°$，$m=1$，图 7-21 给出了刚度比 $\beta(1)=0.5$，0.7，1.0 和 2.0 等四条曲线，曲线的纵坐标是 $\overline{P}-\overline{P}_0$，纵坐标为零的横轴对应于 $\overline{P}=\overline{P}_0$. 图 7-21 的平衡路径曲线尽管是在 $m=1$ 情况下绘制的，但不失一般性. 可以证明，对于 $m\geqslant1$ 的任何值，系统刚度比 $\beta>1$，$\beta=1$ 和 $\beta<1$ 时，都有形如图 7-21 所示的平衡路径曲线. 从图可以看出，刚度比 β 对曲线的形态有重要影响. 在 $\beta<1$ 时，曲线上除了一个力的转向点 D 外还出现两个位移转向点 A 和 C，在 $\beta\geqslant1$ 时，则没有位移转向点. 在位移转向点 A 或 C 前后，平衡的稳定特性将发生变化. 例如，$\beta=0.5$ 时，在转向点 A 之前路径 OA 段曲线各点平衡路径是稳定的，而在点 A 之后的后的 AC 段曲线上各点平衡是不稳定的，而在 C 点之后平衡又是稳定的.

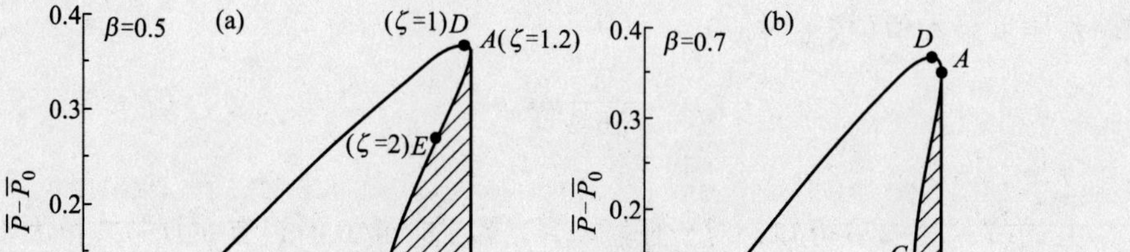

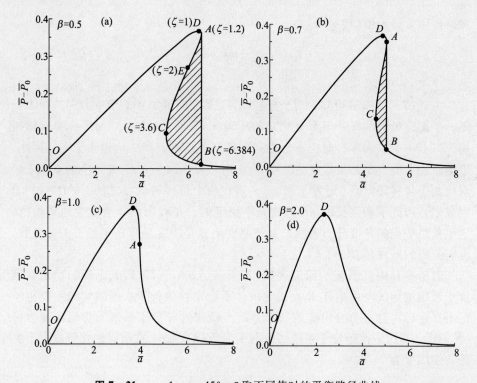

图 7-21 $m=1$，$\alpha=45°$，β 取不同值时的平衡路径曲线

总而言之，当 $\beta<1$ 时，平衡路径有三个分支：OA，AC 和 CB. 各分支的临界点为 A 和 C. 与断层本构曲线拐点相对应的平衡状态记为 E，则由式

(7-3-20)和(7-3-22)可计算出这些临界点上的 $\overline{a}$，$\overline{P}-\overline{P}_0$，$\zeta$ 值，并用式(7-3-25)计算出相应的 $\partial^2\overline{\Pi}/\partial\zeta^2$ 值，这些值列在表7-3中，其中字母的上标"+"和"-"分别表示该字母代表的点的右邻域点和左邻域点．可以看出，D 点是平衡路径曲线的应力峰值点(力的转向点)，该点 $\partial^2\overline{\Pi}/\partial\zeta^2>0$，平衡是稳定的，平衡路径曲线 OD 段对应于断层本构曲线的上升段，是稳定的．在 DA 段，虽然平衡路径曲线下降，但 $\partial^2\overline{\Pi}/\partial\zeta^2>0$，仍然是稳定的，但在此阶段断层错动加速．在 A 点和 C 点，$\partial^2\overline{\Pi}/\partial\zeta^2$ 均为0，在它们之间的平衡路径曲线 AC 段上的点的 $\partial^2\overline{\Pi}/\partial\zeta^2$ 均小于0，因此 AC 分支各点则是不稳定的．在 C 点之后一直到 B 点，平衡路径曲线 CB 段上各点的 $\partial^2\overline{\Pi}/\partial\zeta^2$ 均大于0，因此，CB 分支点的平衡状态是稳定的．当远场位移 $\overline{a}$ 达到 $\overline{a}^*=6.543$ 时，对应于两个可能的平衡状态：A 点($\zeta=1.232$)和 B 点($\zeta=6.384$)．在远场位移达到 $\overline{a}^*$ 时，如果能控制位移使其降低，则平衡点才能沿分支 AC 运行．但实际上这是做不到的．这时平衡状态突然从点 A 跳到点 B，相应地变量 ζ 突然地由 $\zeta_A=1.232$ 发展到 $\zeta_B=6.384$，应力 $\overline{P}-\overline{P}_0$ 突然地由 $\overline{P}-\overline{P}_0=0.359$ 下降到 $\overline{P}-\overline{P}_0=0.011$，这表示地震发生了．

表7-3 断层无初始强度模型($m=1$，$\alpha=45°$)中各转向点相对应的参数值

转向点	ζ	$\overline{a}$	$\overline{P}-\overline{P}_0$	$\partial^2\overline{\Pi}/\partial\zeta^2$
断层启动点 O	0.0	0.0	0.0	1.0677
力的转向点 D	1.0	6.437	0.368	0.0677
点 A^-	1.20	6.541	0.361	0.007
位移转向点 A	1.232	6.543($\overline{a}^*$)	0.359	0.000
点 A^+	1.30	6.536	0.354	-0.014
点 E	2.00	6.000	0.2707	-0.068
点 C^-	3.60	5.054	0.098	-0.003
位移转向点 C	3.678	5.0517	0.093	0.000
点 C^+	3.70	5.0518	0.091	0.0009
突跳后的点 B	6.384	6.543($\overline{a}^*$)	0.011	0.059

从表7-3数据可看出，ζ 是单调上升的，表示错距 u 是不可逆的．远场位移 $\overline{a}$ 从 O 点开始到 A 点是单调增加的，从 A 点开始单调下降，到 C 点后又开始单调增加，到 B 点后恢复到 A 点值，然后又单调增加．实际地震过程中，在 A 点(位移转向点，是一个临界点)发生应力突跳，直接跳到 B 点，因此，

实际远场位移 $\overline{a}$ 也是连续增加的.

地震失稳时的平衡状态 A 并不对应于断层本构曲线的拐点，而是对应于本构曲线下降段拐点前的某个点，失稳发生在平衡路径上断层切线刚度等于围岩切线刚度的第一个位移转向点 A 上. 在失稳前的 DA 阶段，断层错动加速，是失稳的前兆. 如果 $\beta>1$，则断层本构曲线下降段上所有点的切线刚度均大于围岩切线刚度，不会发生地震失稳. 当 $\beta=1$ 时，则只有断层本构曲线拐点处的切线刚度等于围岩切线刚度，这是一种临界状态，也不会发生地震失稳. 这种地震不稳定性显然是极值点型(指位移极值点)和突跳型(指应力突跳)的不稳定性. 由状态 A 突跳到状态 B，曲边三角形 ACB 的面积表示在远场位移为 $\overline{a}^*$ 时，突跳过程围岩释放的能量. 这个能量的大部分转化为断层摩擦滑动产生的热(塑性功)，小部分转化为动能，对应于地震波的能量.

地震过程的三个重要参数是地震后断层错距、地震应力降和释放的弹性能，它们分别是

$$
\begin{aligned}
\Delta u &= u_0\Delta\zeta = u_0(\zeta_B-\zeta_A),\\
\Delta\tau &= \tau(A)-\tau(B) = \frac{\sin 2\alpha}{2A}[P(A)-P(B)]\\
&= \sin 2\alpha k_0 u_0[\overline{P}(\zeta_A)-\overline{P}(\zeta_B)],\qquad (7-3-30)\\
\Delta U &= 2u_0^2k_0\int_{\zeta_A}^{\zeta_B}(\overline{P}-\overline{P}_0)\,\mathrm{d}\overline{a},
\end{aligned}
$$

其中 $\overline{P}$，$\overline{a}$ 的具体表达式由式(7-3-22)和(7-3-20)给出. 在 m 和 α 给定后，可以采用数值积分方法计算出它们的具体数值. 例如对于 $m=1$，$\alpha=45°$，$\beta=0.5$ 情况，由 $\zeta_A=1.232$，$\zeta_B=6.384$ 可得地震断层错距 $\Delta u=5.152u_0$，地震应力降 $\Delta\tau=0.696k_0u_0$，释放弹性能 $\Delta U=-0.630k_0u_0^2$. 其中负号表示系统能量减少，即围岩释放了能量.

当 $\beta\geqslant1$ 时，不会发生地震，仅是缓慢的断层滑动，属于无震滑动.

通过上述简单的地震模型可以看到，地震不发生在峰值应力(应力转向点)下，而是发生在其后的位移转向点处. 这表明地震属于位移形式的极值点失稳，并伴有应力突跳(应力降).

7-3-3 考虑断层面初始破裂强度的模型

在前面讨论的模型中，远场一旦施加位移 a，不管它是多么小，断层同时产生错动. 这可能与实际情况不符，因为没有考虑断层受力达到足够大数值时才能破裂. 断层应具有初始强度，断层面内剪应力 τ 达到断层剪切强度 τ_f 时才发生破裂和错动.

断层破裂面通常是压剪性破裂，一般采用具有压力相关性的 Coulomb 型的破裂准则，它的剪切强度是

$$\tau_{\mathrm{f}} = c - \mu\sigma_{\mathrm{n}} = c + \mu\,|\sigma_{\mathrm{n}}|\,, \tag{7-3-31}$$

式中 σ_{n} 是垂直断层面的正压力(我们规定正压力 σ_{n} 本身取负值)，μ 和 c 是断层的材料参数，分别称为断层面的内摩擦系数和黏聚力. 如果断层面内剪应力用 τ 表示，那么断层的破裂准则为

$$f = \tau - \tau_{\mathrm{f}} = \tau - c + \mu\sigma_{\mathrm{n}} = 0, \tag{7-3-32}$$

它是一个双参数(c 和 μ)的破裂准则. 为研究断层的稳定性，至少需要假设其中的一个强度参数(c 或者 μ)是断层错距 μ 的减函数. 与前面的断层本构曲线(7-3-9)相对比，可采用负指数形式的软化模式

$$c(u) = c_0 \mathrm{e}^{-\frac{1}{2}\left(\frac{u}{u_0}\right)^{2m}}, \tag{7-3-33}$$

或

$$\mu(u) = \mu_0 \mathrm{e}^{-\frac{1}{2}\left(\frac{u}{u_0}\right)^{2m}}, \tag{7-3-34}$$

式中 c_0 和 μ_0 分别是断层材料的初始($u=0$)黏聚力和内摩擦系数，m 是强度曲线的形状参数. 由于 u_0 的选取也能反映强度曲线的形状，因而 u_0 是另一个形状参数(有时称做曲线的“胖度”). 由式(7-3-33)和(7-3-34)分别对 u 求一阶偏导数可得曲线斜率为

$$\frac{\partial c}{\partial u} = -c_0 \mathrm{e}^{-\frac{1}{2}\left(\frac{u}{u_0}\right)^{2m}} \cdot \left(\frac{u}{u_0}\right)^{2m} \cdot \left(\frac{m}{n}\right), \tag{7-3-35}$$

$$\frac{\partial \mu}{\partial u} = -\mu_0 \mathrm{e}^{-\frac{1}{2}\left(\frac{u}{u_0}\right)^{2m}} \cdot \left(\frac{u}{u_0}\right)^{2m} \cdot \left(\frac{m}{n}\right). \tag{7-3-36}$$

由式(7-3-33)和(7-3-34)分别对 u 求二阶偏导数可得

$$\frac{\partial^2 c}{\partial u^2} = \frac{m}{u^2} c_0 \mathrm{e}^{-\frac{1}{2}\left(\frac{u}{u_0}\right)^{2m}} \cdot \left(\frac{u}{u_0}\right)^{2m} \cdot \left\{1 + m\left[\left(\frac{u}{u_0}\right)^{2m} - 2\right]\right\}, \tag{7-3-37}$$

$$\frac{\partial^2 u}{\partial u^2} = \frac{m}{u^2} \mu_0 \mathrm{e}^{-\frac{1}{2}\left(\frac{u}{u_0}\right)^{2m}} \cdot \left(\frac{u}{u_0}\right)^{2m} \cdot \left\{1 + m\left[\left(\frac{u}{u_0}\right)^{2m} - 2\right]\right\}. \tag{7-3-38}$$

令上式为零可得强度曲线在拐点处的坐标为

$$u = u_2 = u_0\left(\frac{2m-1}{m}\right)^{\frac{1}{2m}}. \tag{7-3-39}$$

强度曲线(7-3-33)和(7-3-34)在拐点处曲线斜率取极值，将上式代入式(7-3-35)和(7-3-36)得

$$c' = \left.\frac{\partial c}{\partial u}\right|_{u_2} = -\frac{c_0}{u_0}(2m-1)\mathrm{e}^{-\frac{1}{2}\left(\frac{2m-1}{m}\right)}\left(\frac{2m-1}{m}\right)^{-\frac{1}{2m}}, \tag{7-3-40}$$

$$\mu' = \frac{\partial \mu}{\partial u}\bigg|_{u_2} = -\frac{\mu_0}{u_0}(2m-1)\mathrm{e}^{-\frac{1}{2}\left(\frac{2m-1}{m}\right)}\left(\frac{2m-1}{m}\right)^{-\frac{1}{2m}}. \quad (7-3-41)$$

本节采用的断层错距 u 是指断层破裂后的错距，在断层破裂前没有变形，错距具有不可逆性质，因而断层材料是刚塑性的. 用 τ 代表断层面内剪应力，$\partial\tau/\partial u$ 代表断层材料的刚度. 在拐点 $u=u_2$ 处刚度 $(\partial\tau/\partial u)\big|_{u=u_2}$ 取极值，用它乘以断层面积 $A/\sin\alpha$，定义为断层面的切线刚度 K_{f}. 显然，在破裂之前，K_{f} 是无限大，在破裂后为

$$K_{\mathrm{f}} = \frac{A}{\sin\alpha}\left(\frac{\partial\tau}{\partial u}\right)_{u_2} = \frac{A}{\sin\alpha}(c' - u'\sigma_n), \quad (7-3-42)$$

围岩切线刚度为

$$K_{\mathrm{s}} = \frac{EA}{L}\cos^2\alpha. \quad (7-3-43)$$

我们将围岩切线刚度与断层切线刚度(绝对值)之比定义为围岩－断层系统的刚度比

$$\beta(m) = \frac{K_{\mathrm{s}}}{|K_{\mathrm{f}}|} = \frac{\mu_0 E\cos^2\alpha\sin\alpha}{L(c_0-\mu_0\sigma_n)}\frac{1}{2m-1}\left(\frac{2m-1}{m}\right)^{\frac{1}{2m}}\mathrm{e}^{\frac{1}{2}\left(\frac{2m-1}{m}\right)},$$

$$(7-3-44)$$

刚度比是地震稳定性问题中的一个重要参数.

远场位移 a 是从零开始逐渐增大的. 在初始阶段 a 很小，断层剪应力 $\tau-\tau_0$ 也很小，小于破裂强度，不足以驱动断层错动. 这时 $u=0$，整个系统处于弹性的压缩状态，围岩应变 $\varepsilon=a/L$，压应力 $\sigma=Ea/L$，断层剪应力 $\tau=\frac{1}{2}\sin 2\alpha\cdot\sigma=\frac{1}{2}\sin 2\alpha\frac{Ea}{L}$. 随 a 值增加，当断层剪应力 τ 达到断层剪切强度 τ_{f}，断层发生破裂，这时

$$\frac{1}{2}\sin 2\alpha\frac{Ea}{L} = c_0 - \mu_0\sigma_{\mathrm{n}}.$$

由此可以得到断层开始错动时的远场位移 a_0

$$a_0 = \frac{2(c_0-\mu_0\sigma_{\mathrm{n}})L}{E\sin 2\alpha}. \quad (7-3-45)$$

在 $a<a_0$ 时，整个系统处于弹性状态；在 $a\geqslant a_0$，断层发生错动，系统进入非线性状态. 换句话说，$a=a_0$ 是断层解锁的远场条件.

当 $a<a_0$ 时，断层错距 $u=0$，系统变形仅有围岩的弹性变形

$$\varepsilon = \frac{a}{L},\quad \sigma = \frac{EA}{L}a, \quad (7-3-46)$$

远场的约束反力为

$$P = \frac{EA}{L}a + A\sigma_0. \qquad (7-3-47)$$

当 $a > a_0$ 时，断层错动 $u > 0$，围岩应力 σ 和断层面内剪应力 τ 分别是

$$\sigma = \frac{E}{L}(a - u\cos\alpha), \qquad (7-3-48)$$

$$\tau = (c_0 - \mu_0\sigma_n)e^{-\frac{1}{2}\left(\frac{u}{u_0}\right)^{2m}}, \qquad (7-3-49)$$

系统的平衡条件是

$$\tau - \tau_0 = \frac{1}{2}\sin 2\alpha\cdot(\sigma - \sigma_0). \qquad (7-3-50)$$

联合式(7-3-48)，(7-3-49)和(7-3-50)可得远场边界位移 a 和相应的约束反力 P 是

$$a = \frac{2L(c_0 - \mu_0\sigma_n)}{E\sin 2\alpha}e^{-\frac{1}{2}\left(\frac{u}{u_0}\right)^2} + u\cos\alpha, \qquad (7-3-51)$$

$$P = \frac{2A(c_0 - \mu_0\sigma_n)}{\sin 2\alpha}e^{-\frac{1}{2}\left(\frac{u}{u_0}\right)^2} + A\sigma_0. \qquad (7-3-52)$$

这里的变量 a 和 P 是一对能量上共轭的量. 在稳定性分析中，将 a 看做输入系统的控制变量，P 则是系统的状态变量，每一对 (a, P) 代表一个平衡状态. 以 u 为参变量画出的 $a-P$ 曲线则是系统的平衡曲线，也称平衡路径.

引入无量纲变量

$$\zeta = \frac{u}{u_0},\quad \bar{a} = \frac{a}{u_0\cos\alpha},\quad \bar{P} = \frac{P}{2A(c_0 - \mu_0\sigma_n)},$$
$$\bar{P}_0 = \frac{\sigma_0}{2(c_0 - \mu_0\sigma_n)},\quad \bar{K} = \frac{Eu_0\cos\alpha}{2L(c_0 - \mu_0\sigma_n)}, \qquad (7-3-53)$$

则式(7-3-47)可改写为

$$\bar{P} = \bar{K}\bar{a} + \bar{P}_0, \qquad (7-3-54)$$

其中由式(7-3-44)和(7-3-53)，有

$$\bar{K} = \frac{\beta}{\sin 2\alpha}(2m-1)\left(\frac{2m-1}{m}\right)^{-\frac{1}{2m}}e^{-\frac{1}{2}\left(\frac{2m-1}{m}\right)}. \qquad (7-3-55)$$

由式(7-3-44)和(7-3-45)，无量纲化后的断层开始错动时的远场位移为

$$\bar{a}_0 = \frac{a_0}{u_0\cos\alpha} = \frac{1}{\beta}\frac{1}{2m-1}\left(\frac{2m-1}{m}\right)^{\frac{1}{2m}}e^{\frac{1}{2}\left(\frac{2m-1}{m}\right)}. \qquad (7-3-56)$$

式(7-3-51)和式(7-3-52)可分别改写为

$$\bar{a} = \frac{1}{\beta}\frac{1}{2m-1}\left(\frac{2m-1}{m}\right)^{\frac{1}{2m}}e^{\frac{1}{2}\left(\frac{2m-1}{m}-\zeta^{2m}\right)} + \zeta, \qquad (7-3-57)$$

$$\bar{P} = \frac{1}{\sin 2\alpha}e^{-\frac{1}{2}\zeta^{2m}} + \bar{P}_0. \qquad (7-3-58)$$

实际上，式(7－3－54)是 $a<a_0$ 线性阶段的平衡曲线. 式(7－3－57)，(7－3－58)是 $a\geqslant a_0$ 非线性阶段的平衡路径曲线，每一个参数 ζ 对应于非线性路径上的一个点，代表一个平衡状态.

总势能的表达式为

$$\Pi(u)=\begin{cases}\dfrac{1}{2}\dfrac{EA}{L}a^2+A\sigma_0 a, & a<a_0,\\ \dfrac{A}{\sin\alpha}\displaystyle\int_0^u(c_0-\mu_0\sigma_n)\mathrm{e}^{-\frac{1}{2}\left(\frac{u}{u_0}\right)^{2m}}\mathrm{d}u & \\ \qquad+\dfrac{1}{2}\dfrac{EA}{L}(a-\cos\alpha\cdot u)^2+A\sigma_0 a, & a\geqslant a_0.\end{cases}\tag{7－3－59}$$

当 $a<a_0$ 时，断层尚未解锁，因此不会地震失稳. 失稳只能发生在断层解锁后，即 $a\geqslant a_0$ 的阶段. 因此，对总势能的讨论仅限于式(7－3－59)的第二式，利用式(7－3－53)，无量纲化后的总势能为

$$\begin{aligned}\overline{\Pi}(\zeta)&=\frac{\sin\alpha}{(c_0-\mu_0\sigma_n)Au_0}\Pi(u)\\&=\int_0^{\zeta}\mathrm{e}^{-\frac{1}{2}\zeta^{2m}}\mathrm{d}\zeta+\frac{\beta}{2}(2m-1)\left(\frac{2m-1}{m}\right)^{-\frac{1}{2m}}\mathrm{e}^{-\frac{1}{2}\left(\frac{2m-1}{m}\right)}(\bar{a}-\zeta)^2\\&\quad+\overline{P}_0\bar{a}\sin 2\alpha,\quad \bar{a}\geqslant\bar{a}_0.\end{aligned}\tag{7－3－60}$$

总势能对 ζ 的二阶和三阶偏导数分别为

$$\frac{\partial^2\overline{\Pi}(\zeta)}{\partial\zeta^2}=-m\zeta^{(2m-1)}\mathrm{e}^{-\frac{1}{2}\zeta^{2m}}+\beta(2m-1)\left(\frac{2m-1}{m}\right)^{-\frac{1}{2m}}\mathrm{e}^{-\frac{1}{2}\left(\frac{2m-1}{m}\right)},\tag{7－3－61}$$

$$\frac{\partial^3\overline{\Pi}(\zeta)}{\partial\zeta^3}=m\zeta^{-2(m-1)}\left[1-m(2-\zeta^{2m})\right]\mathrm{e}^{-\frac{1}{2}\zeta^{2m}}.\tag{7－3－62}$$

与前一节类似，当 $\partial^3\overline{\Pi}(\zeta)/\partial\zeta^3=0$ 时，式(7－3－61)有极小值，令式(7－3－62)为零可求出对应的 ζ_2 为

$$\zeta_2=\left(\frac{2m-1}{m}\right)^{\frac{1}{2m}}.\tag{7－3－63}$$

将上式带入式(7－3－61)，可得 $\partial^2\overline{\Pi}(\zeta)/\partial\zeta^2$ 的极小值为

$$\left.\frac{\partial^2\overline{\Pi}(\zeta)}{\partial\zeta^2}\right|_{\zeta=\zeta_2}=(\beta-1)(2m-1)\left(\frac{2m-1}{m}\right)^{-\frac{1}{2m}}\mathrm{e}^{-\frac{1}{2}\left(\frac{2m-1}{m}\right)}.\tag{7－3－64}$$

由上式可知，对于任意 $m\geqslant1$，当 $\beta\geqslant1$ 时，$\partial^2\overline{\Pi}(\zeta)/\partial\zeta^2$ 恒为非负，平衡路径上的每一点都是稳定的. 当 $\beta<1$ 时，与前一节相同，有两个位移转向点，在两个转向点之间，$\partial^2\overline{\Pi}(\zeta)/\partial\zeta^2<0$ 恒成立，因此该平衡路径曲线分支是不稳定

的，在第一个转向点会发生地震失稳．这与不考虑断层强度的情况相同．如果考虑断层面破裂强度，系统刚度比 β 仍然是决定地震稳定性的关键参数，地震失稳的条件是 $\beta(m)<1$.

如果横坐标取 $\bar{a}$，纵坐标取 $\bar{P}-\bar{P}_0$，与前一节不同，本节的平衡路径曲线是由式(7－3－54)，式(7－3－57)和(7－3－58)分段给出的．在线弹性阶段平衡路径曲线的终点即为非线性阶段的起点．由式(7－3－54)可知，线性阶段，平衡路径曲线是过坐标原点的直线，斜率为 $\bar{K}$. 由式(7－3－57)～(7－3－58)可知，非线性阶段的起始点坐标值为

$$\bar{a}_0=\bar{a}\Big|_{\zeta=0}=\frac{1}{\beta}\frac{1}{2m-1}\left(\frac{2m-1}{m}\right)^{\frac{1}{2m}}\mathrm{e}^{\frac{1}{2}\left(\frac{2m-1}{m}\right)} \tag{7－3－65}$$

$$\bar{P}-\bar{P}_0\Big|_{\zeta=0}=\frac{1}{\sin 2\alpha}. \tag{7－3－66}$$

由式(7－3－65)和(7－3－66)可得非线性阶段的起始点与坐标原点的斜率，正好是式(7－3－54)的 $\bar{K}$. 由式(7－3－54)，(7－3－56)，可算出线性阶段的终点坐标值，与式(7－3－65)，(7－3－66)完全一致．因此，由式(7－3－54)计算的线性阶段的终点和由式(7－3－56)～(7－3－58)计算的非线性阶段的起始点是重合的．整个平衡路径曲线是连续的.

取 $\alpha=45°$，$m=1$，对于不同的刚度比 β，平衡路径曲线如图 7－22 所示，可以看出，与图 7－21 一样，刚度比 β 对曲线的形态有重要影响．当 $\beta<1$ 时，曲线上有两个位移转向点 A 和 C，当 $\beta\geqslant1$ 时，没有位移转向点，在位移转向点前后，平衡的稳定特性将发生变化．例如，当 $\beta=0.5$ 时，D 是断层的启动点，A，C 是两个位移转向点．由式(7－3－57)～(7－3－58)可计算出这些临界点上的 $\bar{a}$，$\bar{P}-\bar{P}_0$，ζ 值，并由式(7－3－61)计算出相应的 $\partial^2\bar{\Pi}(\zeta)/\partial\zeta^2$ 值，这些值列在表 7－4 中，其中字母的上标"＋"和"－"分别表示该字母代表的点的右邻域点和左邻域点．由式(7－3－57)～(7－3－58)易知，断层启动点 D 同时也是应力转向点．两个位移转向点 A，C 将平衡路径分为三支．第一支为 OA，它包括线性阶段 OD 和非线性阶段 DA，线性阶段 OD 是稳定的，非线性阶段 DA 上的各点 $\partial^2\bar{\Pi}/\partial\zeta^2>0$，是稳定的，因此 OA 分支是稳定的．第二个分支是 AC，在 A 点和 C 点，$\partial^2\bar{\Pi}/\partial\zeta^2$ 均为 0，在它们之间的平衡路径曲线上的点 $\partial^2\bar{\Pi}/\partial\zeta^2$ 均小于 0，因此 AC 分支是不稳定的．第三个分支是 CB，因为在第二个位移转向点 C 点之后，$\partial^2\bar{\Pi}/\partial\zeta^2$ 均大于 0，因此，该分支是稳定的．平衡路径曲线在第一个位移转向点 A 处失稳，$\bar{P}-\bar{P}_0$ 由 A 点值 0.95 突然下降至 B 点值 0.0027．也就是说，在 A 点发生地震，远场约束反力 $\bar{P}-\bar{P}$ 下降为 0.95，而断层错距 $\Delta\zeta=\zeta_A-\zeta_B=3.12$，释放能量对应于图中阴影线的面积，它的数值可

按不考虑断层破裂强度模型类似的方法计算出来，$\Delta\overline{U}=-0.55$. $\beta\geqslant1$ 情况对应于无震的断层滑动.

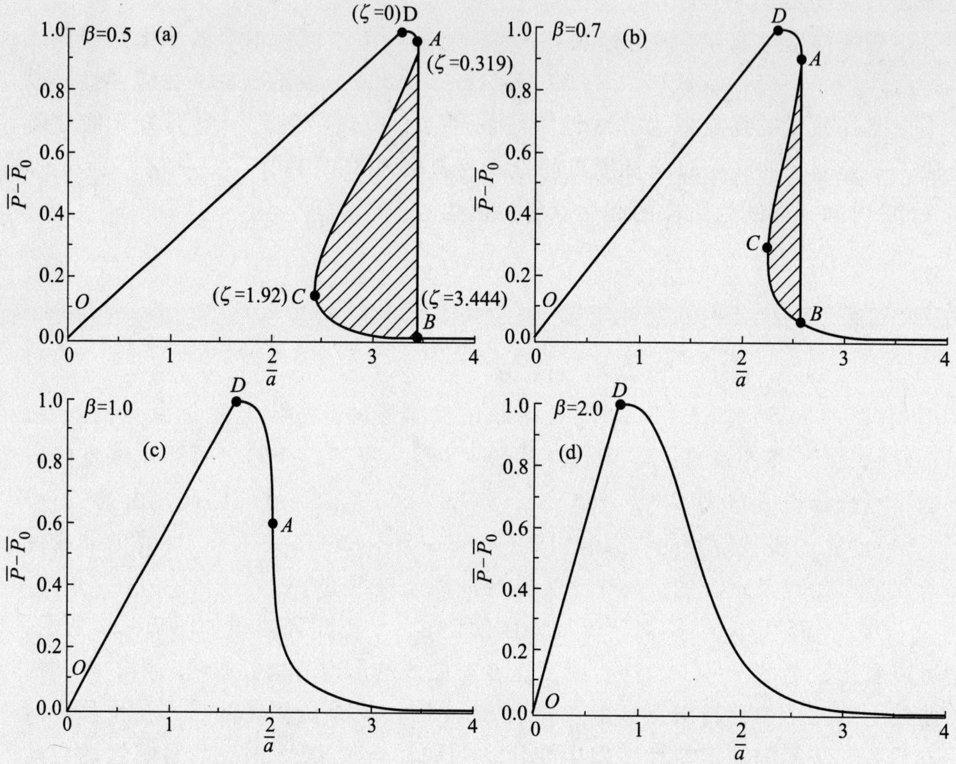

图 7-22 考虑断层初始强度，$m=1$，$\alpha=45°$，β 取不同值时的平衡路径曲线

表 7-4 与考虑断层初始强度模型($m=1$，$\alpha=450°$)各转向点相对应的参数值

转向点	ζ	$\overline{a}$	$\overline{P}-\overline{P}_0$	$\partial^2\overline{\Pi}/\partial\zeta^2$
断层启动(力的转向)点 D	0.0	3.297	1.0	0.303
点 A^-	0.318	3.453	0.951	0.001
位移转向点 A	0.319	3.453($\overline{a}^*$)	0.950	0.000
点 A^+	0.320	3.453	0.950	-0.001
点 C^-	1.920	2.442	0.158	-0.001
位移转向点 C	1.922	2.442	0.158	0.000
点 C^+	1.925	2.442	0.157	0.001
突跳后的点 B	3.444	3.453($\overline{a}^*$)	0.0027	0.294

由破裂准则(7-3-32)可知，当 $\tau<\tau_f$ 时，断层被闭锁，不会滑动. 由断

层面法向平衡方程，易知

$$\sigma_n = -\sin^2\alpha \cdot \sigma. \tag{7-3-67}$$

由系统的平衡条件 $\tau = \dfrac{1}{2}\sin 2\alpha \cdot \sigma$，式(7-3-67)和(7-3-31)可得

$$\frac{1}{2}\sin 2\alpha \cdot \sigma < c_0 + \mu_0 \sin^2\alpha \cdot \sigma < \mu_0 \sin^2\alpha \cdot \sigma. \tag{7-3-68}$$

由上式可得断层被锁的条件为

$$\alpha > 90° - \varphi, \tag{7-3-69}$$

其中 $\varphi = \arctan\mu$ 为摩擦角，也是材料参数. 朱守彪等(2009)在汶川地震模拟论文中，μ 取 0.6 左右，摩擦角 φ 约为 30°，由式(7-3-69)知，当断层倾角大于 60°时，断层被闭锁. 因此看来，对于高倾角的逆冲断层，使用压力相关性模型，除远场的水平驱动作用外，在围岩上盘还应具有某种向上的垂直驱动作用，才能使断层解锁. 高倾角的逆冲断层，有利于积累较大的能量，孕育震级较高的地震.

本文介绍的地震不稳定模型是一个自由度的，尽管简单，却足以说明地震孕育和发生的本质问题. 地震的发生是岩石力学系统的一种位移极值点型失稳，并伴有应力突跳. 从系统的平衡路径曲线来看，在临界点(远场位移 $\bar{a}^*$)之前，是稳定分支，是地震孕育阶段，此间围岩变形能大量储集，变形是渐变的. 在临界点，发生失稳，同时系统发生突变(远场位移 $\bar{a}$ 并未突变，是连续的)，应力、断层错距、能量均发生突变，可以得到地震震级、应力降、位错突变等的量值，这些都是可以和地震资料对比的. 因此地震不稳定模型能反映地震从孕育到发生的从渐变到突变的物理过程.

地震发生在平衡路径曲线的位移转向点，而不是应力转向点(广义力的极值点)，这是由于系统是由远场位移驱动的，而不是由远场应力驱动的. 这与地球动力学认为远场板块是恒速运动相一致. 在远场边界提位移形式而不提应力形式的边界条件，对认识地震具有本质上的意义的. 因此系统在平衡路径曲线的应力转向点附近是稳定的，在应力转向点到位移转向点之间，断层错动和附近围岩变形都是加速的，由此可以研究地震发生的前兆. 这方面的工作在 Stuart 的论文中得到体现.

接近实际情况的地震模型都是多自由度的，需要用数值方法(例如有限元方法)进行模拟研究(殷有泉，2011，§5-4).

§7-4　讨论

1. 在软化材料弹塑性问题的研究中，能够得到解析解的问题不是很多.

本章介绍的悬臂梁和厚壁筒的软化塑性解析解是近几年得到的(殷有泉，2011)．这两个问题的研究说明岩石结构的破坏失效(失衡)和失稳失效是两个完全不同的力学概念．

2. 厚壁筒的解是很重要的，它是得到竖井开挖解析解的基础(见第11章)．这里，软化塑性材料采用的是Tresca屈服准则．由于岩石材料具有压力相关性，通常采用Mohr－Coulomb准则．姚再兴博士在北京大学做博士后期间探讨过采用Mohr－Coulomb准则软化塑性材料厚壁筒的解析解．

3. 对软化材料厚壁筒的问题求解，进入塑性变形阶段后，用塑性区尺度参数ζ做控制变量是必要的，因为ζ是单调增加的，而内压p不再具有单调性．

4. 由一个自由度的逆冲断层地震模型，可以从理论上定量地探讨断层地震孕育和发生的机制．讨论地震发生的条件(刚度比小于1)，研究断层倾角大小对断层闭锁和两盘岩体蓄能的作用．

地震不稳定性模型能够从理论上计算出断层错距、地震应力降和释放能量大小，以便与实测的地震机制结果相比较，反演分析震前的地应力场及断层力学性质，从而更深入地开展地震研究工作．

地震发生是由远场位移驱动的，在平衡曲线的位移转向点处失稳．在地震力学的数学分析中，在远场要使用位移边界条件，而不是应力边界条件，这是与地球动力学认为远场板块恒速运动相一致的．这些认识对研究地震是至关重要的．

第 8 章　岩石类材料塑性力学边值问题

用变形体力学(连续介质力学)方法处理岩石工程以及其他岩石力学问题需要考虑三类方程：几何方程、平衡方程和本构方程．本构方程在前面几章已详细讨论过了，本章讨论几何方程和平衡方程．

弹塑性材料的本构方程是以应力增量和应变增量形式给出的，若在方程两端同除以时间增量，则本构方程以应力率和应变率的形式给出，得到率型的本构方程，因此我们把增量形式表述和率型形式表述当做同一回事．

由于本构方程以率型形式表述，边值问题的提法应该是，在加载路径的每个瞬间，给出边界条件的率型或增量形式的变化，并计算出由此产生的应力、应变和位移的速率或增量，然后沿路径进行积分求得对应于最后载荷状态的解．本章要讨论弹塑性力学的率型或增量的边值问题的表述．

岩石工程的稳定性(避免失稳失效)在工程设计上无疑是一个重要问题．在理论上它对应于增量边值问题解的稳定性．在小变形条件下，岩石工程(结构)的不稳定性源自岩石类材料和岩体间断面的不稳定性．岩石工程不稳定性是结构不稳定性，岩石类材料和间断面不稳定性是材料不稳定性．材料不稳定性和结构不稳定性，两者既有关联又不相同，前者是后者的必要条件，而不是充分条件．本章将讨论增量边值问题解稳定性和不稳定性的充分条件．

§8－1　增量边值问题的表述

8－1－1　几何方程和平衡条件

设所研究的三维物体所占区域为 V，在它的边界 S_u 上指定位移为 $\boldsymbol{u}_0(t)$，在边界的其余部分 S_T 上作用有表面力载荷 $\boldsymbol{q}(t)$，S_u 和 S_T 的总和构成整个区域的边界 S．在区域内部作用有体积力载荷 $\boldsymbol{p}(t)$．这些指定位移和载荷随时间的变化速率很小，在忽略惯性作用的情况下，可将变形过程视为准静态过程．

在区域内还包含有限个间断面 Γ，位移通过间断面可以发生间断(图 8－1)，应力的部分分量也可能发生间断．

我们将扣除间断面 Γ 的连续体域记为 $V-\Gamma$，下面分别对 $V-\Gamma$ 区域、间断面 Γ 和边界 S 讨论几何方程和平衡条件．

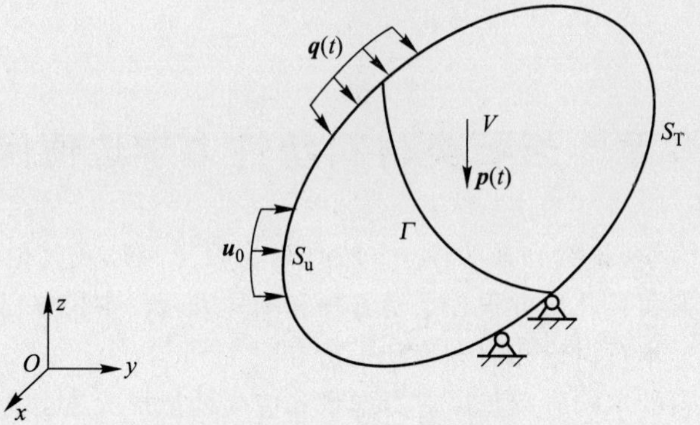

图 8-1 含有间断面的三维物体

在总体坐标系 $Oxyz$ 内，区域 $V-\Gamma$ 内任一点的坐标，位移和应变可用矢量表示如下：

$$\boldsymbol{x} = [x \quad y \quad z]^{\mathrm{T}}, \tag{8-1-1}$$

$$\boldsymbol{u} = [u \quad v \quad w]^{\mathrm{T}}, \tag{8-1-2}$$

$$\boldsymbol{\varepsilon} = [\varepsilon_x \quad \varepsilon_y \quad \varepsilon_z \quad \gamma_{yz} \quad \gamma_{zx} \quad \gamma_{xy}]^{\mathrm{T}}. \tag{8-1-3}$$

在 $V-\Gamma$ 内，位移矢量和应变矢量满足几何方程

$$\boldsymbol{\varepsilon} = \boldsymbol{L}\boldsymbol{u}, \tag{8-1-4}$$

其中

$$\boldsymbol{L} = \begin{bmatrix} \frac{\partial}{\partial x} & 0 & 0 & 0 & \frac{\partial}{\partial z} & \frac{\partial}{\partial y} \\ 0 & \frac{\partial}{\partial y} & 0 & \frac{\partial}{\partial z} & 0 & \frac{\partial}{\partial x} \\ 0 & 0 & \frac{\partial}{\partial z} & \frac{\partial}{\partial y} & \frac{\partial}{\partial x} & 0 \end{bmatrix}^{\mathrm{T}}, \tag{8-1-5}$$

矩阵 L 是由微商算子组成的 6×3 阶矩阵，区域 $V-\Gamma$ 内各点都需满足几何关系(8-1-4).

区域 $V-\Gamma$ 内任一点的应力矢量 $\boldsymbol{\sigma}$ 和体力载荷矢量 $\boldsymbol{p}$ 为

$$\boldsymbol{\sigma} = [\sigma_x \quad \sigma_y \quad \sigma_z \quad \tau_{yz} \quad \tau_{zx} \quad \tau_{xy}]^{\mathrm{T}}, \tag{8-1-6}$$

$$\boldsymbol{p} = [p_x \quad p_y \quad p_z]^{\mathrm{T}},$$

应力矢量和体力矢量在区域 $V-\Gamma$ 内各点应满平衡方程

$$\boldsymbol{L}^{\mathrm{T}}\boldsymbol{\sigma} + \boldsymbol{p} = \boldsymbol{0}, \tag{8-1-7}$$

其中 $\boldsymbol{L}$ 仍为由式(8-1-5)定义的算子矩阵.

在间断面上取局部坐标系 $Ostn$，s 和 t 是面内切向坐标轴，n 是法向坐标

轴，如图 8 – 2 所示.

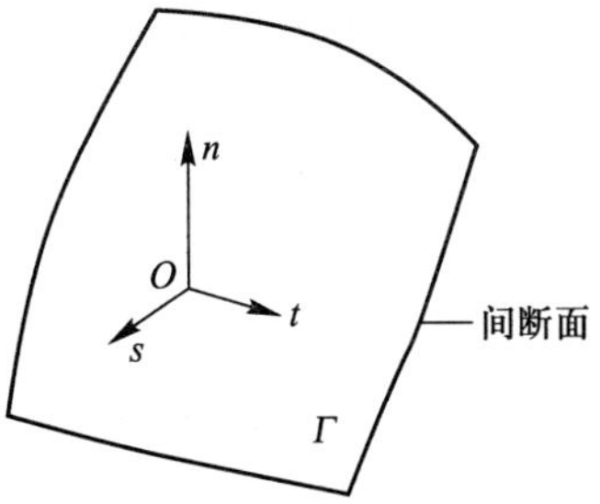

图 8 – 2　间断面的局部坐标

通过间断面，位移发生间断，位移间断矢量为

$$\langle \boldsymbol{u} \rangle = [\langle u \rangle \langle v \rangle \langle w \rangle]^{\mathrm{T}} = \boldsymbol{u}^{+} - \boldsymbol{u}^{-} = [u_s^{+} - u_s^{-} \quad v_t^{+} - v_t^{-} \quad w_n^{+} - w_n^{-}]^{\mathrm{T}}, \tag{8-1-8}$$

式中上标“+”，“-”分别表示间断面上盘和下盘的位移. 通过间断面，不仅切向位移可以产生间断（$\langle u \rangle \langle v \rangle$），而法向位移也可发生间断（$\langle w \rangle$），这表明，间断面的两盘不仅可以错动，也可以张开.

在位移间断面 Γ 上，面内 3 个应力分量可表示为三维应力矢量

$$\overline{\boldsymbol{\sigma}} = [\tau_{sn} \quad \tau_{tn} \quad \sigma_n]^{\mathrm{T}}. \tag{8-1-9}$$

应力矢量 $\overline{\boldsymbol{\sigma}}$ 与位移间断矢量 $\langle \boldsymbol{u} \rangle$ 在能量上共轭. 另外 3 个应力分量（两个正应力分量 σ_s，σ_t，一个切应力分量 τ_{st}）在间断面两侧可以是不同的，因此，通过间断面 Γ 的应力要满足下式给出的条件：

$$\overline{\boldsymbol{L}}_1^{\mathrm{T}} \boldsymbol{\sigma}^{+} = \overline{\boldsymbol{L}}_1^{\mathrm{T}} \boldsymbol{\sigma}^{-} = \overline{\boldsymbol{\sigma}} \quad 或 \quad \langle \overline{\boldsymbol{L}}_1^{\mathrm{T}} \boldsymbol{\sigma}^{+} \rangle = \boldsymbol{0}. \tag{8-1-10}$$

上式也可看做通过间断面的应力平衡条件，如图 8 – 3 所示. 其中矩阵 $\overline{\boldsymbol{L}}_1$ 与式（8 – 1 – 5）定义的矩阵 $\boldsymbol{L}$ 有相同结构，只是用间断面 Γ 法向的方向余弦 l_1，m_1，n_1，代替微商算子 $\frac{\partial}{\partial x}$，$\frac{\partial}{\partial y}$，$\frac{\partial}{\partial z}$，即有

$$\overline{\boldsymbol{L}}_1 = \begin{bmatrix} l_1 & 0 & 0 & 0 & n_1 & m_1 \\ 0 & m_1 & 0 & n_1 & 0 & l_1 \\ 0 & 0 & n_1 & m_1 & l_1 & 0 \end{bmatrix}^{\mathrm{T}}. \tag{8-1-11}$$

在区域边界 S_{u} 上要满足位移边界条件

$$\boldsymbol{u} = \boldsymbol{u}_0 = [u_0 \quad v_0 \quad w_0]^{\mathrm{T}}. \tag{8-1-12}$$

如果在区域边界 S_{T} 上的载荷矢量为

$$\boldsymbol{q} = [q_x \quad q_y \quad q_z]^{\mathrm{T}}, \tag{8-1-13}$$

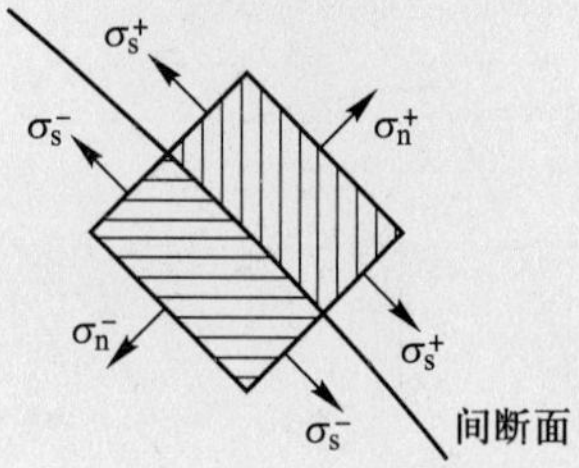

图 8－3 应力间断

则在边界 S_T 上各点的平衡条件，即在 S_T 上的应力边界条件为

$$\overline{\boldsymbol{L}}_2^{\mathrm{T}}\boldsymbol{\sigma} = \boldsymbol{q}, \tag{8－1－14}$$

式中矩阵 $\overline{\boldsymbol{L}}_2$ 类似于式(8－1－11)的定义，但这时在矩阵中的元素是边界面 S_T 外法向的方向余弦 l_2，m_2，n_2，即

$$\overline{\boldsymbol{L}}_2 = \begin{bmatrix} l_2 & 0 & 0 & 0 & n_2 & m_2 \\ 0 & m_2 & 0 & n_2 & 0 & l_2 \\ 0 & 0 & n_2 & m_2 & l_2 & 0 \end{bmatrix}^{\mathrm{T}}. \tag{8－1－15}$$

式(8－1－12)和(8－1－14)可分别看做边界上的几何条件和平衡条件.

8－1－2 增量边值问题

正如在前面几章讨论的那样，弹塑性材料的本构方程是由应力增量(应力率)和应变增量(应变率)之间关系表述的，是一种增量形式(率型)的方程. 材料的性质依赖于加载历史(用内变量表示)，在不考虑黏性效应时，弹塑性物体的响应依赖于到目前时刻为止的加载历史，而与真正的 Newton 时间无关，它仅与承受载荷的次序相关. 任何与时间呈单调递增的参数都可取为变形过程的时间参数.

假设在某一时刻 t，已往的加载历史和物体内应力 $\boldsymbol{\sigma}$、应变 $\boldsymbol{\varepsilon}$、位移 $\boldsymbol{u}$ 等都是知道的. 由此再经过一个非常暂短的时间后，即在 $t+\mathrm{d}t$ 时刻由于外部条件(载荷、温度等)发生了微小的改变，体力变为 $\boldsymbol{p}+\dot{\boldsymbol{p}}\mathrm{d}t$，面力变为 $\boldsymbol{q}+\dot{\boldsymbol{q}}\mathrm{d}t$，表面位移变为 $\boldsymbol{u}_0+\dot{\boldsymbol{u}}_0\mathrm{d}t$，这时需要求解 $t+\mathrm{d}t$ 时刻物体的应力 $\boldsymbol{\sigma}+\dot{\boldsymbol{\sigma}}\mathrm{d}t$，应变 $\boldsymbol{\varepsilon}+\dot{\boldsymbol{\varepsilon}}\mathrm{d}t$ 和位移 $\boldsymbol{u}+\dot{\boldsymbol{u}}\mathrm{d}t$ 等.

因为在时刻 t，体内应力 $\boldsymbol{\sigma}$、应变 $\boldsymbol{\varepsilon}$ 和位移 $\boldsymbol{u}$ 等满足式(8－1－4)，式(8－1－7)，式(8－7－12)和式(8－1－14)等，而在时刻 $t+\mathrm{d}t$ 物体应力 $\boldsymbol{\sigma}+\dot{\boldsymbol{\sigma}}\mathrm{d}t$，应变 $\boldsymbol{\varepsilon}+\dot{\boldsymbol{\varepsilon}}\mathrm{d}t$ 和位移 $\boldsymbol{u}+\dot{\boldsymbol{u}}\mathrm{d}t$ 等也满足上述公式，由此可以得出，应力率 $\dot{\boldsymbol{\sigma}}$，应变率 $\dot{\boldsymbol{\varepsilon}}$ 和速率 $\dot{\boldsymbol{u}}$ 等率型量的方程组如下：

在 $V-\Gamma$ 内有
$$\dot{\boldsymbol{\varepsilon}} = \boldsymbol{L}\dot{\boldsymbol{u}}, \tag{8-1-16}$$
$$\boldsymbol{L}^{\mathrm{T}}\dot{\boldsymbol{\sigma}} + \dot{\boldsymbol{p}} = \boldsymbol{0}; \tag{8-1-17}$$
在 Γ 上有
$$\langle \dot{\boldsymbol{u}} \rangle = \dot{\boldsymbol{u}}^{+} - \dot{\boldsymbol{u}}^{-}, \tag{8-1-18}$$
$$\overline{\boldsymbol{L}}_1^{\mathrm{T}}\dot{\boldsymbol{\sigma}}^{+} = \overline{\boldsymbol{L}}_1^{\mathrm{T}}\dot{\boldsymbol{\sigma}}^{-} = \dot{\overline{\boldsymbol{\sigma}}}; \tag{8-1-19}$$
在 S_{u} 上和 S_{T} 上分别有
$$\dot{\boldsymbol{u}} = \dot{\boldsymbol{u}}_0, \tag{8-1-20}$$
$$\overline{\boldsymbol{L}}_1^{\mathrm{T}}\dot{\boldsymbol{\sigma}} = \dot{\boldsymbol{q}}; \tag{8-1-21}$$
在 $V-\Gamma$ 内和 Γ 上还有
$$\dot{\boldsymbol{\sigma}} = \boldsymbol{D}_{\mathrm{ep}}\dot{\boldsymbol{\varepsilon}}, \tag{8-1-22}$$
$$\dot{\overline{\boldsymbol{\sigma}}} = \overline{\boldsymbol{D}}_{\mathrm{ep}}\langle \dot{\boldsymbol{u}} \rangle. \tag{8-1-23}$$

上述方程是率型的微分方程和边界条件，以这些方程建立的边值问题叫做率型边值问题. 考虑时间增量 $\mathrm{d}t$，又称为增量边值问题. 因此，求解弹塑性问题，往往将变形过程分为许多个时间增量步或载荷增量步，逐步求解. 时间增量 $\mathrm{d}t$ 要足够小(或 $\dot{\boldsymbol{u}}_0$，$\dot{\boldsymbol{p}}$，$\dot{\boldsymbol{q}}$ 足够小)，不考虑惯性，以便将变形过程看做准静态过程.

§8-2　虚功原理

现在建立弱形式的平衡条件，用虚功方程代替上节的平衡条件式(8-1-8)，(8-1-10)和(8-1-14)，设 $\delta\boldsymbol{u}$ 和 $\delta\langle \boldsymbol{u} \rangle$ 分别是运动许可的虚位移矢量和虚位移间断矢量，$\delta\boldsymbol{\varepsilon}$ 是相应的虚应变矢量，则有
$$\begin{aligned} &\boldsymbol{L}\delta\boldsymbol{u} = \delta\boldsymbol{\varepsilon}, \quad \text{在 } V-\Gamma \text{ 内}, \\ &\delta\langle \boldsymbol{u} \rangle = \delta\boldsymbol{u}^{+} - \delta\boldsymbol{u}^{-}, \quad \text{在 } \Gamma \text{ 上}, \\ &\delta\boldsymbol{u} = 0, \quad \text{在 } S_u \text{ 上}. \end{aligned} \tag{8-2-1}$$
根据能量守恒原理，外力在虚位移上所做功等于可能应力在虚应变上所做功，通常称此关系为虚功原理，虚功原理的数学表达式称做虚功方程：
$$\int_{V-\Gamma} \delta\boldsymbol{\varepsilon}^{\mathrm{T}}\boldsymbol{\sigma}\mathrm{d}V + \int_{\Gamma} \delta\langle \boldsymbol{u} \rangle^{\mathrm{T}}\overline{\boldsymbol{\sigma}}\mathrm{d}\Gamma = \int_{V-\Gamma} \delta\boldsymbol{u}^{\mathrm{T}}\boldsymbol{p}\mathrm{d}V + \int_{S_{\mathrm{T}}} \delta\boldsymbol{u}^{\mathrm{T}}\boldsymbol{\sigma}\boldsymbol{q}\mathrm{d}S. \tag{8-2-2}$$

虚功方程没有涉及应力和应变(或位移间断)之间的关系，因而式(8-2-2)实质上是 9 个函数(3 个位移分量，6 个应力分量)之间的一个恒等式，这个恒等式是通过力学原理建立的，当然我们也可以用严格的数学方法予以证明.

为叙述方便，式(8-2-2)的证明分两步进行. 第一步，先证明不含间断面物体的虚功方程

$$\int_V \delta\boldsymbol{\varepsilon}^{\mathrm{T}}\boldsymbol{\sigma}\mathrm{d}V = \int_V \delta\boldsymbol{u}^{\mathrm{T}}\boldsymbol{p}\mathrm{d}V\int_{S_{\mathrm{T}}} \delta\boldsymbol{u}^{\mathrm{T}}\boldsymbol{q}\mathrm{d}S, \qquad (8-2-3)$$

考虑到式(8－2－1)的第三式，上式右端面积分的积分域 S_{T} 可改为 S. 再利用式(8－2－1)的第一式，式(8－1－7)和(4－1－14)，以消去式(8－2－3)中的 $\boldsymbol{\varepsilon}$，$\boldsymbol{p}$，$\boldsymbol{q}$，便得到

$$\int_V (\boldsymbol{L}\delta\boldsymbol{u})^{\mathrm{T}}\boldsymbol{\sigma}\mathrm{d}V = -\int_V \delta\boldsymbol{u}^{\mathrm{T}}(\boldsymbol{L}^{\mathrm{T}}\boldsymbol{\sigma})\mathrm{d}V + \int_S \delta\boldsymbol{u}^{\mathrm{T}}(\overline{\boldsymbol{L}}_2^{\mathrm{T}}\boldsymbol{\sigma})\mathrm{d}S. \qquad (8-2-4)$$

通过移项把上式写成

$$\int_V [(\boldsymbol{L}\delta\boldsymbol{u})^{\mathrm{T}}\boldsymbol{\sigma} + \delta\boldsymbol{u}^{\mathrm{T}}(\boldsymbol{L}^{\mathrm{T}}\boldsymbol{\sigma})]\mathrm{d}V = \int_S \delta\boldsymbol{u}^{\mathrm{T}}(\overline{\boldsymbol{L}}_2^{\mathrm{T}}\boldsymbol{\sigma})\mathrm{d}S. \qquad (8-2-5)$$

然后把算子矩阵 $\boldsymbol{L}$ 和 $\overline{\boldsymbol{L}}_1$ 拆成3项

$$\boldsymbol{L} = \boldsymbol{L}_1\frac{\partial}{\partial x} + \boldsymbol{L}_2\frac{\partial}{\partial y} + \boldsymbol{L}_3\frac{\partial}{\partial z}, \qquad (8-2-6)$$

$$\overline{\boldsymbol{L}}_2 = \boldsymbol{L}_1 l_2 + \boldsymbol{L}_2 m_2 + \boldsymbol{L}_3 n_2, \qquad (8-2-7)$$

其中 $\boldsymbol{L}_1$，$\boldsymbol{L}_2$ 和 $\boldsymbol{L}_3$ 是3个简单的常数矩阵，

$$\boldsymbol{L}_1 = \begin{bmatrix} 1 & 0 & 0 & 0 & 0 & 0 \\ 0 & 0 & 0 & 0 & 0 & 1 \\ 0 & 0 & 0 & 0 & 1 & 0 \end{bmatrix}^{\mathrm{T}}, \quad \boldsymbol{L}_2 = \begin{bmatrix} 0 & 0 & 0 & 0 & 0 & 1 \\ 0 & 1 & 0 & 0 & 0 & 0 \\ 0 & 0 & 0 & 1 & 0 & 0 \end{bmatrix}^{\mathrm{T}},$$

$$\boldsymbol{L}_3 = \begin{bmatrix} 0 & 0 & 0 & 0 & 1 & 0 \\ 0 & 0 & 0 & 1 & 0 & 0 \\ 0 & 0 & 1 & 0 & 0 & 0 \end{bmatrix}^{\mathrm{T}}.$$

利用式(8－2－6)，式(8－2－5)左端的被积函数可改写为

$$\begin{aligned} &\delta\boldsymbol{u}^{\mathrm{T}}\left[\boldsymbol{L}_1^{\mathrm{T}}\frac{\partial\boldsymbol{\sigma}}{\partial x} + \boldsymbol{L}_2^{\mathrm{T}}\frac{\partial\boldsymbol{\sigma}}{\partial y} + \boldsymbol{L}_3^{\mathrm{T}}\frac{\partial\boldsymbol{\sigma}}{\partial z}\right] + \left[\frac{\partial\delta\boldsymbol{u}^{\mathrm{T}}}{\partial x}\boldsymbol{L}_1^{\mathrm{T}} + \frac{\partial\delta\boldsymbol{u}^{\mathrm{T}}}{\partial y}\boldsymbol{L}_2^{\mathrm{T}} + \frac{\partial\delta\boldsymbol{u}^{\mathrm{T}}}{\partial z}\boldsymbol{L}_3^{\mathrm{T}}\right]\boldsymbol{\sigma} \\ &= \frac{\partial}{\partial x}(\delta\boldsymbol{u}^{\mathrm{T}}\boldsymbol{L}_1^{\mathrm{T}}\boldsymbol{\sigma}) + \frac{\partial}{\partial y}(\delta\boldsymbol{u}^{\mathrm{T}}\boldsymbol{L}_2^{\mathrm{T}}\boldsymbol{\sigma}) + \frac{\partial}{\partial z}(\delta\boldsymbol{u}^{\mathrm{T}}\boldsymbol{L}_3^{\mathrm{T}}\boldsymbol{\sigma}), \end{aligned}$$

于是再利用 Gauss 散度定理，便有

$$\begin{aligned} &\int_V [(\boldsymbol{L}\delta\boldsymbol{u})^{\mathrm{T}}\boldsymbol{\sigma} + \delta\boldsymbol{u}^{\mathrm{T}}(\boldsymbol{L}^{\mathrm{T}}\boldsymbol{\sigma})]\mathrm{d}V \\ &= \int_V \left[\frac{\partial}{\partial x}(\delta\boldsymbol{u}^{\mathrm{T}}\boldsymbol{L}_1^{\mathrm{T}}\boldsymbol{\sigma}) + \frac{\partial}{\partial y}(\delta\boldsymbol{u}^{\mathrm{T}}\boldsymbol{L}_2^{\mathrm{T}}\boldsymbol{\sigma}) + \frac{\partial}{\partial z}(\delta\boldsymbol{u}^{\mathrm{T}}\boldsymbol{L}_3^{\mathrm{T}}\boldsymbol{\sigma})\right]\mathrm{d}V \\ &= \int_S [l_2\delta\boldsymbol{u}^{\mathrm{T}}\boldsymbol{L}_1^{\mathrm{T}}\boldsymbol{\sigma} + m_2\delta\boldsymbol{u}^{\mathrm{T}}\boldsymbol{L}_2^{\mathrm{T}}\boldsymbol{\sigma} + n_2\delta\boldsymbol{u}^{\mathrm{T}}\boldsymbol{L}_3^{\mathrm{T}}\boldsymbol{\sigma}]\mathrm{d}S \\ &= \int_S \delta\boldsymbol{u}^{\mathrm{T}}(l_2\boldsymbol{L}_1^{\mathrm{T}} + m_2\boldsymbol{L}_2^{\mathrm{T}} + n_2\boldsymbol{L}_3^{\mathrm{T}})\boldsymbol{\sigma}\mathrm{d}S \\ &= \int_S \delta\boldsymbol{u}^{\mathrm{T}}\overline{\boldsymbol{L}}_2^{\mathrm{T}}\boldsymbol{\sigma}\mathrm{d}S. \qquad (8-2-8) \end{aligned}$$

这就证明了式(8－2－5)，从而证明了式(8－2－3).

第二步再证明含间断面 Γ 物体的虚功方程. 设物体 V 被间断面 Γ 分成两个区域 V^+ 和 V^-，区域 V^+ 的边界为 S^+ 和 Γ，区域 V^- 的边界为 S^- 和 Γ，如图 8－4 所示.

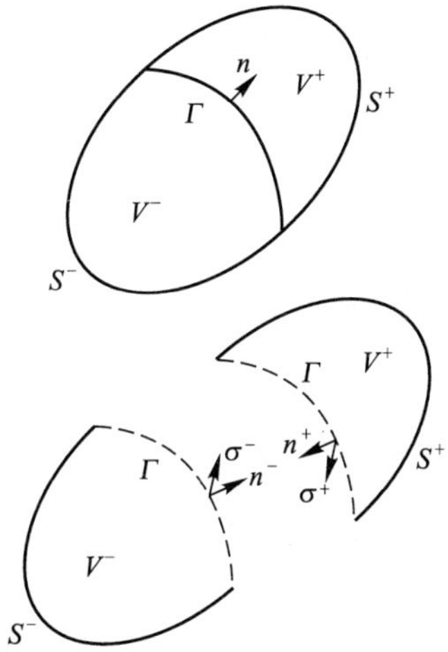

图 8－4　以间断面为边界的两个连续区域

对于区域 V^-，由式(8－2－8)则有

$$\int_{V^-}[\boldsymbol{L}\delta\boldsymbol{u}^{\mathrm{T}}\boldsymbol{\sigma}+\delta\boldsymbol{u}^{\mathrm{T}}\boldsymbol{L}\boldsymbol{\sigma}]\mathrm{d}V=\int_{S^-}\delta\boldsymbol{u}^{\mathrm{T}}\boldsymbol{L}_2^{\mathrm{T}}\boldsymbol{\sigma}\mathrm{d}S+\int_{\Gamma}\delta\boldsymbol{u}^{\mathrm{T}}\overline{\boldsymbol{L}}_1^{\mathrm{T}}\boldsymbol{\sigma}\mathrm{d}\Gamma, \tag{8-2-9}$$

其中 $\overline{\boldsymbol{L}}_1$ 是由间断面 Γ 方向余弦 l_1，m_1，n_1 构成的矩阵(8－1－11). 式(8－2－9)右端第二项(沿间断面的积分)中被积函数是在区域 V^- 内取值，由于间断面 Γ 上的单位法向量 n 与区域 V^- 的边界 Γ 上的外法向一致，故该项取正号. 类似地，在区域 V^+ 内有

$$\int_{V^+}[(\boldsymbol{L}\delta\boldsymbol{u})^{\mathrm{T}}\boldsymbol{\sigma}+\delta\boldsymbol{u}^{\mathrm{T}}(\boldsymbol{L}^{\mathrm{T}}\boldsymbol{\sigma})]\mathrm{d}V=\int_{S^+}\delta\boldsymbol{u}^{\mathrm{T}}\boldsymbol{L}_2^{\mathrm{T}}\boldsymbol{\sigma}\mathrm{d}S-\int_{\Gamma}\delta\boldsymbol{u}^{\mathrm{T}}\overline{\boldsymbol{L}}_1^{\mathrm{T}}\boldsymbol{\sigma}\mathrm{d}\Gamma. \tag{8-2-10}$$

上式右端第二项中被积函数是在区域 V^+ 内取值的，由于间断面上的单位法向量 n 与区域 V^+ 的边界 Γ 上的外法向相反，故该项取负号. 将式(8－2－9)和(8－2－10)相加，则得

$$\int_{V-\Gamma}[(\boldsymbol{L}\delta\boldsymbol{u})^{\mathrm{T}}\boldsymbol{\sigma}+\delta\boldsymbol{u}^{\mathrm{T}}(\boldsymbol{L}^{\mathrm{T}}\boldsymbol{\sigma})]\mathrm{d}V=\int_{S}\delta\boldsymbol{u}^{\mathrm{T}}\boldsymbol{L}_2^{\mathrm{T}}\boldsymbol{\sigma}\mathrm{d}S-\int_{\Gamma}\langle\delta\boldsymbol{u}^{\mathrm{T}}\overline{\boldsymbol{L}}_1^{\mathrm{T}}\boldsymbol{\sigma}\rangle\mathrm{d}\Gamma.$$

考虑到式(8－1－10)，上式右端的间断值为

$$\langle \delta \boldsymbol{u}^{\mathrm{T}} \overline{\boldsymbol{L}}_1^{\mathrm{T}} \boldsymbol{\sigma} \rangle = (\delta \boldsymbol{u}^{\mathrm{T}})^{+} \overline{\boldsymbol{L}}_1^{\mathrm{T}} \boldsymbol{\sigma}^{+} - (\delta \boldsymbol{u}^{\mathrm{T}})^{-} \overline{\boldsymbol{L}}_1^{\mathrm{T}} \boldsymbol{\sigma}^{-}$$

$$= (\delta \boldsymbol{u}^{\mathrm{T}})^{+} \overline{\boldsymbol{\sigma}} - (\delta \boldsymbol{u}^{\mathrm{T}})^{-} \overline{\boldsymbol{\sigma}} = \delta \langle \boldsymbol{u} \rangle^{\mathrm{T}} \overline{\boldsymbol{\sigma}},$$

这样有

$$\int_{V-\Gamma} (\delta \boldsymbol{u})^{\mathrm{T}} \boldsymbol{\sigma} \mathrm{d}V + \int_{\Gamma} \delta \langle \boldsymbol{u} \rangle^{\mathrm{T}} \overline{\boldsymbol{\sigma}} \mathrm{d}\Gamma = -\int_{V-\Gamma} \delta \boldsymbol{u}^{\mathrm{T}} (\boldsymbol{L}^{\mathrm{T}} \boldsymbol{\sigma}) \mathrm{d}V + \int_{S} \delta \boldsymbol{u}^{\mathrm{T}} \boldsymbol{L}_1^{\mathrm{T}} \boldsymbol{\sigma} \mathrm{d}S.$$

考虑到(8－1－7)，(8－1－14)和(8－2－1)的第三式，上式就是虚功方程(8－2－2). 这样，我们用严格的数学方法证明了含间断面物体的虚功方程.

如果考虑运动许可的应变率 $\delta\dot{\boldsymbol{\varepsilon}}$、速率 $\delta\dot{\boldsymbol{u}}$ 和静力许可的应力率 $\dot{\boldsymbol{\sigma}}$ 和 $\dot{\overline{\boldsymbol{\sigma}}}$，那么，这些量分别满足式(8－1－16)，(8－1－17)，(8－1－19)，(8－1－20)，(8－1－21)，它们的形式与式(8－1－4)，(8－1－7)，(8－1－10)，(8－1－12)，(8－1－14)完全相同，因此能够证明以下两式成立：

$$\int_{V-\Gamma} \delta \dot{\boldsymbol{\varepsilon}}^{\mathrm{T}} \boldsymbol{\sigma} \mathrm{d}V + \int_{\Gamma} \delta \langle \dot{\boldsymbol{u}} \rangle^{\mathrm{T}} \overline{\boldsymbol{\sigma}} \mathrm{d}\Gamma = \int_{V-\Gamma} \delta \dot{\boldsymbol{u}}^{\mathrm{T}} \boldsymbol{p} \mathrm{d}V + \int_{S_{\mathrm{T}}} \delta \dot{\boldsymbol{u}}^{\mathrm{T}} \boldsymbol{q} \mathrm{d}S,$$

$$\int_{V-\Gamma} \delta \dot{\boldsymbol{\varepsilon}}^{\mathrm{T}} \dot{\boldsymbol{\sigma}} \mathrm{d}V + \int_{\Gamma} \delta \langle \dot{\boldsymbol{u}} \rangle^{\mathrm{T}} \dot{\overline{\boldsymbol{\sigma}}} \mathrm{d}\Gamma = \int_{V-\Gamma} \delta \dot{\boldsymbol{u}}^{\mathrm{T}} \dot{\boldsymbol{p}} \mathrm{d}V + \int_{S_{\mathrm{T}}} \delta \dot{\boldsymbol{u}}^{\mathrm{T}} \dot{\boldsymbol{q}} \mathrm{d}S, \tag{8-2-11}$$

上面两式称为虚功率原理或虚功率方程.

§8－3　平衡的稳定性

现在考虑一个含有间断面的弹塑性物体，在区域 $V-\Gamma$ 内给定体力载荷 $\boldsymbol{p}^*$，在边界 S_{T} 给定面力载荷 $\boldsymbol{q}^*$. 在物体处于平衡状态时，在 $V-\Gamma$ 内的位移分布为 $\boldsymbol{u}^*$，应力分布 $\boldsymbol{\sigma}^*$，在 Γ 内位移间断值为 $\langle \boldsymbol{u} \rangle^*$，面内应力分布为 $\overline{\boldsymbol{\sigma}}^*$，这些量都是已知的，并与载荷 $\boldsymbol{p}^*$，$\boldsymbol{q}^*$ 相平衡. 我们要问这个平衡状态是否是稳定的.

为研究物体平衡状态的稳定性，我们对物体施加以任何可能的微小扰动，其扰动的初始速度为 $\delta\dot{\boldsymbol{u}}_0$，该物体内质点会产生具有扰动速度 $\delta\dot{\boldsymbol{u}}$ 的运动. 由式(8－1－7)并考虑惯性力，相应的运动方程为

$$\rho \delta \boldsymbol{u} = \boldsymbol{L}^{\mathrm{T}} \boldsymbol{\sigma} + \boldsymbol{p}, \tag{8-3-1}$$

式中 $\boldsymbol{\sigma}$ 和 $\boldsymbol{p}$ 是扰动后的值，例如：

$$\boldsymbol{\sigma} = \boldsymbol{\sigma}^* + \delta \boldsymbol{\sigma}. \tag{8-3-2}$$

稳定平衡的动力学准则要求：只要所施加的扰动足够小，则由扰动运动所产生的位移和应力与原来处于平衡状态下的位移和应力相比就可以任意地小(Hill，1958). 我们将利用这一准则来讨论本节的稳定性问题.

现用 $\delta\dot{\boldsymbol{u}}$ 与式(8－3－1)右端作点乘，并在区域 $V-\Gamma$ 上积分，可得

$$\dot{K}=\int_{V-\Gamma}\delta\dot{\boldsymbol{u}}^{\mathrm{T}}\boldsymbol{L}^{\mathrm{T}}\boldsymbol{\sigma}\mathrm{d}V+\int_{V-\Gamma}\delta\dot{\boldsymbol{u}}^{\mathrm{T}}\boldsymbol{p}\mathrm{d}V, \tag{8-3-3}$$

其中 K 就是扰动动能. 将区域 $V-\Gamma$ 分成区域 V^- 和 V^+ 两部分(图 8－4)，参照式(8－2－9)，利用散度定理得

$$\int_{V^-}\delta\dot{\boldsymbol{u}}^{\mathrm{T}}(\boldsymbol{L}^{\mathrm{T}}\boldsymbol{\sigma})\mathrm{d}V=\int_{\Gamma}\delta\dot{\boldsymbol{u}}^{\mathrm{T}}(\overline{\boldsymbol{L}}_1^{\mathrm{T}}\boldsymbol{\sigma})\mathrm{d}\Gamma+\int_{S^-}\delta\dot{\boldsymbol{u}}^{\mathrm{T}}(\boldsymbol{L}_2^{\mathrm{T}}\boldsymbol{\sigma})\mathrm{d}S-\int_{V^-}(\boldsymbol{L}\delta\dot{\boldsymbol{u}}^{\mathrm{T}})\boldsymbol{\sigma}\mathrm{d}V,$$

$$\int_{V^+}\delta\dot{\boldsymbol{u}}^{\mathrm{T}}(\boldsymbol{L}^{\mathrm{T}}\boldsymbol{\sigma})\mathrm{d}V=-\int_{\Gamma}\delta\dot{\boldsymbol{u}}^{\mathrm{T}}(\overline{\boldsymbol{L}}_1^{\mathrm{T}}\boldsymbol{\sigma})\mathrm{d}\Gamma+\int_{S^+}\delta\dot{\boldsymbol{u}}^{\mathrm{T}}(\boldsymbol{L}_2^{\mathrm{T}}\boldsymbol{\sigma})\mathrm{d}S-\int_{V^+}(\boldsymbol{L}\delta\dot{\boldsymbol{u}}^{\mathrm{T}})\boldsymbol{\sigma}\mathrm{d}V.$$

将两式相加得

$$\int_{V-\Gamma}\delta\dot{\boldsymbol{u}}^{\mathrm{T}}(\boldsymbol{L}^{\mathrm{T}}\boldsymbol{\sigma})\mathrm{d}V=-\int_{\Gamma}\delta\langle\dot{\boldsymbol{u}}\rangle^{\mathrm{T}}\overline{\boldsymbol{\sigma}}\mathrm{d}\Gamma+\int_{S}\delta\dot{\boldsymbol{u}}^{\mathrm{T}}\boldsymbol{q}\mathrm{d}S-\int_{V-\Gamma}\delta\dot{\boldsymbol{\varepsilon}}^{\mathrm{T}}\boldsymbol{\sigma}\mathrm{d}V.$$

将上式代回式(8－3－3)，就得

$$-\dot{\boldsymbol{K}}=\int_{V-\Gamma}\delta\dot{\boldsymbol{\varepsilon}}^{\mathrm{T}}\boldsymbol{\sigma}\mathrm{d}V+\int_{\Gamma}\delta\langle\dot{\boldsymbol{u}}\rangle^{\mathrm{T}}\overline{\boldsymbol{\sigma}}\mathrm{d}\Gamma-\int_{V-\Gamma}\delta\dot{\boldsymbol{u}}^{\mathrm{T}}\boldsymbol{p}\mathrm{d}V-\int_{S}\delta\dot{\boldsymbol{u}}^{\mathrm{T}}\boldsymbol{q}\mathrm{d}S.$$

对上式在时间区间[0，T]上积分，并记

$$W=\int_0^T\mathrm{d}t\left\{\int_{V-\Gamma}\delta\dot{\boldsymbol{\varepsilon}}^{\mathrm{T}}\boldsymbol{\sigma}\mathrm{d}V+\int_{\Gamma}\delta\langle\dot{\boldsymbol{u}}\rangle^{\mathrm{T}}\overline{\boldsymbol{\sigma}}\mathrm{d}\Gamma-\int_{V-\Gamma}\delta\dot{\boldsymbol{u}}^{\mathrm{T}}\boldsymbol{p}\mathrm{d}V-\int_{S}\delta\dot{\boldsymbol{u}}^{\mathrm{T}}\boldsymbol{q}\mathrm{d}S\right\}, \tag{8-3-4}$$

就有

$$W=K(0)-K(T), \tag{8-3-5}$$

上式中 $K(0)$ 和 $K(T)$ 分别表示初始时刻和 T 时刻的扰动动能，W 则表示在扰动过程中变形能(可以有耗散)的改变与载荷所作的功之差. 如果对一切可能的扰动，总有

$$W>0, \tag{8-3-6}$$

那么式

$$0\leqslant K(T)=K(0)-W<K(0)$$

总是成立的. 由于 $K(T)$ 不可能小于零，而当初始扰动速度 $\delta\dot{\boldsymbol{u}}_0$ 足够小时 $K(0)$ 也足够小，因而可以使 $K(T)$ 的值取得任意地小. 于是，式(8－3－6)可用来作为含间断面的弹塑性物体处于稳定平衡的充分条件.

考虑到未扰动前的物体处于平衡状态，$\boldsymbol{\sigma}^*$，$\overline{\boldsymbol{\sigma}}^*$，$\boldsymbol{p}^*$，$\boldsymbol{q}^*$ 等满足虚功率方程(8－2－11)，对这个方程做时间积分，得

$$\int_0^T\mathrm{d}t\left\{\int_{V-\Gamma}\delta\dot{\boldsymbol{\varepsilon}}^{\mathrm{T}}\boldsymbol{\sigma}^*\mathrm{d}V+\int_{\Gamma}\delta\langle\dot{\boldsymbol{u}}\rangle^{\mathrm{T}}\overline{\boldsymbol{\sigma}}^*\mathrm{d}\Gamma-\int_{V-\Gamma}\delta\dot{\boldsymbol{u}}^{\mathrm{T}}\boldsymbol{p}^*\mathrm{d}V-\int_{S_{\mathrm{T}}}\delta\dot{\boldsymbol{u}}^{\mathrm{T}}\boldsymbol{q}^*\mathrm{d}S\right\}=0. \tag{8-3-7}$$

式(8－3－4)减去上式(由于 $\delta\dot{\boldsymbol{u}}$ 满足几何约束条件，积分区域 S 可改为 S_{T})，可得

$$W = \int_0^T \mathrm{d}t\left\{\int_{V-\Gamma}\delta\dot{\boldsymbol{\varepsilon}}^{\mathrm{T}}(\boldsymbol{\sigma}-\boldsymbol{\sigma}^*)\mathrm{d}V + \int_{\Gamma}\delta\langle\dot{\boldsymbol{u}}\rangle^{\mathrm{T}}(\overline{\boldsymbol{\sigma}}-\overline{\boldsymbol{\sigma}}^*)\mathrm{d}\Gamma\right.$$
$$\left. - \int_{V-\Gamma}\delta\dot{\boldsymbol{u}}^{\mathrm{T}}(\boldsymbol{p}-\boldsymbol{p}^*)\mathrm{d}V - \int_{S_{\mathrm{T}}}\delta\dot{\boldsymbol{u}}^{\mathrm{T}}(\boldsymbol{q}-\boldsymbol{q}^*)\mathrm{d}S\right\}. \qquad (8-3-8)$$

由于在岩石工程中大多是静载荷(dead load)，载荷恒定不变，不受扰动 $\delta\dot{\boldsymbol{u}}$ 影响. 我们可以假设 $\boldsymbol{q}=\boldsymbol{q}^*$，$\boldsymbol{p}=\boldsymbol{p}^*$，上式右端第三和第四个积分为零. 此外，为简单起见，可将上式中的变量作 Taylor 展开

$$\delta\dot{\boldsymbol{\varepsilon}} = \delta\dot{\boldsymbol{\varepsilon}}_0 + O(t),$$
$$\delta\langle\dot{\boldsymbol{u}}\rangle = \delta\langle\dot{\boldsymbol{u}}\rangle_0 + O(t),$$
$$\delta\boldsymbol{\sigma} = \boldsymbol{\sigma}-\boldsymbol{\sigma}^* = \delta\dot{\boldsymbol{\sigma}}_0 t + O(t^2),$$
$$\delta\overline{\boldsymbol{\sigma}} = \overline{\boldsymbol{\sigma}}-\overline{\boldsymbol{\sigma}}^* = \delta\dot{\overline{\boldsymbol{\sigma}}}_0 t + O(t^2),$$

则式(8－3－8)为

$$W = \frac{T^2}{2}\left[\int_{V-\Gamma}\delta\dot{\boldsymbol{\varepsilon}}_0^{\mathrm{T}}\delta\dot{\boldsymbol{\sigma}}_0\mathrm{d}V + \int_{\Gamma}\delta\langle\dot{\boldsymbol{u}}\rangle_0^{\mathrm{T}}\delta\dot{\overline{\boldsymbol{\sigma}}}_0\mathrm{d}\Gamma\right].$$

因此，当 T 充分小时，式(8－3－8)等效于

$$W(\delta\dot{\boldsymbol{u}}_0) = \int_{V-\Gamma}\delta\dot{\boldsymbol{\varepsilon}}_0^{\mathrm{T}}\delta\dot{\boldsymbol{\sigma}}_0\mathrm{d}V + \int_{\Gamma}\delta\langle\dot{\boldsymbol{u}}\rangle_0^{\mathrm{T}}\delta\dot{\overline{\boldsymbol{\sigma}}}_0\mathrm{d}\Gamma > 0, \qquad (8-3-9)$$

其中 $\delta\dot{\boldsymbol{u}}_0$ 是在边界 S_{u} 上等于零的任何可能速率场. 其实，在式(8－3－9)中速率 $\dot{\boldsymbol{u}}$，应变率 $\dot{\boldsymbol{\varepsilon}}$ 和应力速率 $\dot{\boldsymbol{\sigma}}$ 可分别理解为无限小的位移增量 $\mathrm{d}\boldsymbol{u}$，应变增量 $\mathrm{d}\boldsymbol{\varepsilon}$ 和应力增量 $\mathrm{d}\boldsymbol{\sigma}$.

现在可以将岩石工程(含间断面的弹塑性物体)的平衡稳定性问题概括为以下几点：

(1) 如果对任意不违背几何约束条件的扰动 $\delta\dot{\boldsymbol{u}}_0$，都有 $W(\delta\dot{\boldsymbol{u}}_0)>0$，则结构的平衡状态是稳定的.

(2) 同时可建立(1)的逆命题. 如果至少存在一种扰动 $\delta\dot{\boldsymbol{u}}_0$，使 $W(\delta\dot{\boldsymbol{u}}_0)<0$，则结构的平衡状态是不稳定的.

(3) 使 $W=0$ 的状态是临界状态，经常将它归为稳定状态，称为临界稳定状态. 临界状态的载荷 $\boldsymbol{p}$，$\boldsymbol{q}$ 为临界载荷，是工程结构的承载能力. 而(1)中定义的稳定状态称为严格的稳定状态.

在数学上，W 是扰动场函数 $\delta\dot{\boldsymbol{u}}_0$ 的一个泛函. 在工程力学中，有人称这个泛函为结构的二阶功. 结构的稳定性等价于这个二阶功泛函的正定性.

我们今后将讨论的是岩石混凝土结构或岩石工程的稳定性问题，如果材料本构矩阵是正定的(材料是稳定的)，则可以证明，在指定的载荷路径下，工

程结构的应力分布和位移分布有唯一解，换而言之，工程结构的解是稳定的. 仅当工程结构的某些区域内材料进入不稳定状态或材料本构矩阵失去正定性时，才有可能导致整个工程结构的不稳定. 材料不稳定可以在局部区域出现，工程结构丧失稳定是工程的整体性质，材料不稳定是工程结构不稳定的一个必要条件而非充分条件. 随着材料不稳定区域扩展到一定范围，工程结构才可能失稳. 研究工程结构不稳定时刻的到来是一个重要课题，不稳定性的开始确定了一个工程的承载能力.

Hill 理论过去用于金属(稳定)材料和大变形上，现今应用于小变形下岩石类材料(不稳定材料)结构. 后文在有限元分析中将给出更方便的结构稳定性的特征值准则.

§8-4　讨论

1. 岩石类材料看成弹塑性材料，其本构方程是增量形式或率型形式给出的. 对岩石材料有

$$\mathrm{d}\boldsymbol{\sigma} = \boldsymbol{D}_{\mathrm{ep}}\mathrm{d}\boldsymbol{\varepsilon}, \quad \dot{\boldsymbol{\sigma}} = \boldsymbol{D}_{\mathrm{ep}}\dot{\boldsymbol{\varepsilon}}; \tag{8-4-1}$$

对间断面有

$$\mathrm{d}\overline{\boldsymbol{\sigma}} = \overline{\boldsymbol{D}}_{\mathrm{ep}}\mathrm{d}\langle \boldsymbol{u}\rangle, \quad \dot{\overline{\boldsymbol{\sigma}}} = \overline{\boldsymbol{D}}_{\mathrm{ep}}\langle \dot{\boldsymbol{u}}\rangle. \tag{8-4-2}$$

因而岩体的弹塑性边值问题也应是增量形式或率型形式的边值问题.

含间断面弹塑性物体虚功方程是一种弱形式平衡方程，它是有限元方法的基础.

2. Hill(1958)关于边值问题解的稳定性的充分条件是针对大变形的金属材料弹塑性问题提出的，它可以处理几何非线性(大变形)和材料非线性(弹塑性材料)的双重非线性问题. 以前研究的大多是金属材料的结构力学问题，材料局限于理想塑性和强化塑性，因此这些问题在几何上是强非线性，在材料上的弱非线性.

现在，在岩石塑性力学中岩体的变形通常是小变形，几何关系是线性的，而材料是强非线性(软化塑性). 岩石弹塑性材料(包含间断面)的全过程应力-应变曲线不仅有稳定部分也有不稳定部分，在不稳定部分相应有

$$\mathrm{d}\boldsymbol{\sigma}^{\mathrm{T}}\mathrm{d}\boldsymbol{\varepsilon} < 0 \quad (\text{或 } \dot{\boldsymbol{\sigma}}^{\mathrm{T}}\dot{\boldsymbol{\varepsilon}} < 0), \tag{8-4-3}$$

$$\mathrm{d}\overline{\boldsymbol{\sigma}}^{\mathrm{T}}\mathrm{d}\langle \boldsymbol{u}\rangle < 0 \quad (\text{或 } \dot{\overline{\boldsymbol{\sigma}}}^{\mathrm{T}}\langle \dot{\boldsymbol{u}}\rangle < 0). \tag{8-4-4}$$

在岩石工程中，上述不稳定材料占据的区域足够大时，结构的二阶功在某特定的扰动下变为负值，结构平衡丧失稳定性.

我们在本章中从 Hill 理论出发，建立了岩石弹塑性边值问题的二阶功表示

的结构稳定性准则. 岩石结构的二阶功 W 是虚速率 $\delta\dot{\boldsymbol{u}}$(扰动场的标量函数)的一个泛函

$$W(\delta\dot{\boldsymbol{u}}) = \int_{V-\Gamma} \delta\dot{\boldsymbol{\sigma}}^{\mathrm{T}}\delta\dot{\boldsymbol{\varepsilon}}\mathrm{d}V + \int_{\Gamma} \delta\dot{\overline{\boldsymbol{\sigma}}}^{\mathrm{T}}\delta\langle\dot{\boldsymbol{u}}\rangle\mathrm{d}\Gamma, \qquad (8-4-5)$$

其中

$$\begin{aligned} &\delta\dot{\boldsymbol{\varepsilon}} = \boldsymbol{L}\delta\dot{\boldsymbol{u}}, \quad \delta\dot{\boldsymbol{\sigma}} = \boldsymbol{D}_{\mathrm{ep}}\delta\dot{\boldsymbol{\varepsilon}}, \\ &\delta\langle\dot{\boldsymbol{u}}\rangle = \delta\dot{\boldsymbol{u}}^{+} - \delta\dot{\boldsymbol{u}}^{-}, \quad \delta\dot{\boldsymbol{\sigma}} = \overline{\boldsymbol{D}}_{\mathrm{ep}}\langle\dot{\boldsymbol{u}}\rangle. \end{aligned} \qquad (8-4-6)$$

如果二阶功泛函 $W(\delta\dot{\boldsymbol{u}})$是正定的，则岩石结构是稳定的；如果二阶功泛函不正定，则岩石结构是不稳定的；二阶功为零状态是临界状态，通常将它归结为稳定状态，称为临界稳定状态.

第 9 章　岩石类材料塑性力学边值问题的有限元方法

岩石力学的实际问题都是比较复杂的，用解析方法求解往往是无能为力的，岩石工程的应力分析、变形分析和平衡稳定性分析通常采用数值方法，其中最有效的方法是有限元方法. 本章将着重介绍如何用有限元方法研究岩石工程的应力、变形和平衡稳定性问题.

§9－1　有限元系统位移形式的平衡方程

用假想的剖面将区域 $V-\Gamma$ 和间断面 Γ 剖分成有限个(通常是一个很大的数目)仅在节点处彼此连接的离散单元组合体，这个组合体称为有限元系统. 现以 N 代表节点总数，M 代表单元总数. 有限元位移法是目前最广泛使用的方法，基本未知量是系统的节点位移，它们可用一个矢量 $\boldsymbol{a}$ 表示

$$\boldsymbol{a} = [\boldsymbol{a}_1^{\mathrm{T}} \quad \boldsymbol{a}_2^{\mathrm{T}} \quad \cdots \quad \boldsymbol{a}_N^{\mathrm{T}}]^{\mathrm{T}}, \tag{9-1-1}$$

其中 $\boldsymbol{a}_i(i=1, 2, \cdots, N)$ 代表第 i 个节点上的位移矢量. 对一般的空间问题，$\boldsymbol{a}_i$ 是三维矢量：

$$\boldsymbol{a}_i = [u_i \quad v_i \quad w_i]^{\mathrm{T}}, \tag{9-1-2}$$

而系统的节点位移矢量 $\boldsymbol{a}$ 是 $3N$ 维矢量. 在我们研究的问题中至少包含两种类型单元：用来描述连续体部分的等参数单元和用来描述位移间断面的间断面单元，如图 9－1 所示.

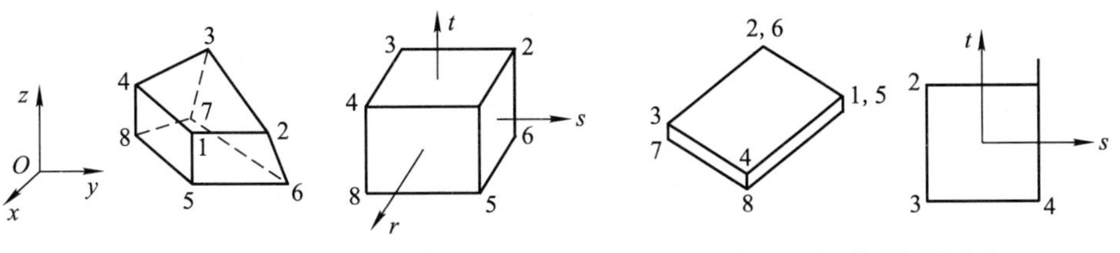

(a) 八节点空间等参元　　(b) 四对双节点间断面元

图 9－1　两类典型单元

等参数单元是当前有限元程序中广泛使用的一种单元. 在等参数单元分析

中需要采用两种坐标系，即总体坐标系和自然坐标系. 总体坐标系是描述整个物体或结构的坐标系，通常是直角的 Descartes 坐标系，用 x，y，z 表示. 自然坐标系是一种特殊的局部坐标系，用一组不超过 1 的无量纲参数 r，s，t 表示单元内点的位置，单元边界分别对应于某个自然坐标等于 1 或 -1.

引用单元节点坐标矢量和单元节点位移矢量

$$\boldsymbol{x}_{\mathrm{e}} = [\boldsymbol{x}_1^{\mathrm{T}} \quad \boldsymbol{x}_2^{\mathrm{T}} \quad \cdots \quad \boldsymbol{x}_m^{\mathrm{T}}]^{\mathrm{T}}, \tag{9-1-3}$$

$$\boldsymbol{a}_{\mathrm{e}} = [\boldsymbol{a}_1^{\mathrm{T}} \quad \boldsymbol{a}_2^{\mathrm{T}} \quad \cdots \quad \boldsymbol{a}_m^{\mathrm{T}}]^{\mathrm{T}}, \tag{9-1-4}$$

式中 m 是单元节点数. i 从 1 到 m 取值，它们是单元节点的局部编号（不同于式(9-1-1)中的编号，那里是总体的节点编号)，$\boldsymbol{x}_i$ 和 $\boldsymbol{a}_i$ 分别是单元第 i 个节点的坐标矢量和位移矢量，下标 e 表示属于单元(element)的量，则单元内点坐标矢量和位移矢量可分别表示为

$$\boldsymbol{x} = [N_1\boldsymbol{I} \quad N_2\boldsymbol{I} \quad \cdots \quad N_m\boldsymbol{I}]\boldsymbol{x}_{\mathrm{e}} \equiv \boldsymbol{N}\boldsymbol{x}_{\mathrm{e}}, \tag{9-1-5}$$

$$\boldsymbol{u} = [N_1\boldsymbol{I} \quad N_2\boldsymbol{I} \quad \cdots \quad N_m\boldsymbol{I}]\boldsymbol{a}_{\mathrm{e}} \equiv \boldsymbol{N}\boldsymbol{a}_{\mathrm{e}}, \tag{9-1-6}$$

式中 $\boldsymbol{u} = [u \ v \ w]^{\mathrm{T}}$ 是单元内点的位移矢量. $N_i(i=1, \cdots, m)$ 是插值函数（或称形函数)，它们是用自然坐标 r，s，t 定义的函数，而且

$$N_i(r_j, s_j, t_j) = \begin{cases} 1, & i = j, \\ 0, & i \neq j. \end{cases} \tag{9-1-7}$$

在上面的坐标插值和位移插值中，插值点数目相等，相应插值函数完全相同，这就是该类单元称为等参数单元的原因.

各种类型的等参数单元在一般的有限元教材中都有介绍，这里仅以八节点空间六面体单元为例[图 9-1(a)]. 对八节点空间等参数单元，坐标插值和位移插值的形函数均为

$$N_i(r,s,t) = \frac{1}{8}(1+rr_i)(1+ss_i)(1+tt_i), \tag{9-1-8}$$

其中 r_i，s_i，t_i 是局部节点编号为 i 的节点的自然坐标值，而单元的应变矢量为

$$\boldsymbol{\varepsilon} = \boldsymbol{L}\boldsymbol{u} = \boldsymbol{L}\boldsymbol{N}\boldsymbol{a}_{\mathrm{e}} = \boldsymbol{B}\boldsymbol{a}_{\mathrm{e}}, \tag{9-1-9}$$

式中矩阵 $\boldsymbol{B}$ 称为位移-应变转换矩阵（也称 $\boldsymbol{B}$ 矩阵). 由于 $\boldsymbol{L}$ 是在总体坐标 x，y，z 下定义的微商算子矩阵，而式(9-1-6)中的插值函数矩阵 $\boldsymbol{N}$ 是用自然坐标定义的，这样在计算 $\boldsymbol{B}$ 矩阵时涉及某个 r，s，t 的函数对坐标 x，y，z 求导的问题. 为此需要引入如下的求导的坐标变换：

$$\begin{bmatrix} \dfrac{\partial}{\partial r} \\ \dfrac{\partial}{\partial s} \\ \dfrac{\partial}{\partial t} \end{bmatrix} = \begin{bmatrix} \dfrac{\partial x}{\partial r} & \dfrac{\partial y}{\partial r} & \dfrac{\partial z}{\partial r} \\ \dfrac{\partial x}{\partial s} & \dfrac{\partial y}{\partial s} & \dfrac{\partial z}{\partial s} \\ \dfrac{\partial x}{\partial t} & \dfrac{\partial y}{\partial t} & \dfrac{\partial z}{\partial t} \end{bmatrix} \begin{bmatrix} \dfrac{\partial}{\partial x} \\ \dfrac{\partial}{\partial y} \\ \dfrac{\partial}{\partial z} \end{bmatrix},$$

上式简记为$\frac{\partial}{\partial \boldsymbol{r}}=\frac{\partial \boldsymbol{x}}{\partial \boldsymbol{r}}\frac{\partial}{\partial \boldsymbol{x}}=\boldsymbol{J}\frac{\partial}{\partial \boldsymbol{x}}$.

变换矩阵 $\boldsymbol{J}$ 称做 Jacobi 矩阵. 这样，矩阵 $\boldsymbol{B}$ 的表达式(殷有泉，2007)为

$$\boldsymbol{B}(r,s,t)=\boldsymbol{A}\boldsymbol{J}_{\mathrm{T}}^{-1}\boldsymbol{G}. \tag{9-1-10}$$

这里矩阵 $\boldsymbol{A}$ 是应变矢量 $\boldsymbol{\varepsilon}$ 和位移矢量在总体坐标的梯度 $\partial \boldsymbol{u}/\partial \boldsymbol{x}$ 之间的转换矩阵

$$\boldsymbol{A}=\begin{bmatrix}1&0&0&0&0&0&0&0&0\\0&0&0&0&1&0&0&0&0\\0&0&0&0&0&0&0&0&1\\0&0&0&0&0&1&0&1&0\\0&0&1&0&0&0&1&0&0\\0&1&0&1&0&0&0&0&0\end{bmatrix}. \tag{9-1-11}$$

$\boldsymbol{J}_{\mathrm{T}}^{-1}$ 是 Jacobi 矩阵的逆构成的矩阵，它是总体坐标下位移梯度 $\partial \boldsymbol{u}/\partial \boldsymbol{x}$ 和自然坐标下位移梯度 $\partial \boldsymbol{u}/\partial \boldsymbol{r}$ 之间的转换矩阵，

$$\boldsymbol{J}_{\mathrm{T}}^{-1}=\begin{bmatrix}\boldsymbol{J}^{-1}&0&0\\0&\boldsymbol{J}^{-1}&0\\0&0&\boldsymbol{J}^{-1}\end{bmatrix}, \tag{9-1-12}$$

$\boldsymbol{G}$ 是在自然坐标下位移梯度和单元节点位移 $\boldsymbol{a}_{\mathrm{e}}$ 之间的转换矩阵

$$\boldsymbol{G}=\begin{bmatrix}\frac{\partial N_1}{\partial \boldsymbol{r}}&\boldsymbol{0}&\boldsymbol{0}&\cdots&\frac{\partial N_8}{\partial \boldsymbol{r}}&\boldsymbol{0}&\boldsymbol{0}\\\boldsymbol{0}&\frac{\partial N_1}{\partial \boldsymbol{r}}&\boldsymbol{0}&\cdots&\boldsymbol{0}&\frac{\partial N_8}{\partial \boldsymbol{r}}&\boldsymbol{0}\\\boldsymbol{0}&\boldsymbol{0}&\frac{\partial N_1}{\partial \boldsymbol{r}}&\cdots&\boldsymbol{0}&\boldsymbol{0}&\frac{\partial N_8}{\partial \boldsymbol{r}}\end{bmatrix}, \tag{9-1-13}$$

$$\frac{\partial N_i}{\partial \boldsymbol{r}}=\left[\frac{\partial N_i}{\partial r}\quad\frac{\partial N_i}{\partial s}\quad\frac{\partial N_i}{\partial t}\right]^{\mathrm{T}},\quad i=1,2,\cdots,8.$$

对八节点空间等参数单元 e，虚位移 $\delta\boldsymbol{u}$ 和虚应变 $\mathrm{d}\boldsymbol{\varepsilon}$ 与单元节点虚位移 $\delta\boldsymbol{a}_{\mathrm{e}}$ 的关系为

$$\delta\boldsymbol{u}=\boldsymbol{N}\delta\boldsymbol{a}_{\mathrm{e}}, \tag{9-1-14}$$

$$\delta\boldsymbol{\varepsilon}=\boldsymbol{B}\delta\boldsymbol{a}_{\mathrm{e}}.$$

对单元 e 使用虚功方程，得

$$\delta\boldsymbol{a}_{\mathrm{e}}^{\mathrm{T}}\left[\int_e \boldsymbol{B}^{\mathrm{T}}\boldsymbol{\sigma}\mathrm{d}V-\int_e \boldsymbol{N}^{\mathrm{T}}\boldsymbol{p}\mathrm{d}V-\int_{S_{\mathrm{e}}}\boldsymbol{N}^{\mathrm{T}}\boldsymbol{q}\mathrm{d}S\right]=0, \tag{9-1-15}$$

上式 S_{e} 是单元的外边界，方括号内第三个积分是边界载荷 $\boldsymbol{q}$ 或边界约束反力 $\boldsymbol{q}^*$ 对单元的贡献，内部单元的虚功方程将不包括此项.

间断面单元如图 9－1(b)所示，间断面单元可以看做空间六面体在某个方向(例如 r 方向)的尺度趋于一个小值 b 时的极限．由于 b 远小于其他方向的尺度，故单元可看做有 4 对双节点，每一对节点在变形前的坐标 $\boldsymbol{x}^{+}$ 和 $\boldsymbol{x}^{-}$ 可认为是相同的，这时坐标插值为

$$\boldsymbol{x} = \boldsymbol{x}^{+} = \boldsymbol{x}^{-} = [N_1\boldsymbol{I} \quad N_2\boldsymbol{I} \quad \cdots \quad N_4\boldsymbol{I}]^{\mathrm{T}}\boldsymbol{x}_{\mathrm{e}} \equiv \overline{\boldsymbol{N}}\boldsymbol{x}_{\mathrm{e}}, \qquad (9-1-16)$$

其中插值函数

$$N_i = \frac{1}{4}(1+ss_i)(1+tt_i), \quad i = 1,2,3,4. \qquad (9-1-17)$$

而单元上下盘的位移插值采用相同的形式：

$$\begin{aligned} \boldsymbol{u}^{+} &= [N_1\boldsymbol{I} \quad N_2\boldsymbol{I} \quad \cdots \quad N_4\boldsymbol{I}]^{\mathrm{T}}\boldsymbol{a}_{\mathrm{e}}^{+} \equiv \overline{\boldsymbol{N}}\boldsymbol{a}_{\mathrm{e}}^{+}, \\ \boldsymbol{u}^{-} &= [N_1\boldsymbol{I} \quad N_2\boldsymbol{I} \quad \cdots \quad N_4\boldsymbol{I}]^{\mathrm{T}}\boldsymbol{a}_{\mathrm{e}}^{-} \equiv \overline{\boldsymbol{N}}\boldsymbol{a}_{\mathrm{e}}^{-}, \end{aligned} \qquad (9-1-18)$$

则位移间断值可表示为

$$\langle \boldsymbol{u} \rangle = \boldsymbol{u}^{+} - \boldsymbol{u}^{-} = \overline{\boldsymbol{B}}\boldsymbol{a}_{\mathrm{e}}, \qquad (9-1-19)$$

而在间断面单元上，连系位移间断矢量 $\langle \boldsymbol{u} \rangle$ 和单元节点位移矢量的 $\overline{\boldsymbol{B}}$ 矩阵是

$$\overline{\boldsymbol{B}} = [N_1\boldsymbol{I} \quad N_2\boldsymbol{I} \quad N_3\boldsymbol{I} \quad N_4\boldsymbol{I} \quad -N_1\boldsymbol{I} \quad -N_2\boldsymbol{I} \quad -N_3\boldsymbol{I} \quad -N_4\boldsymbol{I}], \qquad (9-1-20)$$

其中 $\boldsymbol{I}$ 是 3×3 的单位矩阵．对单元 e，有

$$\delta\langle \boldsymbol{u} \rangle = \overline{\boldsymbol{B}}\delta\boldsymbol{a}_{\mathrm{e}}, \qquad (9-1-21)$$

对该单元使用虚功方程得

$$\delta\boldsymbol{a}_{\mathrm{e}}^{\mathrm{T}}\left[\int_{\Gamma_{\mathrm{e}}} \overline{\boldsymbol{B}}^{\mathrm{T}}\overline{\boldsymbol{\sigma}}\mathrm{d}\Gamma - \int_{\Gamma_{\mathrm{e}}} \overline{\boldsymbol{N}}^{\mathrm{T}}\boldsymbol{p}\mathrm{d}\Gamma\right] = \boldsymbol{0}, \qquad (9-1-22)$$

其中 Γ_{e} 为间断面上的单元，列出上式时没有考虑边界载荷 $\boldsymbol{q}$ 的贡献．

由单元矩阵组集系统的总体矩阵需要引入选择矩阵 $\boldsymbol{c}_{\mathrm{e}}$，用以连系单元节点位移 $\boldsymbol{a}_{\mathrm{e}}$ 和系统的节点位移 $\boldsymbol{a}$，即

$$\boldsymbol{a}_{\mathrm{e}} = \boldsymbol{c}_{\mathrm{e}}\boldsymbol{a} \qquad (9-1-23)$$

我们上面讨论的八节点的等参数单元，4 对双节点的间断面单元，它们的自由度是 24，选择矩阵 $\boldsymbol{c}_{\mathrm{e}}$ 是 $24\times3N$ 的矩阵．在所有单元的虚功方程(9－1－15)和(9－1－22)中利用式(9－1－23)将单元节点的虚位移矢量 $\delta\boldsymbol{a}_{\mathrm{e}}$ 改用系统的虚位移矢量 $\delta\boldsymbol{a}$ 表示，并将这些方程相叠加，得

$$\begin{aligned} \delta\boldsymbol{a}^{\mathrm{T}}\Big[&\sum \boldsymbol{c}_{\mathrm{e}}^{\mathrm{T}}\int_{e} \boldsymbol{B}^{\mathrm{T}}\boldsymbol{\sigma}\mathrm{d}V + \sum \boldsymbol{c}_{\mathrm{e}}^{\mathrm{T}}\int_{\Gamma_{\mathrm{e}}} \overline{\boldsymbol{B}}^{\mathrm{T}}\overline{\boldsymbol{\sigma}}\mathrm{d}\Gamma \\ &- \sum \boldsymbol{c}_{\mathrm{e}}^{\mathrm{T}}\int_{e} \boldsymbol{N}^{\mathrm{T}}\boldsymbol{p}\mathrm{d}V - \sum \boldsymbol{c}_{\mathrm{e}}^{\mathrm{T}}\int_{\Gamma_{\mathrm{e}}} \overline{\boldsymbol{N}}^{\mathrm{T}}\boldsymbol{p}\mathrm{d}\Gamma - \sum \boldsymbol{c}_{\mathrm{e}}^{\mathrm{T}}\int_{S_{\mathrm{e}}} \boldsymbol{N}^{\mathrm{T}}\boldsymbol{q}\mathrm{d}S\Big] = \boldsymbol{0}. \end{aligned}$$

由于 $\delta\boldsymbol{a}^{\mathrm{T}}$ 的任意性，上式方括号内式子为零．引用记号

$$\boldsymbol{R} = \sum \boldsymbol{c}_{\mathrm{e}}^{\mathrm{T}}\int_{e} \boldsymbol{N}^{\mathrm{T}}\boldsymbol{p}\mathrm{d}V + \sum \boldsymbol{c}_{\mathrm{e}}^{\mathrm{T}}\int_{\Gamma_{\mathrm{e}}} \overline{\boldsymbol{N}}^{\mathrm{T}}\boldsymbol{p}\mathrm{d}\Gamma + \sum \boldsymbol{c}_{\mathrm{e}}^{\mathrm{T}}\int_{S_{\mathrm{e}}} \boldsymbol{N}^{\mathrm{T}}\boldsymbol{q}\mathrm{d}S, \qquad (9-1-24)$$

则得

$$\boldsymbol{\psi} = \sum \boldsymbol{c}_e^{\mathrm{T}} \int_e \boldsymbol{B}^{\mathrm{T}} \boldsymbol{\sigma} \mathrm{d}V + \sum \boldsymbol{c}_e^{\mathrm{T}} \int_{\Gamma_e} \overline{\boldsymbol{B}}^{\mathrm{T}} \overline{\boldsymbol{\sigma}} \mathrm{d}\Gamma - \boldsymbol{R} = \boldsymbol{0}, \qquad (9-1-25)$$

上式是系统的节点平衡方程组，为了书写简便，以后将它简记为

$$\boldsymbol{\psi} = \sum \boldsymbol{c}_e^{\mathrm{T}} \int_e \boldsymbol{B}^{\mathrm{T}} \boldsymbol{\sigma} \mathrm{d}V - \boldsymbol{R} = \boldsymbol{0}, \qquad (9-1-26)$$

式中求和是对整个系统所有单元进行的，也就是式(9－1－26)表示所有单元(实体等参数单元和间断面单元)的求和. 换而言之，在式(9－1－26)中，矩阵 $\boldsymbol{B}$ 既代表等参元的 $\boldsymbol{B}$ 矩阵，也代表间断面单元的 $\overline{\boldsymbol{B}}$ 矩阵；应力 $\boldsymbol{\sigma}$ 既代表等参数单元的六维应力矢量 $\boldsymbol{\sigma}$，也代表间断面单元内的三维应力矢量 $\overline{\boldsymbol{\sigma}}$. 式(9－1－26)是将各种类型单元统一表示的简化形式.

§9－2　线性弹性问题的有限元分析

式(9－1－25)或(9－1－26)是用应力表示的系统的平衡方程，如果考虑到应力－应变关系以及式(9－1－9)，(9－1－19)，(9－1－23)，则可得到用系统节点位移矢量表示的平衡方程. 我们这里仅考虑处于弹性阶段(外加载荷和指定位移均较小的情况)的平衡方程，并采用全量形式表述(对线性弹性问题，增量和全量表述是相同的). 对等参数单元和间断面单元分别有

$$\begin{aligned} \boldsymbol{\sigma} &= \boldsymbol{D}\boldsymbol{\varepsilon} = \boldsymbol{D}\boldsymbol{B}\boldsymbol{a}_e = \boldsymbol{D}\boldsymbol{B}\boldsymbol{c}_e\boldsymbol{a}, \\ \overline{\boldsymbol{\sigma}} &= \overline{\boldsymbol{D}}\langle \boldsymbol{u} \rangle = \overline{\boldsymbol{D}}\,\overline{\boldsymbol{B}}\boldsymbol{a}_e = \overline{\boldsymbol{D}}\,\overline{\boldsymbol{B}}\boldsymbol{c}_e\boldsymbol{a}. \end{aligned} \qquad (9-2-1)$$

在上面公式中，$\boldsymbol{D}$ 和 $\overline{\boldsymbol{D}}$ 分别是连续体单元和间断面的弹性矩阵. 而 $\boldsymbol{a}$ 和 $\boldsymbol{c}$ 的下标 e 表示“单元”(element)的量，即它们分别是单元的节点位移矢量和单元的选择矩阵. 将式(9－2－1)代入式(9－1－25)则可得用系统节点位移 $\boldsymbol{a}$ 表示的系统的平衡方程

$$\boldsymbol{\psi} = \left[\sum \boldsymbol{c}_e^{\mathrm{T}} \left(\int_e \boldsymbol{B}^{\mathrm{T}} \boldsymbol{D} \boldsymbol{B} \mathrm{d}V \right) \boldsymbol{c}_e + \sum \boldsymbol{c}_e^{\mathrm{T}} \left(\int \overline{\boldsymbol{B}}^{\mathrm{T}} \overline{\boldsymbol{D}}\,\overline{\boldsymbol{B}} \mathrm{d}\Gamma \right) \boldsymbol{c}_e \right] \boldsymbol{a} - \boldsymbol{R} = \boldsymbol{0}.$$

为了书写简单，将上式简写为

$$\begin{aligned} \boldsymbol{\psi} &= \left[\sum \boldsymbol{c}_e^{\mathrm{T}} \left(\int_e \boldsymbol{B}^{\mathrm{T}} \boldsymbol{D} \boldsymbol{B} \mathrm{d}V \right) \boldsymbol{c}_e \right] \boldsymbol{a} - \boldsymbol{R} \\ &\equiv \boldsymbol{K}\boldsymbol{a} - \boldsymbol{R} = \boldsymbol{0}, \end{aligned} \qquad (9-2-2)$$

式中 $\boldsymbol{a}$ 是系统的节点位移矢量；$\boldsymbol{K}$ 是系统的刚度矩阵，也称总体刚度矩阵(简称总刚). $\boldsymbol{K}$ 是与 $\boldsymbol{a}$ 无关的 $3N \times 3N$ 常数矩阵，式(9－2－2)是一个关于 $\boldsymbol{a}$ 的线性方程组.

在式(9－2－2)和(9－1－24)中所有的单元积分都是采用 Gauss 积分方法

数值计算的(殷有泉, 2007). 由于单元刚度矩阵 $\boldsymbol{K}_e = \int_e \boldsymbol{B}^{\mathrm{T}}\boldsymbol{D}\boldsymbol{B}\mathrm{d}V$ 在弹性阶段是半正定和对称的, 由它们组集(累加)而得到的总体刚度矩阵 $\boldsymbol{K}$ 也是半正定和对称的. 此外, 总体刚度矩阵的另一重要性质是稀疏性. 例如, 在第 i 个节点的平衡方程中仅节点 i 和与它相邻的几个节点的位移分量的系数不为零, 当系统的节点总数很大时, $\boldsymbol{K}$ 显然是稀疏的矩阵. 再者, 如果系统的节点有规律地编号, 可使 $\boldsymbol{K}$ 中的非零元素集中在主对角线附近, 从而使 $\boldsymbol{K}$ 成为带状矩阵.

在形成以节点位移为基本变量的平衡方程组(9－2－2)时, 力的边界条件是在计算外部作用的节点力矢量 $\boldsymbol{R}$ 时被考虑的. 此外, 这个等效的节点载荷矢量 $\boldsymbol{R}$[见式(9－1－24)]不仅包含实际的边界上分布载荷 $\boldsymbol{q}$ 的贡献, 也包含了在给定位移的边界上未知的分布的约束反力 $\boldsymbol{q}^*$ 的贡献, 而方程组(9－2－2)中的系统位移矢量, 不仅包含了对应于系统自由度的未知的节点位称, 也包含了在约束条件中给出或规定的节点已知位移, 因而现在还不能使用方程组(9－2－2)直接对问题求解, 必须对方程组做进一步修改.

可将有限元系统的平衡方程组(9－2－2)通过行和列的适当调换可改写为如下形式:

$$\begin{bmatrix} \boldsymbol{K}_{AA} & \boldsymbol{K}_{AB} \\ \boldsymbol{K}_{BA} & \boldsymbol{K}_{BB} \end{bmatrix} \begin{bmatrix} \boldsymbol{a}_A \\ \boldsymbol{a}_B \end{bmatrix} = \begin{bmatrix} \boldsymbol{R}_A \\ \boldsymbol{R}_B \end{bmatrix}, \tag{9-2-3}$$

式中 $\boldsymbol{a}_A$ 为未知位移, $\boldsymbol{a}_B$ 为已知的或规定的位移, $\boldsymbol{R}_A$ 是已知的节点等效载荷, $\boldsymbol{R}_B$ 为未知的约束反力对应的等效载荷. 考虑到位移边界条件(8－1－12), 相应的节点位移条件为

$$\boldsymbol{a}_B = \boldsymbol{a}_0,$$

其中 $\boldsymbol{a}_0$ 是已知的节点位移矢量. 方程组(9－2－3)可改写为

$$\begin{cases} \boldsymbol{K}_{AA}\boldsymbol{a}_A + \boldsymbol{K}_{AB}\boldsymbol{a}_0 = \boldsymbol{R}_A, \\ \boldsymbol{a}_B = \boldsymbol{a}_0. \end{cases} \tag{9-2-4}$$

现在, 矩阵 $\boldsymbol{K}_{AA}$ 是正定的. 这时根据上面修改后的方程组(9－2－4), 可首先解出 $\boldsymbol{a}_A$, 而未知的约束反力为

$$\boldsymbol{R}_B = \boldsymbol{K}_{BA}\boldsymbol{a}_A + \boldsymbol{K}_{BB}\boldsymbol{a}_B,$$

这样求得系统的全部的节点位移分量, 从而进一步计算出各单元的应变和应力, 得到整个问题在弹性阶段的数值结果.

另一种考虑位移边界条件的方法是采用边界位移单元, 如图 9－2 所示.

假设在节点 i 上指定位移为 $\boldsymbol{a}_0$, 则该约束方程为

$$\boldsymbol{k}_i\boldsymbol{a}_i = \boldsymbol{k}_i\boldsymbol{a}_0.$$

将上式的两端分别加到式(9－2－2)的关于节点的平衡方程式的两端, 得

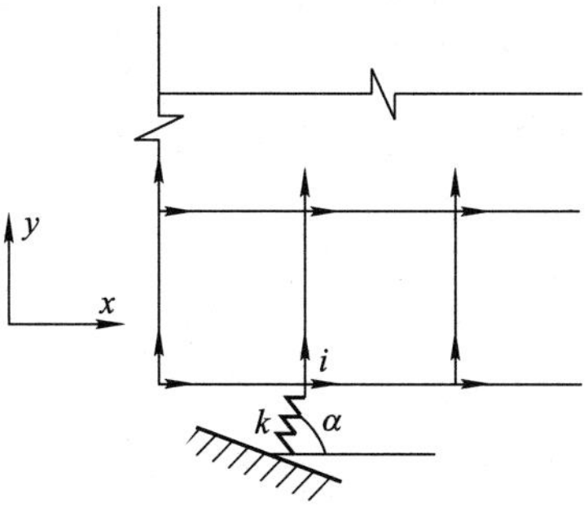

图 9－2　边界位移单元

$$\boldsymbol{k}_{i1}\boldsymbol{a}_1 + \cdots + (\boldsymbol{k}_{ii} + \boldsymbol{k}_i)\boldsymbol{a}_i + \cdots + \boldsymbol{k}_{iN}\boldsymbol{a}_N = \langle \boldsymbol{R}_i \rangle + \boldsymbol{k}_i\boldsymbol{a}_0. \quad (9-2-5)$$

请注意，在上式中约束反力 $\boldsymbol{R}_i$ 是事先未知的，在组集系统总体方程时将它置零值，因而用 $\langle \boldsymbol{R}_i \rangle$ 表示. 由于取 $\boldsymbol{k}_i$ 的元素远大于 $\boldsymbol{k}_{ij}$ 的元素，修改后的方程组的解必然近似地给出 $\boldsymbol{a}_i = \boldsymbol{a}_0$. 显然，约束反力

$$\boldsymbol{R}_i = \sum_{j=1}^{N} \boldsymbol{k}_{ij}\boldsymbol{a}_j,$$

因而有

$$\boldsymbol{R}_i = \boldsymbol{k}_i\boldsymbol{a}_0 - \boldsymbol{k}_i\boldsymbol{a}_i. \quad (9-2-6)$$

从物理上可把这个修改过程解释为在自由度 i 处加一个刚度很大的弹簧，并规定一个(由于周围其他单元刚度相对较弱)在该自由度上能产生所要求的位移 $\boldsymbol{a}_0$ 的虚拟载荷 $\boldsymbol{R}_i^* = \boldsymbol{k}_i\boldsymbol{a}_0$. 这种修改方法在数学上相当于罚函数方法.

采用边界位移单元方法处理斜支撑(其特例是边界的法向支撑或切向支撑)的位移约束或弹性支撑条件是十分方便的. 如果在区域边界的 i 点规定一个大小为 δ_0，方向为 $\boldsymbol{n}$ 的指定位移，采用的边界位移单元相当于一个刚度为 k，方位为 $\boldsymbol{n}$ 的弹簧连接在 i 点上(图 9－2). 如果用 k_{ij} 代表总体刚度矩阵中与节点 i 有关的刚度系数，那么要求取

$$k \gg \max(k_{ij}), \quad (9-2-7)$$

也即 k 是一个相当大的常数，并假设在节点 i 上作用一个方向为 $\boldsymbol{n}$，大小为 $P^* = k\delta_0$ 的力，这样就会在点 i 得到了满足边界条件的位移 $\boldsymbol{a}_i$，即有

$$\boldsymbol{a}_i^{\mathrm{T}}\boldsymbol{n} = \delta_0, \quad \boldsymbol{n}^{\mathrm{T}}\boldsymbol{a}_i = \delta_0,$$

单元的虚拟外力矢量

$$\boldsymbol{P}_i^* = P^*\boldsymbol{n} = k\delta_0\boldsymbol{n} = k\boldsymbol{n}\boldsymbol{n}^{\mathrm{T}}\boldsymbol{a}_i,$$

因而边界位移单元的刚度矩阵是

$$\boldsymbol{k}_i = k\boldsymbol{n}\boldsymbol{n}^{\mathrm{T}}. \quad (9-2-8)$$

对于空间问题，$\boldsymbol{n}=[l \quad m \quad n]^{\mathrm{T}}$. 由式(9-2-6)，位移边界约束反力是

$$\boldsymbol{R}_i = \boldsymbol{k}_i(\boldsymbol{P}_i^*/k) - \boldsymbol{k}_i\boldsymbol{a}_i, \tag{9-2-9}$$

其中 $\boldsymbol{P}_i^*$ 为作用在节点 i 上虚拟外力矢量，满足 $\boldsymbol{P}_i^*/k=\delta_0\boldsymbol{n}$，而 $\boldsymbol{a}_i$ 是由方程组解出的位移矢量.

使用边界位移单元处理位移边界条件，可简化程序结构和减少程序量. 这个方法的有效性在于不需要另列附加的约束方程，而且还保持了系统自由度数不变和系数矩阵的带宽不变. 因而，在当前的有限元程序中位移边界单元已被广泛采用. 在使用边界位移单元时，非常重要的是适当选择满足条件(9-2-7)的 k，而 k 又不能过大，以免引起系数矩阵病态. 根据某些实例和计算经验，取 $k\approx 10^3\max(k_{ij})$，会得到足够精确的数值结果.

最后要指出，经过位移边界处理的平衡方程的系数矩阵 $\boldsymbol{K}(=\boldsymbol{K}_{AA})$，即总体刚度矩阵或具有边界位移单元的刚度矩阵 $\boldsymbol{K}$，加强了对角优势，成为对称正定、稀疏、带状的常数矩阵.

为确定弹性阶段的最大载荷，首先按全载荷 $\boldsymbol{R}$(包括位移边界的虚拟载荷)计算弹性应力场，并用 $\boldsymbol{\sigma}_i$ 表示单元 Gauss 点 i 处的应力矢量. 其次计算所有 Gauss 点上屈服函数值 $f(\boldsymbol{\sigma}_i)$. 如果一旦发现某些点 $f(\boldsymbol{\sigma}_i)>0$，则表示该点变形已经进入塑性阶段. 然后，将具有最大屈服函数值 $f(\boldsymbol{\sigma}_i)$ 的 Gauss 点上应力乘以载荷因子 λ_1，再按条件

$$f(\lambda_1\boldsymbol{\sigma}_i) = 0$$

确定出 λ_1，$\lambda_1\boldsymbol{R}$ 就是弹性阶段所对应的最大载荷. 在今后弹塑性有限元分析中，第一个载荷增量步的载荷步长总是取为 $\lambda_1\boldsymbol{R}$.

在以后塑性变形阶段的每个载荷增量步内，原则上，都可按上面介绍的边界位移单元等方法处理位移边界条件，后文不再重述.

§9-3 稳定材料弹塑性问题的有限元分析

现在我们假设，载荷是从零开始按比例增长的，最后达到 $\boldsymbol{R}$. 这时可引入单一的载荷参数 λ，用 $\lambda\boldsymbol{R}$ 表示载荷矢量($\boldsymbol{R}$ 是一个常数矢量)，用 λ 的变化表示载荷的变化，参数 λ 的变化范围从 0 到 1. 这时非线性方程组(9-1-26)为

$$\boldsymbol{\psi}(\boldsymbol{a},\lambda) = \boldsymbol{P}(\boldsymbol{a}) - \lambda\boldsymbol{R} = \boldsymbol{0}, \tag{9-3-1}$$

其中

$$\boldsymbol{P}(\boldsymbol{a}) = \sum \boldsymbol{c}_{\mathrm{e}}^{\mathrm{T}}\int_e \boldsymbol{B}^{\mathrm{T}}\boldsymbol{\sigma}\mathrm{d}V. \tag{9-3-2}$$

将载荷 $\boldsymbol{R}$ 分成许多增量，就是将全部载荷分成若干部分，即

$$\boldsymbol{R}_0 = \boldsymbol{0}, \boldsymbol{R}_1, \boldsymbol{R}_2, \cdots, \boldsymbol{R}_m, \boldsymbol{R}_{m+1}, \cdots, \boldsymbol{R}_M = \boldsymbol{R},$$

或用载荷参数表示

$$\lambda_0 = 0, \lambda_1, \lambda_2, \cdots \lambda_m, \lambda_{m+1}, \cdots, \lambda_M = 1,$$

而相应的载荷增量和参数增量是

$$\begin{aligned} \Delta \boldsymbol{R}_m &= \boldsymbol{R}_{m+1} - \boldsymbol{R}_m, \\ \Delta \lambda_m &= \lambda_{m+1} - \lambda_m. \end{aligned} \tag{9-3-3}$$

请注意，下标 m 表示载荷增量步的序号，其中第一个载荷增量 $\Delta \boldsymbol{R}_0 = \boldsymbol{R}_1 - \boldsymbol{R}_0$ 或 $\Delta\lambda_0 = \lambda_1 - \lambda_0$ 总是对应于整个弹性阶段，以后的增量是属于弹塑性阶段，要取得足够小.

我们还需要指出，在施加的载荷中还应包含对应于位移约束的“虚拟”的边界位移单元载荷. 仅当位移边界约束为齐次的，即 $\boldsymbol{u}_0 = 0$ 或 $\boldsymbol{a}_0 = 0$ 时，上述的增量才是真正的载荷增量；这是工程中常见的情况，称为载荷增量法. 如果应力边界条件为齐次的，即为自由边界条件，且不计体力载荷，这时 $\boldsymbol{p} = \boldsymbol{q} = \boldsymbol{0}$，仅有边界位移对应的“虚拟”载荷，那么上述增量法实际上是位移增量法.

9-3-1　增量步内的非线性方程组

现在考虑一个典型的载荷增量 $\Delta \boldsymbol{R}$ 或 $\Delta\lambda$（即 $\Delta \boldsymbol{R}_m$ 或 $\Delta\lambda_m$），在施加这个载荷增量之前，已经有累积载荷 $\boldsymbol{R}_m$ 或 λ_m，相应的位移、应变、应力和内变量分别用 $\boldsymbol{a}_m$，$\boldsymbol{\varepsilon}_m$，$\boldsymbol{\sigma}_m$ 和 κ_m 表示（位移 $\boldsymbol{a}_m$ 是节点上的值，而 $\boldsymbol{\varepsilon}_m$，$\boldsymbol{\sigma}_m$ 和 κ_m 都是单元 Gauss 点上的值），并且认为它们在以前各步中已经计算出来了. 由于施加了新的载荷增量 $\Delta \boldsymbol{R}_m$ 或 $\Delta\lambda_m$，现在达到新的累积载荷 $\boldsymbol{R}_{m+1}$ 或 λ_{m+1}. 在施加 $\Delta \boldsymbol{R}_m = \Delta \boldsymbol{R}$ 期间，位移、应变、应力和内变量的增量分别是 $\Delta \boldsymbol{a}_m$，$\Delta \boldsymbol{\varepsilon}_m$，$\Delta \boldsymbol{\sigma}_m$ 和 $\Delta \kappa_m$，今后将这些增量简记为 $\Delta \boldsymbol{a}$，$\Delta \boldsymbol{\varepsilon}$，$\Delta \boldsymbol{\sigma}$ 和 $\Delta \kappa$. 由于对全量仍保留下标，仅对增量省略下标，这种简化记法不会造成混乱和产生疑义. 这样在新的累积载荷情况下，总位移、总应变、总应力和总内变量分别为

$$\begin{aligned} \boldsymbol{a}_{m+1} &= \boldsymbol{a}_m + \Delta \boldsymbol{a}, \\ \boldsymbol{\varepsilon}_{m+1} &= \boldsymbol{\varepsilon}_m + \Delta \boldsymbol{\varepsilon}, \\ \boldsymbol{\sigma}_{m+1} &= \boldsymbol{\sigma}_m + \Delta \boldsymbol{\sigma}, \\ \kappa_{m+1} &= \kappa_m + \Delta \kappa. \end{aligned} \tag{9-3-4}$$

由于这里讨论的问题属于小变形问题，$\boldsymbol{B}$ 矩阵与节点位移无关 $\boldsymbol{a}_{\mathrm{e}}$，因而有

$$\Delta \boldsymbol{\varepsilon} = \boldsymbol{B} \Delta \boldsymbol{a}_{\mathrm{e}} = \boldsymbol{B} \boldsymbol{c}_{\mathrm{e}} \Delta \boldsymbol{a}. \tag{9-3-5}$$

前面给出的平衡条件(9-1-26)，现对总应力 $\boldsymbol{\sigma}_{m+1}$ 和总载荷 $\boldsymbol{R}_{m+1}$ 列出，即有

$$\boldsymbol{\psi}(\boldsymbol{a}_{m+1}, \lambda_{m+1}) = \sum \boldsymbol{c}_{\mathrm{e}}^{\mathrm{T}} \int_e \boldsymbol{B}^{\mathrm{T}} \boldsymbol{\sigma}_{m+1} \mathrm{d}V - \lambda_{m+1} \boldsymbol{R} = \boldsymbol{0}. \tag{9-3-6}$$

上式相对于应力变量是一个线性方程组，但利用本构关系用位移表示这些方

程，则是非线性方程组，因而 $\boldsymbol{\psi}(\boldsymbol{a}_{m+1},\ \lambda_{m+1})=\mathbf{0}$ 应理解为是一组关于节点位移 $\boldsymbol{a}$ 的非线性代数方程组. 利用式(9－3－4)，方程组(9－3－6)可以用应力增量 $\Delta\boldsymbol{\sigma}$ 或位移增量 $\Delta\boldsymbol{a}$ 表述，即

$$\boldsymbol{\psi}(\Delta\boldsymbol{a},\Delta\lambda)\equiv\boldsymbol{\psi}(\boldsymbol{a}_m+\Delta\boldsymbol{a},\lambda_m+\Delta\lambda)=\sum\boldsymbol{c}_{\mathrm{e}}^{\mathrm{T}}\int_e\boldsymbol{B}^{\mathrm{T}}\Delta\boldsymbol{\sigma}\mathrm{d}V$$

$$-\Delta\lambda\boldsymbol{R}+\boldsymbol{\psi}(\boldsymbol{a}_m,\lambda_m)=\mathbf{0},\tag{9-3-7}$$

式中

$$\boldsymbol{\psi}(\boldsymbol{a}_m,\lambda_m)=\sum\boldsymbol{c}_{\mathrm{e}}^{\mathrm{T}}\int_e\boldsymbol{B}^{\mathrm{T}}\boldsymbol{\sigma}_m\mathrm{d}V-\lambda_m\boldsymbol{R}.\tag{9-3-8}$$

如果在载荷 $\boldsymbol{R}_m$ 下计算的解答 $\boldsymbol{a}_m$，$\boldsymbol{\sigma}_m$ 等是严格准确的，那么 $\boldsymbol{\psi}(\boldsymbol{a}_m,\ \lambda_m)=\mathbf{0}$. 但在实际计算中，有时未达到严格准确解，则 $\boldsymbol{\psi}(\boldsymbol{a}_m,\ \lambda_m)\neq\mathbf{0}$，就转入了下一载荷增量步的计算. 我们将方程组的残值 $-\boldsymbol{\psi}(\boldsymbol{a}_m,\ \lambda_m)$ 称为失衡力. 使用式(9－3－7)求解，前一步长的失衡力参加这一步求解，可以消除前一步解的误差，得到更好的结果. 式(9－3－7)是关于增量 $\Delta\boldsymbol{a}$ 的非线性的方程组，因为这时 $\Delta\boldsymbol{\sigma}$ 和 $\Delta\boldsymbol{a}$ 之间的关系是非线性.

岩石类介质弹塑性本构方程在理论上是用应力和应变的无限小增量的形式给出(间断面的本构方程也是如此)，而在实际的有限元的数值计算中载荷增量总是取有限大小的，因而应力增量 $\Delta\boldsymbol{\sigma}$，应变增量 $\Delta\boldsymbol{\varepsilon}$ 和内变量增量 $\Delta\boldsymbol{\kappa}$ 是以有限大小的形式出现的，这就需要从

$$\mathrm{d}\boldsymbol{\sigma}=\boldsymbol{D}_{\mathrm{ep}}\mathrm{d}\boldsymbol{\varepsilon},$$

$$\mathrm{d}\boldsymbol{\kappa}=\frac{\boldsymbol{M}^{\mathrm{T}}}{H+A}\frac{\partial f}{\partial\boldsymbol{\sigma}}\left(\frac{\partial f}{\partial\boldsymbol{\sigma}}\right)^{\mathrm{T}}\boldsymbol{D}\mathrm{d}\boldsymbol{\varepsilon}\tag{9-3-9}$$

出发，使用数值积分方法得到应力的有限增量 $\Delta\boldsymbol{\sigma}$ 及内变量的有限增量 $\Delta\boldsymbol{\kappa}$：

$$\Delta\boldsymbol{\sigma}=\int_{\boldsymbol{\varepsilon}_m}^{\boldsymbol{\varepsilon}_m+\Delta\boldsymbol{\varepsilon}}\boldsymbol{D}_{\mathrm{ep}}\mathrm{d}\boldsymbol{\varepsilon}=\boldsymbol{g}(\Delta\boldsymbol{\varepsilon}),$$

$$\Delta\boldsymbol{\kappa}=\int_{\boldsymbol{\varepsilon}_m}^{\boldsymbol{\varepsilon}_m+\Delta\boldsymbol{\varepsilon}}\frac{\boldsymbol{M}^{\mathrm{T}}}{H+A}\frac{\partial f}{\partial\boldsymbol{\sigma}}\left(\frac{\partial f}{\partial\boldsymbol{\sigma}}\right)^{\mathrm{T}}\boldsymbol{D}\mathrm{d}\boldsymbol{\varepsilon}=h(\Delta\boldsymbol{\varepsilon}).\tag{9-3-10}$$

请注意，式(9－3－9)和(9－3－10)中的 $\boldsymbol{M}$ 由第三章式(3－1－14)定义. 非线性矢量函数用 $\boldsymbol{g}$ 表示，切勿与塑性势标量函数 g 相混淆.

在载荷增量 $\Delta\boldsymbol{R}$ 或 $\Delta\lambda$ 作用的前后，所考虑的单元的 Gauss 积分点上介质可能处于弹性状态，也可能处于塑性状态，本构性质的表述比较复杂，需要预先讨论如何判断所处的状态. 回顾第三章介绍的应变空间表述的加－卸载准则(3－1－16)，并引用弹性应力增量的定义

$$\mathrm{d}\boldsymbol{\sigma}^{\mathrm{e}}=\boldsymbol{D}\mathrm{d}\boldsymbol{\varepsilon},\tag{9-3-11}$$

我们有

$$L = \left(\frac{\partial f}{\partial \boldsymbol{\sigma}}\right)^{\mathrm{T}} \boldsymbol{D} \mathrm{d}\boldsymbol{\varepsilon} = \left(\frac{\partial f}{\partial \boldsymbol{\sigma}}\right)^{\mathrm{T}} \mathrm{d}\boldsymbol{\sigma}^{\mathrm{e}} \begin{cases} < 0, & \text{卸载}, \\ = 0, & \text{中性变载}, \\ > 0, & \text{加载}. \end{cases} \quad (9-3-12)$$

上式在几何上可以给出如下的解释：当弹性应力增量 $\mathrm{d}\boldsymbol{\sigma}^{\mathrm{e}}$ 指向应力屈服面 $f=0$ 外侧，即

$$f(\boldsymbol{\sigma} + \mathrm{d}\boldsymbol{\sigma}^{\mathrm{e}}, \kappa) > 0 \quad (9-3-13)$$

时为加载，介质处于塑性状态；当弹性应力变量指向应力屈服面内侧或与屈服面相切，即

$$f(\boldsymbol{\sigma} + \mathrm{d}\boldsymbol{\sigma}^{\mathrm{e}}, \kappa) \leqslant 0 \quad (9-3-14)$$

时为卸载或中性变载，反应是纯弹性的. 这里需要强调指出：式(9-3-13)和(9-3-14)是以弹性应力增量 $\mathrm{d}\boldsymbol{\sigma}^{\mathrm{e}}$ 或应变增量 $\mathrm{d}\boldsymbol{\varepsilon}$ 为变量，而不是以应力增量 $\mathrm{d}\boldsymbol{\sigma}$(它在目前还没有求出来)为变量，故本质上式(9-3-13)和(9-3-14)是应变空间表述的加-卸载准则(9-3-12)的一种变形(实用形式). 我们进一步讨论施加载荷增量 $\Delta\boldsymbol{R}$ 后，由有限大小的应变增量 $\Delta\boldsymbol{\varepsilon}$ 来判断介质所处的状态的问题，我们首先设在载荷 $\boldsymbol{R}_m$(或载荷参数 λ_m)下应力 $\boldsymbol{\sigma}_m$ 和内变量 κ_m 对应于一个弹性状态，即

$$f_m = f(\boldsymbol{\sigma}_m, \kappa_m) < 0. \quad (9-3-15)$$

而在载荷增量作用后，如果处于塑性状态，则

$$f_{m+1} = f(\boldsymbol{\sigma}_m + \Delta\boldsymbol{\sigma}^{\mathrm{e}}, \kappa_m) > 0. \quad (9-3-16)$$

这时可由条件

$$f(\boldsymbol{\sigma}_m + r\Delta\boldsymbol{\sigma}^{\mathrm{e}}, \kappa_m) = 0, \quad (9-3-17)$$

来确定弹性部分和塑性部分的比例因子 r($0<r<1$，见图 9-3(a)).

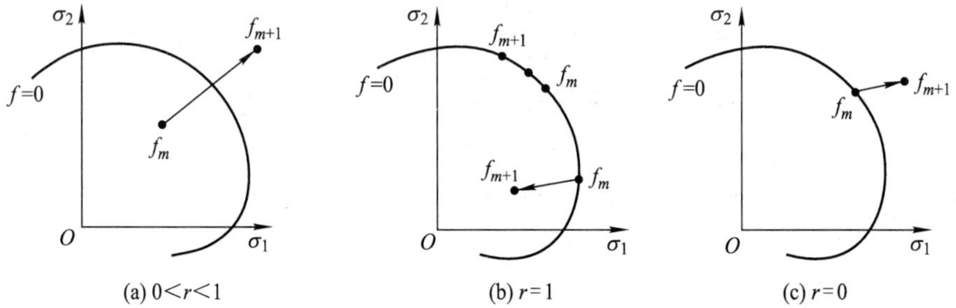

图 9-3　不同弹塑性状态的比例因子

比例因子 r 也可以由对屈服函数值 f 采用线性内插来得到

$$r = \frac{-f_m}{f_{m+1} - f_m}. \quad (9-3-18)$$

实际上，将式(9－3－17)Taylor 展开，舍去高阶小项，有

$$0=f(\boldsymbol{\sigma}_m,\boldsymbol{\kappa}_m)+\left(\frac{\partial f}{\partial\boldsymbol{\sigma}}\right)_m^{\mathrm{T}}r\Delta\boldsymbol{\sigma}^{\mathrm{e}}=f_m+(f_{m+1}-f_m)r,$$

即可得到式(9－3－18)．这样，联系 $\Delta\boldsymbol{\varepsilon}$ 和 $\Delta\boldsymbol{\sigma}$ 的关系式(9－3－10)可具体地写为

$$\Delta\boldsymbol{\sigma}=\int_{\boldsymbol{\varepsilon}_m}^{\boldsymbol{\varepsilon}_m+r\Delta\boldsymbol{\varepsilon}}\boldsymbol{D}\mathrm{d}\boldsymbol{\varepsilon}+\int_{\boldsymbol{\varepsilon}_m+r\Delta\boldsymbol{\varepsilon}}^{\boldsymbol{\varepsilon}_m+\Delta\boldsymbol{\varepsilon}}\boldsymbol{D}_{\mathrm{ep}}\mathrm{d}\boldsymbol{\varepsilon}=r\boldsymbol{D}\Delta\boldsymbol{\varepsilon}+\int_{\boldsymbol{\varepsilon}_m+r\Delta\boldsymbol{\varepsilon}}^{\boldsymbol{\varepsilon}_m+\Delta\boldsymbol{\varepsilon}}\boldsymbol{D}_{\mathrm{ep}}\mathrm{d}\boldsymbol{\varepsilon}. \tag{9-3-19}$$

当 $\Delta\boldsymbol{\varepsilon}$ 很小时(要求 $\Delta\boldsymbol{R}$ 很小)，式(9－3－19)可改写为下面的近似公式

$$\begin{aligned}\Delta\boldsymbol{\sigma}&=r\boldsymbol{D}\Delta\boldsymbol{\varepsilon}+(1-r)(\boldsymbol{D}_{\mathrm{ep}})_{m+r}\Delta\boldsymbol{\varepsilon}\\&=r\boldsymbol{D}\Delta\varepsilon+(1-r)\left[\boldsymbol{I}-\frac{1}{H+A}\boldsymbol{D}\left(\frac{\partial f}{\partial\boldsymbol{\sigma}}\right)_{m+r}\left(\frac{\partial f}{\partial\boldsymbol{\sigma}}\right)_{m+r}^{\mathrm{T}}\right]\Delta\boldsymbol{\sigma}^{\mathrm{e}},\end{aligned} \tag{9-3-20}$$

其中$(\boldsymbol{D}_{\mathrm{ep}})_{m+r}$和$\left(\frac{\partial f}{\partial\boldsymbol{\sigma}}\right)_{m+r}$分别是在状态 $\boldsymbol{\sigma}_m+r\Delta\boldsymbol{\sigma}^{\mathrm{e}}$ 和 $\boldsymbol{\kappa}_m$ 下计算的弹塑性矩阵和屈服函数梯度等．还可看出，只要取 $r=1$，式(9－3－19)或(9－3－20)代表从弹性状态到弹性状态，以及从塑性状态卸载或中性变载时 $\Delta\boldsymbol{\sigma}$ 和 $\Delta\boldsymbol{\varepsilon}$ 之间的关系(见图 9－3(b))，该点介质的反应是纯弹性的．如果 $r=0$，式(9－3－19)或(9－3－20)表示从塑性状态加载时的关系(图 9－3(c))．

由于塑性内变量 $\boldsymbol{\kappa}$ 的增加只能出现在塑性加载阶段，式(9－3－10)的塑性内变量增量可表示为

$$\Delta\boldsymbol{\kappa}=\int_{\boldsymbol{\varepsilon}_m+r\Delta\boldsymbol{\varepsilon}}^{\boldsymbol{\varepsilon}_m+\Delta\boldsymbol{\varepsilon}}\frac{\boldsymbol{M}^{\mathrm{T}}}{H+A}\frac{\partial f}{\partial\boldsymbol{\sigma}}\left(\frac{\partial f}{\partial\boldsymbol{\sigma}}\right)^{\mathrm{T}}\boldsymbol{D}\mathrm{d}\boldsymbol{\varepsilon}. \tag{9-3-21}$$

当 $\Delta\boldsymbol{\varepsilon}$ 很小时，上式可近似地改写为

$$\Delta\boldsymbol{\kappa}=(1-r)\left[\frac{\boldsymbol{M}^{\mathrm{T}}}{H+A}\frac{\partial f}{\partial\boldsymbol{\sigma}}\left(\frac{\partial f}{\partial\boldsymbol{\sigma}}\right)^{\mathrm{T}}\right]_{m+r}\Delta\boldsymbol{\sigma}^{\mathrm{e}}, \tag{9-3-22}$$

式中方括号下角标 $m+r$ 表示方括号内各量在状态 $\boldsymbol{\sigma}_m+r\Delta\boldsymbol{\sigma}^{\mathrm{e}}$ 和 $\boldsymbol{\kappa}_m$ 下的取值.

由 $\Delta\boldsymbol{\varepsilon}$ 按式(9－3－10)或按(9－3－20)和(9－3－22)，用数值积分求 $\Delta\boldsymbol{\sigma}$ 和 $\Delta\boldsymbol{\kappa}$ 是由程序完成的．由 $\Delta\boldsymbol{\varepsilon}$ 计算 $\Delta\boldsymbol{\sigma}$ 和 $\Delta\boldsymbol{\kappa}$ 的流程包括下述各步：

(1) 内变量 $\boldsymbol{\kappa}=\boldsymbol{\kappa}_m$，$f_m=f(\boldsymbol{\sigma}_m,\ \boldsymbol{\kappa})\leqslant 0$，由 $\boldsymbol{D}=\boldsymbol{D}(\boldsymbol{\kappa})$ 按弹性关系计算应力增量 $\Delta\boldsymbol{\sigma}^{\mathrm{e}}=\boldsymbol{D}\Delta\boldsymbol{\varepsilon}$.

(2) 计算试探应力 $\boldsymbol{\sigma}_{\mathrm{t}}=\boldsymbol{\sigma}_m+\Delta\boldsymbol{\sigma}^{\mathrm{e}}$.

(3) 用 $\boldsymbol{\sigma}_{\mathrm{t}}$ 和 $\boldsymbol{\kappa}$ 计算屈服函数值 $f_{m+1}=f(\boldsymbol{\sigma}_1,\ \boldsymbol{\kappa})$.

(4) 如果 $f_{m+1}\leqslant 0$，转到(10).

(5) 如果 $f_{m+1}>0$，计算 $r=\dfrac{-f_m}{f_{m+1}-f_m}$.

(6) 令 $\boldsymbol{\sigma}_{\mathrm{t}}=\boldsymbol{\sigma}_m+r\Delta\boldsymbol{\sigma}^{\mathrm{e}}$，按 $\boldsymbol{\sigma}_{\mathrm{t}}$，$\kappa$ 计算 $\boldsymbol{a}=\left(\dfrac{\partial f}{\partial\boldsymbol{\sigma}}\right)_{m+r}$，$\boldsymbol{b}=\left(\dfrac{1}{H+A}\dfrac{\partial f}{\partial\boldsymbol{\sigma}}\right)_{m+r}$，

$$c=\left(\boldsymbol{M}^{\mathrm{T}}\frac{\partial f}{\partial\boldsymbol{\sigma}}\right)_{m+r}.$$

(7) 增量计算

$$\begin{aligned}\Delta\boldsymbol{\varepsilon}^{\mathrm{pd}}&=(1-r)\boldsymbol{a}\boldsymbol{b}^{\mathrm{T}}\Delta\boldsymbol{\sigma}^{\mathrm{e}},\\ \Delta\boldsymbol{\sigma}&=(1-r)\Delta\boldsymbol{\sigma}^{\mathrm{e}}-(1-r)\boldsymbol{D}\boldsymbol{a}\boldsymbol{b}^{\mathrm{T}}\Delta\boldsymbol{\sigma}^{\mathrm{e}},\\ \Delta\kappa&=(1-r)c\boldsymbol{b}^{\mathrm{T}}\Delta\boldsymbol{\sigma}^{\mathrm{e}}.\end{aligned}$$

(8) $\boldsymbol{\sigma}_{\mathrm{t}}=\boldsymbol{\sigma}_{\mathrm{t}}+\Delta\boldsymbol{\sigma}$，$\kappa=\kappa+\Delta\kappa$.

(9) 如果应力脱离屈服面，$f(\boldsymbol{\sigma}_{\mathrm{t}},\kappa)=\varepsilon_{\mathrm{f}}\neq0$（$\varepsilon_{\mathrm{f}}$ 是偏差），求 η 使

$$f\left(\boldsymbol{\sigma}_{\mathrm{t}}+\eta\frac{\partial f}{\partial\boldsymbol{\sigma}},\kappa\right)=0\ \text{或取}\ \eta=-\frac{\boldsymbol{\varepsilon}_{\mathrm{f}}}{\left(\dfrac{\partial f}{\partial\boldsymbol{\sigma}}\right)^{\mathrm{T}}\dfrac{\partial f}{\partial\boldsymbol{\sigma}}},$$

则修正后应力

$$\boldsymbol{\sigma}_{\mathrm{t}}=\boldsymbol{\sigma}_{\mathrm{t}}+\eta\frac{\partial f}{\partial\boldsymbol{\sigma}}.$$

(10) $\boldsymbol{\sigma}_{m+1}=\boldsymbol{\sigma}_t$，$\Delta\boldsymbol{\sigma}=\boldsymbol{\sigma}_{m+1}-\boldsymbol{\sigma}_m$；$\kappa_{m+1}=\kappa$，$\Delta\kappa=\kappa_{m+1}-\kappa_m$.

(11) 计算 $\boldsymbol{D}=\boldsymbol{D}(\kappa)$，$f=f(\boldsymbol{\sigma},\kappa)$，$H=H(\kappa)$，$A=A(\kappa)$，$\boldsymbol{a}=\boldsymbol{D}\left(\dfrac{\partial f}{\partial\boldsymbol{\sigma}}\right)_{m+1}$，$\boldsymbol{b}=\dfrac{\boldsymbol{D}}{H+A}\left(\dfrac{\partial f}{\partial\boldsymbol{\sigma}}\right)_{m+1}$，形成弹塑性矩阵 $(\boldsymbol{D}_{\mathrm{ep}})_{m+1}=\boldsymbol{D}-\boldsymbol{a}^{\mathrm{T}}\boldsymbol{b}$，并存盘.

上述流程不仅适用于强化塑性材料，也适用于理想塑性材料和软化塑性材料. 在应变增量 $\Delta\boldsymbol{\varepsilon}$ 不是很小时，可以从式(9－3－19)和(9－3－21)出发，进行数值积分. 将 $(1+r)\Delta\boldsymbol{\varepsilon}$ 分成 N 个子增量步，对每一子增量 $(1-r)\Delta\boldsymbol{\varepsilon}/N$ 作流程的(7)～(9)步计算，最后可得到更为精确的结果.

这里我们要特别指出，在程序中用数值积分求出 $\Delta\boldsymbol{\varepsilon}^{\mathrm{pd}}$，然后用公式 $\Delta\boldsymbol{\sigma}=\boldsymbol{D}(\Delta\varepsilon-\Delta\varepsilon^{\mathrm{pd}})$ 确定 $\Delta\boldsymbol{\sigma}$. 在积分过程不求 $\boldsymbol{D}_{\mathrm{ep}}$，这可以减少计算量. 最后在(11)步再直接计算 $m+1$ 时刻的弹塑性矩阵 $\boldsymbol{D}_{\mathrm{ep}}$，以备下一载荷增量步形成总刚时使用.

9－3－2　非线性方程组(9－3－7)的迭代求解

由于 $\Delta\lambda$ 是已知的，可将这个方程简记为 $\boldsymbol{\psi}(\boldsymbol{a}_m+\Delta\boldsymbol{a},\lambda_{m+1})=0$. 设 $\Delta\boldsymbol{a}^n$ 是这个方程组的第 n 次增量近似解（注意，这里上标 n 代表迭代步的序号，而不是幂次）. 一般有 $\boldsymbol{\psi}(\boldsymbol{a}_m+\Delta\boldsymbol{a},\lambda_{m+1})\neq0$，在 $\boldsymbol{a}_m+\Delta\boldsymbol{a}^n$ 附近将 $\boldsymbol{\psi}(\boldsymbol{a}_m+\Delta\boldsymbol{a})$ 展开，取线性项得

$$\boldsymbol{\psi}(\boldsymbol{a}_m+\Delta\boldsymbol{a})=\boldsymbol{\psi}(\boldsymbol{a}_m+\Delta\boldsymbol{a}^n)+\left(\frac{\partial\boldsymbol{\psi}}{\partial\Delta\boldsymbol{a}}\right)_{\Delta\boldsymbol{a}^n}(\Delta\boldsymbol{a}-\Delta\boldsymbol{a}^n).$$

取 $\Delta\boldsymbol{a}=\Delta\boldsymbol{a}^{n+1}$，并令上式为零，可求得一个改进解

$$\Delta\boldsymbol{a}=\Delta\boldsymbol{a}^{n+1}=\Delta\boldsymbol{a}^n-(\boldsymbol{K}_{\mathrm{T}}^n)^{-1}\boldsymbol{\psi}^n, \tag{9-3-23}$$

其中

$$\boldsymbol{K}_{\mathrm{T}}^n=\left(\frac{\partial\boldsymbol{\psi}}{\partial\Delta\boldsymbol{a}}\right)_{\Delta\boldsymbol{a}^n}=\left(\frac{\partial\boldsymbol{\psi}}{\partial\boldsymbol{a}}\right)_{\boldsymbol{a}_m+\Delta\boldsymbol{a}^n}=\sum\boldsymbol{c}_{\mathrm{e}}^{\mathrm{T}}\left(\int_e\boldsymbol{B}^{\mathrm{T}}\boldsymbol{D}_{\mathrm{ep}}^n\boldsymbol{B}\mathrm{d}V\right)\boldsymbol{c}_{\mathrm{e}}, \tag{9-3-24}$$

$$\begin{aligned}\boldsymbol{\psi}^n=\boldsymbol{\psi}(\boldsymbol{a}_m+\Delta\boldsymbol{a}^n)&=\sum c_{\mathrm{e}}^{\mathrm{T}}\int_e\boldsymbol{B}^{\mathrm{T}}(\boldsymbol{\sigma}_m+\Delta\boldsymbol{\sigma}^n)\mathrm{d}V-\lambda_{m+1}\boldsymbol{R}\\&=\sum c_{\mathrm{e}}^{\mathrm{T}}\left(\int_e\boldsymbol{B}^{\mathrm{T}}\Delta\boldsymbol{\sigma}^n\mathrm{d}V\right)-\Delta\lambda\boldsymbol{R}+\boldsymbol{\psi}(\boldsymbol{a}_m),\end{aligned} \tag{9-3-25}$$

$\boldsymbol{K}_{\mathrm{T}}^n$ 为有限单元系统的切线刚度矩阵，$\boldsymbol{D}_{\mathrm{ep}}^n$是对应于应变增量 $\Delta\boldsymbol{\varepsilon}^n=\boldsymbol{B}\boldsymbol{c}_{\mathrm{e}}\Delta\boldsymbol{a}^n$ 的本构矩阵. 在各迭代步，$\boldsymbol{K}_{\mathrm{T}}^n$ 是不同的. 在 $\boldsymbol{\psi}^n$ 中的 $\Delta\boldsymbol{\sigma}^n$ 是由 $\Delta\boldsymbol{\varepsilon}^n$ 按非线性关系(9-3-10)计算出的应力增量(实际上是按上述程序流程计算得到的应力增量). 在迭代公式(9-3-23)~(9-3-25)中，如果设初值 $\Delta\boldsymbol{a}^0=\boldsymbol{0}$，那么第一次近似解 $\Delta\boldsymbol{a}^1$ 就是由线性化方程

$$\boldsymbol{\psi}(\Delta\boldsymbol{a})=(\boldsymbol{K}_{\mathrm{T}})_m\Delta\boldsymbol{a}-\Delta\lambda\boldsymbol{R}+\boldsymbol{\psi}(\boldsymbol{a}_m)=\boldsymbol{0}, \tag{9-3-26}$$

$$(\boldsymbol{K}_{\mathrm{T}})_m=\boldsymbol{K}_{\mathrm{T}}^0=\sum\boldsymbol{c}_{\mathrm{e}}^{\mathrm{T}}\left(\int_e\boldsymbol{B}^{\mathrm{T}}(\boldsymbol{D}_{\mathrm{ep}})_m\boldsymbol{B}\mathrm{d}V\right)\boldsymbol{c}_{\mathrm{e}} \tag{9-3-27}$$

得到的线性解. 当 $\|\Delta\boldsymbol{a}^n\|\leqslant\alpha\|\Delta\boldsymbol{a}\|$ 或 $\|\boldsymbol{\psi}(\boldsymbol{a}^{n+1})\|\leqslant\beta\|\boldsymbol{R}\|$ 时(α，β 是计算精度，即指定的小数)迭代停止，即收敛到了(数值意义下的)精确解. 使用式(9-3-23)~(9-3-25)的迭代算法叫做 Newton 法，这种方法的收敛速度较快(二次敛速).

用 Newton 法求解非线性方程组(9-3-7)的计算流程包括下述各步：

(1) 给定初始近似值 $\Delta\boldsymbol{a}^0$，计算精度 α 和 β，以及外载矢量的范数 $\|\boldsymbol{R}\|$.

(2) 假设已经进行了 n 次迭代，已求出 $\Delta\boldsymbol{a}^n$ 和 $\boldsymbol{\psi}(\boldsymbol{a}_m+\Delta\boldsymbol{a}^n)$，计算 $\left(\frac{\partial\psi}{\partial\boldsymbol{a}}\right)_{\boldsymbol{a}=\boldsymbol{a}_m+\Delta\boldsymbol{a}^n}=\boldsymbol{K}_{\mathrm{T}}^n$.

(3) 解方程组 $\boldsymbol{K}_{\mathrm{T}}^n(\Delta\boldsymbol{a}^{n+1}-\Delta\boldsymbol{a}^n)=-\boldsymbol{\psi}(\boldsymbol{a}_m+\Delta\boldsymbol{a}^n)$，得 $\Delta\boldsymbol{a}^{n+1}$.

(4) 求 $\boldsymbol{\psi}(\boldsymbol{a}_m+\Delta\boldsymbol{a}^{n+1})$.

(5) 若 $\|\Delta\boldsymbol{a}^{n+1}-\Delta\boldsymbol{a}^n\|\leqslant\alpha\|\boldsymbol{a}\|$ 或 $\|\boldsymbol{\psi}(\boldsymbol{a}_m+\Delta\boldsymbol{a}^{n+1})\|\leqslant\beta\|\boldsymbol{R}\|$，则置 $\Delta\boldsymbol{a}^{n+1}\to\Delta\boldsymbol{a}^*$，打印 $\Delta\boldsymbol{a}^*$，$\|\boldsymbol{\psi}(\boldsymbol{a}_m+\Delta\boldsymbol{a}^{n+1})\|$，及 $\|\Delta\boldsymbol{a}^{n+1}-\Delta\boldsymbol{a}^n\|$，转至(6)，否则 $n+1\to n$，$\Delta a^{n+1}\to\Delta a^n$，$\boldsymbol{\psi}(\boldsymbol{a}_m+\Delta\boldsymbol{a}^{n+1})\to\psi(\boldsymbol{a}_m+\Delta\boldsymbol{a}^n)$转至(2).

(6) 结束.

如果在迭代公式(9－3－23)中，在每一步迭代不使用 $\boldsymbol{K}_{\mathrm{T}}^{n}$，而采用 $\Delta\boldsymbol{a}^{0}=\boldsymbol{0}$ 时的矩阵(9－3－27)，就得到简化 Newton 法的迭代公式

$$\Delta\boldsymbol{a}^{n+1}=\Delta\boldsymbol{a}^{n}-(\boldsymbol{K}_{\mathrm{T}})_{m}^{-1}\boldsymbol{\psi}^{n}. \qquad (9-3-28)$$

简化 Newton 法的收敛速度慢(线性敛速)，但在第一步之后的各步迭代，不需要重新形成系统的切线刚度矩阵和重新求逆. 因而每一步迭代计算用时较少. 在在一般的有限元教程中将这种算法叫做修正 Newton 法，本书按照李庆杨等(1987)的专著称之为简化 Newton 法. 针对一个自由度的问题，在增量步内的 Newton 迭代和简化 Newton 迭代分别如图 9－4(a)和(b)所示.

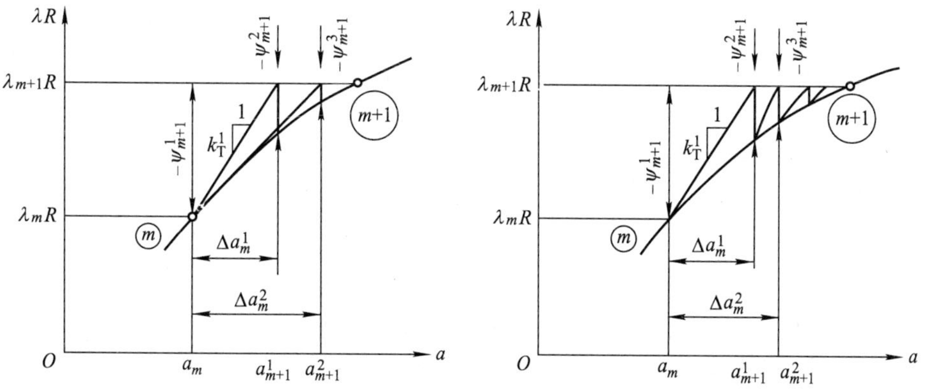

(a) 在一个增量步内的Newton迭代　　(b) 在一个增量步内的简化Newton迭代

图 9－4　Newton 法和简化 Newton 法示意图

这里介绍的两种求解非线性方程组的 Newton 型迭代法都是局部收敛的方法，即要求初始近似 $\Delta\boldsymbol{a}^{0}$ 与解 $\Delta\boldsymbol{a}^{*}$ 充分靠近(或 $\boldsymbol{a}^{0}$ 与 $\boldsymbol{a}_{m+1}$ 充分靠近)，才能使迭代序列 $\{\Delta\boldsymbol{a}^{n}\}$ 收敛于 $\Delta\boldsymbol{a}^{*}$（或 $\{\boldsymbol{a}^{n}\}$ 收敛于 $\boldsymbol{a}_{m+1}^{*}$）. 实际上在计算中找到满足这种要求的迭代初值有时很困难，为此采用增量求解方法，取前一载荷增量步的解 $\boldsymbol{a}_{m}$，作为求解后一载荷增量步解 $\boldsymbol{a}_{m+1}^{*}$ 的初始近似值，即取 $\Delta\boldsymbol{a}^{0}=\boldsymbol{0}$ 作为 $\Delta\boldsymbol{a}^{*}$ 的初始近似值. 即使如此，如果载荷增量取得较大，这样的初值也未必满足局部收敛条件，因此还要求载荷增量取得足够小.

最后还要强调指出，按式(9－3－25)计算失衡力时 $\Delta\boldsymbol{\sigma}^{n}$ 是按真实的本构关系(9－3－10)计算(用程序完成)的，因而当迭代收敛(失衡力为零)得到的解就是方程组(9－3－7)的解. 对同一工程问题不同类型的迭代算法最后收敛到同一个解(仅是收敛速度不同，计算所费时间不同而已). 但在迭代收敛之前的迭代过程中不同算法的近似解是不同的，因而相应的失衡力也不相同. 所谓失衡力仅是对平衡方程组残值的一种定性的力学解释，它不是存在于结构的

有限元系统中真实的力矢量. 这就是说，迭代过程中，失衡力因算法而异，因使用者而异，而不具备客观性(迭代收敛得到的解才有客观性). 国内某些学者，将迭代过程中的失衡力看做真实的力，并根据它的大小，做工程加固设计，这显然是不合适的.

9-3-3　求解稳定材料岩石工程问题有限元方法流程和载荷增量法

由方程(9-3-7)用 Newton 法(或简化 Newton 法)求出位移增量 $\Delta\boldsymbol{a}$ 后，再进一步求出相应的应变增量 $\Delta\boldsymbol{\varepsilon}$，应力增量 $\Delta\boldsymbol{\sigma}$ 和内变量增量 $\Delta\boldsymbol{\kappa}$，然后按式(9-3-4)得到累积载荷 $\boldsymbol{R}_{m+1}$或 λ_{m+1}下的位移 $\boldsymbol{a}_{m+1}$，应变 $\boldsymbol{\varepsilon}_{m+1}$和内变量 $\boldsymbol{\kappa}_{m+1}$，再转到下一个载荷增量的计算.

使用简化 Newton 法求解岩石工程弹塑性问题的有限元方法流程包括下面的(1) ~ (7).

(1) 将全部载荷分成若干部分

$$\boldsymbol{R}_0 = \boldsymbol{0}, \boldsymbol{R}_1, \boldsymbol{R}_2, \cdots \boldsymbol{R}_m, \boldsymbol{R}_{m+1}, \cdots, \boldsymbol{R}_M = \boldsymbol{R},$$

或

$$\lambda_0 = 0, \lambda_1, \lambda_2, \cdots \lambda_m, \lambda_{m+1}, \cdots, \lambda_M = 1.$$

(2) 从 $m=0$ 开始，对载荷增量 $\Delta\boldsymbol{R} = \boldsymbol{R}_{m+1} - \boldsymbol{R}_m$ 或 $\Delta\lambda = \lambda_{m+1} = \lambda_m$，状态量 $\boldsymbol{a}_m$，$\boldsymbol{\varepsilon}_m$，$\boldsymbol{\sigma}_m$，$\kappa_m$ 是已知的，计算等效载荷增量

$$\Delta\tilde{\boldsymbol{R}} = \boldsymbol{R}_{m+1} - \sum \boldsymbol{c}_{\mathrm{e}}^{\mathrm{T}} \int_e \boldsymbol{B}^{\mathrm{T}} \boldsymbol{\sigma}_m \mathrm{d}V = \Delta\boldsymbol{R} - \boldsymbol{\psi}(\boldsymbol{a}_m),$$

式中，$\boldsymbol{\psi}(\boldsymbol{a}_m)$是前一载荷增量步的失衡力.

(3) 建立系统的刚度矩阵

$$(\boldsymbol{K}_{\mathrm{T}})_m = \sum \boldsymbol{c}_{\mathrm{e}}^{\mathrm{T}} \int_e \boldsymbol{B}^{\mathrm{T}} (\boldsymbol{D}_{\mathrm{ep}})_m \boldsymbol{B} \mathrm{d}V \boldsymbol{c}_{\mathrm{e}},$$

并求逆$(\boldsymbol{K}_{\mathrm{T}})_m^{-1}$.

(4) 平衡迭代

$$\Delta\boldsymbol{a}^{n+1} = \Delta\boldsymbol{a}^n + (\boldsymbol{K}_{\mathrm{T}})_m^{-1} (\Delta\tilde{\boldsymbol{R}} + \boldsymbol{P}(\Delta\boldsymbol{\sigma}^n)),$$

$$\boldsymbol{P}(\Delta\boldsymbol{\sigma}^n) = -\sum \boldsymbol{c}_{\mathrm{e}}^{\mathrm{T}} \int_e \boldsymbol{B}^{\mathrm{T}} \Delta\boldsymbol{\sigma}^n \mathrm{d}V, \quad n = 0, 1, 2, \cdots, I,$$

式中 $\boldsymbol{P}(\Delta\boldsymbol{\sigma}^n)$是本载荷增量步由弹塑性本构关系得到的(即用程序完成的)应力增量 $\Delta\boldsymbol{\sigma}^n$ 的等效节点力.

(5) 求解 $\Delta\boldsymbol{\varepsilon}$，$\Delta\boldsymbol{\sigma}$，$\Delta\boldsymbol{\kappa}$.

(6) 计算载荷 $\boldsymbol{R}_{m+1}$下的各量

$$\boldsymbol{a}_{m+1} = \boldsymbol{a}_m + \Delta\boldsymbol{a},$$

$$\boldsymbol{\varepsilon}_{m+1} = \boldsymbol{\varepsilon}_m + \Delta\boldsymbol{\varepsilon},$$

$$\boldsymbol{\sigma}_{m+1} = \boldsymbol{\sigma}_m + \Delta\boldsymbol{\sigma},$$
$$\kappa_{m+1} = \kappa_m + \Delta\kappa.$$

(7) 继续计算下一个载荷增量步，$\Delta\boldsymbol{R} = \boldsymbol{R}_{m+2} - \boldsymbol{R}_{m+1}$，并重复(2)—(5)各步，直到为 $m = M$ 为止.

我们现在回到方程组(9－3－1)，并设载荷参数 λ 本身是某个变量 s 的一个已知的连续函数，即 $\lambda = \lambda(s)$，同时位移 $\boldsymbol{a}$ 也应是 s 的函数. 将式(9－3－1)对 s 求导，可得

$$\frac{\partial \boldsymbol{P}}{\partial \boldsymbol{a}}\frac{\mathrm{d}\boldsymbol{a}}{\mathrm{d}s} - \frac{\mathrm{d}\lambda}{\mathrm{d}s}\boldsymbol{R} = \boldsymbol{0},$$

即有

$$\frac{\mathrm{d}\boldsymbol{a}}{\mathrm{d}s} = \boldsymbol{K}^{-1}(\boldsymbol{a},s)\boldsymbol{R}\frac{\mathrm{d}\lambda}{\mathrm{d}s},$$
$$\boldsymbol{K}(\boldsymbol{a},s) = \frac{\partial \boldsymbol{P}(\boldsymbol{a},s)}{\partial \boldsymbol{a}} = \frac{\partial \boldsymbol{\psi}(\boldsymbol{a},s)}{\partial \boldsymbol{a}}. \tag{9-3-29}$$

对于微分方程组(9－3－29)，最简单的数值积分方法是 Euler 方法，将 s 的变化范围$[0, \bar{s}]$按

$$0 = s_0 < s_1 < s_2 < \cdots < s_M = \bar{s}$$

分成 M 个小区间，利用向前差分近似

$$\left.\frac{\mathrm{d}\boldsymbol{a}}{\mathrm{d}s}\right|_{s=s_m} = \frac{\boldsymbol{a}_{m+1} - \boldsymbol{a}_m}{\Delta s_m},$$

便有如下的数值积分公式：

$$\boldsymbol{a}_{m+1} = \boldsymbol{a}_m + \boldsymbol{K}^{-1}(\boldsymbol{a}_m, s_m)\boldsymbol{R}\frac{\mathrm{d}\lambda}{\mathrm{d}S}\Delta s_m. \tag{9-3-30}$$

显然，如果取

$$\lambda = s, \quad \frac{\mathrm{d}\lambda}{\mathrm{d}s} = 1,$$

式(9－3－30)变为

$$\Delta\boldsymbol{a}_m = \boldsymbol{K}^{-1}(\boldsymbol{a}_m, \lambda_m)\Delta\lambda_m\boldsymbol{R},$$
$$\boldsymbol{a}_{m+1} = \boldsymbol{a}_m + \Delta\boldsymbol{a}_m. \tag{9-3-31}$$

这就是载荷增量法的最简单算法，它是在每一个增量步内对非线性方程进行线性求解，也称之为 Euler 方法. 如果 $\Delta\lambda_m$ 取得充分小，我们有理由认为由式(9－3－31)得到的解是方程组(9－3－1)的合理近似解. 但是，如图 9－5(a)所表明的，在计算的每一步，都会引起某些偏差，造成对真解的漂移，而且随着求解的步数增多，这种偏差会不断积累，以致最后的解将偏离真解较远. 为此需要对式(9－3－31)的 Euler 算法做一些改进，最简单的改进是在增量步内

做计算时考虑到前一步长造成的偏差(失衡力)，新的算法为

$$\Delta \boldsymbol{a}_m = \boldsymbol{K}^{-1}(\boldsymbol{a}_m,\lambda_m)(\Delta\lambda_m \boldsymbol{R} - \boldsymbol{\psi}_m),$$
$$\boldsymbol{a}_{m+1} = \boldsymbol{a}_m + \Delta \boldsymbol{a}_m, \qquad (9-3-32)$$

上述算法称为自修正的 Euler 法. 一个自由度问题的 Eluler 法和自修正 Euler 法的计算过程分别如图 9-5(a)和(b)所示.

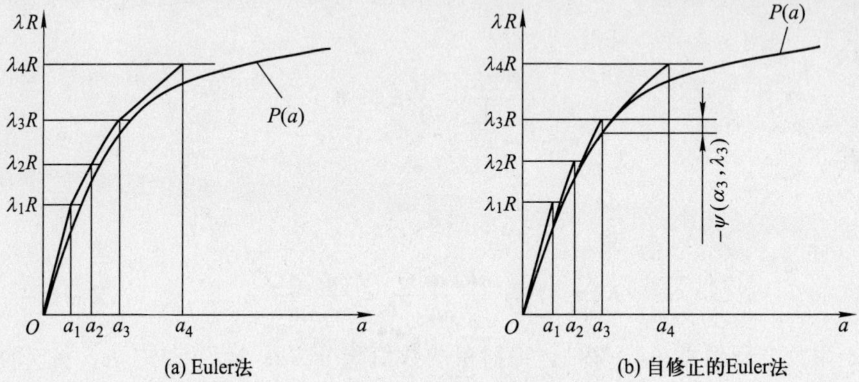

图 9-5 Euler 法和自修正的 Euler 法示意图

在前面使用简化 Newton 法的有限元流程中，如果在各个增量步内平衡迭代仅做一次，那么该流程就是自修正 Euler 算法的流程. 如果不计前一步的失衡力 $\boldsymbol{\psi}(\boldsymbol{a}^n)$，则是 Euler 算法的流程.

在岩石工程的开挖计算中，如果某开挖步解除的应力的等效载荷 $\boldsymbol{R}$ 很大，可能不满足 Newton 型迭代算法的局部收敛性条件，这时需在这个开挖步内引用载荷因子 λ，随 λ 的变化做增量计算，以描述该步开挖中的应力逐渐解除的过程. 当各载荷参数增量 $\Delta\lambda$ 取得足够小时，可最后得到这一步开挖的结果.

§9-4 不稳定材料弹塑性问题的弧长延拓算法

假设 $\boldsymbol{a}^*$ 是非线性方程组

$$\boldsymbol{\psi}(\boldsymbol{a}) = \boldsymbol{0} \qquad (9-4-1)$$

的解，使用迭代法(例如 Newton 法)求解这个方程组要求初始近似 $\boldsymbol{a}^0$ 与解 $\boldsymbol{a}^*$ 充分靠近，以使迭代序列 $\{\boldsymbol{a}^n\}$ 收敛于 $\boldsymbol{a}^*$，这就是说，迭代法是具有局部收敛特性的. 实际计算中要找到满足要求的迭代初始值 $\boldsymbol{a}^0$ 往往很困难，为了解决这个问题，可采用延拓算法(continuation)，即从某个设定的初始值出发求解式(9-4-1)，这时，对初值 $\boldsymbol{a}^0$ 没有严格限制(李庆杨，莫孜中，祁力群，

1987).

延拓算法思想就是在方程(9-4-1)中嵌入一个参数 λ，构造一个新的非线性方程组

$$\boldsymbol{\psi}(\boldsymbol{a},\lambda) = \boldsymbol{0}. \tag{9-4-2}$$

当 λ 为某一特定值(例如 $\lambda=1$)时，这个方程组就是原来的方程组(9-4-1)，而当 $\lambda=0$ 时，得出方程组 $\boldsymbol{\psi}_0(\boldsymbol{a})=\boldsymbol{0}$ 的解为初值 $\boldsymbol{a}^0$. 确切地说，就是构造一系列方程组(对应于 λ 在区间[0，1]不同取值)，代替单个方程组 $\boldsymbol{\psi}(\boldsymbol{a})=\boldsymbol{0}$. 这些方程组的解记为 $\boldsymbol{a}(\lambda)$，而 $\boldsymbol{a}(1)$ 就是原方程组 $\boldsymbol{\psi}(\boldsymbol{a})=\boldsymbol{0}$ 的解，在 §9-3 介绍的载荷增量法中将 λ 的取值区间[0，1]分划为若干子区间，即取值

$$0=\lambda_0<\lambda_1<\cdots<\lambda_m<\lambda_{m+1}<\cdots<\lambda_M=1, \tag{9-4-3}$$

可用某种迭代法在子区间$[\lambda_m,\ \lambda_{m+1}]$内求方程组

$$\boldsymbol{\psi}(\boldsymbol{a},\lambda_{m+1}) = \boldsymbol{0},\quad m=0,1,\cdots,M-1 \tag{9-4-4}$$

的解 $\boldsymbol{a}_{m+1}$，那么由于第 m 个方程组的解 $\boldsymbol{a}_m$ 在前一步已求得，故可用 $\boldsymbol{a}_m$ 作为方程组(9-4-4)的初始近似. 在 $\lambda_{m+1}-\lambda_m$ 足够小情况，可用局部收敛的迭代法得到收敛的解，这就是延拓算法的基本思想.

对于稳定材料可将 λ 视为单调增加和事先指定的参数，即认为式(9-4-3)是成立的，逐步地求解状态变量增量 $\Delta\boldsymbol{a}$. 但是对于不稳定材料，在($\boldsymbol{a}$，λ)处于临界点附近时，可能出现矩阵 $\partial\boldsymbol{\psi}/\partial\boldsymbol{a}$ 奇异和病态的情况，上节的早期的延拓算法(载荷增量法)无法进行下去. 这个问题可以用一个自由度的简单例子来说明. 设求解的方程为一个自由度的非线性方程

$$\psi(a,\lambda) = 0,$$

且已知 a_0，λ_0 满足 $\psi(a_0,\ \lambda_0)=0$，微分上式，得

$$\frac{\partial\psi}{\partial a}\mathrm{d}a + \frac{\partial\psi}{\partial\lambda}\mathrm{d}\lambda = 0.$$

当 $\partial\psi/\partial a\neq 0$ 时(对严格稳定材料总是成立的)，对任何 $\mathrm{d}\lambda$，总是可求得 $\mathrm{d}a$，于是

$$\begin{cases} a_1 = a_0 + \mathrm{d}a, \\ \lambda_1 = \lambda_0 + \mathrm{d}\lambda. \end{cases}$$

将(a_1，λ_1)看做新的初始点(a_0，λ_0)，重复以上过程，就可以达到追踪解曲线的目的. 但当$(\partial\psi/\partial a)\big|_{(a_0,\lambda_0)}=0$ 时上述算法失败.

在岩石塑性力学的边值问题中，如果边界外力做控制变量，其平衡路径曲线上的某个状态($\boldsymbol{a}$，λ)，出现广义力转向点(turning point)，即极值点或临界点，这时结构失稳，并会出现广义位移突跳(岩爆). 另外，如果边界位移做控制变量，可能会产生广义位移转向点，而广义力会发生突跳(地震). 无论

是广义力转向点还是广义位移向点，在这些转向点(也称临界点或极值点)的前后，系统的稳定性发生变化(殷有泉，李平恩，邸元，2014). 通常将这一类问题称为强非线性问题，以区别稳定材料的非线性问题(图 9-6).

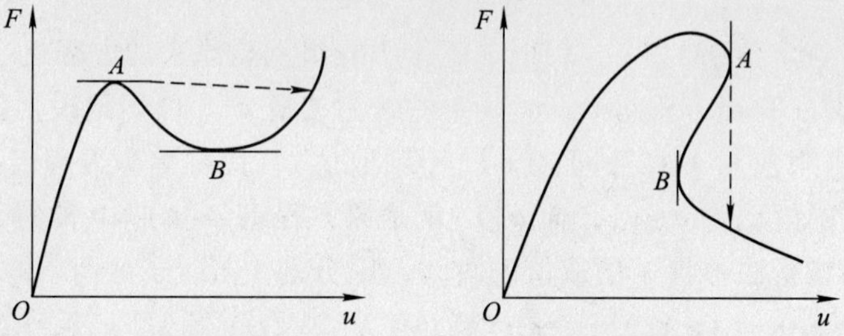

(a) 力转向点 A，B (b) 位移转向点 A，B

图 9-6 力转向点和位移转向点

对于这些强非线性问题，如果遇到了转向点，用早期的延拓算法(载荷增量法、位移增量法)求解将会失效. 为求解这类问题，现在已发展了一种新的延拓算法，它的主要思想不再将载荷参数 λ 看做已知的和单调增加的，而是看做待定的，更确切地说，是把载荷参数 λ 视为与 $\boldsymbol{a}$ 同样的变量，这时方程组

$$\boldsymbol{\psi}(\boldsymbol{a},\lambda) = \boldsymbol{0}, \tag{9-4-5}$$

是含 $3N+1$ 个变量($\boldsymbol{a}$ 和 λ)的 $3N$ 个方程，为此必须引进新的辅助参数 s 和增加一个约束方程 $B(\boldsymbol{\alpha},\ \lambda,\ s)=0$ 才能求解. 于是将原来问题化为求解下述的 $3N+1$ 阶方程组

$$\begin{cases}\boldsymbol{\psi}(\boldsymbol{a},\lambda) = \boldsymbol{0}, \\ B(\boldsymbol{a},\lambda,s) = 0,\end{cases} \tag{9-4-6}$$

式中 s 是一个新的辅助参数，在跟踪平衡曲线时，辅助参数 s 可从零开始逐步增加，随参数 s 的增加逐步求解方程组(9-4-6). 虽然，在转向点处原方程(9-4-5)刚度矩阵 $\partial\boldsymbol{\psi}/\partial\boldsymbol{a}$ 是奇异的，但适当地选择约束方程 $B(\boldsymbol{a},\ \lambda,\ s)=0$，方程组(9-4-6)的 Jacobi 矩阵

$$\boldsymbol{J} = \begin{bmatrix}\dfrac{\partial\boldsymbol{\psi}}{\partial\boldsymbol{a}} & \dfrac{\partial\boldsymbol{\psi}}{\partial\lambda} \\ \dfrac{\partial B}{\partial\boldsymbol{a}} & \dfrac{\partial B}{\partial\lambda}\end{bmatrix} \tag{9-4-7}$$

在转向点处则为非奇异矩阵. 从而用方程组(9-4-6)求解能够顺利越过转向点，追踪解的平衡曲线.

目前在杆系或板壳结构稳定性分析中通常将辅助参数 s 取做为 $3N+1$ 空间一维曲线的弧长(有时称做伪弧长)，一个微段弧长的表达式为

$$ds^2 = (d\boldsymbol{a}^{\mathrm{T}})d\boldsymbol{a} + (d\lambda)^2. \quad (9-4-8)$$

为了讨论弧长的约束方程，我们重新回到(9－4－5). 式中 $\boldsymbol{\psi}$ 是 $3N$ 维矢量，在几何上每一分量都是 $3N+1$ 维空间的一个超曲面，而式(9－4－5)是这些超曲面的交线. 现在构造一个矩阵

$$\boldsymbol{A} = \left[\frac{\partial\boldsymbol{\psi}}{\partial\boldsymbol{a}} \quad \frac{\partial\boldsymbol{\psi}}{\partial\lambda}\right] = \left[\frac{\partial\boldsymbol{\psi}}{\partial a_1} \quad \frac{\partial\boldsymbol{\psi}}{\partial a_2} \quad \cdots \quad \frac{\partial\boldsymbol{\psi}}{\partial a_i} \quad \cdots \quad \frac{\partial\boldsymbol{\psi}}{\partial a_{3N}} \quad \frac{\partial\boldsymbol{\psi}}{\partial\lambda}\right], \quad (9-4-9)$$

它是用 $(3N+1)$ 列 $3N$ 维矢量表示的 $3N\times(3N+1)$ 矩阵. 如果令

$$v_i = (-i)^i \det\left[\frac{\partial\boldsymbol{\psi}}{\partial a_1} \quad \frac{\partial\boldsymbol{\psi}}{\partial a_2} \quad \cdots \quad \widehat{\frac{\partial\boldsymbol{\psi}}{\partial a_i}} \quad \cdots \quad \frac{\partial\boldsymbol{\psi}}{\partial a_{3N}} \quad \frac{\partial\boldsymbol{\psi}}{\partial\lambda}\right], \quad (9-4-10)$$

式中符号“^”表示划去该列，我们可以构造一个新的 $(3N+1)$ 维矢量

$$\boldsymbol{v}(\boldsymbol{a},\lambda) = [v_1 \quad v_2 \quad \cdots \quad v_{3N+1}]^{\mathrm{T}}, \quad (9-4-11)$$

不难证明

$$\left[\frac{\partial\psi_i}{\partial a_1} \quad \cdots \quad \frac{\partial\psi_i}{\partial a_{3N}} \quad \frac{\partial\psi_i}{\partial\lambda}\right][v_1 \quad v_2 \quad \cdots \quad v_{3N+1}]^{\mathrm{T}} = 0, \quad (9-4-12)$$

$$i = 1,2,\cdots,3N.$$

实际上，式(9－4－12)可看做矩阵(9－4－9)下方再加一行 $\left[\frac{\partial\psi_i}{\partial a_1} \quad \cdots \quad \frac{\partial\psi_i}{\partial a_{3N}} \quad \frac{\partial\psi_i}{\partial\lambda}\right]$ 而组成的 $(3N+1)\times(3N+1)$ 矩阵的行列式对最末一行展开后得到的表达式. 由于该行列式中第 i 和第 $3N+1$ 两行相同，所以其值为零.

根据式(9－4－12)可知，矢量 $\boldsymbol{v}(\boldsymbol{a},\lambda)$ 是方程(9－4－5)解曲线 $\begin{bmatrix}\boldsymbol{a}(s)\\ \lambda(s)\end{bmatrix}$ 的切矢量，而矢量

$$\boldsymbol{\tau} = \boldsymbol{v}(\boldsymbol{a},\lambda)/\|\boldsymbol{v}(\boldsymbol{a},\lambda)\| \quad (9-4-13)$$

则是单位切矢量，其中 $\|\boldsymbol{v}\|$ 表示矢量 $\boldsymbol{v}$ 的 Euclid 模(范数). 如果可采用如下形式的弧长约束方程：

$$B(\boldsymbol{a},\lambda,s) = \boldsymbol{\tau}^{\mathrm{T}}(s)\begin{bmatrix}\Delta\boldsymbol{a}(s)\\ \Delta\lambda(s)\end{bmatrix} - \Delta s = 0, \quad (9-4-14)$$

式中 $\Delta\boldsymbol{a} = \boldsymbol{a} - \boldsymbol{a}_m$，$\Delta\lambda = \lambda - \lambda_m$，$\Delta s = s_{m+1} - s_m$.

方程组(9－4－6)的 Jacobi 矩阵为

$$\boldsymbol{J} = \begin{bmatrix}\boldsymbol{A}\\ \boldsymbol{\tau}^{\mathrm{T}}\end{bmatrix} = \begin{bmatrix}\frac{\partial\boldsymbol{\psi}}{\partial\boldsymbol{a}} & \frac{\partial\boldsymbol{\psi}}{\partial\lambda}\\ \multicolumn{2}{c}{\boldsymbol{\tau}^{\mathrm{T}}}\end{bmatrix} = \begin{bmatrix}\frac{\partial\boldsymbol{\psi}}{\partial\boldsymbol{a}} & -\boldsymbol{R}\\ \tau_1\cdots\tau_{3N} & \tau_{3N+1}\end{bmatrix}, \quad (9-4-15)$$

式中
$$\frac{\partial \boldsymbol{\psi}}{\partial \boldsymbol{a}} = \sum \boldsymbol{c}_{\mathrm{e}}^{\mathrm{T}}\left(\int_e \boldsymbol{B}^{\mathrm{T}}\boldsymbol{D}_{\mathrm{ep}}\boldsymbol{B}\mathrm{d}V\right)\boldsymbol{c}_{\mathrm{e}}. \tag{9-4-16}$$
可以证明，矩阵 $\boldsymbol{J}$ 是非奇异的，其逆矩阵存在．实际上，
$$\det \boldsymbol{J} = \det\begin{bmatrix} \dfrac{\partial \boldsymbol{\psi}}{\partial \boldsymbol{a}} & \dfrac{\partial \boldsymbol{\psi}}{\partial \lambda} \\ \boldsymbol{\tau}^{\mathrm{T}} & \end{bmatrix} = \|\boldsymbol{v}\|^{-1}(J_1^2 + J_2^2 + \cdots + J_{3N+1}^2) = \|\boldsymbol{v}\| > 0.$$

由约束方程(9－4－14)，随弧长参数 s 逐步增加，求解方程组(9－4－6)的方法称为弧长延拓算法(arc－length continuation)．在每一个弧长增量步 $\Delta s = s_{m+1} - s_m$ 内用 Newton 型迭代法求解．按§9－3 推导迭代公式(9－2－23)的方法和步骤，不难推导出在弧长步内求解方程(9－4－6)的 Newton 法的标准迭代格式为
$$\begin{bmatrix} \Delta \boldsymbol{a}^0 \\ \Delta\lambda_0 \end{bmatrix} = \begin{bmatrix} \boldsymbol{0} \\ 0 \end{bmatrix}, \tag{9-4-17}$$
$$\begin{bmatrix} \Delta \boldsymbol{a}^{n+1} \\ \Delta\lambda^{n+1} \end{bmatrix} = \begin{bmatrix} \Delta \boldsymbol{a}^{n} \\ \Delta\lambda^{n} \end{bmatrix} - \begin{bmatrix} \dfrac{\partial \boldsymbol{\psi}(\boldsymbol{a}_{m+1}^n, \boldsymbol{\lambda}_{m+1}^n)}{\partial \boldsymbol{a}} & -\boldsymbol{R} \\ \tau_1(\boldsymbol{a}_{m+1}^n, \boldsymbol{\lambda}_{m+1}^n)\cdots\tau_{3N}(\boldsymbol{a}_{m+1}^n, \boldsymbol{\lambda}_{m+1}^n) & \tau_{3N+1}(\boldsymbol{a}_{m+1}^n, \boldsymbol{\lambda}_{m+1}^n) \end{bmatrix}^{-1} \begin{bmatrix} \boldsymbol{\psi}(\Delta \boldsymbol{a}^n, \Delta\lambda^n) \\ B(\Delta \boldsymbol{a}^n, \Delta\lambda^n) \end{bmatrix}. \tag{9-4-18}$$

由于 $\boldsymbol{a}_{m+1} = \boldsymbol{a}_m + \Delta a$，$\lambda_{m+1} = \lambda_m + \Delta\lambda$ 则有公式 $\boldsymbol{a}_{m+1}^{n+1} - \boldsymbol{a}_{m+1}^n = \Delta \boldsymbol{a}^{n+1} - \Delta \boldsymbol{a}^n$，$\boldsymbol{\lambda}_{m+1}^{n+1} - \boldsymbol{\lambda}_{m+1}^n = \Delta\lambda^{n+1} - \Delta\lambda^n$，因而在迭代求解时也可采用全量记号 $\boldsymbol{a}_{m+1}^{n+1}$，$\boldsymbol{\lambda}_{m+1}^{n+1}$．于是，使用全量记号的迭代格式为
$$\begin{bmatrix} \boldsymbol{a}_{m+1}^0 \\ \lambda_{m+1}^0 \end{bmatrix} = \begin{bmatrix} \boldsymbol{a}_m \\ \lambda_m \end{bmatrix}, \tag{9-4-19}$$
$$\begin{bmatrix} \boldsymbol{a}_{m+1}^{n+1} \\ \lambda_{m+1}^{n+1} \end{bmatrix} = \begin{bmatrix} \boldsymbol{a}_{m+1}^{n} \\ \lambda_{m+1}^{n} \end{bmatrix} - \begin{bmatrix} \dfrac{\partial \boldsymbol{\psi}(\boldsymbol{a}_{m+1}^n, \boldsymbol{\lambda}_{m+1}^n)}{\partial \boldsymbol{a}} & -\boldsymbol{R} \\ \tau_1(\boldsymbol{a}_{m+1}^n, \boldsymbol{\lambda}_{m+1}^n)\cdots\tau_{3N}(\boldsymbol{a}_{m+1}^n, \boldsymbol{\lambda}_{m+1}^n) & \tau_{3N+1}(\boldsymbol{a}_{m+1}^n, \boldsymbol{\lambda}_{m+1}^n) \end{bmatrix}^{-1} \begin{bmatrix} \boldsymbol{\psi}(\boldsymbol{a}_{m+1}^n, \boldsymbol{\lambda}_{m+1}^n) \\ B(\boldsymbol{a}_{m+1}^n, \boldsymbol{\lambda}_{m+1}^n) \end{bmatrix}. \tag{9-4-20}$$
在式(9－4－18)和(9－4－20)的右端，$\boldsymbol{\psi}(\Delta \boldsymbol{a}^n, \Delta\lambda^n)$ 和 $\boldsymbol{\psi}(\boldsymbol{a}_{m+1}^n, \boldsymbol{\lambda}_{m+1}^n)$ 是上一迭代步内的失衡力
$$\boldsymbol{\psi}(\Delta \boldsymbol{a}^n, \Delta\lambda^n) = \boldsymbol{\psi}(\boldsymbol{a}_m, \lambda_m) + \sum \boldsymbol{c}_{\mathrm{e}}^{\mathrm{T}}\left(\int_e \boldsymbol{B}^{\mathrm{T}}\Delta\boldsymbol{\sigma}^n \mathrm{d}V\right) - \Delta\lambda^n \boldsymbol{R}, \tag{9-4-21}$$

$$\boldsymbol{\psi}(\boldsymbol{a}_{m+1}^{n},\lambda_{m+1}^{n}) = \sum_{e} \boldsymbol{c}_{e}^{\mathrm{T}}\left(\int \boldsymbol{B}^{\mathrm{T}}\boldsymbol{\sigma}_{m+1}^{n}\mathrm{d}V\right) - \lambda_{m+1}^{n}\boldsymbol{R}. \qquad (9-4-22)$$

而 $B(\Delta\boldsymbol{a}^{n},\ \Delta\lambda^{n})$ 和 $B(\boldsymbol{a}_{m+1}^{n},\ \lambda_{m+1}^{n})$ 是失约(违背约束方程)的弧长,

$$B(\Delta\boldsymbol{a}^{n},\Delta\lambda^{n}) = \boldsymbol{\tau}_{(\boldsymbol{a}_{m}+\Delta\boldsymbol{a}^{n},\lambda_{m}+\Delta\lambda^{n})}^{\mathrm{T}}\begin{bmatrix}\Delta\boldsymbol{a}^{n}\\ \Delta\lambda^{n}\end{bmatrix} - \Delta s, \qquad (9-4-23)$$

$$B(\boldsymbol{a}_{m+1}^{n},\lambda_{m+1}^{n}) = \boldsymbol{\tau}_{(\boldsymbol{a}_{m+1}^{n},\lambda_{m+1}^{n})}^{\mathrm{T}}\begin{bmatrix}\boldsymbol{a}_{m+1}^{n}-\boldsymbol{a}_{m}\\ \lambda_{m+1}^{n}-\lambda_{m}\end{bmatrix} - \Delta s. \qquad (9-4-24)$$

在求解非线性方程(9-4-6)的 Newton 法中，需要对平衡方程和约束方程同时进行迭代修正，当失衡力 $\boldsymbol{\psi}^{n}$ 和失约弧长 B^{n} 同时趋于零时，才能得到既满足平衡条件又满足约束条件的解 $\Delta\boldsymbol{a}^{*}$，$\Delta\lambda^{*}$ 或 $\boldsymbol{a}_{m+1}^{*}$，λ_{m+1}^{*}，即有

$$\begin{bmatrix}\Delta\boldsymbol{a}^{n}\\ \Delta\lambda^{n}\end{bmatrix}\to\begin{bmatrix}\Delta\boldsymbol{a}^{*}\\ \Delta\lambda^{*}\end{bmatrix},\quad \begin{bmatrix}\boldsymbol{a}_{m+1}^{n}\\ \lambda_{m+1}^{n}\end{bmatrix}\to\begin{bmatrix}\boldsymbol{a}_{m+1}^{*}\\ \lambda_{m+1}^{*}\end{bmatrix}.$$

如果在 Newton 迭代公式(9-4-18)或(9-4-20)右端，矩阵 $\boldsymbol{J}^{-1}$ 在 $(\boldsymbol{a}_{m+1}^{0},\ \lambda_{m+1}^{0})$ 即在 $(\boldsymbol{a}_{m},\ \lambda_{m})$ 取值，则得到简化 Newton 法的迭代公式. 为使公式表述得紧凑，引用新的变量

$$\boldsymbol{y} = \begin{bmatrix}\boldsymbol{a}\\ \lambda\end{bmatrix} = [\boldsymbol{a}^{\mathrm{T}}\quad \lambda]^{\mathrm{T}}, \qquad (9-4-25)$$

$$\boldsymbol{J}_{m} = \begin{bmatrix}\left(\dfrac{\partial\boldsymbol{\psi}}{\partial\boldsymbol{a}}\right)_{m} & -\boldsymbol{R}\\ & \boldsymbol{\tau}_{m}^{\mathrm{T}}\end{bmatrix}. \qquad (9-4-26)$$

使用增量符号，简化 Newton 法标准迭代格式为

$$\Delta\boldsymbol{y}^{0} = 0, \qquad (9-4-27)$$

$$\Delta\boldsymbol{y}^{n+1} = \Delta\boldsymbol{y}^{n} - \boldsymbol{J}_{m}^{-1}\begin{bmatrix}\boldsymbol{\psi}_{m}+\boldsymbol{\psi}^{n}\\ \boldsymbol{\tau}^{\mathrm{T}}(\boldsymbol{y}_{m}+\Delta\boldsymbol{y}^{n})\Delta\boldsymbol{y}-\Delta s\end{bmatrix}, \qquad (9-4-28)$$

式中,

$$\boldsymbol{\psi}^{n} = \boldsymbol{\psi}(\Delta\boldsymbol{a}^{n},\Delta\lambda^{n}) = \sum_{e} \boldsymbol{c}_{e}^{\mathrm{T}}\int \boldsymbol{B}^{\mathrm{T}}\Delta\boldsymbol{\sigma}^{n}\mathrm{d}V - \Delta\lambda^{n}R. \qquad (9-4-29)$$

积分中的 $\Delta\boldsymbol{\sigma}^{n}$ 是按本构关系由 $\Delta\boldsymbol{\varepsilon}^{n}$ 计算出的应力增量(由程序完成). 在迭代的每一步，都是按矩阵 $\boldsymbol{J}_{m}^{-1}$ 重新分配失衡力和失约弧长，以使系统逐渐恢复平衡和满足约束条件. 这种迭代格式通常称为失衡力迭代.

此外，简化 Newton 法还可以写成另一种迭代格式. 考虑到

$$\left(\frac{\partial\boldsymbol{\psi}}{\partial\boldsymbol{a}}\right)_{m} = \sum_{e} \boldsymbol{c}_{e}^{\mathrm{T}}\left(\int \boldsymbol{B}^{\mathrm{T}}\boldsymbol{D}_{\mathrm{E}}\boldsymbol{B}\mathrm{d}V\right)\boldsymbol{c}_{e}, \qquad (9-4-30)$$

式中 $\boldsymbol{D}_{\mathrm{E}}$ 是在 $\boldsymbol{y}=\boldsymbol{y}_{m}$ 下每个 Gauss 积分点的弹塑性本构矩阵 $(\boldsymbol{D}_{\mathrm{ep}})_{m}$，在弧长步

内迭代过程中保持不变，具有弹性本构矩阵的特点($\Delta\boldsymbol{\sigma}=\boldsymbol{D}_{\mathrm{E}}\Delta\boldsymbol{\varepsilon}$)，但它又不是材料的弹性矩阵，我们可称它为准弹性矩阵．这时有

$$\Delta\boldsymbol{\sigma}_{\mathrm{E}}^{n}=\boldsymbol{D}_{\mathrm{E}}\Delta\boldsymbol{\varepsilon}^{n}=\boldsymbol{D}_{\mathrm{E}}\boldsymbol{B}\Delta\boldsymbol{a}_{\mathrm{e}}^{n}=\boldsymbol{D}_{\mathrm{E}}\boldsymbol{B}\boldsymbol{c}_{\mathrm{e}}\Delta\boldsymbol{a}^{n},$$

$$\left(\frac{\partial\boldsymbol{\psi}}{\partial\boldsymbol{a}}\right)_{m}\Delta a^{n}=\sum\boldsymbol{c}_{\mathrm{e}}^{\mathrm{T}}\left(\int_{e}\boldsymbol{B}^{\mathrm{T}}\boldsymbol{D}_{\mathrm{E}}\boldsymbol{B}\mathrm{d}V\right)\boldsymbol{c}_{\mathrm{e}}\Delta\boldsymbol{a}^{n}=\boldsymbol{P}(\Delta\boldsymbol{\sigma}_{\mathrm{E}}^{n}),$$

$$\boldsymbol{J}_{m}\Delta\boldsymbol{y}^{n}=\begin{bmatrix}\left(\dfrac{\partial\boldsymbol{\psi}}{\partial\boldsymbol{a}}\right)_{m} & -\boldsymbol{R}\\ \boldsymbol{\tau}_{m}^{\mathrm{T}} & \end{bmatrix}\begin{bmatrix}\Delta\boldsymbol{a}^{n}\\ \Delta\lambda^{n}\end{bmatrix}=\begin{bmatrix}\boldsymbol{P}(\Delta\boldsymbol{\sigma}_{\mathrm{E}}^{n}) & -\boldsymbol{R}\\ & \boldsymbol{\tau}_{m}^{\mathrm{T}}\Delta\boldsymbol{y}^{n}\end{bmatrix},$$

因此

$$\Delta\boldsymbol{y}^{n}=\boldsymbol{J}_{m}^{-1}\begin{bmatrix}\boldsymbol{P}(\Delta\boldsymbol{\sigma}_{\mathrm{E}}^{n}) & -\Delta\lambda^{n}\boldsymbol{R}\\ & \boldsymbol{\tau}_{m}^{\mathrm{T}}\Delta\boldsymbol{y}^{n}\end{bmatrix}. \tag{9-4-31}$$

将式(9－4－31)代入式(9－4－28)，得到新的迭代格式为

$$\Delta\boldsymbol{y}^{0}=0, \tag{9-4-32}$$

$$\Delta\boldsymbol{y}^{n}=\boldsymbol{J}_{m}^{-1}\begin{bmatrix}-\boldsymbol{\psi}_{m}+\boldsymbol{P}(\Delta\boldsymbol{\sigma}_{\mathrm{E}}^{n}-\Delta\boldsymbol{\sigma}^{n})\\ \boldsymbol{\tau}_{y_m}^{\mathrm{T}}\Delta\boldsymbol{y}^{n}-\boldsymbol{\tau}_{y_m+\Delta y^n}^{\mathrm{T}}\Delta\boldsymbol{y}^{n}+\Delta s\end{bmatrix}, \tag{9-4-33}$$

式中

$$\boldsymbol{P}(\Delta\boldsymbol{\sigma}_{\mathrm{E}}^{n}-\Delta\boldsymbol{\sigma}^{n})=\sum\boldsymbol{c}_{\mathrm{e}}^{\mathrm{T}}\int_{e}\boldsymbol{B}^{\mathrm{T}}(\Delta\boldsymbol{\sigma}_{\mathrm{E}}^{n}-\Delta\boldsymbol{\sigma}^{n})\mathrm{d}V, \tag{9-4-34}$$

其中 $\Delta\boldsymbol{\sigma}_{\mathrm{E}}^{n}$ 和 $\Delta\boldsymbol{\sigma}^{n}$ 分别是由 $\Delta\boldsymbol{a}^{n}$ 出发按准弹性关系和按材料的弹塑性本构关系计算出来的应力增量矢量．($\boldsymbol{\sigma}_{\mathrm{E}}-\boldsymbol{\sigma}$)可以看做是一种“初应力”．这样，迭代过程相当于是寻找有限元系统一个合适的“初应力”场的过程，一旦找到了这个“初应力”场，那么按这个“初应力”场与实际载荷求解一个准线性弹性问题，相当于按实际荷载求解非线性问题(指位移解)．按式(9－4－33)求解，称为“初应力”迭代．

在单自由度($3N=1$)和 $\psi_m=0$ 的情况，失衡力迭代和初应力迭代的示意图由图 9－7 给出．

请注意，在弧长步内的各迭代步，矢量 $\boldsymbol{\tau}$ 是需要更新的．在迭代收敛时，$\Delta\boldsymbol{y}^{n}\to\Delta\boldsymbol{y}^{*}$，$\boldsymbol{y}^{n}\to\boldsymbol{y}^{*}$，约束方程有如下形式

$$\boldsymbol{\tau}_{y^*}^{\mathrm{T}}\Delta\boldsymbol{y}^{*}-\Delta s=0. \tag{9-4-35}$$

在几何上，上式表明解增量 $\Delta\boldsymbol{y}^{*}$ 在单位矢量 $\boldsymbol{\tau}_{y^*}$ 上的投影等于弧长增量 Δs.

延拓算法的约束方程可以取多种形式．式(9－4－14)是弧长法，Δs 是 $3N+1$ 维空间中给定的弧长增量．另一种约束方程为 $B=(\Delta\boldsymbol{a}^{\mathrm{T}})\Delta\boldsymbol{a}-\Delta s^{2}=0$，它是 $3N$ 维空间中球面约束的路径控制．还可采用更简单的位移路径平面控制的约束方程：$B=\Delta\boldsymbol{a}_{m-1}^{\mathrm{T}}\Delta\boldsymbol{a}-\Delta s^{2}=0$，式中 $\Delta\boldsymbol{a}_{m-1}^{\mathrm{T}}$ 是前一增量步内位移增量．此

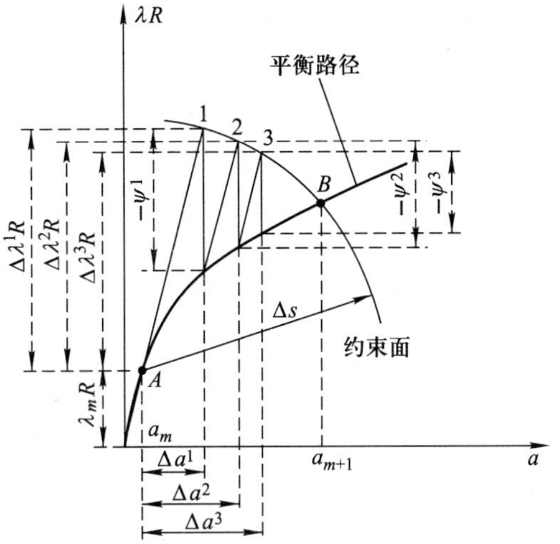

(a) 失衡力迭代，失衡力$(-\psi^n)\to 0$

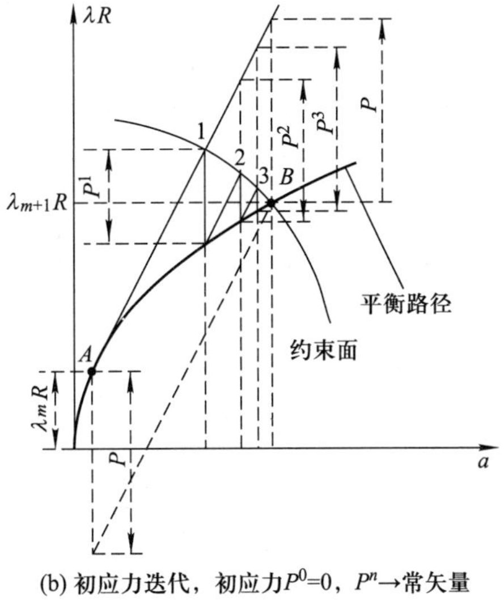

(b) 初应力迭代，初应力$P^0=0$，$P^n\to$常矢量

图 9－7　在弧长步内($\boldsymbol{\psi}_m=0$)，简化 Newton 迭代示意图

外，在用延拓算法计算岩石工程结构时，直接使用结构的某种塑性内变量 ξ 作为辅助参数是可行的，因为塑性内变量是一个不可逆的且单调增加的物理量.

在所有的约束方程中，仅有弧长约束方程(9－4－14)在数学上被严格的证明了，加上约束条件后 $3N+1$ 的系统的 Jacobi 矩阵是非奇异的，因而采用弧长延拓方法可以通过原问题的临界点. 其他类型的约束方程，还未见到相应的严格证明，因而使用它们时要谨慎一些.

弧长延拓算法实质上是沿解曲线以弧长形式重新表述问题. 在增量求解中不需要设定载荷参数 λ 增加，而实际上载荷参数 λ 可能是下降的，而仅要求不断增加弧长参数 s，这自然是跟踪解曲线的一种最有效方法.

§9-5 岩石力学问题平衡稳定性的特征值准则

在§8-3已经讨论过增量边值问题的平衡稳定性问题. 考虑一个含间断面的弹塑性物体的平衡状态，在区域 $V-\Gamma$ 内位移、应变、应力的速率分别记为 $\dot{\boldsymbol{u}}^*(x)$，$\dot{\boldsymbol{\varepsilon}}^*(x)$，$\dot{\boldsymbol{\sigma}}^*(x)$，在间断面内位移间断和应力的速率分别记为 $\langle\dot{\boldsymbol{u}}\rangle^*$ 和 $\dot{\overline{\boldsymbol{\sigma}}}^*$. 为考察它的稳定性，在这个状态上施加任意一个很小的且不违背几何约束的虚速率场 $\delta\dot{\boldsymbol{u}}$ 作为扰动场，总有泛函(或称二阶功)

$$W = \int_{V-\Gamma}\delta\dot{\boldsymbol{\varepsilon}}^{\mathrm{T}}\delta\dot{\boldsymbol{\sigma}}\mathrm{d}V + \int_{\Gamma}\delta\langle\dot{\boldsymbol{u}}\rangle^{\mathrm{T}}\delta\dot{\overline{\boldsymbol{\sigma}}}\mathrm{d}\Gamma \qquad (9-5-1)$$

大于零，则含间断面的弹塑性物体的平衡是稳定的. 稳定性条件的逆命题是，只要存在某一个速度场，使泛函 W 小于零，则物体的平衡是不稳定的. 这样，平衡稳定性的充要条件是泛函 W 为正定，不稳定的充要条件是泛函 W 不正定.

经过有限元离散之后，在区域 $V-\Gamma$ 内单元应变速率变分 $\delta\dot{\boldsymbol{\varepsilon}}=\boldsymbol{B}\delta\dot{\boldsymbol{a}}_{\mathrm{e}}=\boldsymbol{B}\boldsymbol{c}_{\mathrm{e}}\delta\dot{\boldsymbol{a}}$，单元应力率变分 $\delta\dot{\boldsymbol{\sigma}}=\boldsymbol{D}_{\mathrm{ep}}\delta\dot{\boldsymbol{\varepsilon}}$. 在间断面 Γ 上，$\delta\langle\dot{\boldsymbol{u}}\rangle=\overline{\boldsymbol{B}}\delta\dot{\boldsymbol{a}}_{\mathrm{e}}=\overline{\boldsymbol{B}}\boldsymbol{c}_{\mathrm{e}}\delta\dot{\boldsymbol{a}}$，$\delta\dot{\overline{\boldsymbol{\sigma}}}=\overline{\boldsymbol{D}}_{\mathrm{ep}}\delta\langle\dot{\boldsymbol{u}}\rangle$，则泛函 W 转化为二次型

$$W = \delta\dot{\boldsymbol{a}}^{\mathrm{T}}\boldsymbol{K}_{\mathrm{T}}\delta\dot{\boldsymbol{a}}, \qquad (9-5-2)$$

式中 $\dot{\boldsymbol{a}}$ 是有限元系统的节点速度矢量，它是 $3N$ 维矢量；$\boldsymbol{K}_{\mathrm{T}}$ 是系统的切线刚度矩阵，

$$\boldsymbol{K}_{\mathrm{T}} = \sum\boldsymbol{c}_{\mathrm{e}}^{\mathrm{T}}\left(\int_{e}\boldsymbol{B}^{\mathrm{T}}\boldsymbol{D}_{\mathrm{ep}}\boldsymbol{B}\mathrm{d}V\right)\boldsymbol{c}_{\mathrm{e}} + \sum\boldsymbol{c}_{\mathrm{e}}^{\mathrm{T}}\left(\int_{\Gamma_{\mathrm{e}}}\overline{\boldsymbol{B}}^{\mathrm{T}}\overline{\boldsymbol{D}}_{\mathrm{ep}}\overline{\boldsymbol{B}}\mathrm{d}V\right)\boldsymbol{c}_{\mathrm{e}}, \qquad (9-5-3)$$

矩阵 $\boldsymbol{K}_{\mathrm{T}}$ 是 $3N\times3N$ 的矩阵. 因此，有限元系统平衡稳定性的充分条件是，对施加任意一个很小的，不违背几何约束条件的节点速率矢量场 $\delta\dot{\boldsymbol{a}}$，总有二次型 $W=\delta\dot{\boldsymbol{a}}^{\mathrm{T}}\boldsymbol{K}_{\mathrm{T}}\delta\dot{\boldsymbol{a}}>0$. 系统稳定性的逆命题是，只要存在一个节点速率矢量场 $\delta\dot{\boldsymbol{a}}$，使二次型 $W<0$，则系统的平衡是不稳定的. 这样，有限元系统平衡稳定性的充要条件是系统的切线刚度矩阵 $\boldsymbol{K}_{\mathrm{T}}$ 为正定，系统不稳定平衡的充要条件是 $\boldsymbol{K}_{\mathrm{T}}$ 不正定. 讨论二次型(9-5-2)或矩阵 $\boldsymbol{K}_{\mathrm{T}}$ 的正定性比讨论泛函(9-5-1)的正定性要简单得多.

我们还可以直接针对有限元系统来讨论它的平衡稳定性.

考虑与参数化载荷有关的一个率无关有限元系统的平衡状态 $\boldsymbol{a}^*$，将系统在扰动后的失衡力函数在 $\boldsymbol{a}^*$ 处 Taylor 展开，即

$$\boldsymbol{\psi}(\boldsymbol{a}^* + \delta\boldsymbol{a}) = \psi(\boldsymbol{a}^*) + \frac{\partial\boldsymbol{\psi}(\boldsymbol{a}^*)}{\partial\boldsymbol{a}}\delta\boldsymbol{a} + \text{高阶项}, \qquad (9-5-4)$$

式中 $\delta\boldsymbol{a}$ 是对平衡状态解答 $\boldsymbol{a}^*$ 的扰动．因为 $\boldsymbol{a}^*$ 是平衡解答，所以上式右端第一项为零，而第二项 $\delta\boldsymbol{a}$ 前面的矩阵是前面定义的失衡力矢量 $\boldsymbol{\psi}$ 的 Jacobi 矩阵，也称之为系统的切线刚度矩阵，并记为 $\boldsymbol{K}_{\mathrm{T}}$，即

$$\frac{\partial\boldsymbol{\psi}(\boldsymbol{a}^*)}{\partial\boldsymbol{a}} = \boldsymbol{K}_{\mathrm{T}}(\boldsymbol{a}^*). \qquad (9-5-5)$$

我们注意到质量矩阵不包括在 Jacobi 矩阵中，如果将惯性力增加到系统中，因质量矩阵 $\boldsymbol{M}$ 不随位移而变化，则对于平衡状态的小扰动，我们可以写出运动方程

$$\boldsymbol{M}\frac{\mathrm{d}^2\delta\boldsymbol{a}}{\mathrm{d}t^2} + \boldsymbol{K}_T\delta\boldsymbol{a} = \boldsymbol{0}. \qquad (9-5-6)$$

上式是关于 $\delta\boldsymbol{a}$ 的一组线性常微分方程，由于这类线性常微分方程的解为指数形式，因此我们假设扰动解的形式为

$$\delta\boldsymbol{a} = \boldsymbol{y}\mathrm{e}^{vt}, \qquad (9-5-7)$$

将上式代入式(9－5－6)中，得到

$$(\boldsymbol{K}_{\mathrm{T}} + v^2\boldsymbol{M})\boldsymbol{y}\mathrm{e}^{vt} = \boldsymbol{0}, \qquad (9-5-8)$$

其中质量矩阵 $\boldsymbol{M}$ 是正定的，令

$$\mu = -v^2, \quad v = \sqrt{-\mu}, \qquad (9-5-9)$$

则式(9－5－8)可以转化为矩阵 $\boldsymbol{K}_{\mathrm{T}}$ 的一个广义特征值问题，即

$$\boldsymbol{K}_{\mathrm{T}}\boldsymbol{y} = \mu\boldsymbol{M}\boldsymbol{y}. \qquad (9-5-10)$$

如果岩石类材料(包括间断面)是关联塑性的或是耦合塑性的(它们分别有正交法则和广义正交法则)，材料的本构矩阵 $\boldsymbol{D}_{\mathrm{ep}}$ 是对称的，因而系统的切线刚度矩阵 $\boldsymbol{K}_{\mathrm{T}}$ 也是对称的．并容易求得 $\boldsymbol{K}_{\mathrm{T}}$ 的 $3N$ 个实特征值 μ_i($i=1, 2, \cdots, 3N$)和相应的特征矢量 $\boldsymbol{y}_i$．如果所有的特征值都为正，那么矩阵 $\boldsymbol{K}_{\mathrm{T}}$ 是正定的，由式(9－5－9)可知，所有的 v_i 为纯虚数，扰动解 $\delta\boldsymbol{a}$(见式(9－5－7))是具有常数幅值的调和函数，它们不随时间增长，因此平衡状态 $\boldsymbol{a}^*$ 是稳定的．如果矩阵 $\boldsymbol{K}_{\mathrm{T}}$ 不正定，至少有一个特征值为负，这时 $v_1>0$，扰动解 $\delta\boldsymbol{a}$ 含有正指数函数，它将随时间不断增长，这时平衡状态 $\boldsymbol{a}^*$ 是不稳定的．这样我们再次证明了，有限元系统平衡状态 $\boldsymbol{a}^*$ 稳定性 与其切线刚度矩阵 $\boldsymbol{K}_{\mathrm{T}}(\boldsymbol{a}^*)$ 的正定性是等价的．

这种实对称矩阵 $\boldsymbol{K}_{\mathrm{T}}$ 有 $3N$ 个实特征值．如果将 $3N$ 个特征值按由小到大顺序排列

$$\mu_1 \leqslant \mu_2 \leqslant \mu_3 \cdots \leqslant \mu_{3N}, \qquad (9-5-11)$$

那么，如果最小特征值 μ_1 为正，则所有特征值均为正，矩阵 $\boldsymbol{K}_{\mathrm{T}}$ 为正定．如果最小特征值 μ_1 为负，则矩阵不正定．于是，完全可用系统切线刚度矩阵 $\boldsymbol{K}_{\mathrm{T}}$ 最小特征值 μ_1 的正负来检查系统平衡状态的稳定性．

如果岩石材料采用非关联模型，材料的本构矩阵 $\boldsymbol{D}_{ep}$ 不是对称的，系统的切线刚度矩阵 $\boldsymbol{K}_T$ 也不是对称的，这时矩阵 $\boldsymbol{K}_T$ 通常有 $3N$ 个复特征值 μ_i，因而 v_i 是复数，如果对于所有的 i，实部$(v_i)\leqslant 0$，扰动解 $\delta\boldsymbol{a}$ 将不随时间增加，则平衡状态 $\boldsymbol{a}^*$ 是稳定的；如果至少对于某个 i，实部$(v_i)>0$，则扰动解随时间不断增加，平衡状态 $\boldsymbol{a}^*$ 是不稳定的. 对于复特征值情况，检查稳定性需要求出全部的 $3N$ 个特征值，通常 $3N$ 是个很大的数，求 $3N$ 个特征值实际上难以做到，于是我们不得不采用一种迂回的方法. 设 $\boldsymbol{K}_T^S$ 代表实矩阵的对称部分，

$$\boldsymbol{K}_T^S = \frac{1}{2}[\boldsymbol{K}_T + (\boldsymbol{K}_T)^T], \tag{9-5-12}$$

注意在上式中 $\boldsymbol{K}_T$ 的下标 T 表示切线矩阵，而上标 T 表示矩阵的转置. 由于对任意一组矢量 $\delta\boldsymbol{a}$，总有

$$\delta\boldsymbol{a}^T\boldsymbol{K}_T\delta\boldsymbol{a} = \delta\boldsymbol{a}^T\boldsymbol{K}_T^S\delta\boldsymbol{a}. \tag{9-5-13}$$

即矩阵 $\boldsymbol{K}_T$ 和 $\boldsymbol{K}_T^S$ 的正定性是完全一致的，我们可通过讨论对称矩阵 $\boldsymbol{K}_T^S$ 的正定性来考察不对称矩阵 $\boldsymbol{K}_T$ 的正定性. 由于矩阵 $\boldsymbol{K}_T^S$ 是实对称的，它的正定性可由其最小特征值的符号来判断，如果最小特征值 $\mu_1>0$，则其他特征值 $\mu_i\geqslant\mu_1>0$，则矩阵 $\boldsymbol{K}_T^S$ 是正定的，从而切线矩阵 $\boldsymbol{K}_T$ 是正定的. 如果 $\boldsymbol{K}_T^S$ 的最小特征值 $\mu_1<0$，其对应的特征矢量 δa_1 使二次型为负，则矩阵 $\boldsymbol{K}_T^S$ 是不正定的. 根据式(9-5-13)切线矩阵 $\boldsymbol{K}_T$ 的二次型也为负，因而它也是不正定的，矩阵 $\boldsymbol{K}_T$ 的不正定性表明系统的平衡状态 $\boldsymbol{a}^*$ 是不稳定的.

设 $\boldsymbol{\psi}(\boldsymbol{a},\lambda)$ 在平衡点 $(\boldsymbol{a}^*(\lambda),\lambda)$ 上的 Jacobi 矩阵为

$$\boldsymbol{J}(\lambda) = \frac{\partial\boldsymbol{\psi}(\boldsymbol{a}^*(\lambda),\lambda)}{\partial\boldsymbol{a}} = \boldsymbol{K}_T(\boldsymbol{a}^*,\lambda).$$

如果将 $\boldsymbol{J}$(或它的对称部分)的最小特征值记为 μ_1，那么当 $\mu_1>0$ 时平衡点处于稳定状态，而当 $\mu_1<0$ 时，平衡点处于不稳定状态. 由于 $\mu_1(\lambda)$ 随参数 λ 连续变化，那么当系统从稳定状态过渡到不稳定状态过程中，必须存在临界参数 λ_{cr} 使得 $\mu_1(\lambda_{cr})=0$. 于是，系统在相应的平衡点 $(\boldsymbol{a}^*(\lambda_{cr}),\lambda_{cr})$ 上处于临界状态，这种特殊的点 $(\boldsymbol{a}^*(\lambda_{cr}),\lambda_{cr})$ 称为解曲线上的奇异点，非奇异点称为正则点. 在解曲线上奇异点的两侧，系统的稳定性态往往发生质的变化，这种奇异点或是转向点或是分岔点. 目前在岩石力学与岩石工程问题中主要涉及转向点，也就是它们主要是极值点型失稳.

根据上面的讨论，可以给出有限元系统平衡稳定性的判别准则：系统切线刚度矩阵 $\boldsymbol{K}_T$(或它的对称部分 $\boldsymbol{K}_T^S$)的最小特征值记为 μ_1，则有

$$\mu_1\begin{cases} >0, & \text{系统平衡是稳定的,} \\ =0, & \text{系统处于临界状态,} \\ <0, & \text{系统平衡是不稳定的.} \end{cases} \tag{9-5-14}$$

这个准则叫做稳定性的特征值准则. 这个准则使用起来非常方便. 在 $\mu_1 < 0$ 时，μ_1 所对应的特征矢量 $\boldsymbol{y}_1$ 就是失稳时的模态.

在国内早期的岩石力学与岩石工程稳定性问题研究中，曾用载荷增量步内的真实位移增量 d$\boldsymbol{a}$ 按式(9－5－1)计算 W 值，以判断系统的稳定性(当时称为能量准则)，这种做法在理论上是有缺陷的. 用 d$\boldsymbol{a}$ 计算的 W 大于零时，系统未必是稳定的，因为 d$\boldsymbol{a}$ 并不代表所有可能的虚位移. 同时，用 d$\boldsymbol{a}$ 计算的 W 小于零时，系统虽然是不稳定的，但它可能不是最早出现的不稳定状态，也许在前面的载荷增量步系统已经失稳，只是没有鉴别出来而已(由于失稳模态不是 d$\boldsymbol{a}$，而是其他)，这时得到的不是真实失稳临界载荷.

最小特征值为正是系统稳定的充要条件，最小特征值为负是系统不稳定的充要条件. 使用特征值准则判断系统的稳定性，直接从结构的内在性质出发，而不纠缠在扰动的特性上，使用起来十分方便和明确. 因而在以后的岩石力学与岩石工程稳定性分析中，都应采用这个准则.

下面讨论一下如何用代数方法求实对称矩阵 $\boldsymbol{K}_{\mathrm{T}}$(或 $\boldsymbol{K}_{\mathrm{T}}^{\mathrm{S}}$)求最小特征值 μ_1 的问题. 首先，采用移位技术将 $\boldsymbol{K}_{\mathrm{T}}$ 移位到一位正定的对称矩阵 $\overline{\boldsymbol{K}}_{\mathrm{T}}$，

$$\overline{\boldsymbol{K}}_{\mathrm{T}} = \boldsymbol{K}_{\mathrm{T}} + \eta \boldsymbol{M}, \tag{9-5-15}$$

式中 $\boldsymbol{M}$ 是 $3N \times 3N$ 的正定矩阵，η 为移位量. 其次考虑移位后正定对称矩阵 $\overline{\boldsymbol{K}}_{\mathrm{T}}$ 的特征值问题

$$\overline{\boldsymbol{K}}_{\mathrm{T}} \bar{\boldsymbol{y}} = \bar{\mu} \boldsymbol{M} \bar{\boldsymbol{y}}. \tag{9-5-16}$$

对正定矩阵 $\overline{\boldsymbol{K}}_{\mathrm{T}}$ 有很多方法和程序求其特征值，例如，用简单的矢量反迭代法程序可求得最小特征值 $\bar{u}_1$. 为了确定原矩阵 $\boldsymbol{K}_{\mathrm{T}}$ 的最小特征值 μ_1，可进一步研究问题(9－5－10)的特征值和特征矢量与问题(9－5－16)的特征值和特征矢量之间的关系，于是将式(9－5－16)改写为如下形式：

$$\boldsymbol{K}_{\mathrm{T}} \bar{\boldsymbol{y}} = \gamma \boldsymbol{M} \bar{\boldsymbol{y}}, \tag{9-5-17}$$

其中 $\gamma = \bar{u} - \eta$. 事实上，特征值问题(9－5－17)就是特征值问题(9－5－10)，由于特征值问题的解是唯一的，故可得

$$\mu_i = \gamma_i = \bar{u}_i - \eta, \quad y_i = \bar{y}_i. \tag{9-5-18}$$

换句话说，问题(9－5－16)的特征矢量和问题(9－5－10)的特征矢量相同，但特征值增加了一个数值 η. 最后，通过反移位，得到实对称矩阵 $\boldsymbol{K}_{\mathrm{T}}$ 的最小特征值

$$\mu_1 = \bar{u}_1 - \eta. \tag{9-5-19}$$

对不同的实际问题或载荷增量步，应该选择不同的移位量 η. 根据 Gershgorin 定理的推论：若记 $H = \max\limits_{i} \sum\limits_{j=1}^{3N} |k_{ij}|$，则实对称矩阵 $\boldsymbol{K} = [k_{ij}]$ 的所

有特征值μ_i($i=1, 2, \cdots, 3N$)落在区间$[-H, H]$之内. 这样，对实对称矩阵$\boldsymbol{K}$使用移位技术时，可取满足下式的移位量：

$$\eta \geqslant H. \tag{9-5-20}$$

§9-6 广义力、广义位移及平衡路径曲线

在研究岩石力学与岩石工程稳定性的简单问题(殷有泉，2011)时，采用了平衡路径的方法. 对于一般的较为复杂的问题，只要外载的变化可用单参数λ表示，用延拓算法得到的$3N$维矢量的解曲线$\boldsymbol{a}(\lambda)$在几何上就是平衡路径曲线.

由于复杂工程问题的解曲线$\boldsymbol{a}(\lambda)$是$3N$维矢量，这时平衡路径难以用几何作图方法直观表述. 现在可使用广义力和广义位移的概念. 作用在岩石结构上的载荷，不管是集中力、分布力，还是力矩都可看做是广义力，所有这些力的变化都用单一参数λ表示. 同时在能量共轭的意义下，可以用广义力来定义广义位移，也就是说在形式上将虚功表达式中广义力以外的部分定义为广义位移的变分(殷有泉，励争，邓成光，2006). 以对一个承受均布内压q的厚壁筒的研究为例，如图9-8所示，加以说明.

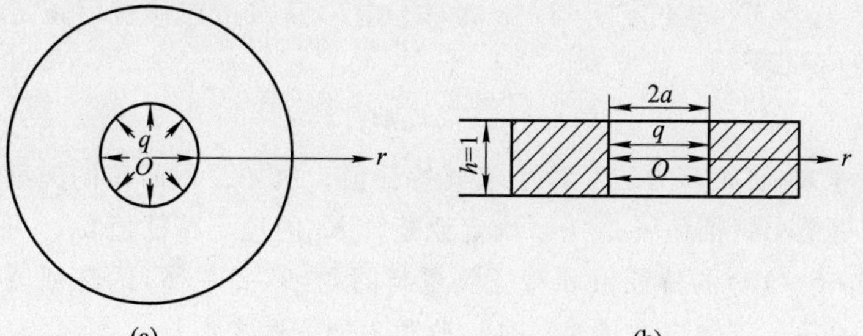

图9-8 受均布内压的厚壁筒

在轴向取单位厚度$h=1$，我们可将在内壁上均布内压q的总体定义为广义力，同时用q代表分布力的集度(单位面积上的力)，其量纲为$\mathrm{L^{-1}MT^{-2}}$或单位为MPa，广义力所做虚功为

$$\delta W = h\int_0^{2\pi} q\delta u a \mathrm{d}\theta,$$

其中a为内壁半径，u为内壁位移，由于q与变量θ无关，可提到积分号之前，则广义位移的变分δU为

$$\delta U = h\int_0^{2\pi} \delta u a \mathrm{d}\theta = \delta(2\pi a h u),$$

这样广义位移 $U=2\pi ahu$，实际上它是在变形过程中内壁扫过的体积，其量纲为 L^3 或单位是 m^3．对厚壁筒问题，以广义力 $F=q$ 为纵坐标，以广义位移 U 为横坐标做出的平面曲线 $F=F(U)$，也可以看做是一种平衡路径曲线，在曲线上每一点对应于一个平衡状态，各点的切线斜率可以看做是厚壁筒切线刚度的一种度量．这种用广义力和广义位移构成的平衡路径曲线，在讨论有限元系统的平衡状态稳定性时，经常会用到．

假设厚壁筒材料是各向同性强化－软化的，采用 D－P－Y(球顶型)屈服准则(见 §3－3)．这个准则含有 3 个参数 α，k 和 σ_T．这里假设 α 是常数，k 和 σ_T 是内变量 κ 的负指数函数．由于缺少更多的实验资料，假设 k 和 σ_T 是同步强化－软化的，即取 $\sigma_T(\kappa)=nk(\kappa)$，其中 n 是一个无量纲常数，塑性内变量 κ 取塑性体应变 θ^p，这时有

$$k(\theta^p) = k_0\left(e^{-\left(\frac{\theta^p-\theta_0^p}{\xi}\right)^2} + m\right). \tag{9-6-1}$$

如图 9－9(a)所示，m 是残余流动剪切强度系数；当内变量取 θ_0^p 值时，k 取峰值 $k_0(1+m)$．ξ 是一个正的无量纲参数，称为形状参数，不同的 ξ 值，曲线有不同的形状，有不同的坡度．由 $k''=0$ 求出曲线拐点的横坐标，将其代入 k' 的表达式，得到曲线拐点的斜率，它是曲线的最大斜率(按绝对值)，即软化速率的最大值．曲线上各关键点的资料列于表 9－1 之中．如果取 $\theta_0^p>0$，则材料是先强化后软化的；如果取 $\theta_0^p\leqslant 0$，则材料没有强化阶段，仅是软化的．在结构稳定性分析中，通常取 $\theta_0^p=0$；这时初始屈服应力就是峰值屈服应力，初始塑性切线模量 $k'=0$，拐点坐标为 $\left(\frac{\xi}{\sqrt{2}}, \frac{1}{\sqrt{e}}\right)$，拐点处塑性切线模量为 $-\frac{\sqrt{2}}{\sqrt{e}\xi}$，如图 9－9(b)所示．

表 9－1　图 9－9(a)所示曲线上关键点的资料

	θ^p	k/k_0	k'/k_0
初始屈服点	0	$e^{-\left(\frac{\theta_0^p}{\xi}\right)^2}+m$	$\frac{2\theta_0^p}{\xi^2}e^{-\left(\frac{\theta_0^p}{\xi}\right)^2}$
峰值点	θ_0^p	$1+m$	0
拐点	$\theta_0^p+\frac{\xi}{\sqrt{2}}$	$\frac{1}{\sqrt{e}}+m$	$-\frac{\sqrt{2}}{\sqrt{e}\xi}$

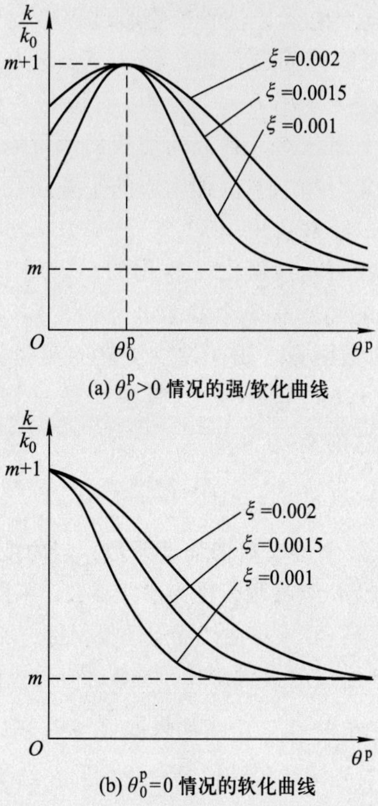

图 9－9 负指数型强化－软化曲线

由于厚壁筒的几何形状和边界条件具有对称性，有限元计算可取其 1/4 作为计算区域，如图 9－10 所示．计算时取厚壁筒内径 $a=1\text{m}$，外径 $b=2\text{m}$，共

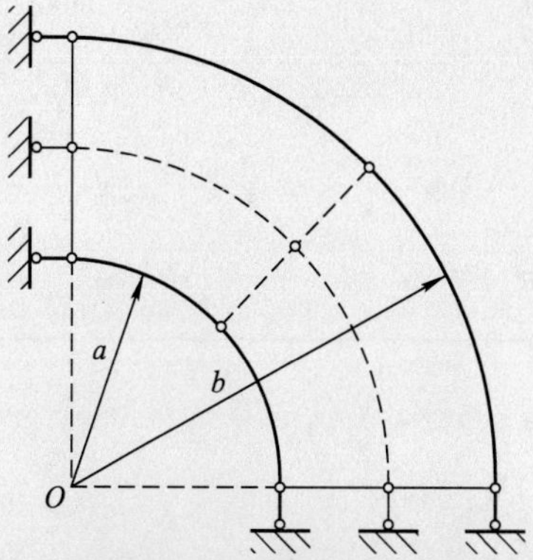

图 9－10 有限元网格

离散为 4 个单元，12 个位移自由度.

材料参数具体取值列于表 9 - 2.

表 9 - 2　材料参数

Young 模量 $E=0.3\text{GPa}$
Poisson 比 $\nu=0.27$
峰值对应的塑性体应变 $\theta_0^p=0$
剪切屈服应力系数 $k_0=30\text{kPa}$
残余流动屈服应力系数 $m=0.1$
抗拉强度系数 $n=0.5$
形状参数 $\xi=1\times10^{-3}$，1.5×10^{-3}，2.0×10^{-3}

工程上最常见的厚壁筒是承受均布内压载荷，在这种简单载荷情况下，可直接取内压集度 q 作为载荷参数 λ. 第一个增量步取弹性变形阶段的最大载荷. 从第二个增量步开始，使用弧长算法，指定各步微弧长增量，而载荷参数增量 $\Delta\lambda$ 为待定的. 在求得各步的数值解后，可计算广义力增量 ΔF，$\Delta\lambda$ 以及广义位移增量 $\Delta U=2\pi a\Delta u$. 广义力就是内压集度 q，广义位移就是筒内壁扫过的容积，从而作出平衡路径 $F-U$ 曲线，如图 9 - 11 所示.

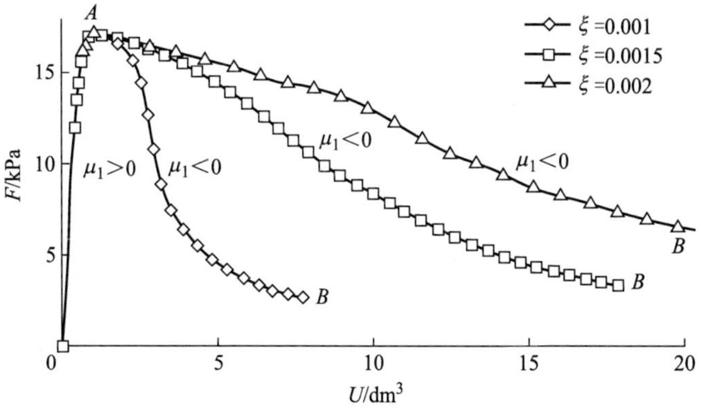

图 9 - 11　厚壁筒平衡路径曲线

由于广义力 F 和广义位移 U 在能量上是共轭的，$F-U$ 曲线上的切线斜率 $\mathrm{d}F/\mathrm{d}U$ 可看做是厚壁筒切线刚度 K_T. 根据稳定性理论，切线刚度为正的状态是稳定的平衡状态，切线刚度为负的状态是不稳定的平衡状态，切线刚度为零的状态是临界状态. 曲线上处于临界状态的点，称为临界点，其坐标记为

(U_{cr}，F_{cr})．这样，由临界点 A 将整个平衡路径分为两支，OA 分支为稳定分支，AB 分支为不稳定分支．以上结论还可用厚壁筒有限元系统的切线刚度矩阵 $\boldsymbol{K}_T$ 的正定性来验证，在 OA 分支 $\boldsymbol{K}_T$ 最小特征值 μ_1 为正，在 AB 分支 μ_1 为负．

当广义力达到临界广义力 F_{cr}时发生失稳．因为临界点的广义力是极值，这种失稳称为极值点型失稳．本节的厚壁筒计算的临界值结果列于表 9－3 中．

表 9－3 厚壁筒的临界力和临界位移

ξ	F_{cr}/kPa	p_{cr}/kPa	U_{cr}/dm^3	$u(a)_{cr}$/mm
1.0×10^{-3}	17.05	17.05	0.89	0.14
1.5×10^{-3}	17.05	17.05	0.98	0.16
2.0×10^{-3}	17.06	17.06	1.11	0.18

本书在后面第 10，11 两章岩石塑性力学的应用中仅考虑由于材料软化引起的不稳定性问题，更深入的研究还可讨论由于耦合性质(损伤劣化)引起的不稳定性．

§9－7 讨论

1. 理论分析、实验分析和数值分析是当前力学分析的三个主要部分．数值分析成为现代连续介质力学的不可或缺的内容．边值问题的有限元表述和求解是岩石塑性力学学科的重要组成部分．

由于同时给出了连续体和间断面的本构关系，我们在有限元表述中可以对连续体单元和间断面单元进行统一处理．这样，简化了程序结构和减少了程序量．引入边界位移单元，在形式上可以把位移边界条件和力边界条件统一处理，使用单一的载荷参数 λ 研究各种岩石工程和岩石力学中的稳定性问题．

2. 过去在稳定的弹塑性材料的边值问题中，使用的求解方法是载荷增量法，它是一种古典的延拓算法．这种算法的实施条件是载荷增量(或载荷参数增量)始终是已知的．

在稳定性分析中，在临界载荷 R_{cr}(或 λ_{cr})附近，方程组的 Jacobi 矩阵是奇异或病态的．这时需要引用现代的弧长延拓算法，在临界点附近求解，使解的曲线顺利通过临界点．同时，在通过临界点后，解的平衡状态可以是不稳定平衡状态，在扰动下(比如舍入误差)解是发散的．由于弧长延拓算法约束方程限制了解的大小，使得在不稳定分支上也能得到有限大小的解．用弧长延拓算法可以得到包含稳定分支和不稳定分支的全部解的平衡曲线．

弧长延拓算法广泛应用于结构力学(细杆和板壳结构)的稳定性分析，对大变形引起的稳定性研究起到过重要作用(武际可和苏先樾，1994). 殷有泉和他的合作者将弧长延拓算法用于小变形、材料强非线性的岩石塑性力学分析，计算坝基抗滑稳定性和地震不稳定性，取得了一定成果(殷有泉，2011).

另外还有一些弧长算法，例如在 Zienkiewicz 和 Taylor 书中(中译本，2006)介绍的 Crisfield 方法. 在建立关于 $\Delta\lambda$ 的二次代数方程时，方程系数的计算使用了刚度矩阵的逆(K_T^{-1}). 这是一个致命的弱点，在临界点附近，矩阵 K_T 是病态或奇异的，用其逆计算出的方程系数在数值上是不可靠的. 因而使用 Crisfield 方法难以越过临界点跟踪解曲线. 看来，这种方法仅适用于从左侧逼近临界点.

Risk(1979)在弧长步内采用约束方程是

$$B(\boldsymbol{a},\lambda,s) = \Delta\boldsymbol{a}^{\mathrm{T}}\Delta\boldsymbol{a} + (\Delta\lambda)^2 - \Delta s = 0,$$

这时方程组(9-4-6)的 Jacobi 矩阵是

$$\boldsymbol{J} = \begin{bmatrix} \dfrac{\partial\boldsymbol{\psi}}{\partial\boldsymbol{a}} & -\boldsymbol{R} \\ 2\Delta\boldsymbol{a}^{\mathrm{T}} & 2\Delta\lambda \end{bmatrix}. \tag{9-7-1}$$

显然，它不总是正则的. 在使用 Newton 迭代算法时，迭代初值通常是取 $\Delta\boldsymbol{a}^0=0$，$\Delta\lambda=0$，相应的 $\boldsymbol{J}$ 是奇异的.

本书介绍了武际可和苏先樾给出的约束方程(9-4-14)，相应的弧长算法是可通过临界点跟踪解曲线的有效方法.

3. 在§9-3 末尾论述了 Newton 迭代的第一次近似解，它是 Euler 方法或自修正 Euler 方法的解. 这个结论对弧长算法也成立.

由于迭代初值 $\Delta\boldsymbol{a}^0$，$\Delta\lambda^0=0$，则失衡力 $\boldsymbol{\psi}(\boldsymbol{0},0)=\boldsymbol{\psi}(\boldsymbol{a}_m,\lambda_m)$，失约弧长 $B(0,0)=-\Delta s$. Jacobi 矩阵的逆 $\boldsymbol{J}^{-1}$ 可用 $\boldsymbol{J}$ 的伴随矩阵 $\boldsymbol{J}^*$ 除以 $\det\boldsymbol{J}$ 表示($\det\boldsymbol{J}=\|\boldsymbol{\nu}\|$)，即有

$$\boldsymbol{J}^{-1} = \boldsymbol{J}^*/\|\boldsymbol{\nu}\|.$$

按定义，伴随矩阵 $\boldsymbol{J}^*$ 的第 $3N+1$ 列恰是 v_i，它们除以 $\|\boldsymbol{\nu}\|$ 后为 $\boldsymbol{\tau}_i$. 因此可将矩阵 J^{-1} 分为两个子块写出

$$\boldsymbol{J}^{-1} = \begin{bmatrix} \dfrac{1}{\|\boldsymbol{\nu}\|}\tilde{\boldsymbol{J}}^* & \boldsymbol{\tau} \end{bmatrix}, \tag{9-7-2}$$

式中第一块是 $3N+1$ 行 $3N$ 列的矩阵，第二块是 $3N+1$ 阶，以 $\boldsymbol{\tau}_i$ 为元素的列阵. 于是，迭代的第一次近似解

$$\begin{bmatrix} \Delta\boldsymbol{a}^1 \\ \Delta\lambda_1 \end{bmatrix} = \begin{bmatrix} \Delta\boldsymbol{a}^0 \\ \Delta\lambda^0 \end{bmatrix} - \begin{bmatrix} \dfrac{1}{\|\boldsymbol{\nu}\|}\tilde{\boldsymbol{J}}^* & \boldsymbol{\tau} \end{bmatrix} \begin{bmatrix} \boldsymbol{\psi}(\boldsymbol{a}_m,\lambda_m) \\ -\Delta s \end{bmatrix}$$

$$= -\frac{1}{\|\boldsymbol{\nu}\|}\tilde{\boldsymbol{J}}^*\boldsymbol{\psi}(\boldsymbol{a}_m,\lambda_m) + \boldsymbol{\tau}\Delta s. \tag{9-7-3}$$

如果上一弧长步失衡力 $\boldsymbol{\psi}(\boldsymbol{a}_m, \lambda_m)=\mathbf{0}$，$\Delta\boldsymbol{a}^1$ 和 $\Delta\lambda^1$ 是 Euler 预报的解；如果失衡力 $\boldsymbol{\psi}(\boldsymbol{a}_m, \lambda_m)\neq\mathbf{0}$，则为自修正 Euler 预报的解.

4. 在 §9－4 讨论了弧长步内简化 Newton 迭代的标准格式. 在这里介绍简化 Newton 法的两种实用格式.

武际可(1994)的实用格式由两步组成：

(1) Euler 预报

$$\boldsymbol{y}^{\mathrm{E}}=\boldsymbol{y}_m+\boldsymbol{\tau}_m(s_{m+1}-s_m)\ 或\ \Delta\boldsymbol{y}^{\mathrm{E}}=\boldsymbol{\tau}_m\Delta s. \tag{9-7-4}$$

(2) 简化 Newton 法迭代修正：

$$\Delta\boldsymbol{y}^0=\Delta\boldsymbol{y}^{\mathrm{E}},$$

$$\Delta\boldsymbol{y}^{n+1}=\Delta\boldsymbol{y}^n+\boldsymbol{J}_m^{-1}\begin{bmatrix}-\boldsymbol{\psi}(\boldsymbol{y}_m+\Delta\boldsymbol{y}^n)\\0\end{bmatrix}. \tag{9-7-5}$$

右端失约弧长项取为 0，这表明有

$$\boldsymbol{\tau}_m^{\mathrm{T}}\Delta\boldsymbol{y}^{\mathrm{E}}=\boldsymbol{\tau}_m^{\mathrm{T}}\Delta\boldsymbol{y}^n=\boldsymbol{\tau}_m^{\mathrm{T}}\Delta\boldsymbol{y}^{n+1}=\boldsymbol{\tau}_m^{\mathrm{T}}\Delta\boldsymbol{y}^*=\Delta s,$$

式中 $\Delta\boldsymbol{y}^*$ 是弧长步内的收敛解.

姚再兴(2008)的实用格式是初应力迭代，将两步合在一起完成

$$\Delta\boldsymbol{y}^{n+1}=\boldsymbol{J}_m^{-1}\begin{bmatrix}\Delta\boldsymbol{P}^n\\\Delta s\end{bmatrix}, \tag{9-7-6}$$

$$\Delta\boldsymbol{P}^n=\sum\boldsymbol{c}_e^{\mathrm{T}}\int_e\boldsymbol{B}^{\mathrm{T}}(\Delta\boldsymbol{\sigma}_{\mathrm{E}}^n-\Delta\boldsymbol{\sigma}^n)\,\mathrm{d}A. \tag{9-7-7}$$

式中 $\Delta\boldsymbol{\sigma}^n$ 和 $\Delta\boldsymbol{\sigma}_{\mathrm{E}}^n$ 分别是按材料的本构关系（$\Delta\boldsymbol{\sigma}=\int\boldsymbol{D}_{\mathrm{ep}}\mathrm{d}\boldsymbol{\varepsilon}$）和按准弹性关系（$\Delta\boldsymbol{\sigma}=\boldsymbol{D}_{\mathrm{E}}\Delta\boldsymbol{\varepsilon}=(\boldsymbol{D}_{\mathrm{ep}})_m\Delta\boldsymbol{\varepsilon}$）计算出的应力增量. 姚再兴在文中称 $\Delta\boldsymbol{P}^n$ 为准塑性应力节点力矢量，在以往的有限元文献中 $\Delta\boldsymbol{P}^n$ 为初应力节点力矢量. 初值取 $\Delta\boldsymbol{y}^0=0$ 时，$\Delta\boldsymbol{P}^n=0$，得到的第一次近似解就是 Eular 预报解 $\Delta\boldsymbol{y}^1=\Delta\boldsymbol{y}^{\mathrm{E}}$. 在迭代公式右端失约弧长项取为 Δs，则有

$$\boldsymbol{\tau}_m^{\mathrm{T}}\Delta\boldsymbol{y}^1=\boldsymbol{\tau}_m^{\mathrm{T}}\Delta\boldsymbol{y}^n=\boldsymbol{\tau}_m^{\mathrm{T}}\Delta\boldsymbol{y}^{n+1}=\boldsymbol{\tau}_m^{\mathrm{T}}\Delta\boldsymbol{y}^*=\Delta s.$$

姚再兴的格式和武际可的格式堪为异曲同工. 这两种实用格式和标准格式相比，只是在弧长步内的各迭代步，矢量 $\boldsymbol{\tau}$ 不做更新，始终用 $\boldsymbol{\tau}_m$ 替代 $\boldsymbol{\tau}(\boldsymbol{y}_m+\Delta\boldsymbol{y}^n)$. 如果 Δs 是一个小量，这种做法是略去了高阶小量，从而简化了程序，极大地节省了计算时间. 实际上，这两种实用格式相当于采用更简单的约束方程

$$B(\boldsymbol{y},s)=\boldsymbol{\tau}_m^{\mathrm{T}}\Delta\boldsymbol{y}-\Delta s=0 \tag{9-7-8}$$

替代方程(9－4－14)，因而实用格式的收敛性也是有保证的.

5. 前一章从 Hill 理论出发，讨论了岩石结构二阶功泛函的正定性与结构的稳定性等价，在有限元离散后导出了最小特征值准则. 实际上还可更简单地讨论有限元系统的稳定性. 对于任意的虚节点位移 $\delta\boldsymbol{a}$ 和与之对应的虚节点力

矢量 $\delta\boldsymbol{P}$，如果总满足条件

$$\delta\boldsymbol{P}^{\mathrm{T}}\delta\boldsymbol{a} \geqslant 0,$$

则系统是稳定的．相反的，如果至少存在一个虚节点位移 $\delta\boldsymbol{a}$，有

$$\delta\boldsymbol{P}^{\mathrm{T}}\delta\boldsymbol{a} < 0,$$

则系统是不稳定的．因为联系 $\delta\boldsymbol{a}$ 和 $\delta\boldsymbol{P}$ 有如下关系：

$$\boldsymbol{K}_{\mathrm{T}}\delta\boldsymbol{a} = \delta\boldsymbol{P},$$

因此有限元的稳定性与其切线刚度矩阵 $\boldsymbol{K}_{\mathrm{T}}$ 的正定性是一致的．

6. 在多自由度问题中，引用结构的广义位移和广义力，可在平面内画出用广义力和广义位移表示的平衡路径曲线，从曲线的走势可直观地确定临界点的位置，区别路径的稳定分支和不稳定分支．然而，更可靠更基本的方法需从特征值准则来判断各状态是稳定的还是不稳定的．因为有时，位移转向点是临界点而应力转向点不是临界点，平衡曲线的斜率不具有结构刚度的性质．

第三部分

岩石类材料塑性力学在岩石工程中的应用

第 10 章　边坡稳定性及失衡分析和失稳分析

迄今为止，岩体滑坡主要采用两种分析方法，即刚体极限平衡方法和折减强度有限元方法．这些方法讨论的是边坡的平衡和失衡问题，将边坡开始滑动的状态称为极限平衡状态．现在，在岩石塑性力学的理论框架内讨论边坡所处平衡状态的稳定性问题，把边坡滑动的机理看做是平衡稳定性的丧失．失稳和失衡在力学上是两个不同的概念，边坡丧失稳定性的临界状态通常发生在达到极限平衡状态之前，用稳定性理论和方法讨论滑坡，扩大了边坡研究的范围，具有重要理论意义和实用价值．

§10－1　极限平衡方法

由于自然条件的变化或工程活动，斜坡上的岩体沿坡内一定的软弱带(或面)作整体地向前向下移动的现象称为滑坡．滑坡是在重力作用下因外形的改变、水的活动、地震、人工采空等使坡体剪切应力大于滑带岩土的剪切强度，使滑带岩土的结构破坏或性质改变而产生的．边坡滑动的一般理解是：刚性的滑动体沿滑面滑移．如果引入抗滑力(即强度、阻力)与滑动力(即载荷在滑面内的分量)之比 R/S，那么，比值大于 1 是平衡状态；比值等于 1 为极限平衡状态；比值小于 1 是不平衡产生滑动．

最简单滑坡是单个块体的平面滑动，如图 10－1 所示．张裂缝和弱面规定了滑移体的范围和尺度．设滑移体的重力为 W，弱面倾角和面积分别为 α 和 A，黏聚力和摩擦系数分别为 c 和 μ，则抗滑力 $R=cA+\mu(W\cos\alpha)$，滑动力为 $S=W\sin\alpha$．于是 $S\leqslant R$ 属于平衡状态，其中 $S=R$ 称为极限平衡状态，而 $S>R$

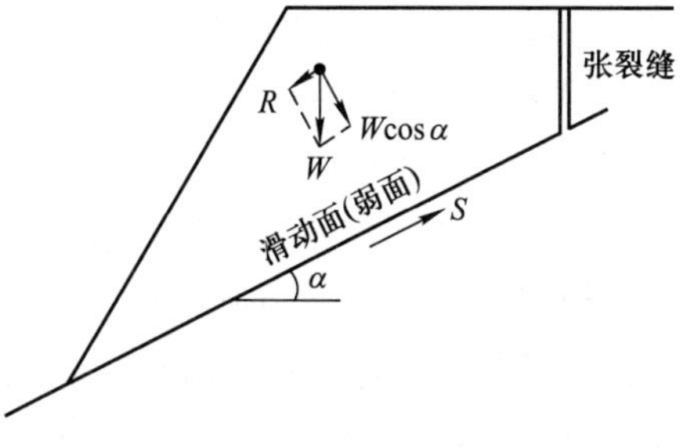

图 10－1　单块体的平面滑动

失衡而发生加速滑动(极限平衡属于静止或匀速滑动).

将上述研究滑坡思想，推广到更复杂的情况，如双块体和多块体的滑动，一般地称为 Sarma 方法. 这些多块体滑动都可在虚功原理的基础上推导出十分简便的计算公式. 陈祖煜等人(2005)还将这些方法纳入理想刚塑性体极限分析上限定理的框架. 所有的这些方法统称为刚体极限平衡法.

几乎所有的滑坡问题，在进行传统的极限平衡分析的同时，也开展了有限元方法研究. 最初，使用弹性有限元分析得到的应力场，通过某种等效折合得到弱面上的应力分布，并与弱面抗剪强度相比较而确定边坡是否安全. 后来，采用非线性有限元分析，将弱面或岩体看做理想弹塑性材料，并采用某种安全判据，对边坡进行研究. 对弹性 - 理性塑性材料而言，$\mathrm{d}\boldsymbol{\sigma}^{\mathrm{T}}\mathrm{d}\boldsymbol{\varepsilon}\geqslant 0$ ，二阶功非负，结构总是稳定的，只涉及平衡和失衡问题.

无论是传统的极限平衡方法还是有限元方法都是与结构设计的传统原则相一致的. 结构设计的原则是结构抗力 R 应该不小于结构的载荷效应 S，否则结构丧失平衡而失效. 这也是强度设计的思想. 这里并没有涉及力学意义下的结构稳定性问题. 尽管如此，边坡设计的工程师还是将边坡失衡滑动称为边坡稳定性问题.

§10 - 2　强度折减法

用极限平衡概念对边坡进行稳定性分析实质上是分析边坡的安全裕度，也就是对通常所指的安全系数进行分析研究. 对于岩土边坡安全系数或安全裕度的理解，按着结构物可能的失衡破坏的原因，存在着两种不同的概念. 第一种概念认为，将边坡的载荷乘以参数 λ，并将 λ 逐渐增加，进行极限平衡法或有限元分析，在边坡强度破坏或失衡破坏时的 λ 值称为边坡的超载系数，并记为 λ_{L}，把边坡的超载系数作为边坡的安全系数. 这种分析方法称为超载法. 第二种概念认为，由于边坡内材料的不均匀性和岩石类材料的尺度效应或其他多方面原因，边坡材料和弱面的抗剪强度可能较低，达不到通常要求的标准强度. 可以定义边坡在正常的真实载荷作用下，遭遇强度破坏或失衡破坏时材料强度为极限强度，将边坡材料的标准强度与极限强度之比称为强度储备系数，这时将强度储备系数作为边坡的安全系数，对标准强度乘以折减参数 ζ_i 得到材料强度的计算采用值，再按载荷增量法对边坡作理想弹塑性有限元分析，根据失衡准则，确定失衡时临界参数 ζ_{L}，其大小就是强度储备系数. 这种确定边坡安全裕度的方法叫强度折减法.

对于上述的超载法和强度折减法的两种边坡安全系数，近年来国内外许多学者做了大量研究，比较倾向于使用强度折减法. 因为边坡承受的载荷相对比较固定，不应有太大的变化，而材料的强度参数具有较大的不确定性和分散性，边坡稳定性计算采用强度折减法较为适宜. Griffiths(1999)提供了几个强度折减有限元边坡分析实例与传统计算成果对比验证，发现无论是安全系数还是滑动面均十分吻合. 这一成果受到国内学术界广泛重视，近期出现了大批相关的研究报告. 这些报告都不同程度地确认了强度折减方法可以给出与超载法一致或相近的安全评估.

§10 - 3　边坡失衡的判据

在折减强度指标的有限元计算过程，边坡失衡的判据是至关重要的，采用何种准则作为安全判据，许多学者也都提出了不同的见解，有不少争议. 目前主要有三种看法：

(1) 以有限元数值计算不收敛作为边坡失衡的标志.

(2) 以塑性区从坡脚到坡顶贯通作为边坡破坏的标志.

(3) 以边坡某个部位的位移发生加速变化(突变)作为评判依据.

做为边坡失衡破坏的判据，上述三种看法都是有道理的，它们之间也并非互相排斥. 有限元数值计算不收敛，就是有限元系统达不到平衡. 但这时要注意，使用 Newton 型迭代方法，它有局部收敛特性，步长选大了，即选代初值与解较远，迭代是不会收敛的. 因此需要注意步长的选取和不同算法的特点. 由于通常将岩石材料看做是理想塑性，塑性区贯穿意味着载荷不能再增大，因而达到一种极限平衡状态. 但要考虑已贯通的塑性区周围的约束情况，不是所有的贯通塑性区都能产生边坡滑动. 某些部位位移突变表示在该增量步系统某部自由体在失衡力作用下的加速滑动. 上述三种判断都有一定的道理，在复杂的边坡计算中，应该联合使用，互相印证. 以上讨论都是建立在边坡的极限平衡概念的基础上的(即失衡导致滑坡).

§10 - 4　强度折减法的有限元分析

用有限元和强度折减方法分析边坡稳定性最杰出的工作是 Griffths 和 Lane (1999)，在国内郑颖人的团队(2002)和陈祖煜的团队(2005)做了大量的工作. 这种方法是当前国内边坡稳定(实际是失衡)分析的主流.

有限元分析采用理想弹塑性模型，标准强度曲线如图 10 - 2 所示. 强度的标准值 c，μ，σ_T 不能直接取自强度值(峰值)或残余强度值，应由实验数据拟合而得. 例如，长庆砂岩强度值 $c_p = 41.18\text{MPa}$，残余强度 $c_r = 3.80$ (参见表 3 - 1)，最小二乘拟合后的标准值 $c = 19.14\text{MPa}$.

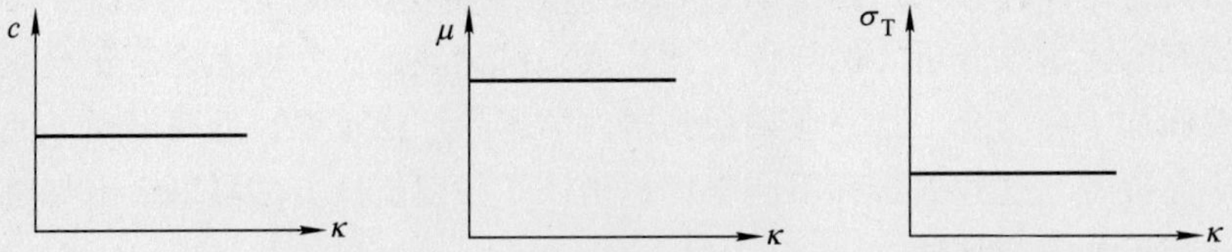

图 10－2 理想塑性材料标准强度曲线

强度折减法有限元分析的一种可行的计算流程是：

(1) 设定 D－P－Y 准则的标准强度参数：α，k，σ_T；设置强度折减因子序列$\{\zeta_i\}$，$\zeta_i<\zeta_{i+1}$，首项 $\zeta_1=1$.

(2) 从 $i=1$ 开始，做强度参数折减：$\dfrac{\alpha}{\zeta_i}\to\alpha,\dfrac{k}{\zeta_i}\to k,\dfrac{\sigma_T}{\zeta_i}\to\sigma_T$ 等.

(3) 采用弹－理想塑性模型，采用载荷增量法做计算. 第一个载荷因子增量按弹性条件确定，从第二个增量 $\Delta\lambda_2$ 开始，采用小步长(满足局部性的收敛条件)$\Delta\boldsymbol{\lambda}_2$，$\Delta\boldsymbol{\lambda}_3$，…，$\Delta\boldsymbol{\lambda}_m$，$\Delta\boldsymbol{\lambda}_{m+1}$，….

(4) 从 $m=2$ 开始，采用 Newton 法或简化 Newton 法做失衡力迭代，如果得到收敛解，则 $m+1\to m$ 转到(3)；否则转到(5).

(5) 如果 $\lambda_{m+1}<1$，$i+1\to i$，转至(2)，否则转至(6).

(6) $\zeta_i\to K_L$(极限平衡的边坡强度储备系数)，输出 K_L，绘出塑性区.

(7) 结束.

在流程第(3)步和第(4)步，使用 Newton 型方法做失衡力迭代时，步长 $\Delta\lambda_m$ 是已知的. 在临近极限状态时，$\Delta\boldsymbol{\lambda}_m$ 应取的足够小.

王宇，田浩和余宏明(2010)用强度折减法研究了韩城煤矿边坡的稳定性. 忽略表层碎石土的影响，不考虑岩体结构面，边坡出露地层为①石灰岩，②弱风化千枚岩，因此假设边坡由弹性和弹塑性两种材料组成. 边坡计算范围见图 10－3(其中 $H=9.5$m). 弹塑性材料(岩层①)强度标准参数($\zeta=1$)取值为 $c=0.6$MPa，$\varphi=30°$；不同折减系数下的参数值见表 10－1.

表 10－1 不同折减系数下的参考值

类型	弹性模量 /GPa	泊松比 ν	重度 /(kN·m^{-3})	黏聚力 c/MPa	内摩擦角 φ/(°)
岩层① $\zeta=1.2$	28.7	0.27	24	0.5	27.506
岩层① $\zeta=1.4$	28.7	0.27	24	0.428	24.051
岩层① $\zeta=1.6$	28.7	0.27	24	0.375	21.305
岩层① $\zeta=1.8$	28.7	0.27	24	0.333	19.137

续表

类型	弹性模量 /GPa	泊松比 ν	重度 /(kN·m^{-3})	黏聚力 c/MPa	内摩擦角 φ/(°)
岩层①$\zeta=2.0$	28.7	0.27	24	0.300	17.348
岩层①$\zeta=2.1$	28.7	0.27	24	0.273	15.855
岩层①$\zeta=2.4$	28.7	0.27	24	0.250	14.574
岩层②	17.2	0.25	26	/	/

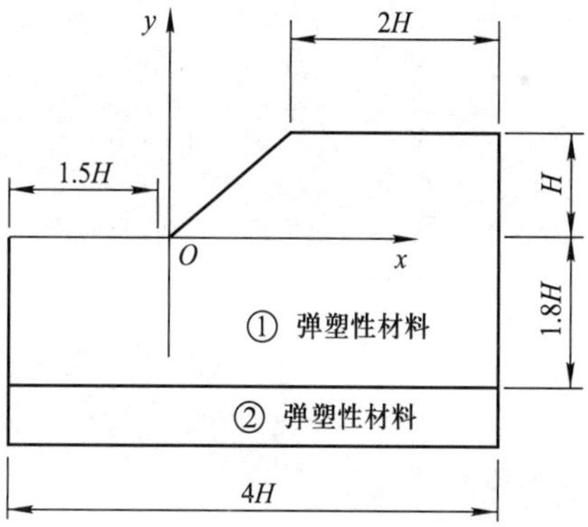

图 10－3　边坡模型尺寸

按照平面应变问题建立模型，采用四节点单元，有限元网格如图 10－4 所示. 边界约束为(1)左右边界为法向约束；(2)下部边界为全约束；(3)上部边界为自由面.

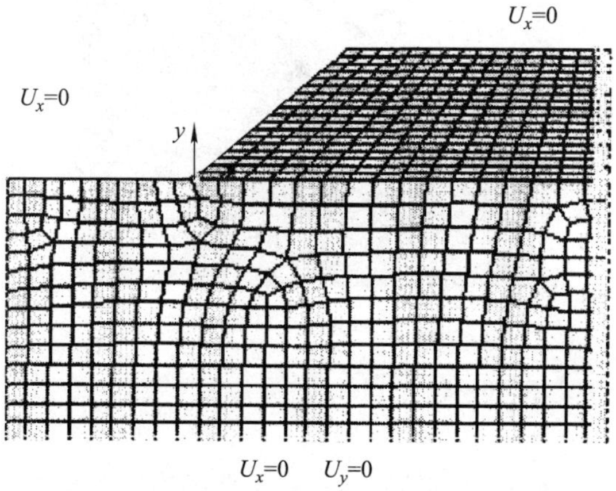

图 10－4　有限元剖分

逐步增大折减系数ζ，ζ从1.0到2.1渐变，代入有限元程序ANSYS进行数值计算. 在$\zeta=1.0$时边坡变形很小，未发生塑性变形，边坡有较高的安全储备，处于稳定状态. 当折减系数增大到$\zeta=1.4$时，水平位移逐渐增大，塑性变形不断发展. 当$\zeta=2.1$时，边坡水平位移急剧变化，计算已不收敛，塑性区加速发展，从坡脚到坡顶贯通，这时边坡失衡破坏了(见图10-5).

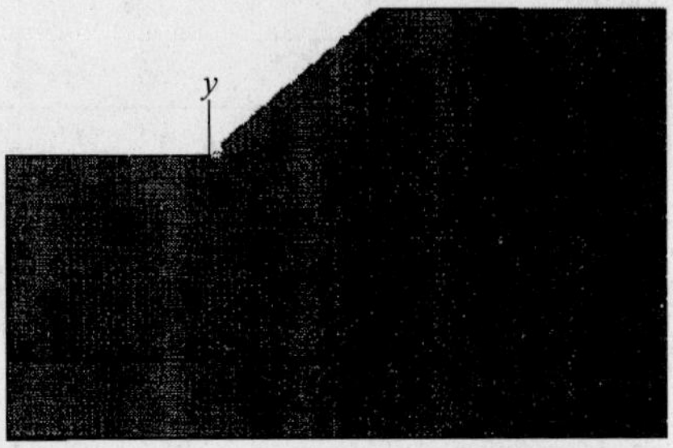

(a) ζ=1边坡模型塑性应变云图

(b) ζ=1.4边坡模型塑性应变云图

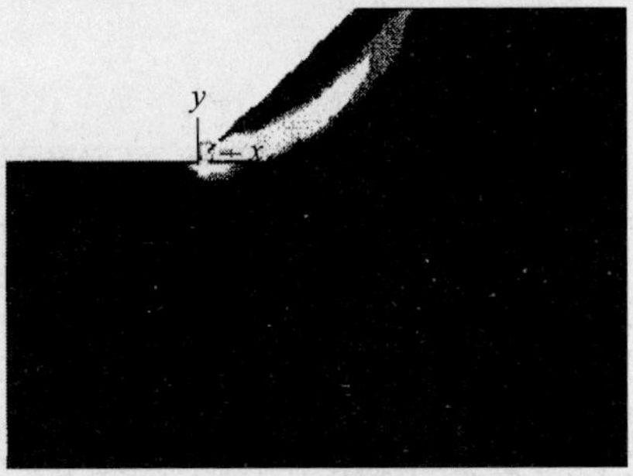

(c) ζ=2.1边坡模型塑性应变云图

图10-5 不同折减系数的塑性应变云图

为了更加准确地得到边坡的安全系数，继续内插折减系数，从而确定边坡塑性区贯通(计算不收敛)的最小折减系数为$\zeta_L=2.05$. 于是边坡强度储备系数(安全系数) $K_L = 2.05$.

如果采用弧长法，将 $\Delta\lambda$ 也作为变量，则可更准确地确定极限平衡状态和相应的参数 ζ_L，K_L 和 λ_L 的值(方建瑞等，2006).

§10-5　边坡的不稳定平衡(在扰动下失稳)

边坡是由地质材料构成的，属于岩石类材料. 这类材料的全过程曲线在峰值后具有不稳定特性，因而边坡变形可能处于力学意义的不稳定状态. 在按传统的边坡设计原则中，$R \geqslant S$ 边坡都是处于平衡状态. 但在这些平衡状态中可能存在某些不稳定的平衡状态，即在外界扰动下，它可以突然失稳，不再保持原来的构形而发生滑动. 显然，这种失稳引起的滑坡可能先于极限平衡状态或失衡时的滑动. 因此，使用力学意义上平衡稳定性方法研究滑坡是有重要的理论意义和实用价值的.

殷有泉和范建立(1990)曾提出一种刚体元方法来研究块状岩体的稳定性. 他们采用了具有软化或不稳定特征的节理元模拟岩块之间的弱面，计算块间的不稳定滑动，试图将工程上刚体极限平衡方法与力学意义上的稳定性概念结合起来. 姚再兴(2009)用弧长延拓方法研究了土石混合体边坡的稳定性问题.

当前在岩石塑性力学理论框架内，由全过程曲线资料可得到随内变量 κ 变化的 c，φ 值或 α，k 值，给出了岩石材料和间断面(弱面)的本构方程. 进而，使用弧长延拓算法计算出所有的平衡状态(包括不稳定的平衡状态)的解答. 从 Hill 理论导出了判断系统稳定性的失稳准则，最先的失稳状态称为临界状态，相应的载荷是稳定性的临界载荷. 现在已经完全具备了用稳定性理论方法研究边坡稳定性的所有的技术条件.

如果我们把岩体看做弹塑性物体，并假设这个弹塑性物体的总势能(包括耗散能)存在，那么用传统的边坡分析方法研究边坡平衡与否，相当于讨论总势能的一阶变分(一阶变分为零是平衡条件)；而稳定性研究相当于讨论总势能的二阶变分，二阶变分的正负是平衡解是否稳定的条件. 传统的边坡研究是考查边坡的平衡和失衡，并未涉及力学意义下的稳定性概念. 用稳定性理论和方法研究边坡，可以触及某些边坡失稳破坏的本质(特别是那些具有突发性的雪崩式的边坡滑动)，使边坡分析从理论到实践都迈上了一个新的台阶.

§10-6　全应力-应变曲线的简化模型

川本眺万和石啄与志雄(1981)用三段直线代替材料的全应力-应变曲线.

这三段直线分别代表弹性阶段、软化阶段和流动阶段. 这种模型通常称为三线性模型或川本模型. 川本模型既保留了全过程曲线的主要特征(如峰值强度、残余强度、弹性模量、峰后软化区的切线模量等),在形式上又十分简单,因而它在理论分析和有限元等数值分析中得到广泛应用. 这个模型主要缺点是不能考虑初始屈服应力以及峰前塑性阶段(强化塑性阶段),而将峰值屈服应力当做初始屈服应力. 不过,这些在岩石边坡稳定性分析中,并不特别重要. 如果一定要考虑峰前塑性阶段,则可采用四线性模型,如某些水电工程计算那样.

三轴压缩试验和劈裂试验可分别给出偏应力$(\sigma_1-\sigma_3)$和拉应力σ_T的全过程曲线. 如果在横轴ε_1上,扣除弹性应变部分ε_1^e,改写成塑性应变ε_1^p,由这些全应力-应变曲线就会得到偏应力和拉应力的强度曲线. 在川本模型下,全过程曲线是三线性的,强度曲线是双线性的. 因此,两个剪切强度参数(黏聚力c和内摩擦系数μ)和一个拉伸的强度参数(拉伸强度σ_T)都应是塑性内变量κ的双线性函数,如图10-6所示.

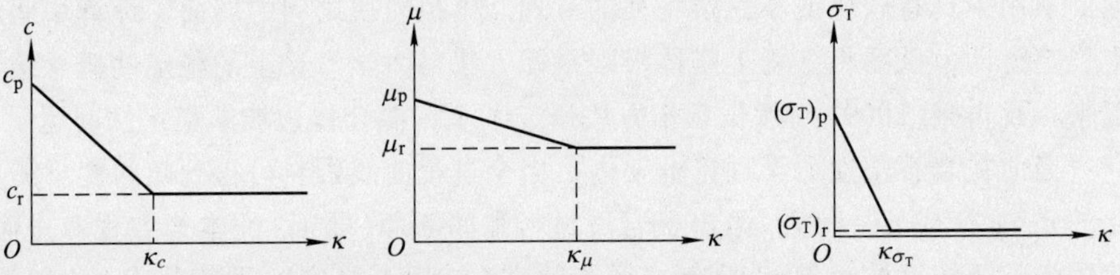

图10-6 双线性形式材料标准强度曲线

在今后使用强度折减法的边坡分析中,将图10-6表示的强度曲线当做标准强度曲线,将它们适当地折减后得到计算时采用的强度曲线. 标准强度曲线是双线性的,峰值点$(0, c_p)$和残余流动开始点(κ_c, c_r)是两个关键点,由这两个点完全决定曲线的形式. 因而非零的标准材料强度参数仅有九个,它们分别是c_p,c_r,κ_c,μ_p,μ_r,κ_μ,$(\sigma_T)_p$,$(\sigma_T)_r$,κ_{σ_T}.(各参数的含义可参照图10-6). 在强度折减法的计算中只需对这九个参数执行折减.

材料曲线在软化阶段的下降坡度大小直接影响本构矩阵参数A的计算,它对边坡的稳定性分析是至关重要的. 不难看出,曲线下降坡度

$$\frac{dc}{d\kappa}=\frac{c_r-c_p}{\kappa_c}. \tag{10-6-1}$$

如果强度参数c_p,c_r和内变量κ_c是按同一比例折减,那么,曲线下降坡度在折减过程保持不变. 目前的强度折减法都是暗中假设坡度不变,而仅考虑峰值

强度和残余强度的折减. 这要求 c_p, c_r 和 κ_c 等九个量进行同比折减.

由于材料软化坡度的大小(表征材料的脆塑程度)对结构稳定性有很大影响, 今后需要从理论和数值试验两个方面深入探讨材料软化坡度或 κ_c 等如何折减的问题. 一般地说, 如果 κ_c 用另外方式折减, 坡度将变化. 例如, 如果 c_p 和 c_r 折减 ζ 倍, 而 κ_c 折减 ζ^2 倍, 那么下降坡度以 ζ 倍增大.

在岩石塑性力学计算中, 如果采用 Mohr - Coulomb 型屈服准则, 则将图 10 - 6 中的剪切强度参数和相应内变量作同比折减, 而后进行计算即可. 由于 Mohr - Coulomb 型屈服准则锥棱上的奇异性使编程困难, 可改用 D - P 准则和 D - P - Y 准则.

上面讨论的是双线性的标准材料强度曲线, 还可采用负指数的标准材料强度曲线. 与 §9 - 6 的式相似, 取

$$
\begin{aligned}
c(\kappa) &= \frac{c_p}{1+m_c}\left(e^{-\left(\frac{\kappa}{\xi}\right)^2}+m_c\right),\\
\mu(\kappa) &= \frac{\mu_p}{1+m_\mu}\left(e^{-\left(\frac{\kappa}{\xi}\right)^2}+m_\mu\right),\\
\sigma_T(\kappa) &= \frac{(\sigma_T)_p}{1+m_{\sigma_T}}\left(e^{-\left(\frac{\kappa}{\xi}\right)^2}+m_{\sigma_T}\right),
\end{aligned}
\tag{10-6-2}
$$

式中 c_p, μ_p 和 $(\sigma_T)_p$ 都是峰值参数, $\dfrac{m}{1+m}$ 是残余参数与峰值参数之比 c_r/c_p. ξ 是曲线的形状参数(也称胖度), 它和曲线拐点(斜率最大的点)的坐标有关. 在折减强度有限元计算中, 只需对 c_p, μ_p 和 $(\sigma_T)_p$ 同比例折减.

无量纲强度曲线如图 10 - 7 所示. 这里仅画出 $c(\kappa)/c_p$ 随 κ 的变化曲线, $\mu(\kappa)/\mu_p$, $\sigma(\kappa)/(\sigma_T)_p$ 的曲线完全类似, 只须将 m_c 改为 m_μ, m_{σ_T} 即可.

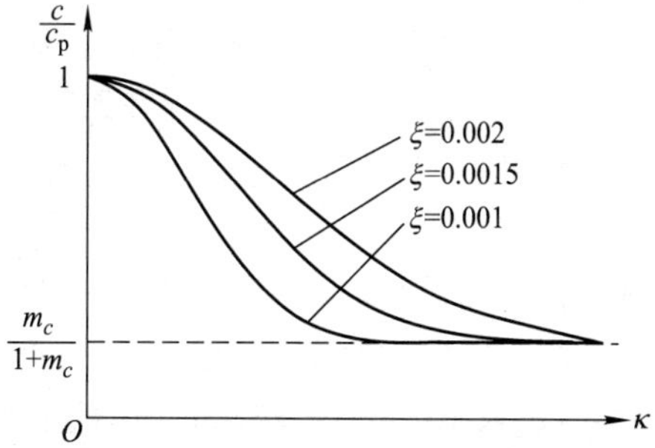

图 10 - 7　负指数形式材料标准强度曲线

§10-7 边坡失稳判据

使用力学意义下的稳定性概念，研究某些处于平衡状态下边坡的稳定性问题，即平衡的稳定性问题，在以前是做不到的，因为那时将岩石和弱面看做理想弹塑性体，理想弹塑性材料是稳定材料，这种材料的边坡在小变形条件下的平衡总是稳定的，边坡失衡导致滑坡．实际上，理想塑性与真实岩石性质是相悖的，在刚性伺服试验机出现之后，对岩石材料峰后不稳定性质有了清楚明确的了解．由于材料的不稳定性可以致使边坡平衡的不稳定性．在某种扰动下，边坡失稳滑动．因此，在强度折减有限元计算中要建立边坡失稳的判别准则．

在§8-3已经给出了岩石工程(含间断面的弹塑性物体)平衡稳定性定理．引入弹塑性物体虚位移场 $\delta\boldsymbol{u}$ 的二阶功泛函

$$\Delta(\delta\boldsymbol{u}) = \int_{V-\Gamma}\delta\boldsymbol{\varepsilon}^{\mathrm{T}}\delta\boldsymbol{\sigma}\mathrm{d}V + \int_{\Gamma}\delta\langle\boldsymbol{u}\rangle^{\mathrm{T}}\delta\overline{\boldsymbol{\sigma}}\mathrm{d}\Gamma, \qquad (10-7-1)$$

其中 $\delta\boldsymbol{\varepsilon}$ 是按几何方程从 $\delta\boldsymbol{u}$ 计算得到虚应变，$\delta\boldsymbol{\sigma}$ 是按本构方程从虚应变计算得到的虚应力，$\delta\langle\boldsymbol{u}\rangle$ 和 $\delta\overline{\boldsymbol{\sigma}}$ 也有类似的定义．结构平衡的稳定性等价于泛函 $\Delta(\delta\boldsymbol{u})$ 的正定性．

经过有限元离散之后，泛函(10-7-1)成为关于节点位移一个二次型

$$\Delta(\delta\boldsymbol{a}) = \delta\boldsymbol{a}^{\mathrm{T}}\boldsymbol{K}_{\mathrm{T}}\delta\boldsymbol{a}, \qquad (10-7-2)$$

式中 $\boldsymbol{K}_{\mathrm{T}}$ 是有限元系统的切线刚度矩阵

$$\boldsymbol{K}_{\mathrm{T}} = \sum\boldsymbol{c}_{\mathrm{e}}^{\mathrm{T}}\left(\int_{e}\boldsymbol{B}^{\mathrm{T}}\boldsymbol{D}_{\mathrm{ep}}\boldsymbol{B}\mathrm{d}V\right)\boldsymbol{c}_{\mathrm{e}} + \sum\boldsymbol{c}_{\mathrm{e}}^{\mathrm{T}}\left(\int_{\Gamma_{\mathrm{e}}}\overline{\boldsymbol{B}}^{\mathrm{T}}\overline{\boldsymbol{D}}_{\mathrm{ep}}\overline{\boldsymbol{B}}\mathrm{d}\Gamma\right)\boldsymbol{c}_{\mathrm{e}}, \qquad (10-7-3)$$

$\delta\boldsymbol{a}$ 是有限元系统的虚节点位移矢量．于是有限元系统的平衡稳定性问题等价于切线刚度矩阵 $\boldsymbol{K}_{\mathrm{T}}$ 的正定性问题．于是，我们建立了最小特征值准则：如果 μ_1 是矩阵 $\boldsymbol{K}_{\mathrm{T}}$ 的最小的特征值，那么 $\mu_1 \geqslant 0$，有限元系统的平衡是稳定的(其中 $\mu_1>0$，为严格稳定，$\mu_1=0$ 是临界稳定)；如果 $\mu_1<0$，那么有限元系统的平衡是不稳定的．

使用特征值准则判别有限元系统的平衡稳定性，直接从结构的内在性质出发，而不纠缠在扰动的特性上，使用起来十分方便和明确．

泛函(10-7-1)或二次型(10-7-2)等同于内能的变分与外力做功的变分之差，如果它们小于零，相当于载荷在某个虚位移上做功大于应变能的变分，而超出的部分载荷虚功则转化为动能，产生运动，因而平衡是不稳定的．这是失稳准则的一种能量上的解释．

对于边坡稳定性问题，多属于极值点型失稳．因此可从平衡路径曲线直观

判断，曲线的峰值(极值)点，就是失稳的临界状态.

§10－8　用弧长延拓算法研究边坡的平衡稳定性

对于复杂的边坡问题，有限元系统是多自由度系统，若建立平衡路径曲线，需要引用广义力和广义位移. 边坡承受的载荷是岩体的自重和边界上的分布力，等效节点载荷 $\boldsymbol{R}$ 是由程序自动计算得到的

$$\boldsymbol{R} = \sum \boldsymbol{c}_{\mathrm{e}}^{\mathrm{T}} \int_{e} \boldsymbol{N}^{\mathrm{T}} \boldsymbol{p} \mathrm{d}V + \sum \boldsymbol{c}_{\mathrm{e}}^{\mathrm{T}} \int_{S_{\mathrm{e}}} \boldsymbol{N}^{\mathrm{T}} \boldsymbol{q} \mathrm{d}S.$$

引入载荷参数 λ，载荷做功的变分为

$$\delta W = \lambda \boldsymbol{R}^{\mathrm{T}} \delta \boldsymbol{a} = \lambda \delta(\boldsymbol{R}^{\mathrm{T}} \boldsymbol{a}),$$

式中 $\boldsymbol{a}$ 为结点位移矢量. 如果取广义力为

$$F = \lambda,$$

λ 为无量纲量，则广义位移为

$$U = \boldsymbol{R}^{\mathrm{T}} \boldsymbol{a},$$

U 的量纲为功的量纲. 在使用弧长延拓算法做增量计算时，λ 和 $\boldsymbol{a}$ 一样都是未知待定的. 从计算得到的 λ 和 $\boldsymbol{a}$，可绘制平衡路径曲线 $F = F(U)$，直观地分析有限元系统的稳定性.

强度折减因子是一个单调增加的序列$\{\zeta_i\}$，首项为 $\zeta = 1$. 例如可取为

$$\zeta_i = \frac{1}{10}(i + 9), \quad i = 1, 2, \cdots.$$

折减强度的有限元分析的计算流程如下：

(1) 设定强度参数的标准曲线：c_{p}，c_{r}，κ_c；μ_{p}，μ_{r}，κ_μ；$(\sigma_{\mathrm{T}})_{\mathrm{p}}$，$(\sigma_{\mathrm{T}})_{\mathrm{r}}$，$\kappa_{\sigma_{\mathrm{T}}}$，设置折减因子序列$\{\zeta_i\}$，首项 $\zeta_1 = 1$，$\zeta_i < \zeta_{i+1}$.

(2) 从 $i = 1$ 开始，做强度参数折减，$\frac{c_{\mathrm{p}}}{\zeta_i} \to c_{\mathrm{p}}$，$\frac{c_{\mathrm{r}}}{\zeta_i} \to c_{\mathrm{r}}$，$\frac{\kappa_c}{\zeta_i} \to \kappa_c$，$\cdots$.

(3) 在自重载荷下，按弹性条件确定载荷系数的第一个增量 $\Delta\lambda_1$，计算弹性场 $\boldsymbol{a}$，λ，$\boldsymbol{\sigma}$，U 并存盘.

(4) 指定弧长增量 Δs，用弧长延拓算法计算增量场 $\Delta\boldsymbol{a}$，$\Delta\lambda$，$\Delta\boldsymbol{\sigma}$，$\Delta U$；$\Delta\boldsymbol{a} + \boldsymbol{a} \to \boldsymbol{a}$，$\Delta\lambda + \lambda \to \lambda$，$\Delta\boldsymbol{\sigma} + \boldsymbol{\sigma} \to \boldsymbol{\sigma}$，$\Delta U + U \to U$，并存盘.

(5) 形成增量步末的切线总体刚度矩阵 $\boldsymbol{K}_{\mathrm{T}}$，并计算 $\boldsymbol{K}_{\mathrm{T}}$(或其对称部分 $\boldsymbol{K}_{\mathrm{T}}^{\mathrm{S}}$)的最小特征值 μ_1(注意，不要与摩擦系数 μ 相混淆，特征值符号有下标 1). 如果 $\mu_1 \leqslant 0$，转至(7)；否则继续.

(6) 如果 $\lambda < 1$，则转向(4)；否则改变折减因子 ζ，$\zeta_{i+1} \to \zeta_i$，转至(2).

(7) $\zeta_i \to \zeta_N$，$\zeta_{i-1} \to \zeta_{N-1}$，$(\mu_1)_i \to \mu_N$，$(\mu)_{i-1} \to (\mu)_{N-1}$，用线性插值方法

求临界折减因子

$$\zeta_{cr}=\zeta_{N-1}+\frac{\mu_{N-1}}{\mu_{N-1}-\mu_N}(\zeta_N-\zeta_{N-1}),$$

$\zeta_{cr}\to K_{cr}$，从而求得丧失稳定性的边坡强度储备系数，即安全系数.

(8) 绘制不同 ζ_i 的边坡塑性区图；绘制不同 ζ_i 的平衡路径曲线 $F=F(U)$，对应 ζ_{cr}的平衡路径上，在 $F\leqslant 1$ 时出现 F 的转向点.

(9) 结束.

现在给出在失稳机制下求边坡安全储备系数(安全系数) K_{cr}的一个例证. 边坡高度为 9.5m，坡度为 10:1，有限元网格剖分如图 10－8 所示，节点总数为 204，单元总数为 350.

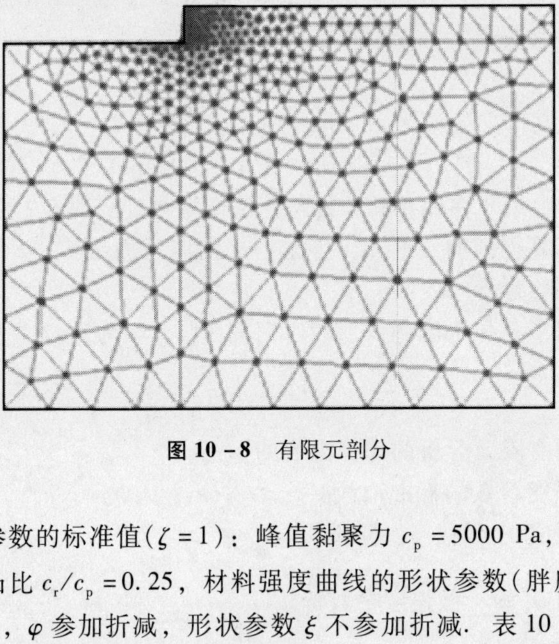

图 10－8 有限元剖分

材料强度参数的标准值($\zeta=1$)：峰值黏聚力 $c_p=5000$ Pa，内摩擦角(度) $\varphi=9.23°$，残凸比 $c_r/c_p=0.25$，材料强度曲线的形状参数(胖度) $\xi=10^{-3}$. 仅标准强度 c_p，c_r，φ 参加折减，形状参数 ξ 不参加折减. 表 10－2 列出了在不同折减系数 ζ_i 下的计算参数值.

表 10－2 不同折减参数 ζ_i 的计算参数

序号	折减系数	折减后内摩擦角/(°)	折减后峰值黏聚力/Pa
1	1.00	9.23	5000.00
2	1.15	8.04	4347.83
3	1.25	7.41	4000.00
4	1.35	6.86	3703.70
5	1.45	6.39	3448.28
6	1.50	6.18	3333.33

折减参数从 1 开始，不断增大，对每个折减参数 ζ_i，依次使用弧长延拓算法进行增量分析（弧长增量取 $\Delta s=0.1$），得到的平衡路径曲线，如图 10－9 所示．曲线极值点纵坐标就是载荷参数 λ 转向点（临界点）的数值，它就是失稳时的临界点载荷参数 λ_{cr}．当然，也可使用稳定性的特征值准则（$\mu_1\leqslant 0$），由程序确定．由于边坡的载荷是重力载荷，相当于参数 $\lambda=1$，因而当临界点落在 $\lambda=1$ 线上的路径即为临界的平衡路径，相应的折减系数 ζ_{cr} 就是安全储备系数 K_{cr}．因而，我们有

$$K_{cr}=\zeta_{cr}=1.450,$$

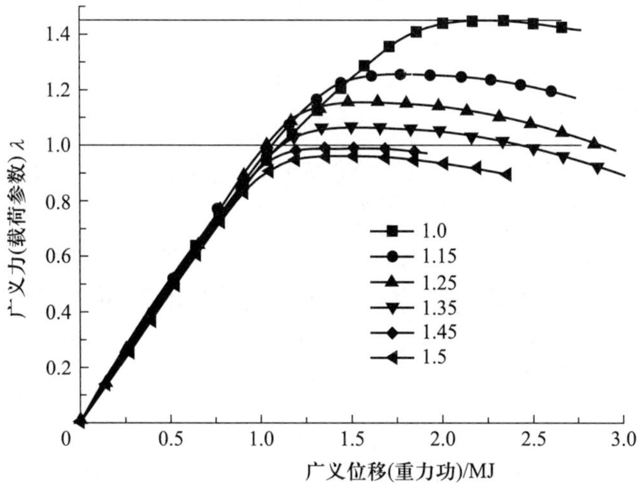

图 10－9　不同折减系数 ζ_i 对应的平衡路径曲线

此外，在标准强度（$\zeta_1=1$）下，平衡曲线的极值点为 $\lambda_{cr}=1.451$，它就是用超载法进行失稳分析的安全储备系数 $\overline{K}_{cr}$，因而

$$\overline{K}_{cr}=\lambda_{cr}=1.451.$$

在本例题中，折减强度法和超载法得到的稳定性分析的安全储备系数几乎相同.

边坡稳定性的后临界研究难度较大．人们可能发现，在临界状态边坡塑性区尚未贯穿，尚未形成滑动体．在扰动下，边坡失稳，塑性区急剧扩展，瞬时贯穿坡体，形成滑动体．因滑动面材料软化，抗滑力小于滑动力，滑动体失衡，并加速运动，致使滑坡具有突发性和雪崩式的破坏形态.

水的浸入对岩石边坡稳定性的作用是至关重要的．在后文附录 3 中，介绍了空隙介质有效应力概念，以及将水化学软化效应纳入本构关系的方法．在此基础上，可进一步讨论水对边坡稳定性的影响.

§10-9 讨论

1. 中国大百科全书，土木工程卷(1987)645页上关于岩质边坡稳定性分析(analysis of rock slope stability)的一个条目叙述了边坡稳定性的概念，现抄录如下：“边坡稳定性的一般理解是边坡中的滑动体沿滑动面破坏，即(考察)抗滑力与滑动力之比. 当比值等于1，为极限平衡状态；大于1为稳定状态；小于1，为不稳定状态. 这是一种岩体破坏的稳定性概念.”看来，撰写此条目的作者，将“稳定性”和“失衡破坏”两个不同概念混为一谈，界限模糊. 这种模糊认识在当前工程界具有代表性.

2. 滑坡是失衡破坏引起，还是失稳破坏引起的？它们是两种不同的机制. 迄今为止，岩质边坡工程中，理想弹塑性有限单元的折减强度方法和极限平衡方法，是当前的主流方法，虽然取得很大成功，但仍局限于失衡分析.

边坡的失稳破坏机制研究还是近几年的事. 与失衡的概念不同，它涉及岩石的强度弱化(或塑性软化)，强度弱化是影响边坡稳定的关键因素.

如果把岩质边坡看做弹塑性物体，并假设弹塑体物体的总势能存在，那么传统的边坡研究方法讨论的是边坡失衡与否，相当于讨论总势能的一阶变分(一阶变分为零是平衡条件)，而边坡的平衡稳定性研究涉及总势能的二阶变分，二阶变分(结构二阶功)的正负是平衡状态是否稳定的条件.

3. 边坡研究范围被拓宽了，除了边坡失衡的极限荷载(记为λ_L或$\boldsymbol{K}_L$)之外，还要研究失稳的临界载荷(记为λ_{cr}或$\boldsymbol{K}_{cr}$). 通常，临界状态的到来要先于(至少不迟于)极限状态. 需要进一步研究从临界状态转化到极限状态，临界载荷与极限载荷的关系，这相当于后临界问题的研究. 水电工程界在重力坝坝基抗滑稳定性分析中已经开展了后临界的研究工作.

对龙滩碾压混凝土重力坝，用折减强度法有限元分析进行了计算研究(孙恭尧，殷有泉，钱之光，2001). 在坝体的压剪屈服破坏中，随材料强度折减，屈服破坏区的扩展速率在起始和终止阶段差别较大. 在起始阶段，随材料强度取值的下降，即安全储备系数值逐步增大，屈服破坏区扩展速率很慢；在随后的第二阶段，随着材料强度计算值的继续下降，屈服区扩展速率明显增大；最后阶段，屈服区的扩展速率急剧增加，很快贯穿上下游坝面，导致重力坝整体破坏. 在第二个阶段出现之后，屈服破坏区扩展速率明显增大，但尚未急剧增加时，相应的破坏区约占坝体宽度的40%～50%. 经过详细的对比研究，这一状态与用稳定性理论分析得到的失稳临界状态大致相当. 因此这一状态可作为折减强度分析坝体失稳临界状态的标准. 根据这种判别方法，可以用强度分析观察坝体逐渐破坏的发展过程，预计坝体失稳状态的到来，同时研究重力坝最终出现贯穿上下游坝面的强度破坏状态，分析极限状态的安全储备系数. 图 10－10 给出了强度折减过程坝体塑性破坏区的扩展情况. 由于稳定性分析得到的安全储备系数 $K_{cr}=1.92$ 小于传统的强度分析方法(失衡)的安全储备系数 $K_L=2.50$，因此重力坝承载能力由稳定性计算分析的结果控制.

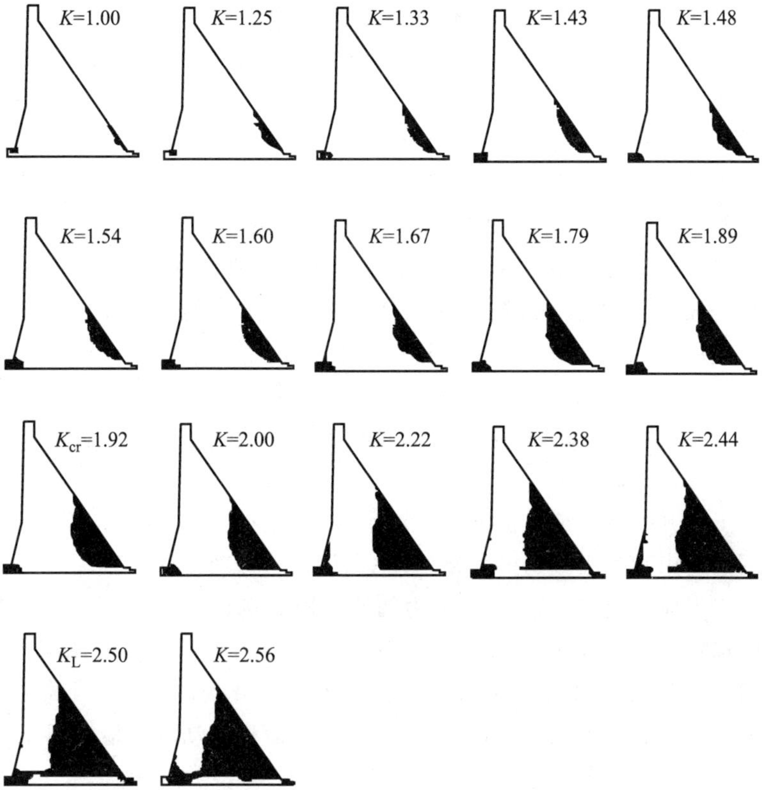

图 10－10　强度折减过程坝体塑性破坏区的扩展情况

对金安桥碾压混凝土重力坝，赵引(2008)用超载法有限元分析做了计算分析. 她使用的是 Marc 软件，并进行了二次开发. 使用弧长法求稳定性的临界载荷，超载系数 $\lambda_{cr}=5.76$. 同时使用小变形和大变形理论做了有限元分析，其结果相差不大. 这说明，诸如重力坝这类三个方向尺度相近的物体，在稳定性分析时，使用小变形理论已经足够了.

第 11 章　竖井开挖计算、井壁稳定性及岩爆

竖井开挖计算的正确方法是在初始地应力场背景下解除开挖面上的应力，而得到现场应力场. 这种在开挖面施加反向载荷的方法对任何地下工程开挖计算都是适用的.

对均匀等向初始地应力场内圆形截面竖井开挖，我们给出了理论解. 在此基础上讨论了开挖过程竖井井壁的稳定性问题，指出了井壁失稳是一种极值点型失稳，给出了失稳的临界荷载公式. 进一步讨论了后临界问题，指出了在某些情况可能出现位移突跳，这可能是岩爆发生的一种力学机制.

对更一般的初始地应力场的开挖计算，可更一般地使用 D－P－Y 准则，这时需要使用有限元方法，并用延拓算法求解.

§11－1　开挖计算的特点

岩石工程开挖和建造之前的岩体，也就是未经扰动的自然岩体，由于其自重、周围的约束和过去经历的构造运动，而处于非零的应力状态之下. 自然岩体的这种非零应力分布(应力场)称为初始地应力场(或简称原场). 岩体经过工程开挖和建造，扰动了(或改变了)其初始的地应力场，使岩体应力重新分布，达到一种新的应力场. 这种新的应力场称为现场应力场(或简称总场). 现场应力场和初始应力场之差称为扰动应力场(简称扰动场或附加场).

11－1－1　初始应力场的粗略估计

采用的坐标系与大地方向相关，原点取在地表，x 轴指向北，y 轴指向东，z 轴指向地下铅直方向. 根据弹性力学半空间问题的理论解，在重力作用下初始地应力场为

$$\sigma_z = \gamma z, \tag{11-1-1}$$

$$\sigma_x = \sigma_y = \frac{\nu}{1-\nu}\sigma_z, \tag{11-1-2}$$

式中 γ 是岩体的比重，ν 是岩体材料的 poisson 比，z 是埋深. 然而，因实际情况的各种因素影响，地应力数值与上述公式并不相符. Brown 和 Hoek(1987)根据收集到的大量实测值，利用回归分析，得出经验的初始地应力的垂直分

量为

$$\sigma_z = 0.027(\mathrm{MPa}), \tag{11-1-3}$$

水平分量为

$$\sigma_x = \sigma_y = K\sigma_z, \tag{11-1-4}$$

式中 K 称为侧压系数，它在如下范围取值：

$$0.3 + \frac{100}{z} < K < 0.5 + \frac{1500}{z}. \tag{11-1-5}$$

埋深愈浅，K 值变化愈大，这是在岩石工程中应该注意的问题.

在过去的 50 多亿年里曾多次发生构造运动，产生过多次构造应力场的变化，后面的构造运动都要对前面的应力场进行改造. 由于力学上的松弛作用，经过几亿年、几十亿年的松弛，早期应力场的影响比较轻微，最近的那个应力场大体上代表了现今的应力场. 于是，我们按照晚近时期的构造运动的构造行迹选择应力测量点，测出来的应力主方向和主值基本上应与现代应力场相一致. 主方向和主值都知道了，并利用前面的公式，就可对工程开挖前的初始应力场得到一个粗略的估计.

11-1-2　竖井开挖边值问题的提法

竖井工程和其他岩石工程一样都涉及初始地应力问题，如何正确地采用数学力学的边值问题来描述和模拟竖井开挖的实施过程是一个至关重要的问题. 岩石工程的开挖实际上是将开挖面上的初始应力解除，从而使工程附近的地应力场发生变化(这种变化也称为扰动场或开挖附加场). 在应力场变化的同时也有相应的变形发生(称为开挖位移场). 这样，竖井工程的开挖计算至少由以下几步组成：

(1) 根据对晚近时期构造运动的分析和现场测量资料，确定初始地应力场 $\boldsymbol{\sigma}^0(x, y, z)$(该应力场是与岩体自重相平衡的).

(2) 按初始地应力 $\boldsymbol{\sigma}^0$ 确定即将被挖去的岩体部分作用于剩余部分的表面力分布，并记为 $\boldsymbol{q}'$. 如果 C 代表开挖面，它的外法线的方向余弦为 l，m，n，那么在开挖面上的初始地应力为

$$\boldsymbol{q}' = \begin{bmatrix} l & 0 & 0 & 0 & n & m \\ 0 & m & 0 & n & 0 & l \\ 0 & 0 & n & m & l & 0 \end{bmatrix} \begin{bmatrix} \sigma_x^0 \\ \sigma_y^0 \\ \vdots \\ \tau_{xy}^0 \end{bmatrix} = \boldsymbol{L}^{\mathrm{T}}\boldsymbol{\sigma}^0. \tag{11-1-6}$$

(3) 将作用力 $\boldsymbol{q} = -\boldsymbol{q}'$ 作为“载荷”，施加在开挖边界 C 上，求解一个由于开挖而产生的应力场和位移变化场(附加场) $\Delta\boldsymbol{\sigma}$ 和 $\Delta\boldsymbol{u}$ 的边值问题.

(4) 竖井开挖之后的现场应力场和现场位移场(简称总场)分别是

$$\boldsymbol{\sigma} = \boldsymbol{\sigma}^{0} + \Delta\boldsymbol{\sigma}, \tag{11-1-7}$$

$$\boldsymbol{u} = \Delta\boldsymbol{u}. \tag{11-1-8}$$

作为一个简单的例子，考察一个圆形截面竖井在等向初始水平应力场中的开挖计算，如图 11－1 所示. 其中图 11－1(a)表示初始地应力场，图 11－1(b)表示扰动附加场的边值计算，图 11－1(c)表示图 11－1(a)和图 11－1(b)叠加而得到开挖后的总应力场.

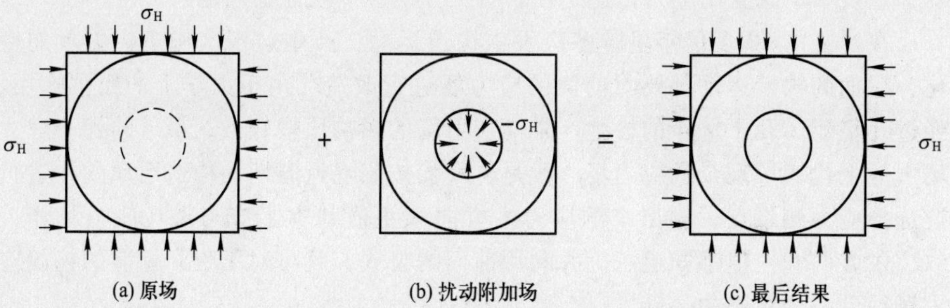

图 11－1 开挖计算示意图

上述计算的关键之处在于先有一个初始地应力场，然后通过开挖解出扰动场和总场. 这种正确的算法简单地称为“先载后挖”，即先有初始地应力载荷，而后开挖计算. 另外还有一种偷懒的算法，就是不考虑初始地应力，将地层看做无地应力的自然状态，按图 4－1(c)计算边值问题，直接得到现场应力场和位移场. 这种懒人算法简称“先挖后载”.

如果岩石介质是线弹性的，那么由于弹性力学问题求解的历史无关性，两种算法得到的应力场是相同的. 然而位移场是完全不同的，如图 11－2 所示. 按“先载后挖”算法，开挖引起的井壁位移 $u = -\dfrac{1+\nu}{E}a\sigma_H$，开挖引起的远场(无限远)处的位移逐于零，这显然是合理的. 而按“先挖后载”的算法，井壁位移较大，在远场产生的位移是无限大，这显然是不合理的. 因为，这时的位移包含了在原场应力作用引起的位移，即早在开挖之前地质构造运动期间发生的位移，它不是当前开挖引起的位移.

在上面“先载后挖”计算模型中，在开挖的边界面 C 上，开挖之前作用以应力 $q = -\sigma_H$，而开挖后，开挖面为临空面，上面受力 $q=0$. 这是一种单载荷步长的开挖计算，即扰动场的计算是全量的边值问题分析. 实际的岩体材料是有强度(屈服强度)的，应该视为弹塑性材料.

弹塑性材料是具有历史相关性，本构方程是用增量形式表示的，因而对扰

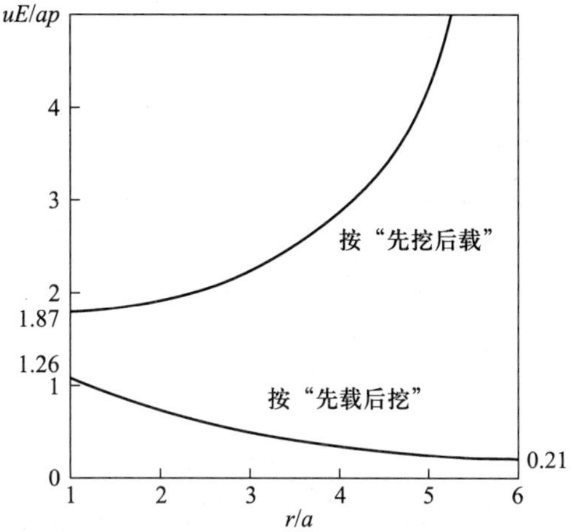

图 11－2　不同算法下的竖井开挖位移($\nu=0.26$)

动附加场的计算需要以增量形式进行. 这时要引入载荷参数 λ，使开挖附加场计算井壁边界条件为

$$q' = \lambda\sigma_{\mathrm{H}}, \tag{11-1-9}$$

这样，将荷载参数分成许多小增量 $\Delta\lambda$，用通常的载荷增量法计算扰动附加场. 如果岩体视为不稳定的弹塑性材料，在开挖的竖井将近失稳时，λ 不能事先确定，需要将 λ 看做待定的未知量，引入弧长延拓算法来计算扰动附加场.

§11－2　在均匀等向初始地应力情况竖井开挖的理论解

一般情况下竖井开挖是计算一个三维问题，但在离地表较深的位置，其纵深方向的变形受到限制，如果不考虑地应力随纵深的变化(这种变化与应力本身相比是个小量)，问题可简化为平面应变问题. 在竖井是圆柱形状时，原场水平地应力又为等向应力，即水平最大主压应力 σ_{H} 和水平最小主压应力 σ_{h} 相等时，问题又可以简化为轴对称问题. 在上述条件下，竖井开挖产生的位移分量仅有径向分量 u 为非零分量，问题为一维问题(指位移). 场的非零变量还有径向应变 ε_r 和周向应变 ε_θ，以及三个非零应力分量 σ_r，σ_θ，σ_z.

设开挖前的初始地应力场是一个均匀的等向应力场，即 $\sigma_x^0=\sigma_y^0=\sigma_{\mathrm{H}}$ 或者 $\sigma_r^0=\sigma_\theta^0=\sigma_{\mathrm{H}}$(图 11－3(a)). 开挖时需要计算扰动场，它包括位移 u'，应变 ε_r'，ε_θ'和应力 σ_r'，σ_θ'，σ_z'(图 11－3(b)). 上面用上标“0”表示初始场的量. 用上标“′”表示扰动场的量，而开挖过程或开挖过后的总的场变量(图 11－3(c))为

$$
\begin{aligned}
&u = u', \\
&\varepsilon_r = \varepsilon'_r, \quad \varepsilon_\theta = \varepsilon'_\theta, \\
&\sigma_r = \sigma_r^0 + \sigma'_r, \quad \sigma_\theta = \sigma_\theta^0 + \sigma'_\theta, \quad \sigma_z = \sigma_z^0 + \sigma'_z.
\end{aligned} \tag{11-2-1}
$$

上式表明，初始场的变形取为零，因为在漫长的地质历史期间发生的变形，现已经看不到了. 现在仅求解开挖引起的变形.

在开挖的边界线上，开挖之前作用以应力 $q = -\sigma_H$(其中 σ_H 代表原场地应力的绝对值，而负号表示是受压应力). 而开挖完成之后，开挖线处为临空面，上面受力 $q = 0$. 为描述开挖的中间过程，引用一个载荷参数 λ，使开挖扰动场井壁处边界条件为

$$
\begin{aligned}
&q' = \lambda\sigma_H, \\
&q = (1-\lambda)\sigma_H.
\end{aligned} \tag{11-2-2}
$$

这样，参数 λ 从 0 到 1 变化，就可计算出整个开挖过程的扰动场，从而能看到井壁应力被逐步解除的全过程. 在这过程中扰动场的某个载荷参数 λ(在 0 和 1 之间)与对应的初应力提法的开挖计算如图 11－3 所示.

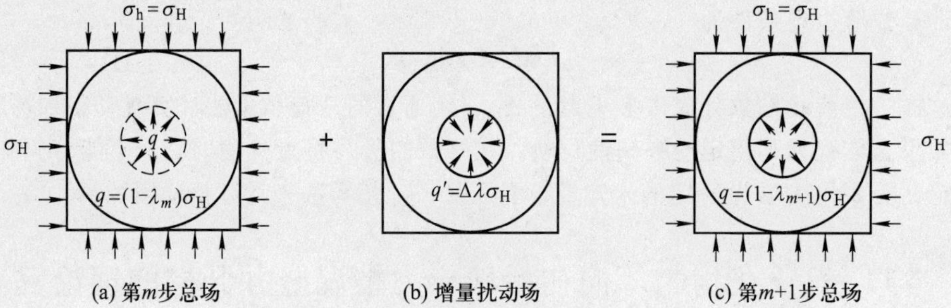

图 11－3 用初应力提法开挖计算的步骤

11－2－1 弹性变形阶段的解

初始场(原场)的应力和位移是

$$
\begin{aligned}
&\sigma_r^0 = \sigma_\theta^0 = -\sigma_H, \\
&u^0 = 0.
\end{aligned} \tag{11-2-3}
$$

在载荷参数为 λ 情况，利用弹性力学厚壁筒的解(7－2－5)和(7－2－6)并令 $b/a \to \infty$，用 $\lambda\sigma_H$ 代替$(-p)$，则得到扰动场的解

$$
\sigma'_r = \frac{a^2}{r^2}(\lambda\sigma_H) > 0,
$$

$$
\sigma'_\theta = -\frac{a^2}{r^2}(\lambda\sigma_H) < 0,
$$

$$u' = -\frac{1+\nu}{E}a^2\frac{\lambda\sigma_H}{r},\qquad (11-2-4)$$

式中 a 为竖井内半径，E 为弹性模量或 Young 模量，ν 为 Poisson 比. 叠加上初始场(11－2－3)，得到开挖过程中的总场的解是

$$\sigma_r = \frac{a^2}{r^2}\lambda\sigma_H - \sigma_H < 0,$$

$$\sigma_\theta = -\frac{a^2}{r^2}\lambda\sigma_H - \sigma_H < 0,\qquad (11-2-5)$$

$$u = -\frac{1+\nu}{E}a^2\frac{\lambda\sigma_H}{r}.$$

由上式可见，当 $r\to\infty$ 时，远场应力 $\sigma_r=\sigma_\theta=-\sigma_H$，远场位移 $u=0$，这表明竖井开挖不改变远场应力，也不产生远场位移，也就是说，开挖产生的扰动仅是局部的.

我们用最大剪应力屈服准则(Tresca 准则，第三强度理论)

$$\sigma_r - \sigma_\theta = \sigma_s = 2\tau_s\qquad (11-2-6)$$

判断岩石介质屈服破坏，其中 σ_s 和 τ_s 分别是压缩和剪切屈服应力，在川本模型中 σ_s 和 τ_s 既是初始屈服应力，也是峰值屈服应力. 这时有

$$\frac{2a^2}{r^2}\lambda\sigma_H = \sigma_s = 2\tau_s,\qquad (11-2-7)$$

最先在井壁处($r=a$)屈服破坏，此时

$$\lambda = \lambda_e = \frac{\sigma_s}{2\sigma_H} = \tau_s/\sigma_H.\qquad (11-2-8)$$

由上式定义的 λ_e 称弹性极限载荷系数. 在开挖过程中，一旦 $\lambda=\lambda_e$，井壁开始屈服. 井壁是否屈服破坏与材料屈服应力 σ_s 或 τ_s 和原场地应力 σ_H 两者有关. 如果 $\tau_s>\sigma_H$，则 $\lambda_e>1$，那么在开挖过程井壁永远处于弹性状态，而不发生破坏，因而在地层浅部(σ_H 较小)，不存在井壁破坏问题.

11－2－2　塑性变形发展阶段

在载荷参数达到 λ_e 之后，井壁附近开始出现塑性变形. 塑性变形的发展和演化与岩石材料的本构性质息息相关.

我们假设岩石材料满足川本眺万的三线性模型(可由单轴压缩的全过程曲线拟合)，这种模型具有峰前弹性阶段和峰后软化阶段与流动阶段，保留了材料从稳定阶段过渡到不稳定阶段的特性. 主要参数有峰值强度 σ_s、残余强度 σ_r、弹性模量 E、软化阶段的切线模量 E_T(通常 $E_T\leqslant 0$)，取 $E_t=|E_T|$. 在理论分析中使用了二个无量纲参数

$$n = \frac{1 + E_t/E}{1 - (1 - 2\nu)E_t/E}, \tag{11-2-9}$$

$$m_r = \sigma_r/\sigma_s, \tag{11-2-10}$$

式中 ν 是 Poison 比，参数 n 与 E_t/E 有关，m_r 是无量纲的残余强度. 式(11-2-9)中 E_t/E 从 0 到 $1/(1-2\nu)$ 取值，相应地 n 从 1 到 ∞ 取值，$E_t/E=0$ 或 $n=1$ 对应于塑性流动(理想塑性)情况；$E_t/E=1/(1-2\nu)$ 或 $n=\infty$，对应于完全脆性情况. 式(11-2-10)中，m_r 从 0 到 1 取值，$m_r=0$ 表示残余阶段材料完全丧失强度，$m_r=1$ 表示材料是无软化的理想塑性. 因此，参数 n 和 m 共同描述了材料的脆塑程度(简称脆塑度).

对于软化塑性材料的结构，载荷参数 λ 不总是单调增加的. 为此需要引入一个新的参数

$$\zeta = \frac{c-a}{a}, \tag{11-2-11}$$

式中 c 和 a 分别是环状塑性区的外半径和内半径，ζ 是塑性区的径向无量纲尺度参数，它是单调增加的参数，具有内变量的性质. 在竖井的塑性变形阶段，用参数 ζ 替代 λ 描述加载过程更为适宜.

考虑到前面已讨论过竖井的弹性变形阶段，竖井开挖的全过程井壁应力和位移分布分三个阶段给出：(1)弹性阶段，λ 从 0 到 λ_e，$\zeta=0$，如图 11-4(a)所示. (2)塑性变形第一阶段，此时塑性区仅含软化塑性情况，$0<\zeta<\zeta_{tr}$，如图 11-4(b)所示. (3)塑性变形第二阶段，此时塑性区不仅含软化部分，还含随后的残余流动部分，$\zeta>\zeta_{tr}$，如图 11-4(c)所示. 其中 ζ_{tr} 是从塑性变形第一阶段向第二阶段转化时的塑性区尺度参数，

$$\zeta_{tr} = \left(\frac{n - m_r}{n - 1}\right)^{1/2} - 1, \tag{11-2-12}$$

上式的得出，参见第 7 章式(7-2-38)和(7-2-39).

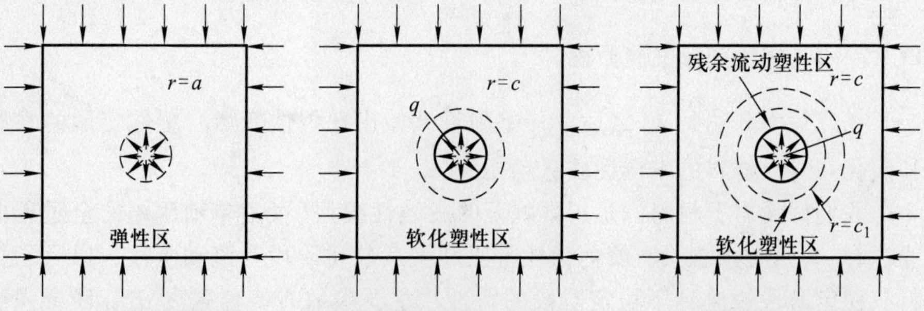

(a) 弹性变形阶段 $0 \leqslant \lambda \leqslant \lambda_e, \zeta=0$　(b) 塑性变形第一阶段 $\lambda<\lambda_e \leqslant \lambda_{tr}, 0<\zeta<\zeta_{tr}$　(c) 塑性变形第二阶段 $\lambda \geqslant \lambda_{tr}$ 或 $\lambda<\lambda_{tr}, \zeta>\zeta_{tr}$

图 11-4 竖井变形的三个阶段

弹性变形阶段竖井的应力和位移分布已由式(11－2－5)给出．塑性变形的第一阶段和第二阶段的竖井应力和变形也可类似地研究．利用厚壁筒的结果，分别在式(7－2－45)～(7－2－48)和式(7－2－53)～(7－2－56)中，用$\lambda\sigma_H$代替$(-p)$，用$(-\sigma_s)$代替σ_s，并考虑$b/a\to 0$和$\zeta_M\to\infty$，就得到塑性变形第一阶段和第二阶段扰动场的应力分布和位移分布．将扰动应力场叠加上初始应力场$\sigma_r^0(r)=\sigma_\theta^0(r)=\sigma_H$，就得到总场应力．同时，扰动场位移即为总场位移．塑性变形第一阶段和第二阶段总应力场和总位移场依次为

$$
\begin{aligned}
\sigma_r(r) &= -\sigma_s\left[n\ln\frac{r}{a}+\frac{1}{2}\left(\frac{a^2}{r^2}-1\right)(1+\zeta)^2\right] \\
&\quad +(\lambda-1)\sigma_H, \\
\sigma_\theta(r) &= -\sigma_s\left\{n\left(1+\ln\frac{r}{a}\right)+\frac{1}{2}\left[(3-2n)\frac{a^2}{r^2}-1\right]\right. \\
&\quad \left.\cdot(1+\zeta)^2\right\}+(\lambda-1)\sigma_H, \\
\lambda &= \lambda_e\left\{1+n\ln(1+\zeta)^2+(n-1)\left[1-(1+\zeta)^2\right]\right\}, \\
u(r) &= \frac{-(1-2\nu)(1+\nu)\sigma_s a^2}{Er}\left[\frac{1-\nu}{1-2\nu}(1+\zeta)^2\right. \\
&\quad +\frac{nr^2}{a^2}\ln\frac{r}{a}-\frac{1}{2}(n-1)(1+\zeta)^2 \\
&\quad \left.\cdot\left(\frac{r^2}{a^2}-1\right)-\frac{\lambda}{2\lambda_e}\frac{r^2}{a^2}\right],
\end{aligned}
\tag{11-2-13}
$$

$$
\begin{aligned}
\sigma_r(r) &= -\sigma_s\int_a^r\frac{g(r)}{r}\mathrm{d}r+(\lambda-1)\sigma_H, \\
\sigma_\theta(r) &= -\sigma_s\left[\int_a^r\frac{g(r)}{r}\mathrm{d}r+g(r)\right]+(\lambda-1)\sigma_H, \\
\lambda &= \lambda_e\left(2\int_a^c\frac{g(r)}{r}\mathrm{d}r+1\right), \\
u(r) &= \frac{-(1-2\nu)(1+\nu)\sigma_s}{E} \\
&\quad \cdot\left[\frac{2}{r}\int_a^r r\left(\int_a^r\frac{g(r)}{r}\mathrm{d}r\right)+\frac{1}{r}\int_a^r rg(r)\,\mathrm{d}r-\frac{\lambda\sigma_H r}{\sigma_s}\right] \\
&\quad -\frac{(1-\nu^2)\sigma_s c^2}{rE},
\end{aligned}
\tag{11-2-14}
$$

其中

$$g(r)=\begin{cases} m_r, & 0\leqslant r\leqslant c_1,\\ n-\dfrac{(n-m_r)a^2}{(r-c_1+a)^2}, & c_1\leqslant r\leqslant c,\end{cases} \tag{11-2-15}$$

式中 c 和 c_1 分别代表软化塑性区和流动塑性区外边界的位置. 函数 $g(r)$ 代表在塑性区内屈服强度随空间坐标 r 变化的分布形式：$\sigma_s(r)=g(r)\sigma_s$.

在式(11-2-14)的定积分 $\int_a^c \frac{g(r)}{r}\mathrm{d}r$ 的显示表达式以及推导过程可参阅专著(殷有泉，2011)38—39 页. 如果想推导下节公式(11-3-4)，必须知道这个显示表达式.

§11-3　竖井开挖过程的平衡路径及稳定性的临界载荷

在竖井开挖的应力、位移分布的理论解基础上，可以进一步得到井壁位移 $u(a)$ 与井壁上作用的压应力

$$q=(\lambda-1)\sigma_H$$

之间的关系. 采用力学意义下的稳定性理论和方法研究竖井开挖问题时，在开挖过程中将带有井孔的地层看做一个静力平衡的力学系统，将每个时刻(对应于某个 λ 和 ζ)作用在井壁上的压力 q(是一种广义力)作为控制变量(载荷)，而井壁上各点的径向位移 u 则是状态变量(响应). 曲线 $q=q(u)$ 即称为平衡路径曲线，曲线上的每一个点(u, q)代表系统的一个平衡状态，整个曲线代表所有的平衡状态.

软化塑性地层竖井开挖问题的变形演化分三个阶段，如图 11-4 所示，平衡路径也将相应分阶段地给出.

引用无量纲的井壁位移和井壁压力

$$\begin{cases} \bar{u}=-\dfrac{2E}{(1+\nu)a\sigma_s}u(a),\\ \bar{q}=\dfrac{q}{\sigma_H\lambda_e}=\dfrac{\lambda-1}{\lambda_e},\\ \zeta=0.\end{cases} \tag{11-3-1}$$

三个阶段的平衡曲线依次为

$$\bar{u}=\frac{1}{\lambda_e}+\bar{q},\quad \zeta=0, \tag{11-3-2}$$

$$\begin{cases}\lambda = \lambda_e[n + 2n\ln(1 + \zeta) - (n - 1)(1 + \zeta)^2],\\ \bar{u} = 2(1 - \nu)(1 + \zeta)^2 - (1 - 2\nu)\dfrac{\lambda}{\lambda_e},\\ \bar{q} = \dfrac{\lambda - 1}{\lambda_e},\\ 0 < \zeta < \zeta_{tr}.\end{cases} \tag{11-3-3}$$

$$\begin{cases}\lambda = \lambda_e\Big\{1 + 2m_0\ln(1 + \zeta - \zeta_{tr}) + 2n\ln\dfrac{1 + \zeta}{1 + \zeta - \zeta_{tr}}\\ \qquad + 2(n - m_0)\Big[\dfrac{-\zeta_{tr}}{(\zeta - \zeta_{tr})(1 + \zeta_{tr})} + \dfrac{1}{(\zeta - \zeta_{tr})^2}\ln\dfrac{(1 + \zeta_{tr})(1 + \zeta - \zeta_{tr})}{1 + \zeta}\Big]\Big\},\\ \bar{u} = 2(1 - \nu)(1 + \zeta)^2 - (1 - 2\nu)\dfrac{\lambda}{\lambda_e},\\ \bar{q} = \dfrac{\lambda - 1}{\lambda_e},\\ \zeta > \zeta_{tr}.\end{cases} \tag{11-3-4}$$

可以证明，直线路径(11－3－2)和塑性变形第一阶段路径(11－3－3)在 $\zeta = \zeta_{tr}$ 之前是光滑、连续和单调上升的，也即井筒处于稳定的平衡状态，而塑性变形第二阶段平衡曲线(11－3－4)本身是光滑、连续. 可能的奇点(不光滑点)只在转换点 $\zeta = \zeta_{tr}$ 处. 讨论 $\bar{q}(\bar{u})$ 在 $\zeta = \zeta_{tr}$ 点的左、右导数可确定该点是否为极值点(应力转向点). 通过该点，左、右导数正负号变化则为极值点，不变号则不是极值点. 导数的符号与材料参数 m，n 有关，可以证明(殷有泉，李平恩，邸元，2014)下面不等式成立则左、右导数异号，该点为广义力的极值点：

$$n - (n - 1)^{1/3}\left(n + \frac{1}{2}\right)^{2/3} - m_r > 0. \tag{11-3-5}$$

式(11－3－5)是存在极值点的材料条件. 极值点仅是可能的临界点，极值点对应的孔壁压力 $\bar{p}$ 必须不大于零，否则为负压力(吸力)，但这时开挖已经完成. 为此在临界点还要满足一个地应力条件

$$\frac{2\sigma_H}{\sigma_s} - \left(n\ln\frac{n - m_r}{n - 1} + m_r\right) \geqslant 0. \tag{11-3-6}$$

条件(11－3－5)和(11－3－6)两者一起构成 $\zeta = \zeta_{tr}$ 转换点是失稳临界点的充要条件. 取以 n 为横坐标，m_r 为纵坐标，取 $2\sigma_H/\sigma_s = 2.0$，画出(11－3－5)和(11－3－6)的等式，如图 11－5 所示. 两条相交的曲线将平面分为四个区域，只有 SE(东南)区内的点才能同时满足材料和地应力条件(11－3－5)和(11－3－6)，转换点才是临界点. 在式(11－3－3)中取 $\zeta = \zeta_{tr}$ 便得到相应的临界力为

$$\bar{q}_{cr} = \bar{q}_{tr} = n\ln\frac{n-m_r}{n-1} + m_r - \frac{2\sigma_H}{\sigma_s} \tag{11-3-7}$$

和临界位移

$$\bar{u}_{cr} = 2(1-\nu)\frac{n-m_r}{n-1} - (1-2\nu)\left(n\ln\frac{n-m_r}{n-1} + m_r\right). \tag{11-3-8}$$

在其他三个区域，转换点不是临界点. 区域 NW(西北)和 NE(东北)内的点，相应的转换点不是应力转向点，平衡曲线单调上升；在区域 SW(西南)内的点，在整个开挖期间($\lambda \leqslant 1$)，平衡曲线是单调上升的. 图 11－5 给出了井壁稳定性与材料性质和地应力大小的依赖关系.

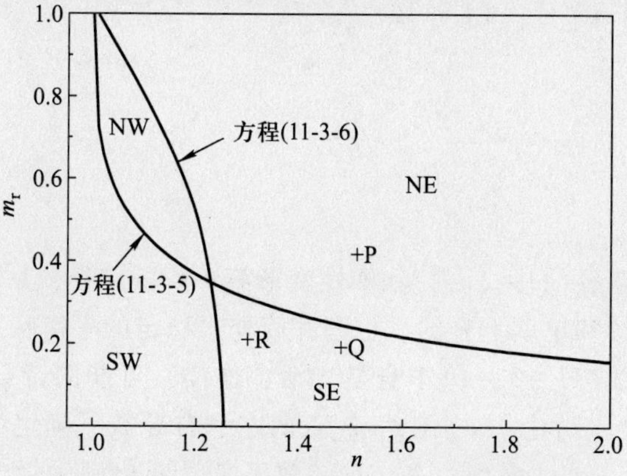

图 11－5 井壁材料和地应力对稳定性的影响

§11－4 后临界问题及岩爆

下面进一步探讨在临界点 B($\bar{u}_{cr}$, $\bar{q}_{cr}$)之后的稳定性特征，即所谓的"后临界"问题，关键问题是讨论塑性变形第二阶段的平衡曲线是否有极小值点. 由参数方程求导法则 $d\bar{q}/d\bar{u} = (\partial\bar{q}/\partial\zeta)/(\partial\bar{u}/\partial\zeta)$ 知，要求解以 ζ 为未知量的方程 $d\bar{q}/d\bar{u} = 0$ 的根，只需求其分子部分 $\partial\bar{q}/\partial\zeta = 0$ 的根，由式(11－3－4)，有

$$\frac{\partial\bar{q}}{\partial\zeta} = \frac{2m_r}{1+\zeta-\zeta_{tr}} - \frac{2n\zeta_{tr}}{(1+\zeta)(1+\zeta-\zeta_{tr})} + 2(n-m_r)\frac{\zeta_{tr}}{(1+\zeta_{tr})(\zeta-\zeta_{tr})^2} + \frac{\zeta_{tr}}{(1+\zeta)(1-\zeta_{tr})^2(1-\zeta-\zeta_{tr})} + \frac{2}{(\zeta_{tr}-\zeta)^3}\ln\frac{(1+\zeta_{tr})(1+\zeta-\zeta_{tr})}{1+\zeta}. \tag{11-4-1}$$

不难看出，$\partial\bar{q}/\partial\zeta=0$ 的解与 λ_e 无关，即平衡路径曲线的极值点个数与 λ_e 无关. 实际上，λ_e 取不同值，相当于平衡路径曲线沿纵坐标（$\bar{q}$ 轴）平移，因此它不影响极值点的个数. 考虑到式(11－2－12)，$\partial\bar{q}/\partial\zeta=0$ 的解仅与材料参数 n 和 m_r 有关.

由于方程的复杂性，直接由令 $\partial\bar{q}/\partial\zeta=0$ 求出 ζ 的解析解是困难的，我们不得不采用数值的方法求解. 具体计算方案是，先指定一个 n 值，然后让 m_r 从 0 到 1 逐渐增大，每次对应于一个给定的 m_r 值. 采用数值方法求解满足条件 $\zeta>\zeta_{tr}$ 的方程 $\partial\bar{q}/\partial\zeta=0$ 的解，如果解存在，则增大 m_r 继续分析解的存在情况，直到 $m_r=1$；如果解不存在，记第一次出现解不存在情况的 m_r 值为 m_{cr}，然后继续增大 m_r 分析解的存在情况直到 $m_r=1$. 数值结果表明，在 $m_r=m_{cr}$ 前后解的存在条件发生变化，即在 $0\leqslant m_r\leqslant m_{cr}$ 范围内满足条件 $\zeta>\zeta_{tr}$ 的解存在，而在 $m_{cr}<m_r\leqslant 1$ 范围内满足条件 $\zeta>\zeta_{tr}$ 的解不存在，因此 m_{cr} 就是对应的在给定 n 值情况下方程解存在的临界 m_r 值. 如果我们让 n 从 1 开始逐渐增大，对每次给定的 n 值重复进行计算，就可以得到一系列离散点(n，m_{cr})，它们构成塑性变形第二阶段存在极小值点的 $n-m_r$ 区域的边界.

在 $n=1$ 时，由式(11－2－12)知，$\zeta_{tr}=+\infty$，这种情况对应的是理想弹塑性情况，其平衡路径曲线单调上升，因此，不存在塑性变形第二阶段. 只有当 $n>1$ 时才可能有包含应变软化和不稳定分支的平衡路径曲线，并存在塑性变形第二阶段，因此，选择从 $n>1$ 某值(例如 $n=1.01$)开始计算. 数值结果表明，如果满足条件 $\zeta>\zeta_{tr}$ 的解存在，解的个数有且只有一个，并且解对应的二阶导数 $\mathrm{d}^2\bar{q}/\mathrm{d}\bar{u}^2>0$ 恒成立. 因此塑性变形第二阶段平衡路径曲线的极值点是极小值点. 表 11－1 列出了采用数值方法得到的塑性变形第二阶段平衡路径曲线极值点存在的 $n-m_r$ 区域的分界点.

表 11－1　塑性变形第二阶段曲线极值点存在的 $n-m_r$ 区域的分界点

n	m_r	n	m_r	n	m_r
1.01	0.72	2.0	0.157	3.0	0.095
1.1	0.465	2.1	0.148	4.0	0.068
1.2	0.366	2.2	0.139	5.0	0.053
1.3	0.309	2.3	0.131	6.0	0.044
1.4	0.269	2.4	0.125	7.0	0.037
1.5	0.240	2.5	0.118	8.0	0.032
1.6	0.216	2.6	0.113	10.0	0.025
1.7	0.197	2.7	0.108	15.0	0.017
1.8	0.182	2.8	0.103	20.0	0.012
1.9	0.169	2.9	0.099		

采用与式(11－3－5)相同的多项式拟合这些点，得塑性变形第二阶段平衡路径曲线极值点存在的 $n-m_r$ 区域为

$$m_r(n) < 0.995367n - 0.995396(n-1)^{1/3}\left(n+\frac{1}{2}\right)^{2/3},$$

或改写为

$$m_r(n) < 0.9954\left[n-(n-1)^{1/3}\left(n+\frac{1}{2}\right)^{2/3}\right]. \qquad (11-4-2)$$

将上式与式(11－3－5)相比较，其同类项系数的相对差小于0.5%，因此可以认为由式(11－3－5)确定的 $n-m_r$ 区域和由式(11－4－2)确定的 $n-m_r$ 区域是重合的. 因此，关于转换点 B 是否为临界点的问题和塑性变形第二阶段平衡路径曲线是否存在极小值点区域的问题是重合的. 于是，竖井开挖期间(λ 在(0, 1)取值)的平衡路径曲线只有两种形式：① 若 $m_r \geqslant n-(n-1)^{1/3}(n+1/2)^{2/3}$，则塑性变形第一和第二阶段的转换点 B 不是临界点，并且塑性变形第二阶段的平衡路径曲线无极小值点，完全的平衡路径曲线形状形如图 11－6 所示(取 $2\sigma_H/\sigma_s=2$，$n=1.5$，$m_r=0.4$，$\nu=0.25$ 计算得到)，竖井开挖从弹性变形到塑性变形第二阶段全过程的平衡路径曲线均是上升的，不会发生井壁失稳崩落. ② 若 $m_r<n-(n-1)^{1/3}(n+1/2)^{2/3}$，且 $2\sigma_H/\sigma_s \geqslant n\ln\dfrac{n-m_r}{n-1}+m_r$，则点 B 是临界点，并且塑性变形第二阶段的平衡路径曲线存在极小值点，将该点记为点 C. 完全的平衡路径曲线如图 11－7 所示(取 $2\sigma_H/\sigma_s=2$，$n=1.3$ 或 1.5，$m_r=0.2$，$\nu=0.25$ 计算得到)，两个临界点 B 和 C 将平衡路径曲线分成三个分支. OB 分支平衡状态是稳定的，BC 分支是不稳定的，CD 分支又是稳定的. 跨越临界点，稳定性质发生变化. 临界点 B 对应的压力 $\bar{q}$ 是临界压力 $\bar{q}_{cr}$，对应的平衡状态是 $B(\bar{u}_{cr}, \bar{q}_{cr})$ 由式(11－3－7)和(11－3－8)给出，而对应于临界压力 $\bar{q}_{cr}$ 还有另一个平衡状态 $D(\bar{u}_D, \bar{q}_{cr})$，这个状态处于稳定的分支上，是一个稳定的平衡状态. 在竖井开挖过程，扰动场边值问题计算中载荷从零增加到 $\bar{q}_{cr}$ 时，则发生失稳，这时从临界状态 B 突跳(snap－through)到稳定分支的状态 D. 因而，井壁稳定是一种伴有突跳(位移突跳)的极值点型失稳. 在突跳过程中，系统部分外力功(图 11－7 中阴影部分曲边三角形 BCD 的面积)转化为动能，驱动井壁塑性流动区的碎块(强度已丧失殆尽)以一定的速度崩出. 这是岩爆发生的一种力学机制.

在位移突跳时，系统释放的部分外力功(称为多余功)为

$$\Delta\overline{W} = \int_{u(\zeta_B)}^{u(\zeta_D)} (\bar{q}_{cr} - \bar{q})\,d\bar{u}, \qquad (11-4-3)$$

直接由式(11－3－4)和(11－2－12)得到式(11－4－3)的解析表达式是困难

的，因为状态 D 点对应的 ζ_D 不能解析地求出．然而，在给定计算参数后，可采用数值积分方法计算出多余功．

在多余功驱动下，竖井从状态 D 迅速达到最后的状态 E（未在图中画出），$q_E=0$，$\lambda_E=1$．岩爆的实际变形路径应是 $AB-BD-DE$，也就是说，从 D 点沿水平直线 BD 突跳到 D，随后迅速达到 E，并不经由曲线的不稳定分支 BC.

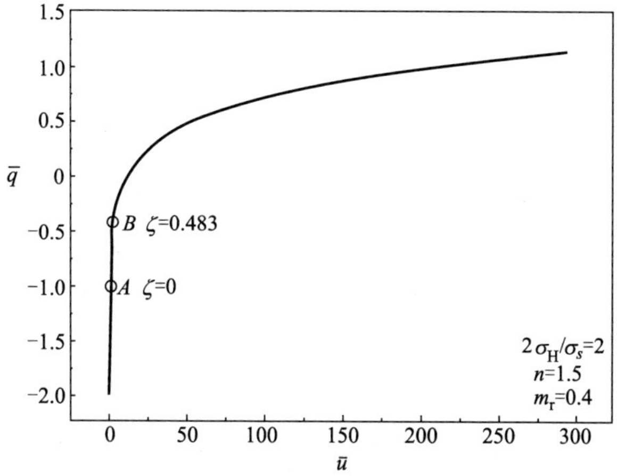

图 11－6　转换点 B 不是临界点时的平衡路径曲线

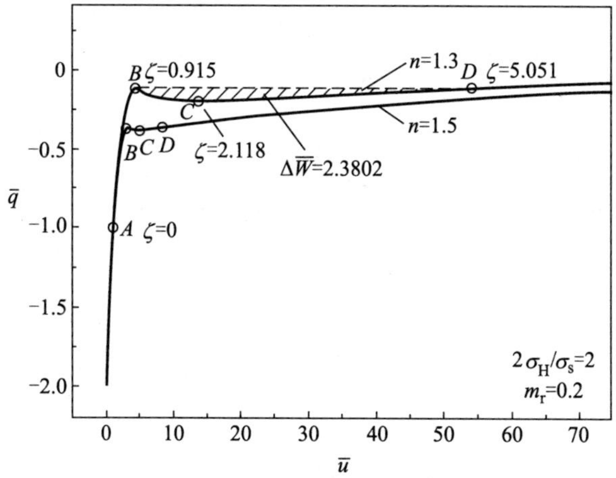

图 11－7　转换点 B 是临界点时的平衡路径曲线

在突跳终止点 D，总的塑性区尺度参数记为 ζ_D，扣除软化区尺度 $\zeta_B=\zeta_{tr}$，就得到流动区尺度 ζ_{rf}，

$$\zeta_{\mathrm{rf}} = \zeta_D - \zeta_{\mathrm{tr}}. \quad (11-4-4)$$

在流动区，岩石裂隙化成碎块，可以认为这个流动区岩石强度几乎丧失了，它们是潜在的欲将崩出的岩块．它们的总质量是

$$M = \sum M_i = \rho\zeta_{\mathrm{rf}}a. \quad (11-4-5)$$

在围岩失稳并发生突跳的过程中，外力的多余功 $\Delta\overline{W}$ 完全转化为崩出岩块的动能．

在原场地应力 σ_{H} 已经确定的情况，例如 $2\sigma_{\mathrm{H}}/\sigma_{\mathrm{s}}=2.0$，$n-m_{\mathrm{r}}$ 平面被分为 4 个区域(图 11－5)，仅在东南面(SE)区内的参数(n，m_{r})，例如点 R 和点 Q，才能对应于井壁失稳突跳，产生岩爆．点 R 和点 Q 对应的平衡路径曲线已在图 11－7 中绘出．点 R 对应的突跳位移 $\Delta\bar{u}$ 和多余功 $\Delta\overline{W}$ 明显地大于点 Q 的对应值，我们说点 R 对应的岩爆相比于点 Q 对应的岩爆，有较大的级别，或者说，有较大的烈度．

为了探讨在 SE 区内岩爆烈度的分布，我们计算了不同 n 值和不同 m_{r} 值下临界载荷参数 λ_{cr}、临界力 $\bar{q}_{\mathrm{cr}}$、位移突跳 $\Delta\bar{u}$、多余功 $\Delta\overline{W}$、流动区尺度 ζ_{rf} 的数值结果，分别列于表 11－2 和表 11－3 中．

表 11－2 $2\sigma_{\mathrm{H}}/\sigma_{\mathrm{s}}=2.0$，$m_{\mathrm{r}}=0.2$ 时不同 n 值的 λ_{cr}，$\bar{q}_{\mathrm{cr}}$，$\Delta\bar{u}$，$\Delta\overline{W}$ 和 ζ_{rf} 值

n	1.20	1.25	1.30(R)	1.35	1.40	1.45	1.50(Q)
λ_{cr}		0.501 5	0.5294	0.553 7	0.575 4	0.594 7	0.612 3
$\bar{q}_{\mathrm{cr}}$		−0.006 14	−0.110 9	−0.194 1	−0.261 9	−0.318 6	−0.366 7
$\Delta\bar{u}$	0.0	100.581	49.428 5	26.751 3	15.351 6	9.073 6	5.367 0
$\Delta\overline{W}$	0.0	6.727 1	2.380 2	0.895 6	0.341 9	0.126 6	0.043 0
ζ_{rf}	1.236 1	1.049 4	0.914 9	0.812 7	0.732 1	0.666 7	0.612 5

表 11－3 $2\sigma_{\mathrm{H}}/\sigma_{\mathrm{s}}=2.0$，$n=1.3$ 时不同 m_{r} 值的 λ_{cr}，$\bar{q}_{\mathrm{cr}}$，$\Delta\bar{u}$，$\Delta\overline{W}$ 和 ζ_{rf} 值

m_{r}	0.02	0.05	0.1	0.2(R)	0.3	0.4	0.5
λ_{cr}	0.524 6	0.524 9	0.525 7	0.529 4	0.536 1		
$\bar{q}_{\mathrm{cr}}$	−0.093 8	−0.094 7	−0.097 8	−0.110 9	−0.134 8		
$\Delta\bar{u}$	7.103×10^{19}	1.091×10^{8}	10 769.8	49.428 5	0.778 3	0.0	0.0
$\Delta\overline{W}$	1.421×10^{18}	5.436×10^{6}	922.08	2.380 2	0.000 31	0.0	0.0
ζ_{rf}	1.065 6	1.041	1.0	0.914 9	0.825 7	0.732 1	0.633 0

在表 11－2 中，$n=1.2$ 时材料参数(n，m_{r})已进入西南(SW)区，在开挖

期间($0<\lambda\leqslant 1$)竖井是稳定的. 在表 11－3 中，$m_r\geqslant 0.4$ 时材料参数(n，m_r)已进入北东(NE)区，竖井开挖始终是稳定的. 实际上，表中 $\Delta\overline{u}$ 和 $\Delta\overline{W}$ 的数值大小能够代表岩爆的级别(或烈度)，从它们随参数 n 和 m_r 变化的情况可看出，级别(或烈度)较大的岩爆不是发生在材料很脆(n 较大，m_r 较小)的区域右部，而是发生在脆塑程度适当的区域左部. 这一认识或许对研究岩爆级别(或烈度)与岩石材料参数的关联有所裨益.

岩爆是岩石结构的性质而非岩石材料性质. 围岩失稳突跳产生的多余功是围岩结构的性质，用它作为岩爆分级指标比现有作法(仅从材料曲线上定义能量)更为合理.

§11－5　用弧长延拓算法研究竖井开挖的稳定性

竖井开挖计算采用更复杂的初始地应力场和更复杂的屈服准则(例如 D－P 准则，D－P－Y 准则)时，用解析方法求解往往是无能为力的. 通常采用数值方法，其中最有效的方法是有限单元法.

由于地层岩石材料是软化塑性的，在临界点附近有限元系统的 Jacobi 矩阵(切线刚度矩阵)$\boldsymbol{K}_{\mathrm{T}}=\partial\boldsymbol{\psi}/\partial\boldsymbol{a}$ 是病态或奇异的. 这些都难于用 Newton 型迭代法求解. 这时需要将载荷参数 λ 也作为未知的变量，附加一个弧长约束方程，用弧长延拓方法求解(姚再兴，2009).

在平面应变问题中，由于几何形状和载荷的对称性(图 11－8)，可取区域的 1/4 并在 AE 和 BC 边施加法向约束、切向自由的边界条件，进行分析计算，

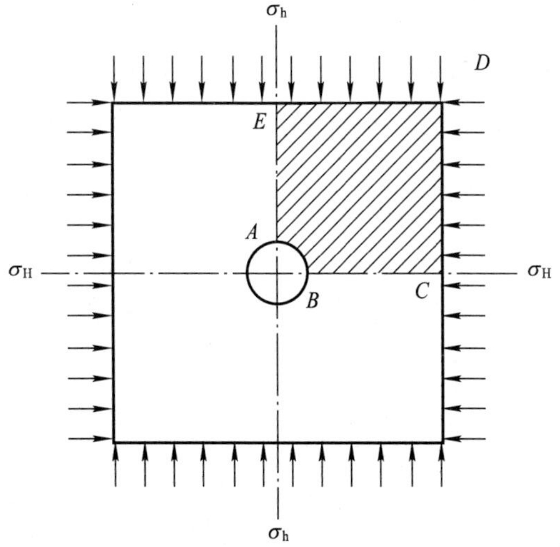

图 11－8　考虑对称性对 1/4 区域分析计算

具体情况如下所述.

为模拟竖井开挖过程，在孔壁 AB($r=a$)处需要解除的总应力是

$$\begin{cases}\sigma_r^0 = \dfrac{1}{2}(\sigma_{\mathrm{H}}+\sigma_{\mathrm{h}}) - \dfrac{1}{2}(\sigma_{\mathrm{H}}-\sigma_{\mathrm{h}})\cos 2\theta, \\ \tau_\theta^0 = \dfrac{1}{2}(\sigma_{\mathrm{H}}-\sigma_{\mathrm{h}})\sin 2\theta_B. \end{cases} \tag{11-5-1}$$

引入载荷参数 λ，逐渐解除式(11-5-1)，井边作用载荷为

$$\begin{cases} q'_r = -\lambda\sigma_r^0, \\ q'_\theta = -\lambda\tau_\theta^0, \end{cases}$$

计算附加场.

在计算总场时，外力功的变分

$$\delta W = F\delta U = \int_0^{\pi/4}(1-\lambda)(\sigma_r^0\delta u + \tau_\theta^0\delta v)a\mathrm{d}\theta.$$

如果广义力 $F=(1-\lambda)$，那么广义位移

$$U = \int_0^{\pi/4}(\sigma_r^0 u + \tau_\theta^0 v)a\mathrm{d}\theta.$$

这时，$F=F(U)$是平衡路径曲线.

用有限元方法研究井壁稳定性的计算流程是

(1) 输入初始参数. 原场地应力 σ_{H}，σ_{h}；地层材料弹性参数 E，v；D-P-Y 准则参数 α，k，σ_{T}；软化曲线参数 E_{t}，m_{r}；井孔半径 a，弧长增量 Δs_{m}，增量总数 M.

(2) 根据网络节点坐标，计算初始场各单元 Causs 点上的应力 σ^0，计算井壁处需要解除的应力分量 σ_r^0，τ_θ^0.

(3) 第一次增量步，在 $r=a$ 解除，$\sigma'_r=-\lambda\sigma_r^0$，$\tau'_\theta=-\lambda\tau_\theta^0$，用弹性方法确定弹性阶段的载荷参数增量 $\Delta\lambda_1$，$\Delta\lambda_1\to\lambda_{\mathrm{e}}$，求出相应的 $\Delta\boldsymbol{a}'$，$\Delta\boldsymbol{\sigma}'$，$\Delta U_{\mathrm{e}}$，并更新的总场；

$$\boldsymbol{\sigma}^0+\boldsymbol{\sigma}'\to\boldsymbol{\sigma}^0,\quad \boldsymbol{a}^0+\boldsymbol{a}'\to\boldsymbol{a}^0,$$
$$(1-\lambda_{\mathrm{e}})\to F_{\mathrm{e}},\quad \Delta U_{\mathrm{e}}\to U_{\mathrm{e}}.$$

(4) 从第二步开始($m=1$)，按指定微弧长增量 Δs_m，用弧长延拓算法迭代求解，得 $\Delta\boldsymbol{\lambda}_m$，$\Delta\boldsymbol{a}_m$，$\Delta\boldsymbol{\sigma}_m$，$\Delta\theta_m^{\mathrm{p}}$，$\Delta F_m$，$\Delta U_m$，并求 Jacobi 矩阵$(\partial\boldsymbol{\psi}/\partial\boldsymbol{a})_m$ 的最小特征值$(\mu_1)_m$，求新的总场：

$$\lambda_m+\Delta\lambda_m\to\lambda_{m+1},$$
$$\boldsymbol{a}_m^0+\Delta\boldsymbol{a}_m\to\boldsymbol{a}_{m+1}^0,$$
$$\boldsymbol{\sigma}_m^0+\Delta\boldsymbol{\sigma}_m\to\boldsymbol{\sigma}_{m+1}^0,$$
$$\theta_m^{\mathrm{p}}+\Delta\theta_m^{\mathrm{p}}\to\theta_{m+1}^{\mathrm{p}},$$

$$(1-\lambda_{m+1}) \to F_{m+1},$$

$$U_m + \Delta U_m \to U_{m+1}.$$

(5) 如果$(\boldsymbol{u}_1)_m > 0$，$m+1 \to m$，转至(4)；否则

$$\lambda_m \to \lambda_N,\quad \lambda_{m+1} \to \lambda_{N-1},$$

$$(\mu_1)_m \to (\mu)_N,\quad (\mu_1)_{m-1} \to (\mu)_{N-1},$$

$$\boldsymbol{\sigma}_m \to \boldsymbol{\sigma}_N,\quad \boldsymbol{\sigma}_{m-1} \to \boldsymbol{\sigma}_{N-1},$$

$$\theta_m^{\mathrm{p}} \to \theta_N^{\mathrm{p}},\quad \theta_{m-1}^{\mathrm{p}} \to \theta_{N-1}^{\mathrm{p}}.$$

使用线性插值计算临界附加场：

$$\Delta\lambda_{\mathrm{cr}} = \Delta\lambda_{N-1} + \frac{\mu_{N-1}}{\mu_{N-1}-\mu_N}(\Delta\lambda_N - \Delta\lambda_{N-1}),$$

$$\Delta\boldsymbol{\sigma}_{\mathrm{cr}} = \Delta\boldsymbol{\sigma}_{N-1} + \frac{\mu_{N-1}}{\mu_{N-1}-\mu_N}(\Delta\boldsymbol{\sigma}_N - \Delta\boldsymbol{\sigma}_{N-1}),$$

$$\Delta\theta_{\mathrm{cr}}^{\mathrm{p}} = \Delta\theta^{\mathrm{p}} + \frac{\mu_{N-1}}{\mu_{N-1}-\mu_N}(\Delta\theta^{\mathrm{p}} - \Delta\theta_{N-1}^{\mathrm{p}}),$$

$$\Delta\lambda_{\mathrm{cr}} + \lambda_m \to \lambda_{\mathrm{cr}},$$

$$\Delta\boldsymbol{\sigma}_{\mathrm{cr}} + \boldsymbol{\sigma}_m \to \boldsymbol{\sigma}_{\mathrm{cr}},$$

$$\Delta\theta_{\mathrm{cr}}^{\mathrm{p}} + \theta_m^{\mathrm{p}} \to \theta_{\mathrm{cr}}^{\mathrm{p}},$$

$$(1-\lambda_{\mathrm{cr}}) \to F_{\mathrm{cr}},$$

$$\Delta U_{\mathrm{cr}} + U_m \to U_{\mathrm{cr}}.$$

(6) 如果 $\lambda_{\mathrm{cr}} > 1$，开挖稳定，转至(9)，否则继续.

(7) $m+1 \to m$，指定微弧长增量 Δs_m，用弧长延拓算法迭代求解，得 $\Delta\lambda_m$，$\Delta\boldsymbol{a}_m$，$\Delta\boldsymbol{\sigma}_m$，$\Delta\theta_m^{\mathrm{p}}$，$\Delta F_m$，$\Delta U_m$，并求矩阵$(\partial\boldsymbol{\psi}/\partial\boldsymbol{a})_m$ 的最小特征值$(\mu_1)_m$，求新的总场：

$$\lambda_m + \Delta\lambda_m \to \lambda_{m+1},$$

$$\boldsymbol{a}_m + \Delta\boldsymbol{a}_m \to \boldsymbol{a}_{m+1},$$

$$\boldsymbol{\sigma}_m + \Delta\boldsymbol{\sigma}_m \to \boldsymbol{\sigma}_{m+1},$$

$$\theta_m^{\mathrm{p}} + \Delta\theta_m^{\mathrm{p}} \to \theta_{m+1}^{\mathrm{p}},$$

$$(1-\lambda_{m+1}) \to F_{m+1},$$

$$U_m + \Delta U_m \to U_{m+1}.$$

(8) 如果 $m < M$，则 $m+1 \to m$，返回至(7)；否则转至(9).

(9) 输出塑性区分布图，曲线 $F = F(U)$，F_{cr}，λ_{cr}，U_{cr}等. 结束.

姚再兴用弧长延拓算法的有限元分析研究了竖井开挖的稳定性问题，得到的平衡路径曲线如图 11－9 所示. 在这条曲线上有应力转向点，从峰后的曲线

走势可以看出还有第二个应力转向点(极小值点)和位移突跳．但是，在第一转向点，广义力的载荷参数 $\lambda>1$．这可能是因计算采用的参数仅满足材料不等式(11－3－5)而不满足地应力不等式(11－3－6)，即相当于处于图 11－5 西南(SW)区的情况.

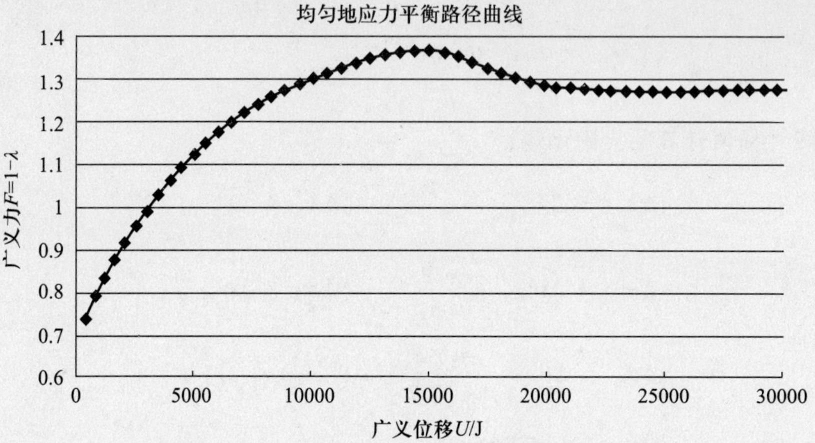

图 11－9　用有限元法得到的平衡路径曲线

§11－6　讨论

1. 本章关于竖井开挖的解析研究和理论结果，同样适用了深埋水平走向圆形巷道的开挖问题，只要原场地应力是等向应力，侧压系数 $K=1$.

由于将问题简化为平面应变问题，原场地应力 $\sigma_H^0=\sigma_h^0$ 或者侧压系数 $K=1$，即 $\sigma_r^0=\sigma_H^0$，问题又是轴对称的．实际上，问题已经变成一维问题，仅有径向位移分量 $u(r)$ 不为零．这类简单问题才可能求出解析解．圆形截面的竖井和深埋水平巷道的解析解是比较贴近实际情况的，它包含了“先载后挖”、材料峰后软化等实际因素.

2. 许多作者认为开挖岩爆等问题是结构的破裂失稳现象(唐春安，2011)，本章通过圆形截面竖井的理论解研究，给出了具体的定量的数学结果．

(1) 开挖过程的巷道围岩和竖井井壁的失稳是一种极值点型失稳，并伴有位移突跳.

(2) 围岩的破坏和失稳是两码事．围岩有破坏(塑性区)但还处于稳定状态，破坏发展到了一定范围才出现失稳．这一切可从围岩系统的平衡路径曲线上看到．区别仅在于破坏发生和破坏失稳的条件

$$m_r < n - (n-1)^3 (m + 1/2)^{2/3}, \qquad (11-6-1)$$

$$\frac{2\sigma_H}{\sigma_s} \geqslant n \ln \frac{n - m_r}{n-1} + m_r, \qquad (11-6-2)$$

式中 $m_r = \sigma_r/\sigma_s$ 是残余流动屈服强度与峰值屈服强度之比；n 由式(11-2-9)定义，是与 E_t/E(软化阶段切模量与弹性模量之比)有关的量，我们称它们为"脆塑度". 条件(11-6-1)是针对材料特性提出的，条件(11-6-2)是针对地应力特性提出的，这就是说，仅当残余强度足够小，参数 n 足够大，并且地应力足够大时，才可能发生失稳和伴有突跳(岩爆).

3. 突跳现象在自然界和结构力学中可以见到，例如扁壳、扁拱、浅桁架在达到临界载荷时都发生突跳. 我们在竖井开挖过程中也引用了突跳概念. 在力学上它们是一种后临界问题，研究起来难度较大.

突跳是从结构的一个临界不稳定状态，瞬间跳到平衡路径的稳定分支上一个的稳定状态，其间力保持不变，位移有突然变化. 在突跳期间，外力作功为

$$\overline{W} = \int_{\bar{u}(\zeta_B)}^{\bar{u}(\zeta_D)} \bar{q}_{cr} \mathrm{d}\bar{u}. \qquad (11-6-3)$$

储存在系统中(围岩)的应变能为

$$\overline{U} = \int_{\bar{u}(\zeta_B)}^{\bar{u}(\zeta_D)} \bar{q} \mathrm{d}\bar{u}. \qquad (11-6-4)$$

由于外力功大于应变能，多余部分 $\Delta\overline{W} = \overline{W} - \overline{U}$，称为多余功，它转化为流动塑性区岩块的动能，以一定速率将岩块抛出，这就是岩爆. 岩爆的能量来自于系统的外力功.

4. 当前在研究岩石力学稳定性和开挖引起岩爆问题方面，最成功的还是准静态方法，归类于平衡稳定性的研究. 考虑惯性效应，采用动力学方法还有很大困难. 首先是研究对象的选取问题，研究包括抛出岩块和围岩(多大范围的围岩)的系统，还是仅研究岩块. 还有初始条件和边界条件的选取问题.

仅研究岩块，相对的简单些. 岩块的体积和质量可由流动塑性区的范围估算，初始速度可按能量守恒原理由岩爆系统多余功估算.

5. 从理论解得出的结论是有条件的，理论模型是对实际问题做了极大简化之后得到的. 进一步研究需要采用数值方法，这方面阜新的同志做了大量的工作(王学滨，潘一山，陶帅等，2011). 用有限元方法可研究岩体工程开挖和发生岩爆的不稳定模型. 如果原场应力不是各向相同的，即侧压系数 K 很大，水平方向构造作用较强，那么就不能将问题简化为轴对称问题. 这时用有限元方法会计算出四个 V 形破坏区. 数值研究还可以给出理论公式的适用性以及在工程上应用的可能性，理论和数值结果可用于岩爆综合判据和岩爆分级(张镜剑，2011).

6. 岩爆和地震(见 §7－3)都是岩石结构的极值点型失稳，并伴有突跳的力学现象，但在它们之间又有不同的属性，表现为对偶形式的失稳和突跳，详见表 11－4. 这种对偶性，可以加深对岩石结构不稳定性的理解，澄清工程界对岩爆和地震的某些模糊认识.

表 11－4 两种对偶形式的极值点失稳

	边界条件(控制变量)	临界点类型	突跳类型	能量来源
岩爆	开挖边界上的应力解除	广义力转向点	广义位移突跳	突跳期间部分外力功(多余功)
地震	远场位移驱动	广义位移转向点	广义力突跳(地震应力降)	突跳期间先前储存的应变能部分释放

第四部分

附　　录

附录1 用实验方法建立屈服面的某些困难

§附1－1 岩石实验资料的分散性

岩石是矿物颗粒的集合体，具有明显的非均质性．在力学性质上表现为，即使取自同一岩块的若干试样，尽管它们的形状和尺寸完全相同，但用实验方法测得的强度各不相等，分散程度很大，图附1－1是日本稻田花岗岩试样的单轴压缩强度和间接拉伸强度的直方图．总计274个岩样均取自同一岩块（40cm×40cm×120cm），没有肉眼可见的各种缺陷和结构的不均匀性，但其强度差别很大．

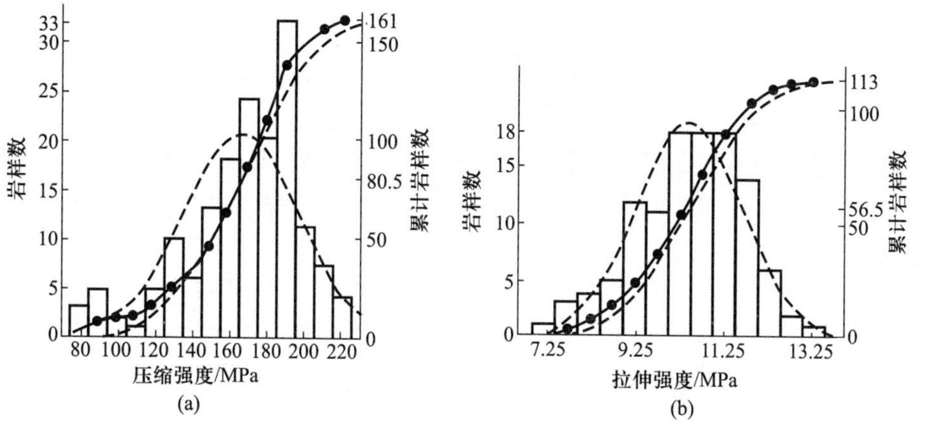

图附1－1 稻田花岗岩试样强度的直方图，引自尤明庆(2007)

单轴压缩的试样为直径30mm，长度为60mm的圆柱体，161个岩样的强度平均值为166.2MPa，标准方差为31.1MPa，二者之比为0.187．在实验组岩样数达到20个时，其强度平均值有95%以上的概率在166.2×(1±15%)MPa之间．岩样数为10个时，强度平均值为95%的概率在166.2×(1±25%)MPa之间．若实验组岩样数为5个，则强度平均值在166.2×(1±35%)MPa范围内，概率小于70%．这就是说，用5个岩样的强度平均值来表示稻田花岗岩的强度是危险的．

实际计算表明，要使实验组平均值与总平均值误差在 ±15% 之内，需用 16—23 个岩样. 因而单轴压缩实验至少要使用 10 个以上的岩样. 不过这是对直径 30mm 岩样而言的，对直径 54mm 岩样，国际岩石力学学会建议实验重复数不少于 5 次.

间接拉伸的试样直径为 30mm，厚度为 15mm 的圆柱片，113 个岩样的强度平均值为 10.4MPa，标准方差为 1.2MPa，二者之比为 0.115. 与单轴压缩相比，间接拉伸强度的分离散性稍小，要使实验岩样组的强度平均值与总平均值误差在 ±15% 之内，需要 9—12 个岩样. 针对直径 54mm 岩样的间接拉伸实验，国际岩石力学学会建议实验重复数不小于 10 次，但国内规程多建议重复次数不少于 5 次.

岩石强度实验数据具有如此的分散性，故而在确定强度准则和强度参数时刻意追求精度是没有意义的.

§附 1-2 用实验方法确定屈服面的一些实际困难

在塑性力学理论中屈服准则和屈服面是基本的概念，无可置疑，屈服面理论是学习塑性力学的核心内容之一. 然而，屈服面在实验确定和理论上都存在一些困难和不足.

一般总是从屈服面(包括后继屈服面)内部的弹性区开始增加载荷，弹性过程的终点是屈服面上的点. 然而如何确定这些终点呢？如果在达到的某个应力点，没有发现新的塑性应变出现，则该应力点位于屈服面之内，如果已经产生了新的塑性变形，则应力点又可能处于该屈服面之外. 因此在实验时需要事前规定一个塑性应变变化的约定值做为判断弹性过程终点的依据. 例如，采用等效塑性应变的增量

$$\Delta\overline{\varepsilon}^{p} = [(\Delta\varepsilon^{p})^{T}\Delta\varepsilon^{p}]^{1/2} \qquad (附 1-1)$$

做为判据量. 实际证明，用实验确定屈服面，其大小和形式明显地和约定值 $\Delta\overline{\varepsilon}^{p}$ 的大小有关. 例如，镍薄壁圆筒受拉伸和扭转联合作用，其初始屈服条件为

$$\sigma_x^2 + 3\tau_{xy}^2 = \sigma_s^2, \qquad (附 1-2)$$

在(σ, $\sqrt{3}\tau$)平面坐标系下它是一个圆(图附 1-2(a))，将薄壁筒先拉伸到塑性变形 $\varepsilon_x^p = 1.1\%$. 然后实验测定其后继屈服迹线，随着约定值 $\Delta\overline{\varepsilon}^{p}$ 取值不同，画出的后继屈服迹线如图附 1-2(b)所示. 大致的趋势是，当约定值 $\Delta\overline{\varepsilon}^{p}$ 小时，更接近于随动强化，而约定值 $\Delta\overline{\varepsilon}^{p}$ 大时，则接近于等向强化；约定值越小，屈服面越小，Bauschinger 效应越大，反之约定值越大，屈服面越大，

Bauschinger 效应越不显著. 这就是说，对金属材料确定屈服面和强化规律尚有一些困难. 对岩石材料，由于实验数据的分散性，用实验方法确定屈服面和强化规律，能够想象出其困难更为巨大. 目前对岩材料采用的屈服准则是借用强度准则的数学形式，将强度参数改为屈服参数，并用实验来确定这些参数随内变量的变化. 由于缺少进一步的实验资料，通常采用等向强(软)化模型. 用力学和数学方法处理岩石工程问题，要善于抓住问题的主要方面，不拘小节，用最简单和有效的方法去处理问题，目前也只能如此.

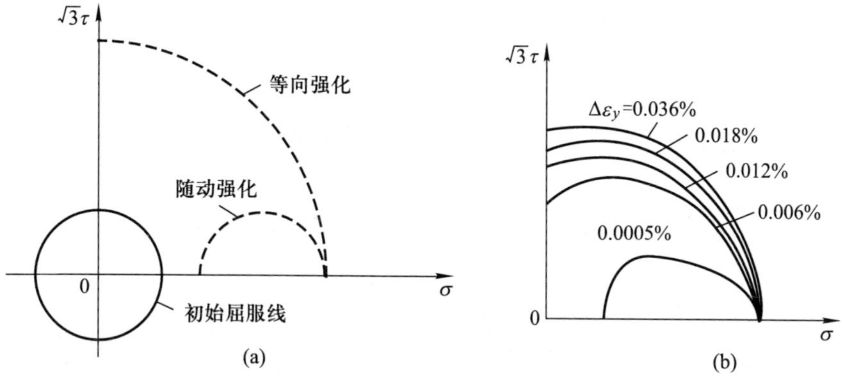

图附 1－2　薄壁圆筒拉扭联合实验，引自熊祝华(1993)

附录 2　奇异屈服面的本构理论

前面讨论过的 Tresca 模型和 Mohr – Coulomb 模型以及后文将讨论的帽盖模型都是奇异屈服面，它们是由几支正则曲面组成的．对于屈服面的正则点，弹塑性本构关系的应力空间表和应变空间表述分别在前面各章节做了详尽的讨论．对于屈服面上的奇异点的塑性变形图案更为复杂，相应的本构方程的应力空间表述和应变空间表述在理论上也得到了全面的解决（殷有泉，1986）．下面仅就应变空间表述的奇异点处本构关系做一概括的介绍．

§附 2 – 1　奇异点本构关系的理论表述

设奇异点位于两支正则屈服面

$$F_i = (\boldsymbol{\varepsilon}, \boldsymbol{\varepsilon}^{\mathrm{p}}, \kappa) = 0, \quad i = 1,2 \qquad (附 2-1)$$

的交线上，Tresca 棱柱和 Coulomb 棱锥的棱上各点就属于这种情况．在奇异点上也可根据 Ильюшин 公设导出 Koiter 法则，给出塑性应力增量的方向

$$\mathrm{d}\boldsymbol{\sigma}^{\mathrm{p}} = \mathrm{d}\lambda_1 \frac{\partial F_1}{\partial \boldsymbol{\varepsilon}} + \mathrm{d}\lambda_2 \frac{\partial F_2}{\partial \boldsymbol{\varepsilon}}, \qquad (附 2-2)$$

其中 $\mathrm{d}\lambda_1$ 和 $\mathrm{d}\lambda_2$ 是待定的非负因子，这就是说塑性应力增量的方向在方向 $\frac{\partial F_1}{\partial \boldsymbol{\varepsilon}}$ 和 $\frac{\partial F_2}{\partial \boldsymbol{\varepsilon}}$ 之间．两塑性因子都为正时，对应于完全加载；一个为正一个为零时，对应于部分加载；两个都为零时，对应于卸载或中性变载．在完全加载情况下，$\mathrm{d}\lambda_1$ 和 $\mathrm{d}\lambda_2$ 由一致性条件

$$\mathrm{d}F_i = \left(\frac{\partial F_i}{\partial \boldsymbol{\varepsilon}}\right)^{\mathrm{T}} \mathrm{d}\boldsymbol{\varepsilon} + \left(\frac{\partial F_i}{\partial \boldsymbol{\varepsilon}^{\mathrm{p}}}\right)^{\mathrm{T}} \mathrm{d}\boldsymbol{\varepsilon}^{\mathrm{p}} + \left(\frac{\partial F}{\partial \kappa}\right) \mathrm{d}\kappa = 0, \quad i = 1,2 \qquad (附 2-3)$$

确定，用两个条件确定两个常数（如果仅用一个塑性因子的流动法则，则与两个一致性条件发生矛盾）．部分加载也称为单面加载，其中正的塑性因子（例如 $\mathrm{d}\lambda_1$），由所对应的一致性条件（例如 $\mathrm{d}F_1 = 0$）来确定，这与正则点情况类似．总地来说，在屈服面奇异点上加 – 卸载情况相当复杂，相应的加 – 卸载准则是

$$\max(L_1,L_2)\begin{cases}<0, & 卸载,\\ =0, & 中性变载,\\ >0, & 加载,\end{cases} \tag{附2-4}$$

$$\min\left(\frac{1}{\det \boldsymbol{B}}(b_{22}L_1-b_{12}L_2),\frac{1}{\det \boldsymbol{B}}(-b_{21}L_1+b_{11}L_2)\right)\begin{cases}\leqslant 0, & 部分加载,\\ >0, & 完全加载,\end{cases} \tag{附2-5}$$

其中

$$L_i=\left(\frac{\partial F_i}{\partial \boldsymbol{\varepsilon}}\right)^{\mathrm{T}}\mathrm{d}\boldsymbol{\varepsilon}, \tag{附2-6}$$

$$\boldsymbol{B}=\begin{bmatrix}b_{11} & b_{12}\\ b_{21} & b_{22}\end{bmatrix}, \tag{附2-7}$$

$$b_{rs}=-\left(\frac{\partial F_r}{\partial \boldsymbol{\varepsilon}^{\mathrm{p}}}\right)^{\mathrm{T}}\boldsymbol{C}\frac{\partial F_s}{\partial \boldsymbol{\varepsilon}}-\frac{\partial F_r}{\partial \boldsymbol{\kappa}}\boldsymbol{M}^{\mathrm{T}}\boldsymbol{C}\frac{\partial F_s}{\partial \boldsymbol{\varepsilon}},\quad r,s=1,2, \tag{附2-8}$$

$$\boldsymbol{M}=\begin{cases}\boldsymbol{\sigma}, & 当\ \kappa=W^{\mathrm{p}}(塑性功),\\ \boldsymbol{e}, & 当\ \kappa=\theta^{\mathrm{p}}(塑性体应变).\end{cases} \tag{附2-9}$$

在奇异点情况下，完整的本构方程表述如下：对卸载和中性变载情况($\max(L_1,\ L_2)\leqslant 0$)有

$$\mathrm{d}\boldsymbol{\sigma}=\boldsymbol{D}\mathrm{d}\varepsilon. \tag{附2-10}$$

对加载($\max(L_1,\ L_2)>0$)分两种情况，当

$$\min\left(\frac{1}{\det \boldsymbol{B}}(b_{22}L_1-b_{12}L_2),\frac{1}{\det \boldsymbol{B}}(-b_{21}L_1+b_{11}L_2)\right)\leqslant 0$$

时为部分加载，不妨设 $\mathrm{d}\lambda_r>0$，在 $F_r=0$ 上加载，这时本构方程为

$$\mathrm{d}\boldsymbol{\sigma}=\left(\boldsymbol{D}-\frac{1}{b_{rr}}\frac{\partial F_r}{\partial \boldsymbol{\varepsilon}}\left(\frac{\partial F_r}{\partial \boldsymbol{\varepsilon}}\right)^{\mathrm{T}}\right)\mathrm{d}\boldsymbol{\varepsilon},\quad r=1,2. \tag{附2-11}$$

当

$$\min\left(\frac{1}{\det \boldsymbol{B}}(b_{22}L_1-b_{12}L_2),\quad \frac{1}{\det \boldsymbol{B}}(-b_{21}L_1+b_{11}L_2)\right)>0$$

时为完全加载，这时的本构方程为

$$\mathrm{d}\boldsymbol{\sigma}=\left(D-\frac{\partial \boldsymbol{F}}{\partial \boldsymbol{\varepsilon}}\boldsymbol{B}^{-1}\left(\frac{\partial \boldsymbol{F}}{\partial \boldsymbol{\varepsilon}}\right)^{\mathrm{T}}\right)\mathrm{d}\boldsymbol{\varepsilon}, \tag{附2-12}$$

式中

$$\frac{\partial \boldsymbol{F}}{\partial \boldsymbol{\varepsilon}}=\left[\frac{\partial F_1}{\partial \boldsymbol{\varepsilon}}\quad \frac{\partial F_2}{\partial \boldsymbol{\varepsilon}}\right], \tag{附2-13}$$

矩阵 $\boldsymbol{B}$ 由式(附2-7)给出.

类似于式(2-3-24)，现在有

$$\frac{\partial F_i}{\partial \boldsymbol{\varepsilon}} = \boldsymbol{D}\frac{\partial f_i}{\partial \boldsymbol{\sigma}}, \quad \frac{\partial F_i}{\partial \boldsymbol{\varepsilon}^{\mathrm{p}}} = \boldsymbol{D}\left(\frac{\partial f_i}{\partial \boldsymbol{\sigma}^{\mathrm{p}}} - \frac{\partial f_i}{\partial \boldsymbol{\sigma}}\right), \quad \frac{\partial F_i}{\partial \kappa} = \frac{\partial f_i}{\partial \kappa}, \quad i = 1,2. \tag{附 2 - 14}$$

利用上式，在式(附 2 - 8) ~ (附 2 - 4)和(附 2 - 11) ~ (附 2 - 13)中的导数 $\frac{\partial F_i}{\partial \boldsymbol{\varepsilon}}$，$\frac{\partial F_i}{\partial \boldsymbol{\varepsilon}^{\mathrm{p}}}$，$\frac{\partial F_i}{\partial \kappa}$可用$\frac{\partial f_i}{\partial \boldsymbol{\sigma}}$，$\frac{\partial f_i}{\partial \boldsymbol{\sigma}^{\mathrm{p}}}$，$\frac{\partial f_i}{\partial \kappa}$表示，虽然这时的加 - 卸载准则和本构方程包含的是应力屈服函数，但在本质上，这些关系仍是在应变空间中表述的，称它们为实用形式. 它们是以应变为基本变量，只要给出应变增量 $\mathrm{d}\boldsymbol{\varepsilon}$，就可以从这些关系唯一地求出应力增量 $\mathrm{d}\boldsymbol{\sigma}$ 来.

上面给出的应变空间表述的加 - 卸载准则和本构方程适用任何强化和软化规律的两个正则屈服面交汇的奇异点，目前的有限元分析软件尚未使用这些公式.

§附 2 - 2　D - P 准则的平面截断模型

为克服 Mohr - Coulomb 准则在预测抗拉强度时的重大偏差，1953 年 Cowan 提出了平面截断的概念. 对 Drucker - Prager 准则也可使用平面截断，这就是含三个材料参数的新的准则(简称为 D - P - C 准则)，

$$f = f_1 = \alpha I_1 + \sqrt{J_2} - k = 0, \quad 当 I_1 < T 时, \tag{附 2 - 15}$$

$$f = f_2 = I_1 - T = 0, \quad 当 I_1 = T 时, \tag{附 2 - 16}$$

式中 $T = \sigma_{\mathrm{T}}$ 是抗拉强度. 这里仅考虑各向同性软化材料，强度参数 k 和 T 为标量内变量 κ 的函数，压力相关参数 α 是常数. 如果将三轴压缩的全过程曲线拟合为三线性形式的川本模型，那么强度 T 或 k 随内变量变化的曲线则是双线性的. 由于材料是各向同性软化，剪切强度 k 和抗拉强度 T 的软化是相互关连的，进入塑性流动阶段内变量的阈值是相同的，阈值记为 κ_{r}. 当 κ 在软化阶段 $(0 < \kappa < \kappa_{\mathrm{r}})$，强度下降速度是常数，记为 k'，T'；在塑性流动阶段$(\kappa > \kappa_{\mathrm{r}})$，$k' = T' = 0$.

D - P 锥面(附 2 - 15)和 Cowan 平面截断(附 2 - 16)相交，形成奇异点，因而 D - P - C 准则是一种奇异的屈服准则，在应力不变空间，奇异点的坐标是

$$I_1 = T, \quad \sqrt{J_2} = k - \alpha T, \tag{附 2 - 17}$$

如图附 2 - 1 所示. 下面根据 § 附 2 - 1 理论公式建立 D - P - C 准奇异点上的本构关系.

取内变量 $\kappa = \theta^{\mathrm{r}}$，即 $\boldsymbol{M} = \boldsymbol{e}$，从一般公式(附 2 - 6) ~ (附 2 - 9)不难计

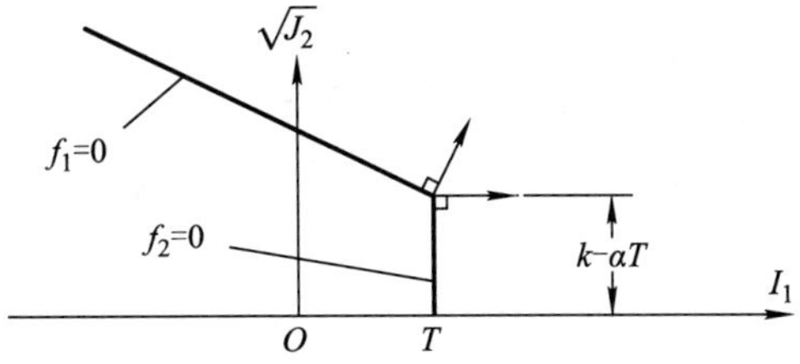

图附 2－1　D－P－C 准则和奇异点坐标

算出，

$$q = \frac{\partial F_1}{\partial \varepsilon} = D\frac{\partial f_1}{\partial \sigma} = 3aKe + \frac{\frac{G}{b}s}{\sqrt{J_2}}, \qquad (附 2-18)$$

$$r = \frac{\partial F_2}{\partial \varepsilon} = D\frac{\partial f_2}{\partial \boldsymbol{\sigma}} = 3Ke, \qquad (附 2-19)$$

$$L_1 = q^{\mathrm{T}}\mathrm{d}\boldsymbol{\varepsilon} = \left(3aKe^{\mathrm{T}} + \frac{Gs^{\mathrm{T}}}{(K-\alpha T)}\right)\mathrm{d}\boldsymbol{\varepsilon}, \qquad (附 2-20)$$

$$L_2 = r^{\mathrm{T}}\mathrm{d}\boldsymbol{\varepsilon} = 3Ke^{\mathrm{T}}\mathrm{d}\boldsymbol{\varepsilon}, \qquad (附 2-21)$$

$$b_{11} = q\alpha^2K + G + 3\alpha k', \qquad (附 2-22)$$

$$b_{22} = qK + 3T', \qquad (附 2-23)$$

$$b_{12} = q\alpha K + 3k', \qquad (附 2-24)$$

$$b_{21} = q\alpha K + 3\alpha T', \qquad (附 2-25)$$

$$\det\boldsymbol{B} = b_{11}b_{22} - b_{12}b_{21} = 9GK + 3GT' = Gb_{22}. \qquad (附 2-26)$$

塑性力学的一致性条件要求软化速度不可过快，以保证 $b_{11}>0$，$b_{22}>0$. 由于 $\det\boldsymbol{B}>0$，在表述加载准则(附 2－5)时，可以将它略去. 此外，矩阵 $\boldsymbol{B}$ 是可逆的

$$\boldsymbol{B}^{-1} = \frac{1}{\det\boldsymbol{B}}\begin{bmatrix} b_{22} & -b_{12} \\ -b_{12} & b_{11} \end{bmatrix}. \qquad (附 2-27)$$

在奇异点处，本构方程可写成一般的形式

$$\mathrm{d}\boldsymbol{\sigma} = (\boldsymbol{D} - \boldsymbol{D}_{\mathrm{p}})\mathrm{d}\boldsymbol{\varepsilon}, \qquad (附 2-28)$$

其中塑性矩阵 $\boldsymbol{D}_{\mathrm{p}}$ 按加－卸载情况取不同形式.

当 $\max(L_1, L_2)<0$(卸载)或 $\max(L_1, L_2)=0$(中性变载)时，

$$\boldsymbol{D}_{\mathrm{p}} = 0. \qquad (附 2-29)$$

当 $\max(L_1, L_2)>0$(加载)时，有下列三种情况：

(1) 当 $-b_{21}L_1+b_{11}L_2\leqslant 0$，而 $b_{22}L_1-b_{12}L_2>0$，部分加载(仅在 $f_1=0$ 上加

载)，有

$$D_p = \frac{1}{b_{11}} qq^T; \qquad (附 2-30)$$

(2)当 $b_{22}L_1 - b_{12}L_2 \leqslant 0$，而 $-b_{21}L_1 + b_{11}L_2 > 0$，部分加载(仅在 $f_2 = 0$ 上加载)，有

$$D_p = \frac{1}{b_{22}} rr^T; \qquad (附 2-31)$$

(3)当 $b_{22}L_1 - b_{12}L_2 > 0$ 和 $-b_{21}L_1 + b_{11}L_2 > 0$，完全加载，有

$$D_p = \frac{1}{\det B}(b_{22} qq^T + b_{11} rr^T - b_{12} qr^T - b_{21} rq^T). \qquad (附 2-32)$$

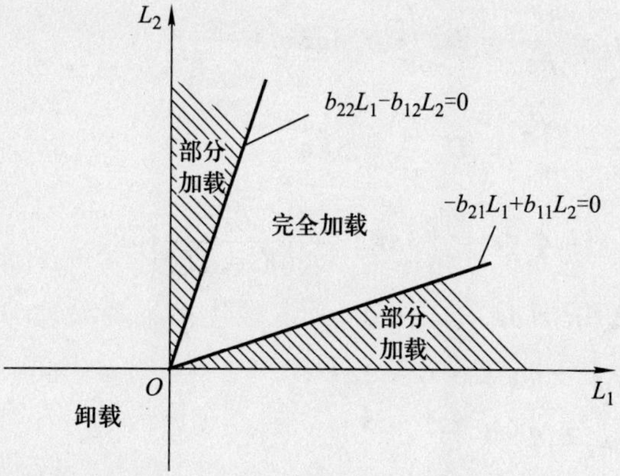

图附 2-2 加-卸载分区表示

在奇异点处，加卸载情况比较复杂，几何地表示在图附 2-2 中. 我们发现，不仅在第二和第四象限属于部分加载，而在第一象限的阴影区，虽然有 $L_1 > 0$ 和 $L_2 > 0$，也属于部分加载，而且这时状态保持在奇异点上.

§附 2-3 奇异点的光滑化处理

从上面的讨论可看出，两个正则面相交的奇异点处的本构表述已相当复杂，用平面截断的 Mohr-Coulomb 锥面会出现三个正则面的交点，它的本构表述就更复杂了. 而正则点上的本构关系比较简单. 如果在奇异点邻域的几个屈服面的强化规律是相同的(各向同性强化)，那么可用局部光滑的方法，将奇异点改为正则点来处理. 例如，在 Tresca 屈服面的奇异点 A 处，在其两侧各取一小段距离 Δ(图附 2-3)，可用半径为$\sqrt{3}\Delta$，圆心距 A 为 2Δ 的圆弧使奇异点

邻域光滑化. 从主应力空间看，这是采用半径为$\sqrt{3}\Delta$ 的圆柱面取代棱线附近的奇异屈服面. 屈服面的设定大多是从理论上考虑的，然而从根本上要由实验来确定和验证，实验数据总是有误差的(特别是岩石类材料强度实验资料的高度分散性)，因而局部光滑化的方法应该是没有问题的.

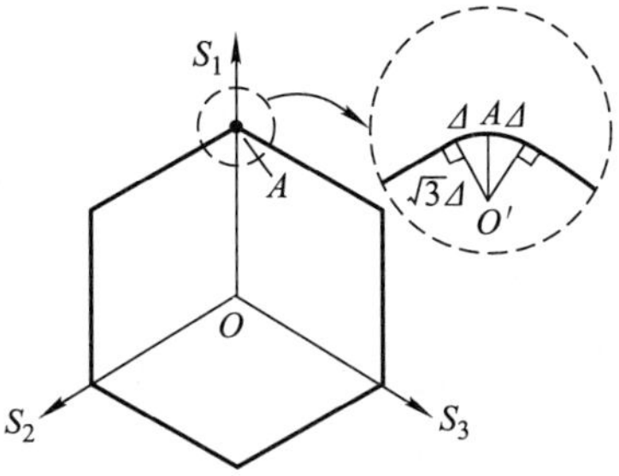

图附 2－3　Tresca 准则的局部光滑化

用实验方法得到的屈服面上的应力点也只是有限个点(例如 Tresca 六边形的 6 个顶点)，而这些点的连接方式要根据理论上的考虑和数学上的简便程度以及作者的意念来给出(例如，Tresca 用直线连接，而 Mises 用圆弧连接)，因而绝对精确的屈服面是没有意义的，对 Tresca 屈服面上奇异点进行局部光滑化未必与实验数据相左. 由于有 Mises 屈服面可直接使用，在有限元分析中采用局部光滑化的 Tresca 屈服面就没有多大意义了. 本书 §3－3 中，用 D－P－Y 屈服面代替 D－P 屈服面是对锥顶光滑化的典型例子.

附录3　水对岩石性质和岩石材料稳定性的影响

§附3－1　孔隙水压力对岩石强度的影响

有时将岩石类材料看做是一种孔隙材料，孔隙中水的压力对岩石的强度有很大影响．在加载过程，如果排水受到限制，孔隙和裂隙被压合，那么孔隙和裂隙中水的压力会升高．

在 Pennsylvanian 页岩的三轴压缩实验中孔隙压力的发展和随后的岩石强度如图附 3－1 所示．在这图中给出了两组不同的实验结果：圆圈代表在排水条件下饱和样品的三轴压缩下的实验结果，在这种情况，多余的孔隙压力能够耗散而不聚集．三角形代表没有排水时饱和页岩试件的实验，由于不能排水，多余的孔隙压力必然产生和累积(不排水条件下)．在排水实验中，差应力和轴向应变的曲线显现出一个峰值，在随后的下降段，看上去像个尾巴．由于在三轴试件中随轴向应力的增加，平均应力同时增加，如图附 3－1 所示的体应变曲线是静水压缩和扩容性质之综合结果．初始时，由于静水压缩，体积减少，直至试件开始出现扩容，体积变化的速度缓慢减小，最终变成负的，这意味着随以后的载荷增加，体积也增加．在不排水实验中，体积变化的趋势不能完全认知，因为水经受压缩，充满了空穴而不能排出，致使在孔隙里面的水压力 p_w 开始增加，这样就显著地降低了峰值应力，峰后曲线变扁．

很多学者证实了 Terzahgi 有效应力定律的正确性．该定律指出，在岩石孔隙中水压力 p_w 将引起峰值正应力的降低，与围压减少 p_w 引起的峰值应力降低大小相同．为使用这个结果，人们引入有效应力 $\boldsymbol{\sigma}'$ 的概念

$$\boldsymbol{\sigma}' = \boldsymbol{\sigma} - p_w\boldsymbol{e}. \qquad (附3-1)$$

差应力 $\sigma_1 - \sigma_3$ 不受孔隙水压 p_w 的影响，这是因为

$$\sigma_1' - \sigma_3' = (\sigma_1 - p_w) - (\sigma_3 - p_w) = \sigma_1 - \sigma_3.$$

使用有效应力重新表述破坏准则，可以按下面方法简单地将孔隙水压力 p_w 的影响嵌入到破坏准则中去．在干燥岩石实验中，正应力和有效正应力是没有差别的．对饱和岩石，用有效应力(在正应力项上加“′”)重新写出的 Coulomb 方程为

$$(\sigma_1' - \sigma_3') - (\sigma_1' + \sigma_3')\sin\varphi - 2c\cos\varphi = 0.$$

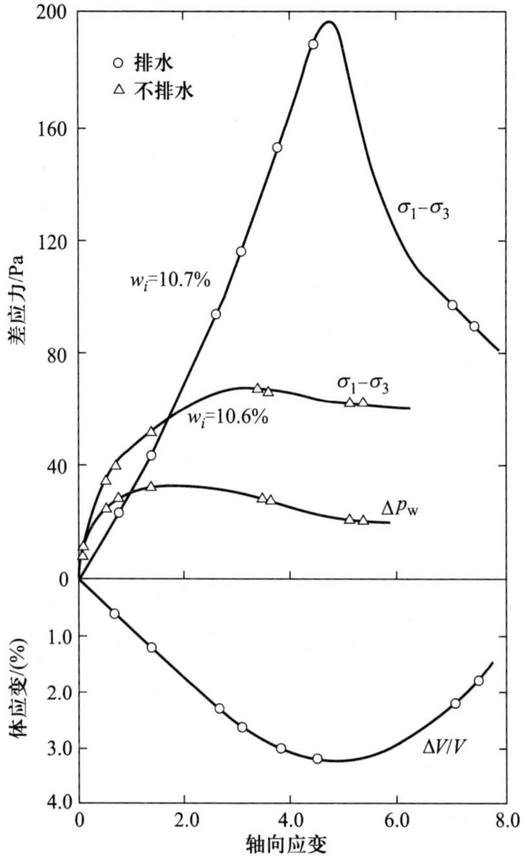

图附 3－1　页岩排水和不排水三轴压缩实验结果，引自 Goodman(1989)

由于差应力不受孔隙压影响，上述方程还可以写做

$$(\sigma_1-\sigma_3)-(\sigma_1+\sigma_3-2p_w)\sin\varphi-2c\cos\varphi=0. \qquad (附3-2)$$

有效应力可被理解为作用在孔隙介质固体骨架上的应力. 在一般的强度准则中，只需将所含的矢量应力 $\boldsymbol{\sigma}$ 改为有效应力矢量($\boldsymbol{\sigma}-p_w\boldsymbol{e}$)即可考虑孔隙水压力对强度的影响.

§附3－2　岩石的水化学作用

泥页岩类岩石中含有水敏性黏土矿物，由于吸入水，致使岩石的宏观力学性质发生变化.

黏土矿物的水化学过程，一般有表面水化、离子水化和渗透水化三种机理．当黏土矿物与水接触时，首先发生表面水化，矿物颗粒表面吸附水分子，大约有 4 个水分子层厚，作用距离约 1nm（纳米）．同时发生离子水化，在硅酸盐晶片上的阳离子周围形成水化膜．在表面水化和离子水化完成之后发生渗透水化，远离黏土矿物表面，在黏土矿物颗粒间形成扩散双电层，在双电层斥力和渗透压力共同作用下产生水化，渗透水化作用距离可达 10nm 以上．

黏土矿物和黏土结晶学的研究表明，水分子在进入黏土晶胞层或颗粒之间的瞬间，即刻成为黏土矿物晶体的一部分．泥页岩遇水膨胀性，宏观力学性质的变化都是黏土矿物水化学作用的结果．

在宏观力学的唯象理论中，避开黏土矿物的水化机理，直接对吸附水量不同的岩石样品由实验测定水对岩石力学性质的影响，图附 3－2 给出了国内一些油田泥页岩岩样的实验结果．

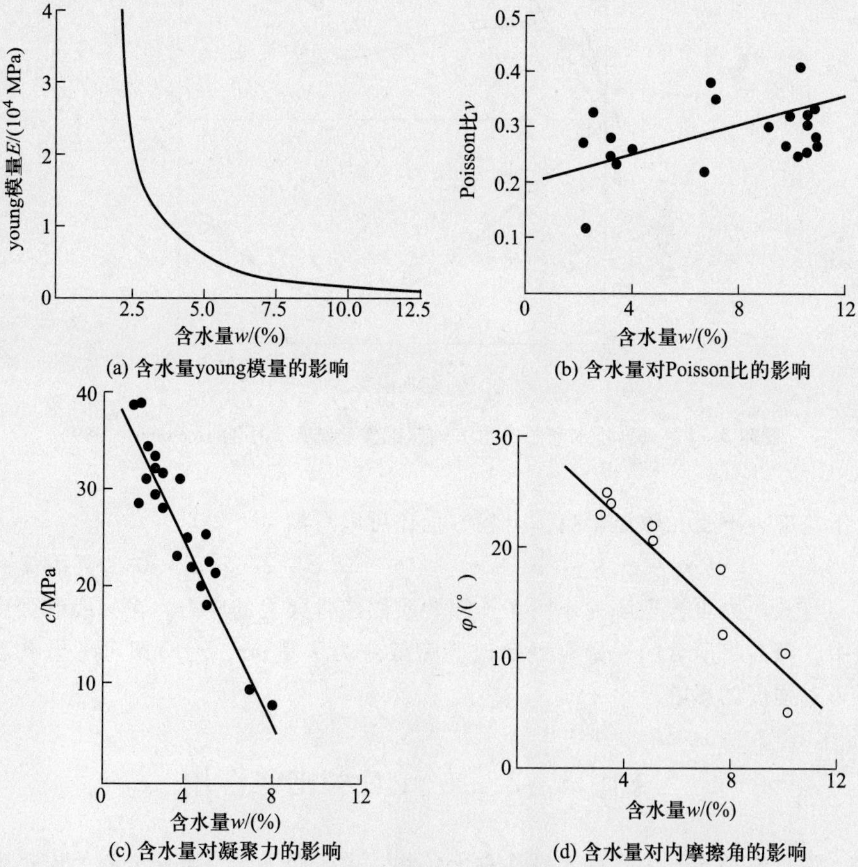

(a) 含水量young模量的影响

(b) 含水量对Poisson比的影响

(c) 含水量对凝聚力的影响

(d) 含水量对内摩擦角的影响

图附 3－2 水对泥页岩力学性质的影响，引自邓金根(2008)

图附 3 - 2(a) 表明，Young 模量随含水量 w 增加而减小，将这种现象称为刚度的吸水劣化，以区别于塑性变形引起的刚度劣化(称为损伤劣化). 图附 3 - 2(c)，图附 3 - 2(d) 表明，强度参数 c 和 φ 随含水量增加而减少，这种现象称为吸水软化. 刚度的吸水劣化和强度的吸水软化都是岩石材料和结构丧失稳定性的原因之一.

§附 3 - 3 水对岩石类材料稳定性的影响

浸入岩石的水可分为自由水和吸附水两种情况. 自由水即孔隙水，在加载过程孔隙压力 p_w 升高，相当于有效正应力下降，致使材料的摩擦强度降低. 这种强度软化，实际上是一种力学或物理的机制. 吸附水与岩石中黏土矿物结合，构成新的矿物，黏土矿物的水化，致使岩石的宏观力学性变发生改变，即强度的软化、刚度的劣化以及很大的体积膨胀，这是一种水化学机制.

在塑性力学本构理论的框架内讨论吸附水对岩石材料性质影响. 首先将吸附水重量百分比引入应变屈服函数和应力屈服函数

$$F(\boldsymbol{\varepsilon},\boldsymbol{\varepsilon}_p,\boldsymbol{\kappa},w) = 0, \qquad (附 3 - 3)$$

$$f(\boldsymbol{\sigma},\boldsymbol{\kappa},w) = 0. \qquad (附 3 - 4)$$

这意味着，岩石强度参数，如 D - P 准则的参数 α，k 都是 $\boldsymbol{\kappa}$ 和 w 的函数:

$$\alpha = \alpha(\boldsymbol{\kappa},w), \quad k = k(\boldsymbol{\kappa},w). \qquad (附 3 - 5)$$

同时，要考虑吸附水 w 的变化引起弹性常数的变化，$E = E(\boldsymbol{\kappa}, w)$，$v = v(\boldsymbol{\kappa}, w)$，因此弹性矩阵是内变量 $\boldsymbol{\kappa}$ 和吸附水重量 w 的二元函数:

$$\boldsymbol{D} = \boldsymbol{D}(\boldsymbol{\kappa},w), \quad \boldsymbol{C} = \boldsymbol{C}(\boldsymbol{\kappa},w), \qquad (附 3 - 6)$$

因而耦合应变增量 $\mathrm{d}\boldsymbol{\varepsilon}^{\mathrm{d}}$ 可写为

$$\mathrm{d}\boldsymbol{\varepsilon}^{\mathrm{d}} = \frac{\partial \boldsymbol{C}}{\partial \boldsymbol{\kappa}}\boldsymbol{\sigma}\mathrm{d}\boldsymbol{\kappa} + \frac{\partial \boldsymbol{C}}{\partial w}\boldsymbol{\sigma}\mathrm{d}w, \qquad (附 3 - 7)$$

这时可建立广义正交法则和耦合矩阵. 假设

$$\mathrm{d}w = N_w \mathrm{d}\theta^{\mathrm{p}}, \qquad (附 3 - 8)$$

其中 N_w 称为泥质矿物的吸水扩散系数，可用一致性条件确定塑性因子 $\mathrm{d}\lambda$，最后得到塑性状态(满足式(附 3 - 3)的状态)在加载，即 $\left(\frac{\partial f}{\partial \boldsymbol{\sigma}}\right)^{\mathrm{T}}\boldsymbol{D}\mathrm{d}\boldsymbol{\varepsilon} > 0$ 时，实用形式的应变空间表述的本构矩阵

$$\boldsymbol{D}_{\mathrm{ep}} = \boldsymbol{D} - \frac{1}{H + A}\boldsymbol{D}\frac{\partial f}{\partial \boldsymbol{\sigma}}\left(\frac{\partial f}{\partial \boldsymbol{\sigma}}\right)\boldsymbol{D}, \qquad (附 3 - 9)$$

式中 $H = \left(\frac{\partial f}{\partial \boldsymbol{\sigma}}\right)\boldsymbol{D}\left(\frac{\partial f}{\partial \boldsymbol{\sigma}}\right) > 0$，$A$ 是与材料屈服强度和刚度劣化有关的常数. 现在

A 可表示为四部分

$$A = A_1 + A_2 + A_3 + A_4, \qquad (附3-10)$$

它们分别代表应变软化、损伤劣化、吸水软化和吸水劣化的影响.

如果在塑性内变量定义中取 $\boldsymbol{M}=\boldsymbol{e}$，那么问题可以简化：

$$A_1 = -\frac{\partial f}{\partial \boldsymbol{\kappa}}\boldsymbol{e}^{\mathrm{T}}\frac{\partial f}{\partial \boldsymbol{\sigma}},$$

$$A_2 = -\frac{\partial f}{\partial \boldsymbol{\kappa}}\boldsymbol{e}^{\mathrm{T}}\Delta\boldsymbol{K}\frac{\partial f}{\partial \boldsymbol{\sigma}},$$

$$A_3 = \frac{\partial f}{\partial w}\boldsymbol{e}^{\mathrm{T}}N_{\mathrm{w}}\frac{\partial f}{\partial \boldsymbol{\sigma}},$$

$$A_4 = \frac{\partial f}{\partial w}\boldsymbol{e}^{\mathrm{T}}N_{\mathrm{w}}\Delta\boldsymbol{K}\frac{\partial f}{\partial \boldsymbol{\sigma}},$$

式中 $\Delta\boldsymbol{K}$ 和 $\Delta\boldsymbol{K}_{\mathrm{w}}$ 和耦合矩阵 $\boldsymbol{K}$ 的关系为

$$\Delta\boldsymbol{K} + \Delta\boldsymbol{K}_{\mathrm{w}} = \boldsymbol{I} - \boldsymbol{K}, \qquad (附3-12)$$

$\Delta\boldsymbol{K}$ 和 $\Delta\boldsymbol{K}_{\mathrm{w}}$ 分别对应于刚度的损伤劣化和吸水劣化. 如果没有吸水发生，$\frac{\partial f}{\partial w}=0$，则 $A_3=A_4=0$. 如果不考虑刚度的损伤劣化，$\Delta\boldsymbol{K}=0$，$\Delta\boldsymbol{K}_{\mathrm{w}}=0$，则 $A_2=0$，$A_4=0$.

在参数 A 取负值时矩阵 $\boldsymbol{D}_{\mathrm{ep}}$ 失去正定性，材料是不稳定的，吸水软化和刚度吸水劣化增加了材料的不稳定性. 在上面的讨论中，如果将式(附3-4)中的应力矢量看做有效应力矢量 $\boldsymbol{\sigma}'=\boldsymbol{\sigma}-p_{\mathrm{w}}\boldsymbol{e}$，则可同时考虑孔隙水(自由水)压力 p_{w} 对强度软化的影响.

吸附水和孔隙水对岩石材料稳定性和岩石工程稳定性的作用是至关重要的，它们是暴雨和水库蓄水触发滑坡和地震，以及煤矿采场底板透水的内在原因. 进一步开展这方面工作，对我们减灾防灾和资源开发工作持续深入发展有重要意义.

参 考 文 献

Belytschko T, Lin W K, Morab B 著，庄茁等译. 连续体和结构的非线性有限元[M]. 北京：清华大学出版社，2002.

Chen W F, Han D. Plasticity for Structural Engineers [M]. New York: Springer Verlag, 1988.

Desai C S, Fishman K I. Plasticity Based Constitutive Model with Associated Testing for Joints [J]. Int. J. Rock Mech. Min. Sic. and Geomech. Abstr., 1991.

Goodman R E. Introduction to Rock Mechanics (Second Edition) [M]. New York: John Wiley & Sons, 1989.

Griffths D V, Lane P A. Slope Stability Analysis by Finite Element[J]. Geotechigue. 1999, 49 (3): 387 - 403.

Hill R. A General Theory of Uniqueness and Stability in Elastic - plastic Solids [J]. J. Mech. Phys. Solids, 1958, 6: 263 - 249.

Martin J B 著，余同希等译. 塑性力学——基础及其一般结果[M]. 北京：北京理工大学出版社，1990.

Suart W D. Strain Softening Instability Model of the SanFernando Earthquake [J]. Science, 1979, 203: 907 - 910.

Zienkiewicz O C, Taylor R L 著，庄茁等译. 有限单元法(第5版)第二卷固体力学[M]. 北京：清华大学出版社，2006.

川本眺万等. ひずみ软化を考虑した岩盘掘削の解析[C]. 土木学会论文报告集，第312号，1981，107 - 117.

朗道. Л. Д. 连续介质力学第三册[M]. 北京：人民教育出版社，1962.

陈祖煜，冯小刚，杨健等. 岩质边坡稳定分析——原理、方法、程序[M]. 北京：中国水利水电出版社，2005.

邓金根. 泥页岩井眼力学稳定理论及工程应用[D]. 石油大学(北京)博士学位论文，2003.

方建瑞，李志高，朱合华. 弧长法在边坡稳定非线性有限元分析中的应用[J]. 水利学报，2006，37(9)：1142 - 1146.

李平恩，殷有泉. Drucker - Prager 准则在拉剪区的修正[J]. 岩石力学与工程学报，2010，29(增1)：3029 - 3033.

李平恩，殷有泉. 断层地震孕育和发生的不稳定性模型[J]. 地球物理学报，2014，57(1)：159 - 166.

李庆扬，莫孜中，祁力群. 非线性方程组的数值解法[M]. 北京：科学出版社，1987.

曲圣年，殷有泉. 塑性力学的 Drucker 公设和 Ильюшин 公设[J]. 力学学报，1981，13(5)：465 - 493.

孙恭尧，殷有泉，钱之光. 混凝土重力坝承载能力的分析研究[J]. 水利学报，2001，(4)：15－20.

唐春安. 岩爆机理研究的关键问题[C]. 见：中国科学会学术部编. 岩爆机理探索. 北京：中国科学技术出版社，2011，40－44.

王学滨，潘一山，陶帅等. 巷道岩爆的一些初步数值模拟研究[C]. 见：中国科学会学术部编. 岩爆机理探索. 北京：中国科学技术出版社，2011，65－81.

王仁，黄文彬，黄筑平. 塑性力学引论(修订版)[M]. 北京：北京大学出版社，1992.

王红才，赵卫华，孙东升等. 岩石塑性变形条件下 Mohr－Coulomb 屈服准则[J]. 地理物理学报，2012，55(12)：4231－4238.

王敏中，王炜，武际可. 弹性力学教程[M]. 北京：北京大学出版社，2002.

王宇，田浩，余宏明. 基于强度折减法的韩城煤矿边坡稳定性分析[J]. 岩石工程技术，2010，24(2)：89－93.

武际可，苏先樾. 弹性系统的稳定性[M]. 北京：科学出版社，1994.

熊祝华. 塑性本构关系中的若干问题[C]. 见：徐秉业主编. 塑性力学教学研究和学习指导. 北京：清华大学出版社，1993，45－51.

徐秉业，刘信声. 应用弹塑性力学[M]. 北京：清华大学出版社，1995.

姚再兴. 土石混合体极限载荷及稳定性数值模拟方法[D]. 中国科学院研究生院博士论文，2009.

姚再兴. 软化 D－P 材料强度参数测定方法[J]. 岩石力学与工程学报，待刊.

殷有泉，曲圣年. 弹塑性耦合和广义正交法则[J]. 力学学报，1982，14(1)：63－70.

殷有泉，张宏. 岩土系统应力应变分析和稳定性分析的有限元程序 MOLM[C]. 见：地质研究论文集. 北京：北京大学出版社，1985，48－56.

殷有泉. 奇异屈服面的弹塑性本构关系的应力空间表述和应变空间表述[J]. 力学学报，1986，18(1)：31－38.

殷有泉. 固体力学非线性有限元引论[M]. 北京：北京大学出版社，清华大学出版社，1987.

殷有泉，范建立. 刚体元方法和块状岩体稳定性分析[J]. 力学学报，1990，22(5)：630－636.

殷有泉. 关于塑性力学的应变空间表述[C]. 见：徐秉业主编. 塑性力学教学研究和学习指导. 北京：清华大学出版社，1993，15－21.

殷有泉. 考虑损伤的节理本构模型[J]. 工程地质学报，1994，2(4)：1－6.

殷有泉. 岩石的塑性、损伤及其本构表述[J]. 地质科学，1995，30(1)：63－70.

殷有泉，励争，邓成光. 材料力学(修订版)[M]. 北京：北京大学出版社，2006.

殷有泉. 非线性有限元基础[M]. 北京：北京大学出版社，2007.

殷有泉. 岩石力学与岩石工程的稳定性[M]. 北京：北京大学出版社，2011.

殷有泉，邸元. 地质材料弹塑性本构关系的塑性势理论[J]. 北京大学学报(自然科学版)，2014，50(2)：201－206.

殷有泉，邸元. 工程岩石类材料的不稳定性[J]. 北京大学学报(自然科学版)，待刊.

殷有泉，李平恩，邸元. 竖井开挖的不稳定性和岩爆的力学机制[J]. 力学学报，2014，46

(3)：398－408.

殷有泉，李平恩，邸元. 岩石结构的不稳定性和突跳现象[J]. 岩石力学与工程学报，待刊.

尤明庆. 岩石的力学性质[M]. 北京：地质出版社，2007.

张清，杜静. 岩石力学基础[M]. 北京：中国铁道出版社，1997.

张镜剑. 岩爆五因素综合判据和岩爆分级[C]. 见：中国科学会学术部编. 岩爆机理探索. 北京：中国科学技术出版社，2011，61－64.

赵尚毅，郑颖人，张玉芳. 极限分析有限元法讲座——有限元强度折减法中边坡失稳的判据探讨[J]. 岩土力学，2005，26(2)：33－336.

赵引. 非线性稳定性理论及其在混凝土高坝分析中的应用[D]. 河海大学博士学位论文，2008.

赵永红，黄杰蕃，王仁. 岩石微破裂发育的扫描电镜即时研究[J]. 岩石力学与工程学报，1992，11(3)：284－294.

郑颖人，沈珠江，龚晓南. 岩石塑性力学原理[M]. 北京：中国建筑工业出版社，2002.

名词索引

A

安全系数(9 -2)

B

半正定(6 -1)
本构关系(2 -2)
本构矩阵(6 -0)
边界位移单元(9 -2)
部分加载(附 2 -1)
不稳定(1 -4)

C

材料不稳定性(6 -0, 6 -4)
材料非线性(1 -4)
材料稳定性(6 -0)
残余变形(1 -4)
超载系数(10 -2)
初应力场(11 -1)
Coulomb 破坏准则(3 -3)
脆性材料(1 -4)

D

代表体元(RVE)(1 -1)
等参数单元(9 -1)
等向强化(软化)(3 -3)
等效塑性应变(2 -2)
D - P - Y 准则(3 -3)
Drucker - Prager 材料(3 -3)
Drucker - Prager 准则(D - P 准则)(3 -3)
Drucker 公设(2 -2)
多余功(11 -4)

E

Euler 法(9 -3)

F

非关联塑性(5 -0)
非线性方程组(9 -3)
峰值强度(1 -4)
负指数模型(9 -6, 12 -3)

G

刚度劣化(1 -4)
刚性试验机(1 -4)
Gauss 积分(9 -2)
Gauss 点(9 -2)
广义力(9 -6)
广义位移(9 -6)
广义正交法则(3 -1)

H

横观同性(3 -1)
Hooke 定律(1 -1)
厚壁筒(7 -2)

后临界问题(4 -7)
弧长法约束方程(9 -4)
弧长延拓算法(9 -4)
滑坡(10 -0)

J

Jacobi 矩阵(3 -3)
极限平衡法(10 -1)
极限状态(10 -1)
极值点失稳(7 -1，7 -2)
加 - 卸载准则(2 -2)
加载(2 -2)
间断面(4 -1)
间断面单元(9 -1)
简化 Newton 法(9 -3)
结构不稳定性(8 -3)
结构二阶功泛函(8 -3)
节理(4 -0)
金属材料(2 -2)
局部收敛(9 -3)

K

开挖(11 -1)
Koiter 法则(附 2 -1)
关联流动法则(3 -1)
扩容(1 -4)
孔隙水压力(附 -3 -1)

L

理想塑性(2 -2)
力转向点(9 -4)
连续介质(1 -0)
临界点(7 -2)
临界状态(7 -2)

M

Mises 屈服准则(2 -2)
Mohr - Coulomb 强度准则(3 -3)

N

能量准则(9 -5)
Newton 法(9 -3)

P

平衡路径(7 -1)
平截面假设(7 -1)
Poisson 比(2 -1)

Q

奇异点(11 -3，附 2 -1)
强度储备系数(10 -2)
强度折减法(10 -1)
强非线性问题(9 -4)
切变模量(2 -1)
切线刚度矩阵(9 -5)
切线模量(7 -2)
屈服面(2 -2)
屈服应力(2 -2)
屈服准则(2 -2)
全应力 - 应变曲线(1 -4)

R

扰动(9 -5)
软化塑性(7 -1)

S

三线性(川本眺万)模型(7 -2)

伺服试验机(1-4)
失衡(10-0)
失稳(10-0)
失衡力(9-3)
失约弧长(9-4)
竖井(11-0)
水化学作用(附3-2)
塑性变形(1-4)
塑性功(2-2)
塑性极限压力(7-2)
塑性矩阵(2-3)
塑性模量(2-2)
塑性内变量(2-2)
塑性势(5-0)
塑性体积膨胀(3-1)

T

弹塑性层状材料(3-3)
弹塑性矩阵(2-3)
弹塑性耦合矩阵(3-1)
弹性极限压力(7-2)
弹性矩阵(2-1)
特征矢量(2-1)
特征值(2-1)
特征值准则(9-5)
体积模量(2-1)
Tresca 屈服准则(2-2)

W

完全加载(附2-1)
唯象学理论(1-4)
位移间断(4-1)
位移突跳(9-4, 11-3)
位移转向点(9-4)
物质点(1-1)

X

系统刚度矩阵(总刚)(9-2)
小扰动(8-3)
卸载(2-2)
形函数(9-1)
虚功方程(虚功原理)(8-2)
悬臂梁(7-1)

Y

岩爆(11-3)
岩石类材料(1-4)
岩石实验资料的分散性(附1-1)
延拓法(9-4)
移位技术(9-5)
应变空间表述(2-3)
应变空间表述的实用形式(2-3)
应变软化(1-4)
应力突跳(9-4)
应力-应变全过程曲线(1-9)
应力转向点(9-4, 11-3)
有限元系统(9-1)
Young 模量(2-1)

Z

载荷参数(9-3)
正定性(2-1, 6-0)
正交法则(2-2)
自修正 Euler 法(9-3)